“十三五”江苏省高等学校重点教材（编号：2016-1-049）

电机与拖动基础

（第四版）

主　编　刘启新
副主编　盛国良　张丽华　祁增慧
编　写　王　蕾　吴爱萍　熊连松
主　审　邵群涛

U0300082

中国电力出版社
CHINA ELECTRIC POWER PRESS

内容提要

本书是“十三五”普通高等教育本科规划教材，也是江苏省高等学校重点教材。

本书共七章，主要内容有直流电动机、直流电动机的电力拖动运行、变压器、三相异步电动机、三相异步电动机的电力拖动运行、常用同步电动机和其他电机。本书在内容的选择上突出了应用型本科人才培养的需求，遵循以应用为主、够用为度的原则。为了便于自学，本书每章有小结，并且有大量的例题和习题，书后附有习题答案。

本书主要作为普通高等学校自动化、电气工程及其自动化等相关专业的本科教材，也可以作为高职高专及函授教材和工程技术人员的参考用书。

图书在版编目（CIP）数据

电机与拖动基础/刘启新主编．—4版．—北京：中国电力出版社，2018.2（2024.1重印）
“十三五”普通高等教育本科规划教材　江苏省高等学校重点教材
ISBN 978-7-5198-1324-6

Ⅰ.①电…　Ⅱ.①刘…　Ⅲ.①电机－高等学校－教材②电力传动－高等学校－教材　Ⅳ.①TM3 ②TM921

中国版本图书馆CIP数据核字（2017）第264988号

出版发行：中国电力出版社
地　　址：北京市东城区北京站西街19号（邮政编码100005）
网　　址：http://www.cepp.sgcc.com.cn
责任编辑：罗晓莉（010-63412547）　盛兆亮
责任校对：常燕昆
装帧设计：赵姗姗
责任印制：吴　迪

印　　刷：北京雁林吉兆印刷有限公司
版　　次：2005年6月第一版　2018年2月第四版
印　　次：2024年1月北京第二十六次印刷
开　　本：787毫米×1092毫米　16开本
印　　张：17.25
字　　数：422千字
定　　价：46.00元

版权专有　侵权必究

本书如有印装质量问题，我社营销中心负责退换

前　言

《电机与拖动基础》自2005年第一版出版至今，在市场得到了很好的反响。根据当前专业发展的需求及电机与拖动技术发展的需求，本书在第三版的基础上进行再次修订。

在修订过程中始终遵循“知识新、结构新、重应用”的方针，将新知识引进课堂，突出课程教学的重点，增加动手能力的培养，加强实例，突出应用。使教学内容、方法、手段都与学生水平一致，与应用型本科的培养目标一致。本次修订在基础章节增加了学习提示，让学生能够了解把握相关的学习重点，使学习更加有针对性。也为教师的教学提供了方便。经过修订后的教材更加通俗易懂、实用性更强。本次修订删除了直流发电机的运行原理内容，精简了习题。针对专业电气设备中都需用到整流变压器或控制变压器，增加了变压器的应用实例，用典型应用强化对变压器应用的理解。对自耦变压器进行较大的改动，从自耦变压器概念和原理、等效电路分析、与普通变压器的区别、应用场合及特点四个方面进行介绍。使学生对自耦变压器有一个全面的了解，有助于学生在实际应用中正确使用自耦变压器以及预防和解决使用中遇到的问题。加强了异步电动机旋转磁场的旋转方向、旋转速度的介绍。有利于学生对交流磁场整体把握和系统学习。由于变频调速是三相异步电动机最重要的调速方法，因此我们特别增加了变频器的内容。随着机器人、电动汽车、电力轨道交通技术的发展，同步电动机的应用越来越广泛，无刷直流电机在移动机器人上的应用逐渐增加，增加了应用实例。

本书由刘启新任主编，盛国良、张丽华、祁增慧任副主编。绪论由王蕾编写，第一、二章由张丽华编写，第三章由祁增慧、王蕾编写，第四章由王蕾、吴爱萍编写，第五、六章由盛国良、刘启新编写，第七章由祁增慧、盛国良编写。吴爱萍、熊连松参与了资料查找等工作。全书由盛国良统稿。

限于编者水平，书中难免存在不妥之处，恳请广大读者批评指正。

编　者

2017年9月

第二版前言

为贯彻落实教育部《关于进一步加强高等学校本科教学工作的若干意见》和《教育部关于以就业为导向深化高等职业教育改革的若干意见》的精神，加强教材建设，确保教材质量，中国电力教育协会组织制订了普通高等教育“十一五”教材规划。该规划强调适应不同层次、不同类型院校，满足学科发展和人才培养的需求，坚持专业基础课教材与教学急需的专业教材并重、新编与修订相结合。本书为修订教材。

电机与拖动基础是自动化类专业的主干课程之一，是实践性较强的课程，在人才培养过程中起着非常重要的作用。根据培养应用型人才的宗旨和培养学生的应用能力为本的要求，本书编写人员经过讨论后确定了编写大纲，以认真严谨的态度编写了本书。本书适合四年制应用型本科学校选用，也适用于专科和函授教学，并可供有关技术人员参考。

电机与拖动基础是由电机学、控制电机和电力拖动基础等课程组成，内容丰富，涉及面广。既有传统的电机，又涉及新型电机；既包括电机的基本原理，又有电机在应用中的具体特性。本书在编写过程中，根据应用型本科人才培养的特点和要求，在内容的选择和问题的阐述方面做了如下一些探索。

（1）精选内容。21 世纪应用型本科人才培养，侧重于基础厚、知识宽、能力强、素质高，特别是随着生产技术的更新，就需要高层次的应用型人才。这就要求教学内容必须改革，而教材内容必须反映当代科学技术的发展和知识的更新。因此在本书中，我们选择了与当前应用密切相关的内容，加大了直流无刷电动机的介绍，增加了直线电机内容。

（2）重点突出。21 世纪技术发展对人才大规模的需求，带来了高校大幅度的扩招，使得教育对象发生了较大的变化。高等教育已由精英教育向大众教育转变，但由于学生的基础知识水平参差不齐，若仍沿用原来的教材，则学生的学习难度较大，因此，更新教材的知识结构变得特别迫切。本书删除了一些繁琐的理论推导，重点于电动机的拖动分析和变压器的应用，使重点内容一目了然。

（3）通俗易懂，实用性强。本书的所有参编人员都是在一线教学的教师，有着丰富的教学经验。在教材编写过程中，借鉴于多年积累的教学经验，将不易理解的知识变为易于接受的方式叙述，既化解了知识难点，又增强了教材实用性。而且，本书所选内容和例题尽量联系生产实际，以提高实用价值。

（4）精选习题。本书所选习题突出了重点知识内容，少而精，并附有答案，与知识内容相得益彰。

本书的编排特点有：①每章结束部分都有小结，用来概括本章内容，指出本章的重点；②本书包含了大量的例题，并有完整的解答，帮助理解所学内容；③每章末都安排了习题，并附有标准答案，帮助学生判断解题结果。

本书中标“*”的内容，根据各院校人才培养的具体要求，可以不作要求。

本书由刘启新任主编，张丽华、祁增慧任副主编。书中第一、二章由张丽华编写，第三、七章由祁增慧编写，第四章由康宜平编写，绪论及第五、六章由刘启新编写。全书由刘启新统稿。

全书由南京工程学院邵群涛教授主审。邵群涛教授对本书进行了认真审阅并提出了许多宝贵意见，在此表示衷心的感谢。

由于编者水平有限，对书中存在的错误和不当之处，恳请广大读者批评指正。

编　者

2007年1月

第三版前言

本书在2007年第二版的基础上进行修订，针对目前应用型本科院校学生的基础状况，在绪论中增加了与电机拖动密切相关的基础知识，全电流定律、电磁感应定律、电磁力定律及电磁场的相关概念，帮助同学更好地理解本课程的内容。针对目前直流发电机的应用越来越少的实际状况，第一章直流电机的内容做了较大的改动，弱化了对直流发电机的讲述。由于直流无刷电动机在工业和民用生活中的广泛应用，增加了直流无刷电动机的应用实例。为了使课堂教学能跟上电机发展的步伐，在其他电机里增加了超声波电机的内容。虽然今天超声波电机的研究应用在我国还处于起步阶段，但通过产学研的共同努力，超声波电机技术一定会得到快速的发展和应用，因此需要让学生对这项新的技术有一定的认知。

本书由刘启新任主编，张丽华、祁增慧任副主编。书中第一、二章由张丽华编写，第三章由祁增慧编写，第四章由康宜平编写，绪论及第五章由刘启新编写，第六章由刘启新、盛国良编写，第七章由祁增慧、盛国良编写。全书由刘启新统稿。

由于编者水平有限，对书中存在的错误和不当之处，恳请广大读者批评指正。

编　者

2011年12月

符　号　说　明

A	A 相
A	面积
a	绕组并联支路数
a	a 相；120°复数算子
B	磁通密度
B	B 相
b	宽度
b	b 相
d	直轴（纵轴）
C	C 相
C_T	转矩系数
C_e	电动势系数
c	c 相
D_1	定子直径
D_a	转子直径
E	电动势
E_{ph}	相电动势
E_0	空载电动势
E_1	变压器一次绕组（异步电动机定子绕组）感应电动势的有效值
E_2	变压器二次绕组（异步电动机转子绕组）感应电动势的有效值
E'_2	E_2的折算值
E_V	切割电动势
$E_{\sigma 1}$	一次侧漏感电动势
$E_{\sigma 1}$	二次侧漏感电动势
e	电动势的瞬时值
F	磁通势；力
F_a	电枢磁通势
F_1	一次绕组所产生的磁通势
F_2	二次绕组所产生的磁通势
F_0	空载磁通势
F_d	直轴磁通势
F_q	交轴磁通势
F_m	异步电动机的励磁磁通势
$F_{\phi 1}$	单相绕组的基波磁通势
F_{q1}	q 个线圈的基波合成磁通势
f	频率；力；磁通势的瞬时值
f_1	定子频率
f_2	转子频率
f_N	额定频率
f_v	v 次谐波频率
H	磁场强度
h	高度
I	电流
I_a	直流电机电枢电流
I_f	直流电机励磁电流
I_μ	励磁电流中的磁化分量
I_N	额定电流
I_{sh}	短路电流；堵转电流
I_{st}	起动电流
I_0	空载电流
i_0	空载电流瞬时值
I_1	变压器一次绕组（异步电动机定子）电流
I_2	变压器二次绕组（异步电动机转子）电流
I'_2	I_2的折算值
I_{Fe}	铁损耗电流
I^*	电流标幺值
I_+	电流的正序分量
I_-	电流的负序分量
i	电流的瞬时值
J	转动惯量
j	电流密度
K	换相片数
K_m	最大转矩与额定转矩之比
K_{st}	起动转矩与额定转矩之比

k　常数；变压器电压比
k_e　电动势比
k_i　电流比
k_{p1}　基波短矩系数
k_{w1}　基波绕组系数
L　电感
$L_{\sigma1}$　变压器一次绕组（异步电动机定子绕组）的漏磁电感
$L_{\sigma2}$　变压器二次绕组（异步电动机转子绕组）的漏磁电感
l　长度
m　相数
m_1　交流电机定子相数
m_2　异步电机转子相数
N　每相绕组匝数
N_c　每个线圈的匝数
n　转子转速
n_0　空载转速
Δn　转速调整率
P　功率
P_N　额定功率
P_1　输入功率
P_2　输出功率
p_0　空载损耗
P_{em}　电磁功率
P_Σ　机械功率
p_{sh}　短路损耗
p　极对数
P_{Cu}　铜损耗
P_{Fe}　铁损耗
P_{ad}　附加损耗
P_m　机械损耗
q　每极每相槽数
q　交轴（横轴）
R　电阻
R_m　励磁电阻
R_1　变压器一次绕组（异步电动机定子绕组）电阻
R_2　变压器二次绕组（异步电动机转子绕组）电阻
R'_2　R_2的折算值
R_f　励磁绕组电阻
R_a　电枢电阻
R_{sh}　变压器（异步电机）的短路电阻
S　视在功率
S_N　额定容量
s　转差率
s_N　额定转差率
s_m　临界转差率
s_+　转子对正序旋转磁场的转差率
s_-　转子对负序旋转磁场的转差率
T　转矩；时间常数；周期
T_a　电枢时间常数
T_N　额定转矩
T_0　空载转矩
T_{em}　电磁转矩
T_m　最大转矩；机电时间常数
T_{st}　起动转矩
T_2　输出转矩
t　时间；温度
U　电压
U_N　额定电压
U_+　正序电压
U_-　负序电压
U_0　空载电压
U_{sh}　短路电压；堵转电压
u　电压的瞬时值
Δu　电压调整率
$2\Delta u_b$　每对电刷的电压降
U_{20}　变压器二次侧空载电压
u_{sh}　短路电压百分值
U^*　电压标幺值
U_2　变压器二次侧电压
U'_2　变压器二次侧电压折算值
v　线速度
v_0　同步线速度
W　功；能
X　电抗

X_+　正序电抗

X_-　负序电抗

X_d　直轴同步电抗

X_q　交轴同步电抗

X_m　励磁电抗

$X_{\sigma1}$　变压器一次绕组（异步电动机定子绕组）漏电抗

$X_{\sigma2}$　变压器二次绕组（异步电动机转子绕组）漏电抗

$X'_{\sigma2}$　$X_{\sigma2}$的折算值

y　绕组合成节距

y_1　第一节距

y_2　第二节距

y_k　换向器节距

Z　阻抗；电枢总导体数

Z_m　励磁阻抗

Z_{sh}　短路阻抗

Z_1　变压器一次绕组（异步电动机定子绕组）漏阻抗

Z_2　变压器二次绕组（异步电动机转子绕组）漏阻抗

Z^*　阻抗标幺值

Z'_2　变压器二次侧阻抗折算值

Z_L　负载阻抗

Z'_L　负载阻抗折算值

δ　气隙长度

η　效率

η_N　额定效率

η_{max}　最大效率

ϕ　主磁通瞬时值

Φ　磁通量

Φ_0　空载磁通

Φ_d　直轴磁通

Φ_q　交轴磁通

Φ_m　变压器（异步电动机）的主磁通

φ　相角；功率因数角

φ_0　空载功率因数角

φ_{sh}　短路功率因数角

Ω　机械角速度

Ω_0　同步机械角速度

ω　角频率；电角速度

$\Delta\delta_x\%$线性误差

τ　极距

目　录

绪　　论

电机与拖动基础包括电机学、控制电机和电力拖动（电气传动）基础三门课程的主要内容。

电机是能量转换与能量传递的装置，包括发电机、变压器和电动机等；控制电机是信号转换和信号传递的装置；电力拖动系统就是电动机加负载，即用电动机作为原动机来拖动生产机械的工作机构。

一、学习本课程的目的及意义

电机是机电一体化中机和电的结合部位，是机电一体化的一个很重要的基础，可称为电气化、自动化的心脏。电机的发展与电能的发展紧密地连在一起。电能是现今社会最主要的能源，是现代工农业生产、交通运输、科学技术和日常生活等各方面最常用的一种能源。电机是与电能的生产、传输和使用相关的最重要的能量转换设备，不仅是工业、农业和交通运输业的重要设备，而且在日常生活中包括各类家电在内的应用也越来越广泛。

电机、变压器是电力工业的主要设备。在发电厂，发电机将热力、水力、化学能、核能、风力、太阳能等转换为电能；在电能远距离传输前，升压变压器把大型发电机发出的低电压的交流电转换成高电压的交流电；而在供给用户使用前，来自高压输电网的电能经过降压变压器降压后再供给用户才能安全使用。变压器在经济地传输和分配电能过程中起了很大的作用。因此，在电能的生产、传输和分配过程中，发电机和变压器起着重要的作用。

而在电能的应用中，电动机起着关键的作用。在机械工业、冶金工业、化学工业、交通运输及日常生活等方面，电动机将电能转换成机械能，为各种工作机械提供动力。电力拖动系统容易控制，能够获得控制系统所需的各种静态特性和动态特性，具有良好的起动、制动性能和较宽的调速范围，特别是便于实现自动控制，所以当今多数自动控制系统都采用电动机作为原动机。随着新型电机、大功率半导体器件、大规模集成电路的发展和计算机技术的应用，电力拖动系统的品种、质量和性能都有了进一步的提高，以全数字式的三相永磁同步电动机伺服系统、三相异步电动机伺服系统和直流电动机伺服系统为代表的新型电力拖动系统的出现，带动了数控机床、工业机器人、交通运输、航空航天及家用电器等的一系列高质量、高性能、以电力来拖动的机电一体化高科技产品的迅速发展。随着科学技术的发展，工业、农业、国防等各部门都要求有性能更好的新型电机及电力拖动系统，以满足各种不同的要求。

二、本课程的性质

本课程是电子信息类学科自动化专业和非电机专业、电气工程及其自动化专业及以电为主的机电一体化专业的一门重要专业基础课，对应用型技术人才的培养起着重要的作用。加强电机在自动控制系统中的应用能力是本课程的主要任务之一。随着电力电子学、计算机和自动控制理论的发展及交流电机调速等控制技术的普及，电机在机电一体化工业中的作用更显重要，可以说无先进的电机控制及电力拖动系统，就不可能有当今机电一体化的高科技工业。

三、本课程的任务

本课程主要分析研究电机与电力拖动的基本规律，同时从工作机械的运行要求出发，分析研究电动机运行的基本规律、常用控制电机的应用等问题。课程基本任务是要熟悉常用的直流发电机，交、直流电动机，变压器及控制电机的基本结构、运行原理、运行特性及应用；掌握交、直流电动机的机械特性，调速原理及起动、制动方法；具备使用电力拖动系统中电动机所必需的基本知识和能力；了解电机与电力拖动今后发展的方向，为学习自动控制系统或伺服系统、工厂电气控制技术、PLC 控制及工厂供电等课程准备必要的基础知识。

四、本课程的学习方法

由于电机及拖动基础课程包含的内容较多，而我们的课堂学习时间不可能很多，因此必须有一个良好的学习方法，才能学好这门课。这里提供几点学习方法供参考。

1. 掌握分析问题的方法

在本课程中，所涉及的电机类型较多，电力拖动也有直流拖动和交流拖动之分。如果将每一种电机、每一种拖动系统都作为一个独立的、新的内容来学，就会感觉到学习任务太重。如果我们在学习过程中能够掌握研究问题的方法，找出各类电机及各种拖动系统的共性及个性，就会使学习轻松，应用自如。例如三相异步电动机原理的分析与变压器的分析过程类似，而最后的数学模型也差不多，只要掌握了分析问题的方法，就可较容易地掌握这两部分的内容。交流电动机的拖动与直流电动机一样，都是分析其机械特性、调速原理、起动方法和制动方法，故两种电动机的分析有很多雷同之处，只要加以对比就可以掌握其规律，轻松掌握拖动的所有内容。

2. 理解公式所表达的物理概念

本课程的公式较多，如果单独记忆不同公式所表达的各物理量之间的数量关系，这确实不是一件容易的事，但理解了公式所表达的物理概念，记忆起来就容易多了。如直流电机的感应电动势公式 $E_a = C_e \Phi n$，电磁转矩公式 $T_{em} = C_T \Phi I_a$，这两个公式看起来很简单，暂时记忆也较容易，但时间长了很容易混淆。如果理解了公式所表示的物理意义：感应电动势是导体在磁场中切割磁力线所产生的，必然与磁场和切割速度成正比；电磁转矩是因载流导体在磁场的作用下所产生的，其大小必定与磁场的强弱和电流的大小成正比。这样就很容易记住公式各物理量以及它们之间的相互关系了。

3. 掌握重点

对自动化、电气工程及其自动化、机电一体化等专业的同学来说，学习本课程的目的是正确地使用电机，且为设计、研制或使用电力拖动系统服务。因此在学习过程中，要从应用电机的角度出发，着眼于电机运行的特性，要将重点放在电机的机械特性与负载的转矩特性的配合上，以及电动机起动、制动、调速的方法和原理上，为今后分析和使用电力拖动系统打下良好基础。而对电机的工作原理以够用为度，对电机内部结构只要一般了解就行了。总之要学会抓重点，不能因小失大。

学习电机及拖动基础还要注意其专业基础课的特点，既要重视基础理论，又要结合工程实际的综合应用，只有结合工程实际、综合应用基础理论才能真正学好本课程。

五、电机与拖动常用的电磁概念与定律

（一）磁场的几个常用物理量

在电机与拖动中，机电能量转换的媒介是磁场，磁场的路径称为磁路，因此磁场或磁路是电机的重要内容。而磁场通常比较抽象，不太容易掌握，在工程实际中，通常将磁场问题简化为磁路问题。

在永磁体及通电导线周围存在磁场，表征磁场的大小或强弱可以用以下的物理量表示。

（1）磁感应强度（又称磁通密度）B：表征磁场强弱及方向的物理量，单位为 Wb/m^2。

磁感应强度描述的只是空间每一点的磁场，若要表示一个给定面积的磁场，则用磁通量。

（2）磁通量 Φ：垂直穿过某截面积的磁力线总和，单位为 Wb。

$$\Phi = BA$$

从上式可以看出，在均匀磁场中，单位面积内的磁通量称为磁感应强度，又称磁通密度。

（3）磁场强度 H：计算磁场时引用的物理量，单位为 A/m。

$$H = \frac{B}{\mu}$$

式中　μ——磁导率。

真空中的磁导率 $\mu_0 \approx 4\pi \times 10^{-7}$ H/m，$\mu = \mu_r\mu_0$。μ_r 为导磁介质的相对磁导率。非铁磁材料的相对磁导率近似为 1。

（4）磁通势 F：电机与拖动中特别引进的物理量。其与磁场强度的关系为

$$F = Hl$$

（二）磁路的概念

磁通所通过的路径称为磁路，如图 0-1 所示。一条简单的磁路由采用高导磁材料的铁芯和通电线圈组成，若忽略线圈漏磁通，由通电线圈产生的磁场将主要分布在铁芯内部。

（三）磁路的基本定律

1. 安培环路定律——全电流定律

凡有电流流动的导体的周围均会产生磁场，即“电动生磁”。由载流导体产生的磁场大小可用磁场强度 H 来表示，磁力线的方向与电流的方向满足右手螺旋关系。如图 0-2 所示，假定在一根导体中通以电流 i，则在导体周围空间的某一平面上产生的磁场强度 H 为

$$\oint_L H\mathrm{d}l = \sum i$$

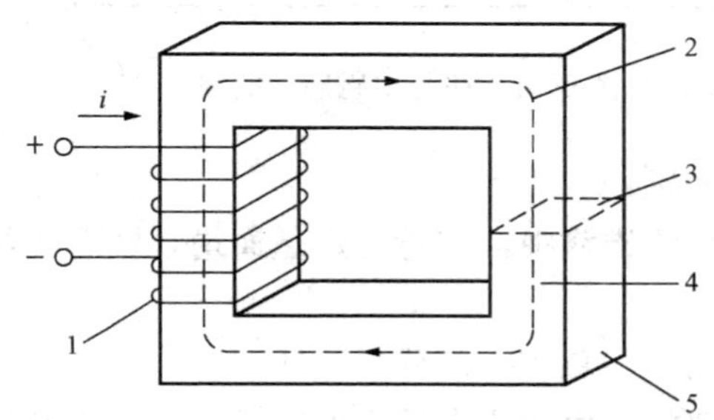

图 0-1　简单磁路示意图

1—线圈；2—磁力线；3—横截面积 A；4—平均铁芯长度 l；5—铁芯磁导率

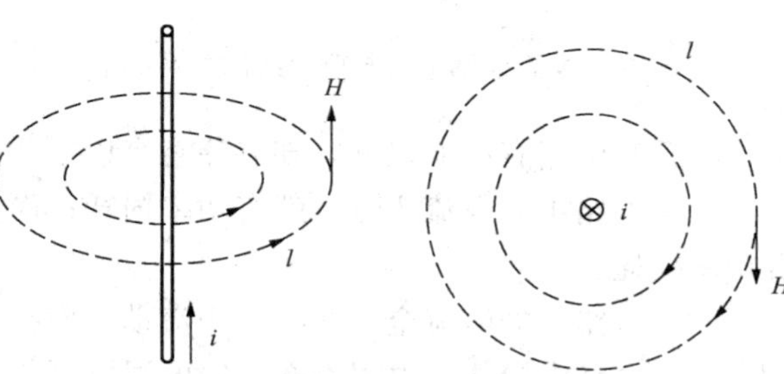

图 0-2　电流方向与磁力线方向的关系

如果载流导体是匝数为 N 的线圈（见图 0-3），在均匀磁场中，沿着回线 l 处磁场强度 H 处处相等，则

$$Hl = Ni = F$$

2. 磁路的欧姆定律

磁通密度等于磁场强度乘以磁导率，即

$$B = \mu H = \mu \frac{NI}{l}$$

磁通量 Φ 等于磁通密度乘以面积，即

$$\Phi = \int B\mathrm{d}A = BA = NI\frac{\mu A}{l}$$

令

$$R_{\mathrm{m}} = \frac{l}{\mu A}$$

则磁通可以改写成

$$\Phi = \frac{NI}{\dfrac{l}{\mu A}} = \frac{NI}{R_{\mathrm{m}}} = \frac{F}{R_{\mathrm{m}}}$$

上式形式与电路的欧姆定律相似，故称为磁路的欧姆定律。

3. 磁路的基尔霍夫定律

由物理学的磁通连续性原理可知，磁力线是没有起止的闭合回线。根据这个原理，传入任何一闭合面的磁通必然等于穿出该闭合面的磁通，对图 0-4 所示的磁通，必然有

$$-\dot{\Phi}_1 + \dot{\Phi}_2 + \dot{\Phi}_3 = 0, \sum\dot{\Phi} = 0$$

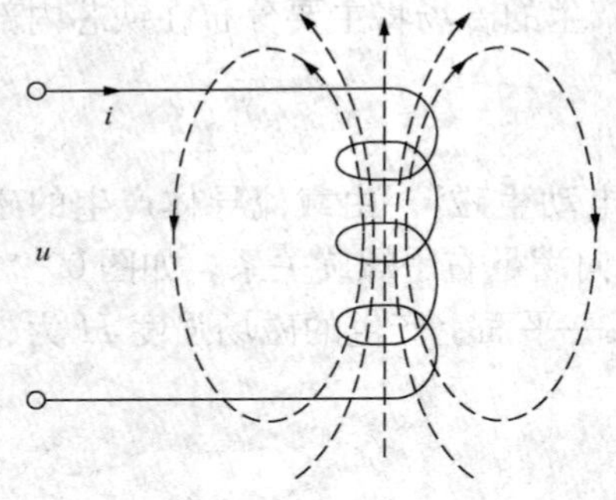

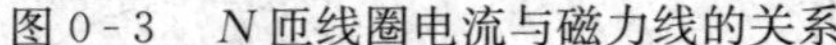

图 0-3　N 匝线圈电流与磁力线的关系

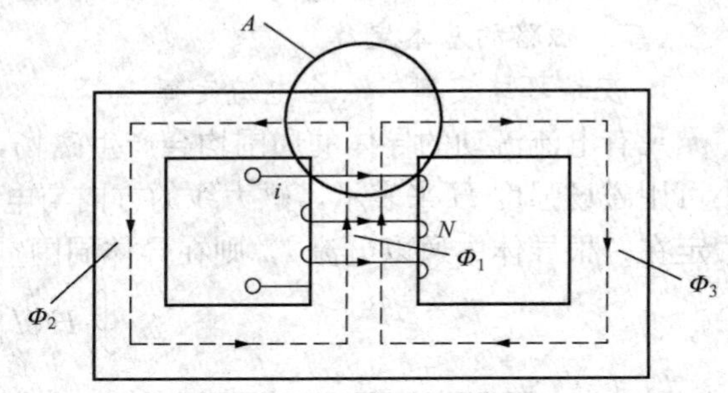

图 0-4　铁芯中磁通的关系

磁路和电路有相似之处，却要注意有以下几点差别：

（1）电路中有电流 I 时，就有功率损耗；而在直流磁路中，维持一定磁通量，铁芯中没有功率损耗。

（2）电路中的电流全部在导线中流动；而在磁路中，总有一部分漏磁通。

（3）电路中导体的电阻率在一定的温度下是恒定的；而磁路中铁心的磁导率随着饱和程度而有所变化。

（4）对于线性电路，计算时可以用叠加原理；而在磁路中，B 和 H 之间的关系为非线性，因此计算时不可以用叠加原理。

4. 电磁力定律

载流导体在磁场中会受到电磁力的作用。当磁场和导体方向相互垂直时，载流导体所受的电磁力为

$$f = Bil$$

式中　B——磁场的磁感应强度，Wb/m^2；

i——导体中的电流，A；

l——导体的有效长度，m。

电磁力的方向由左手定则确定，图 0-5 表示了 f、B 与 i 三者之间的方向关系。

5. 电磁感应定律

（1）导体在交变磁场中的变压器电动势。1831 年，法拉第通过实验发现了电磁学中最重要的规律——电磁感应定律，揭示了磁通与电压之间存在如下关系：

1）如果在闭合磁路中磁通随时间而变化，那么将在线圈中感应出电动势。

2）感应电动势的大小与磁通的变化率成正比，即

$$e = -N\frac{d\Phi}{dt}$$

感应电动势的方向与产生它的磁通正方向之间符合“右手螺旋定则”。法拉第电磁感应定律奠定了电机学的理论基础。

（2）导体在静止磁场中的切割感应电动势。磁场的变化会在导体中产生感应电动势。如果磁场静止不变，而让导体在磁场中运动，相对于导体来说，磁场仍是变化的，因此根据法拉第电磁感应定律，同样会在导体中产生感应电动势，其大小为

$$e = Blv$$

式中　B——磁场的磁感应强度，Wb/m^2；

v——导体切割磁场的速度，m/s；

l——导体的有效长度，m。

而感应电动势的方向由“右手定则”确定，图 0-6 表示了 e、B 与 v 三者之间的方向关系。

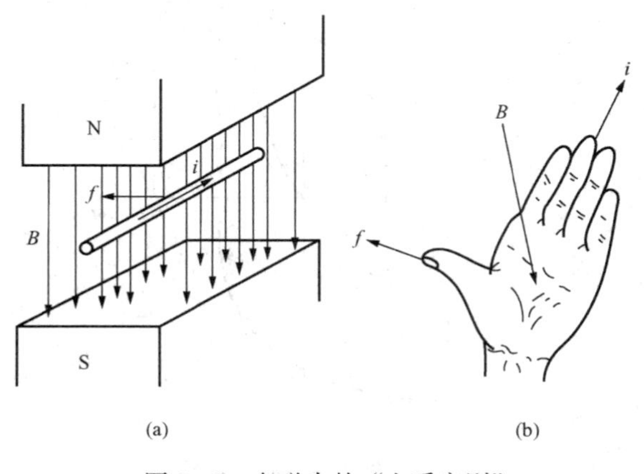

图 0-5　电磁力的“左手定则”

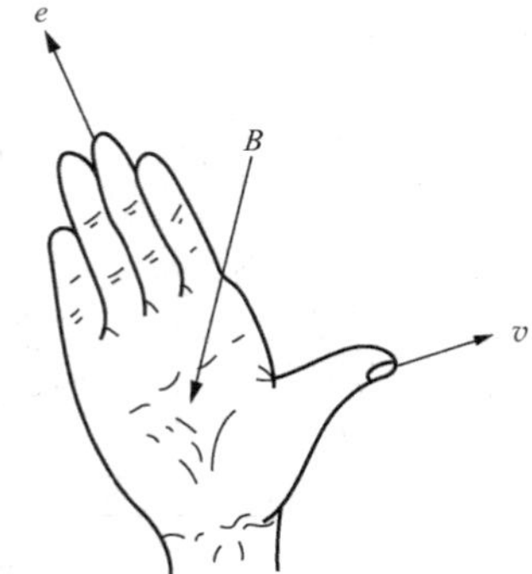

图 0-6　切割电动势的“右手定则”

（四）常用铁磁材料及其特性

1. 铁磁物质的磁化

将铁、镍、钴等铁磁材料放进磁场后，磁场将明显增强，铁磁材料呈现很强的磁性，这

种现象为铁磁材料的磁化。铁磁材料的强磁场性能，是由于在铁磁材料的内部存在许多很小的磁畴，如图 0-7 所示。铁磁材料未放进磁场前，磁畴杂乱无章，磁场效应互相抵消，对外不显磁性，如图 0-7（a）所示。当铁磁材料放进磁场后，在外磁场的作用下，磁畴顺着外磁场方向转向，排列整齐，显示出磁性。

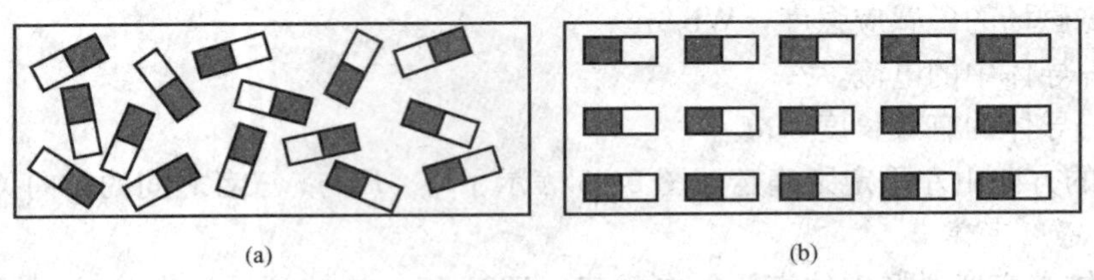

图 0-7 磁畴
（a）未磁化；（b）已磁化

2. 磁化曲线和磁滞回线

（1）起始磁化曲线。将一块未磁化的铁磁材料进行磁化，当磁场强度 H 由零逐渐增加时，磁通密度 B 将随之增加。用 $B=f(H)$ 描述的曲线就称为起始磁化曲线，其形状如图 0-8所示。在 Ob 段随着 H 的增加，B 增加较快。在 bc 段随着 H 的增加，B 增加较慢，这段称为磁化曲线的膝部。c 点以后可以转向的磁畴就很少了，随着 H 的增加，B 增加非常缓慢，称为磁化曲线的饱和段。

（2）磁滞回线。如图 0-9 所示，当铁磁材料被磁化一个循环时，就得到一个闭合回线 $abcdef$。当 H 从零增加到 H_m 时，B 相应地从零增加到 B_m；然后再逐渐减小 H，B 值将沿曲线 ab 下降。当 $H=0$ 时，B 值并不等于零，而是 B_r，这就是剩磁。

当 H 在 H_m 和 $-H_m$ 之间反复变化时，呈现磁滞现象的 $B—H$ 闭合曲线，称为磁滞回线。

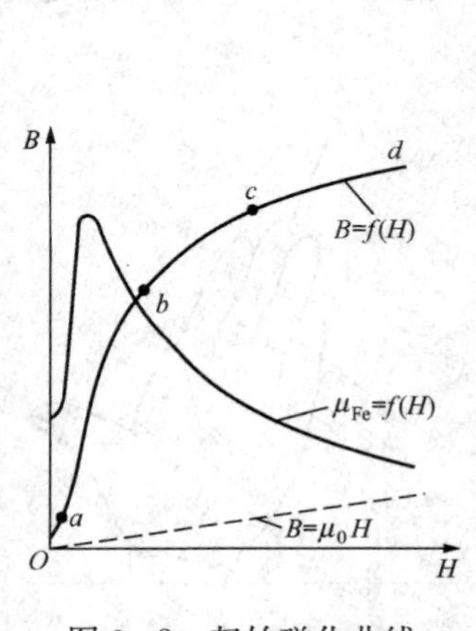

图 0-8 起始磁化曲线

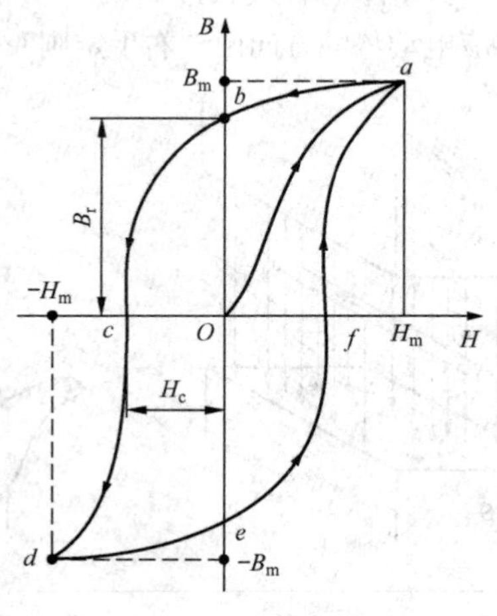

图 0-9 磁滞回线

（五）铁芯损耗

1. 磁滞损耗

在交变磁场中，铁磁材料要反复磁化，这个磁化过程就是通过磁畴的转动和磁畴间相邻界壁的移动来完成的，随着交变磁场不断改变方向，磁畴的转动和界壁的移动受到阻力，产生了类似摩擦发热的能量损耗，这种损耗称为磁滞损耗。

2. 涡流损耗

除去磁滞损耗以外，穿过铁磁体的磁通交变时，由于铁磁体本身也具备导电能力，根据电磁感应定律，铁芯内将产生感应电动势。这个感应电动势在铁芯内便会产生涡流，铁芯内部由于涡流在铁芯电阻上产生热能损耗，这种损耗称涡流损耗。

磁滞损耗和涡流损耗都转变成热能，使铁芯温度升高。磁滞损耗和涡流损耗合在一起，总称铁芯损耗，简称铁耗。

第一章　直 流 电 动 机

学习提示

本章通过对直流电动机工作原理的分析，得到直流电动机的感应电动势公式、电磁转矩公式、电压平衡方程式、转矩平衡方程式及功率平衡方程式，为分析直流电动机的机械特性及直流拖动运行奠定基础。请务必理解、掌握直流电动机的基本公式和平衡方程。

直流电机是将直流电能与机械能相互转换的旋转机械装置，直流电机包括直流电动机和直流发电机。

直流电动机和交流电动机比较，它的主要优点是调速性能和起动性能较好。直流电动机调速范围宽广，平滑的无级调速特性可实现频繁的无级快速起动、制动和反转。另外，直流电动机过载能力较强，能承受频繁的冲击负载，并能满足自动化生产系统中各种特殊运行要求。这些性能对某些生产机械的拖动来说，是十分重要的，在需要宽广调速的场合和有特殊要求的自动控制系统中，占有突出的应用地位。

本章主要介绍直流电动机的基本运行原理、主要结构和工作特性，为学习第二章直流电动机的电力拖动和交流电机打下基础。

第一节　直流电动机的基本原理

一、直流电动机的工作原理

直流电动机的工作原理模型如图 1-1 所示。图中 N、S 是主磁极，它可以是永久磁铁，也可以是电磁铁。所谓电磁铁，就是在磁极铁芯上绕上励磁线圈，当在励磁线圈中通入直流电流（叫励磁电流），磁极铁芯便产生了固定的极性。图中 abcd 是装在可以转动的圆柱体上的一个线圈，线圈两端分别接到相互绝缘的换向片（合称换向器）上，它们与转轴绝缘并随转轴旋转。这个可以转动的部分叫转子（或电枢）。固定不动的电刷 A、B 与换向器滑动接触，通过电刷、换向器可以把旋转着的电路（如线圈 abcd）与直流电源 E 接通。当直流电源 E 的正极性端与电刷 A 相连，负极性端与电刷 B 相连，就形成了电枢电流通路。

直流电动机的工作原理是依据“电工基础”课程中的毕—萨（Biot－Savart）电磁力定律。由电磁力定律可知，置于磁场中的带电导体会受到电磁力的作用，若磁场与载流导体互相垂直，则作用在导体上的电磁力为

$$F = Bli \tag{1-1}$$

式中　B——磁场的磁感应强度，T；

l——导体的有效长度，m；

i——导体中的电流，A。

电磁力的大小由磁感应强度和导体里流过的电流的大小决定，电磁力的方向由“左手定

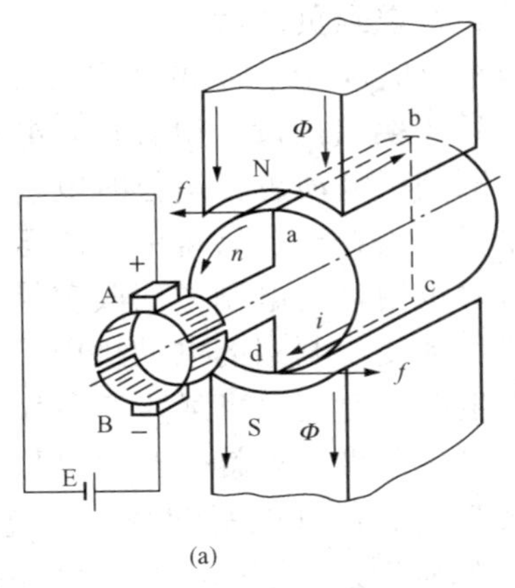

(a)

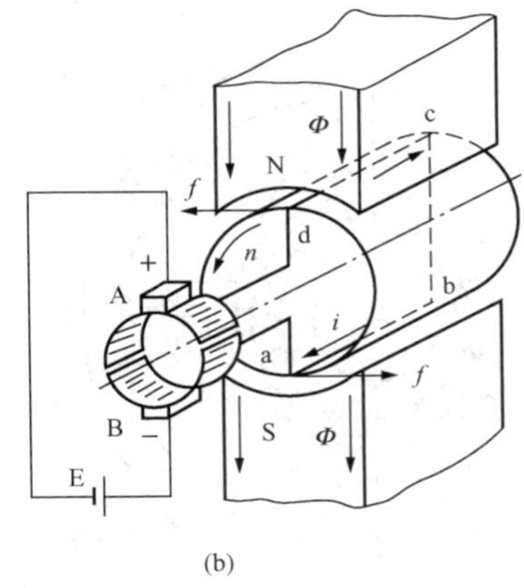

(b)

图 1-1　直流电动机工作原理模型图
(a) 某时刻位置；(b) 旋转半周后位置

则”确定。把左手手掌伸开，大拇指与其他四个手指呈 90°角，如图 1-2 所示，如果让磁感应线指向手心，四个手指指向导体里电流流动的方向，则大拇指的指向就是导体受力的方向。

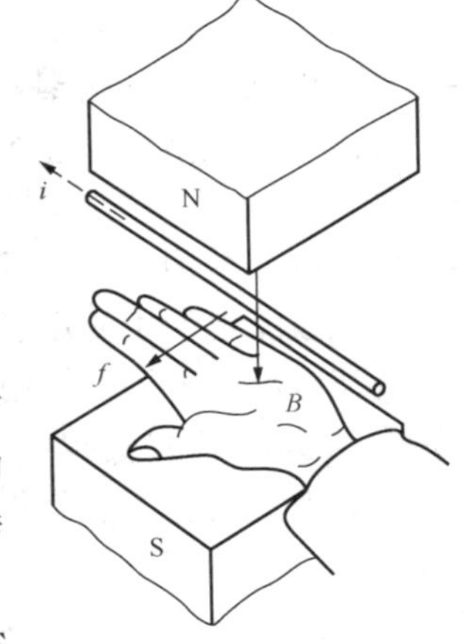

图 1-2　确定载流导体受力的左手定则

如图 1-1 (a) 所示瞬间，直流电动机的电枢线圈接到直流电源上，电刷 A 接到电源的正端，电刷 B 接到电源的负端。这时电流从电刷 A 流入电枢的线圈，然后从电刷 B 流出。在 N 极面下导线电流是由 a→b，根据左手定则可知导线 ab 受力的方向向左；而导线 cd 受力的方向是向右的。这个力乘以转子的半径，就是转矩，称为电磁转矩。此时电磁转矩的作用方向是逆时针方向，企图使电枢逆时针方向旋转。当两个电磁力对转轴所形成的电磁转矩大于阻转矩时，电动机就真的能按逆时针方向旋转起来。

当线圈转过 180°，如图 1-1 (b) 所示瞬间，导线 ab 转到 S 极面下，导线 cd 则转到 N 极面下。由于直流电源产生的直流电流方向不变，仍从电刷 A 流入，经导体 c→d→a→b 从电刷 B 流出。可见这时导线的电流方向已改变为由 d→c 和 b→a，而电磁转矩的方向仍然是逆时针的。这样，就使得电动机一直旋转下去。可见，直流电动机通过换向器作用，使正电刷 A 始终和 N 极面下导线相连，负电刷 B 则和 S 极面下导线相连。由于在一定的磁极下导线电流方向始终保持不变，所以电动机的转矩和旋转方向保持不变。

二、直流电动机的换向

由直流电动机的工作原理可见，在电动机旋转过程中，转子绕组中的电流方向不断改变，这种电流方向改变的过程称为换向。换向是带有换向器电动机的特有问题，换向不良将会在电刷下产生有害的火花，当火花超过一定程度时就会烧坏电刷和换向器，使电动机不能继续运行。然而换向过程又是十分复杂的，有电磁、机械和电化学等各方面因素相互交织在一起，对其各种现象的物理实质还在继续研究之中。目前为了改善换向，一般直流电动机在主磁极间装有换向极，也称附加极或间极，如图 1-3 的 S_K 和 N_K 所示。换向极的数量和主磁

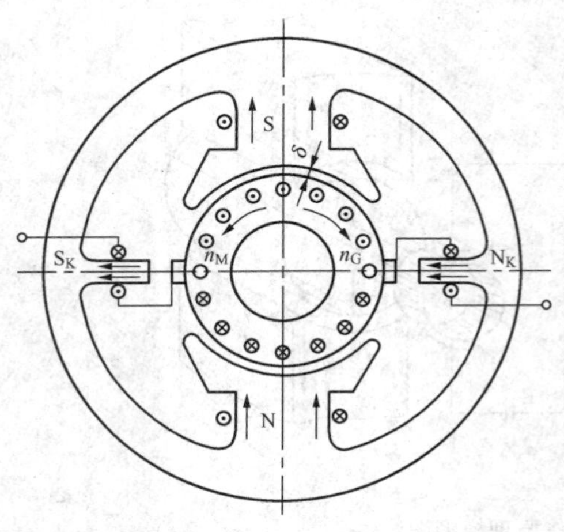

图 1-3 用换向极改善换向的电动机示意图

极相同，考虑到负载后电枢磁场对主磁场的影响（电枢反应），换向极的绕组大多和电枢绕组串联。只要换向极设计得合适，电动机的换向就比较顺利，电动机在运行时电刷与换向器之间基本没有火花。在只需单方向运行的电动机中，有时也用移动电刷方法改善换向。在容量较大或负载变化剧烈的电动机中，电枢反应使磁场发生严重畸变，当某些换向片之间的电位差超过一定限度时，就会产生电位差火花，与换向火花会合，可能引起环火，烧坏电动机。防止环火的有效方法是采用补偿绕组。（有关移动电刷和补偿绕组的详细内容请参看《电机学》教材的有关章节。）

第二节 直流电动机的结构

直流电动机的结构型式多种多样，但其主要部件是相同的。从直流电动机的工作原理可知，直流电动机由两个主要部分组成：①静止部分，称为定子；②转动部分，称为转子。定子与转子之间留有一定的间隙称为气隙。图 1-4 所示为直流电动机的组成部分图。它的实际轴向剖面结构如图 1-5 所示。下面分别介绍几个主要部件的构造和作用。

一、直流电动机的定子

直流电动机定子的作用是产生磁场和作为电动机机械的支撑，它主要由主磁极、换向极、机座、端盖和轴承等组成。

1. 主磁极

主磁极的作用是产生主磁通。主磁极有永久磁铁和电磁铁两种形式，绝大部分直流电动机采用电磁铁。电磁铁是由主磁极铁芯和励磁绕组两部分组成，如图 1-6 所示，主磁极铁芯包括极身和极掌（又叫极靴）两部分。主磁极铁芯一般由 1～1.5mm 厚的钢板冲片叠压而成。磁极用螺钉固定在磁轭上。磁极上套的线圈叫励磁绕组。线圈用绝缘铜线绕成。线圈和磁极间用绝缘纸和腊布或云母绝缘起来。各主磁极的线圈一般都是串联起来的。各磁极上线圈的连接应保证相邻磁极的极性按 N 极和 S 极交错依次排列。为了改善气隙中磁通密度的分布，磁极下的极掌较极身宽，这样还可使励磁绕组牢固地套在磁极上。

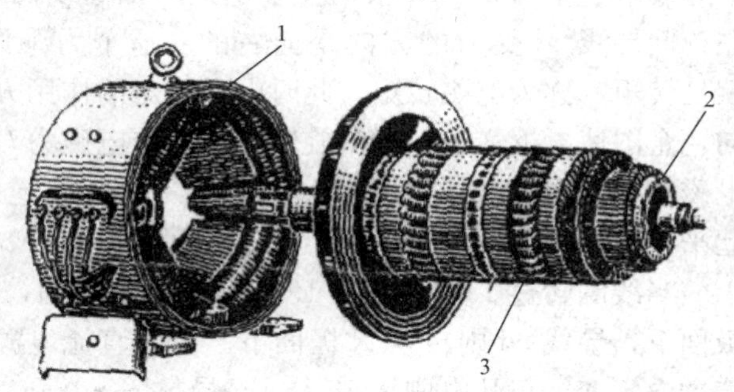

图 1-4 直流电动机的组成部分图

1—磁极；2—换向器；3—电枢

2. 换向极

在两个相邻的主磁极之间有一个小的磁极，构造与主磁极相似，这就是换向磁极。它的作用是为了改善换向。换向极装在两主磁极之间，也是由换向极铁芯和换向极绕组组成，如图 1-7 所示。一般换向极铁芯用整块钢板加工而成，也可用 1.5mm 的钢板叠压而成。换向

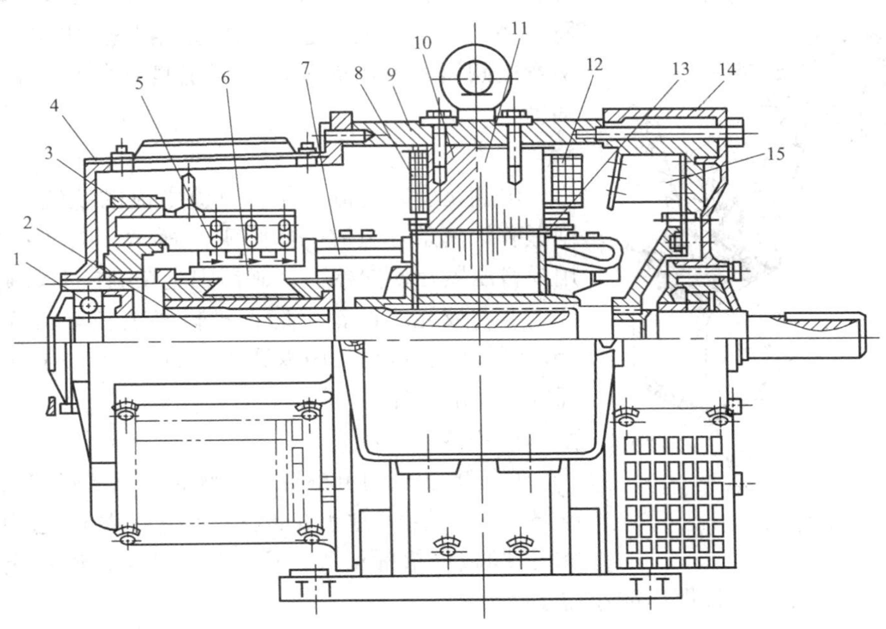

图 1-5 直流电动机轴向结构剖面图

1—轴承；2—轴；3—刷架；4—前端盖；5—电刷；6—换向器；7—电枢绕组；8—换向极绕组；9—机座；10—换向极铁芯；11—主磁极铁芯；12—主磁极绕组；13—电枢铁芯；14—后端盖；15—风扇

极绕组套在换向极铁芯上与电枢绕组串联，流进的是电枢电流，所以换向极绕组的匝数少而导线较粗。一般换向极的数量与主磁极相同，在有些小功率的直流电动机中，换向极数为主磁极的一半，或不装换向极。

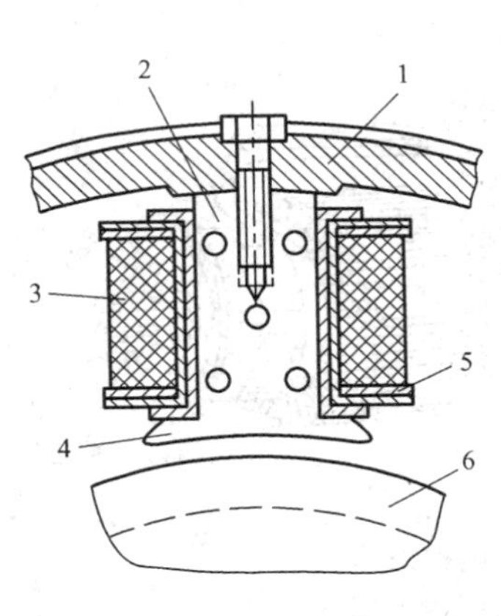

图 1-6 主磁极

1—机座；2—极身；3—励磁线圈；4—极靴；5—框架；6—电枢

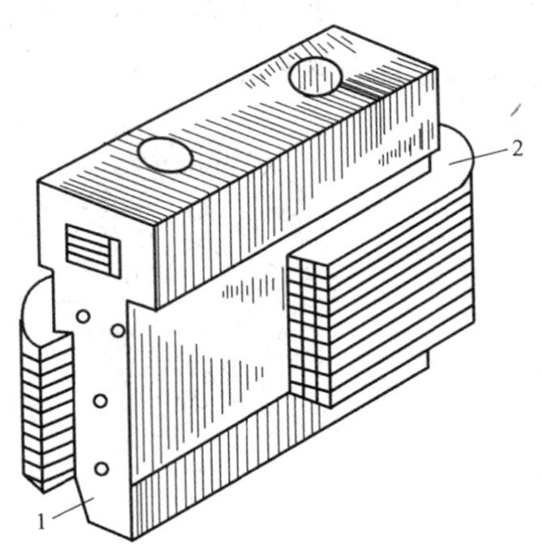

图 1-7 换向极

1—换向极铁芯；2—换向极绕组

3. 机座

机座一方面用来固定主磁极、换向极和端盖等部件，另一方面作为电动机磁路的一部

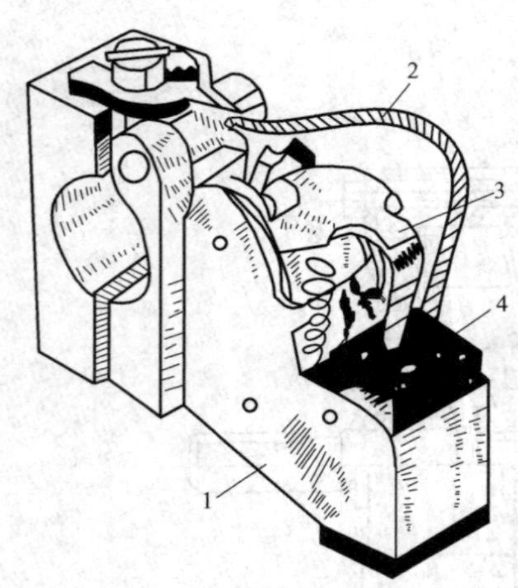

图 1-8　电刷装置
1—刷握；2—铜丝（汇流条）；
3—压紧弹簧；4—电刷

分。其导磁部分叫作磁轭，磁轭下部的支撑部分叫作底脚，用来将电动机固定在基础上。机座一般用铸钢或厚钢板弯成圆筒形焊接而成，以保证良好的导磁性能和机械强度。

4. 电刷

电刷是引入直流电压、直流电流的装置。它由电刷、刷握和汇流条等组成，如图 1-8 所示。电刷放在刷握内，用弹簧压紧在换向器上，刷握固定在刷杆上，刷杆装在刷杆座上，彼此之间都绝缘。刷杆座装在端盖或轴承内盖上，刷杆座能转动，用以调整电刷位置。电刷的位置调整好以后固定刷杆。

5. 接线盒（板）

直流电动机的电枢绕组和励磁绕组通过接线盒与外部电路连接，接线盒上的电枢绕组一般标记为“A”或“S”，励磁绕组标记为“F”或“L”。普通直流电机电枢回路电阻很小，比励磁回路电阻小得多。

二、直流电动机的转子

直流电动机的转子又称电枢，其作用是用来产生电动势和电磁转矩实现能量转换的。它由电枢铁芯、电枢绕组、换向器和转轴等组成。

1. 电枢铁芯

电枢铁芯的作用是通过主磁通和安放电枢绕组。当电枢在磁场中旋转时，铁芯将产生涡流损耗和磁滞损耗。为了减少损耗，提高电机的效率，电枢铁芯一般用厚度为 0.5mm 的硅钢冲片叠成。如图 1-9（a）所示。为了加强通风冷却，电枢铁芯冲有轴向通风孔。较大容量电动机的铁芯沿轴向分成几段，每段长 4～10mm，在相邻两段间留有径向通风沟。图 1-9（b）是电枢铁芯的装配图。

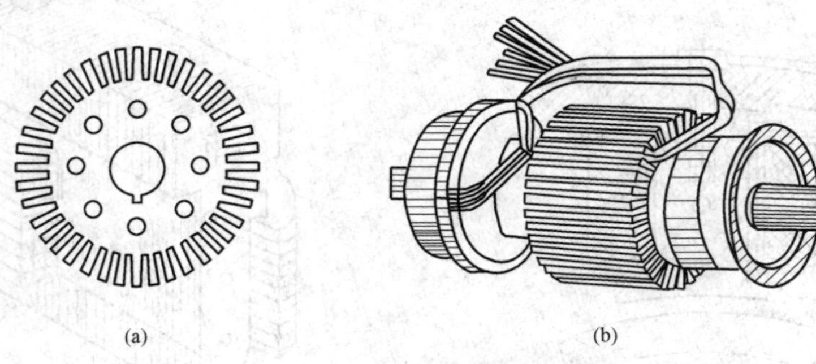

图 1-9　小型直流电动机的电枢铁芯
（a）电枢铁芯冲片；（b）电枢铁芯装配图

2. 电枢绕组

电枢绕组是直流电动机主要的部件，感应电动势、电流和电磁力的产生，机械能和直流电能的相互转换都是在这里进行。电枢绕组由许多个形状完全相同的线圈组成，这些线圈按一定的要求均匀地分布在电枢铁芯的槽中，并按一定的规律连接起来。由于直流电动机的容量和电压等级不同，电枢绕组的形式有多种，但最基本的形式有叠绕组和波绕组两种，叠绕组有单叠绕组和多叠绕组，波绕组有单波绕组和复波绕组之分。每个槽中的线圈边分上下两层叠放，一个线圈边放在一个槽的上层，另一个边放在另一个槽的下层。所以直流电动机电枢绕组一般都是双层绕组，如图 1-10 所示。(本教材只分析单叠绕组，其他绕组分析请参考《电机学》有关内容。)

下面从实际的绕组出发来探索电枢绕组的规律。图 1-11 为单叠绕组元件展开图，由图可知，单叠绕组连接的特点是同一个线圈（也称作元件）两个出线端连接于相邻的两个换向片上。图中上层元件边（首端）用实线表示；下层元件边（末端）用虚线表示；元件跨度用 y_1 表示（指同一元件两个有效边在电枢上的跨度，以槽数表示）。一个元件的两个引出端所连接的两个换向片之间的距离用 y_K 表示（一般 y_k 用换向片数计算）。紧接着相串联的两个元件对应边之间在电枢上的跨距用 y 来表示（y 用槽数表示，$y=y_K$）。某一元件的下层边和它相串联的下一元件上层边所跨的槽数用 y_2 来表示（$y=y_1-y_2$）。单叠绕组所有相邻元件依次串联，即后一个元件的首端与前一个元件的末端联在一起，最终形成一个闭合的回路，这种绕组的任何两个紧相串联的后一个元件的端接部分叠压在前一个元件的端接部分上，同一元件两个出线端所连接的换向片之间的距离等于“一个”换向片宽度。

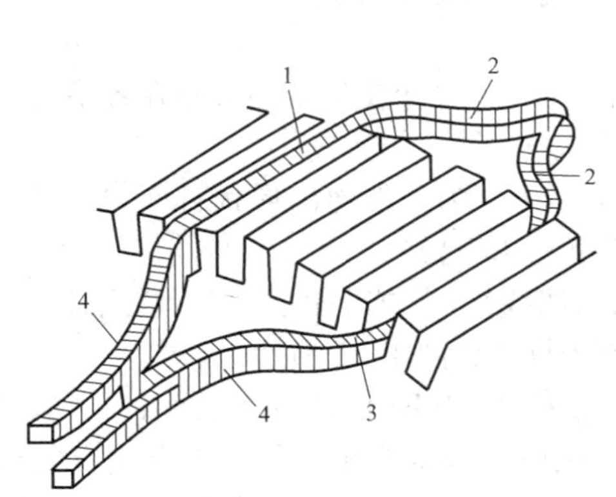

图 1-10　元件边在槽内的放置情况

1—上层元件边；2—后端接部分；3—下层元件边；4—首端接部分

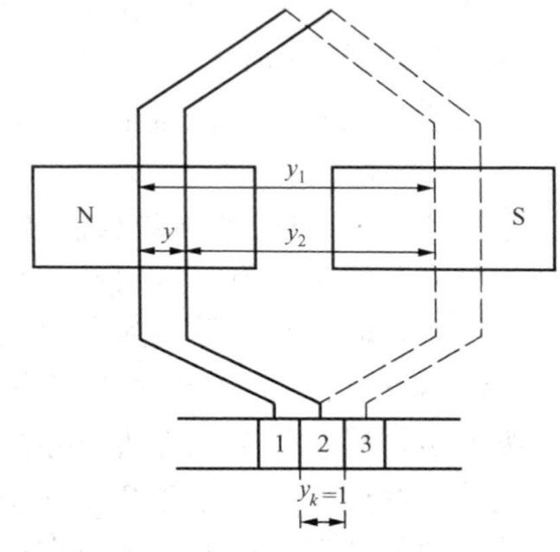

图 1-11　单叠绕组元件展开图

下面通过一个实例，分析单叠绕组的连接特点和组成情况。

【例 1-1】 已知一台直流电动机，磁极数 $2p=4$，电枢槽数 $Z=16$，极距 $\tau=\dfrac{Z}{2p}$，元件数 S 等于换向片数 K，也等于电枢槽数 Z，即 $S=K=Z=16$，试画出此直流电动机电枢绕组的展开图和电枢绕组的并联支路图。

解　据题意可取 $y_1=4$（一般取 $y_1\approx\tau$），$y=y_k=1$，$y_2=y_1-y=3$。

为了便于绘制绕组展开图，可先编制一绕线次序表。为了说明问题，将绕组元件、槽及换向片编号。现将电枢的各槽顺时针方向依次标以 1、2、3、…、16 号。放在第 1 槽上层的有效边是第 1 号元件，它的首端连接到第 1 号换向片上，其余依此类推。这样，换向片号码、连接换向片后面的元件号码以及该元件上层边所在的槽号都是相同的。表 1-1 中，上面一行数字表示上层有效边所在的槽号，同时也代表了依次连接的元件号码，下面的一行数字是表示下层有效边所在的槽号。

表 1-1 单叠绕组连接次序表

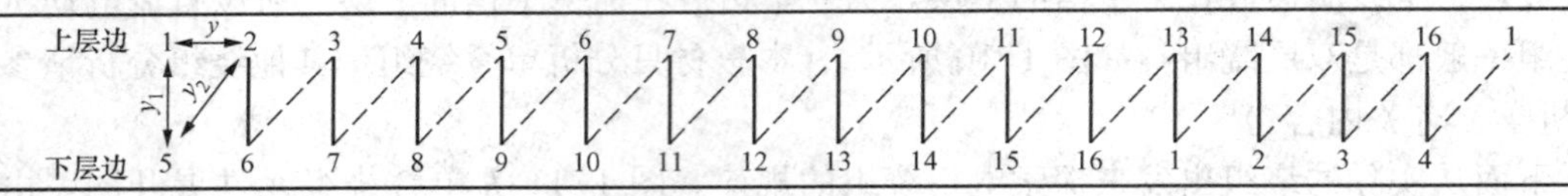

在同一列上，由实线连接起来的有效边构成了一个元件。如在表内第 1 槽的上层边与第 5 槽的下层边即构成第 1 号元件，它们的距离等于 y_1。它们是从换向器相反的一侧（后侧）连接起来的。由虚线所连接的有效边，则是从换向器一侧（前侧）连接起来的，它们的距离等于 y_2。同一行相邻的数字表示依次串联的两元件对应有效边的距离，以 y 表示。如果节距计算得正确，在表内必然包括了上层和下层的全部有效边。由第 1 槽的上层边开始，依次排列，最终会回到起始的有效边。也就是说从第 1 号元件开始，绕电枢一周，将全部元件都连接完毕又回到起始的元件。可见，单叠绕组在内部是自成一闭合回路的。

根据绕组次序表，按以下步骤画出电枢绕组连接的展开图，如图 1-12 所示。

第一步，先画 16 根等长、等距的实线，代表各槽上层元件边；再画 16 根等长等距的虚线，代表各槽下层元件边。让虚线靠近实线些。实际上一根实线和一根虚线代表一个槽，并编号码，如图 1-12 所示。

第二步，放磁极。让每个磁极的宽度大约等于 0.7τ，4 个磁极均匀分布在各槽之上，并标上 N、S 极性。

第三步，画 16 个小方块代表换向片，并标上号码。为了能连出形状对称的元件，换向片的编号应与槽编号有一定对应关系（由第一节距 y_1 来考虑）。

第四步，联绕组。第 1 换向片经第 1 槽上层（实线），根据节距 $y_1=4$，联到第 5 槽的下层（虚线），然后回到换向片 2，注意中间隔了 4 个槽，如图 1-11 所示。

第五步，确定每个元件边里导体感应电动势的方向。从图 1-11 所示瞬间，1、5、9、13 四个元件正好位于两个主磁极的中间，该处气隙磁感应密度为零，所以没有感应电动势产生。其余的元件可根据电磁感应定律的右手定则找出它们感应电动势的方向来。在图 1-12 里磁极是放在电枢绕组的上面，因此 N 极的磁感应线在气隙里的方向是进纸面的，S 极是出纸面的。考虑到电枢是从右向左旋转，所以在 N 极面下的导体电动势是向下的；S 极面下的是向上的，如图 1-12 所示。

第六步，放电刷。在直流电动机里，电刷组数与主磁极的个数一样多。对本例来说，就是两组电刷，均匀地放在换向器表面圆周方向的位置。每个电刷的宽度等于每一个换向片的宽度。

放电刷的原则是，要求正、负电刷之间得到最大的感应电动势；或被电刷所短路的元件中感应电动势最小，这两个要求实际上是一致的。在图 1-12 中，由于每个元件的几何形状对称，如果把电刷的中心线对准主磁极的中心线，就能满足上述要求。图 1-12 中，被电刷短路的元件正好是 1、5、9、13，这几个元件中的电动势正好为零。实际运行时，电刷是静止不动的，电枢在旋转，但是，被电刷所短路的元件，永远都是处于两个主磁极之间的地方，当然感应电动势为零。实际的电动机并不要求在绕组展开图上画出电刷的位置，而是等电动机制造好，用试验的办法来确定电刷在换向器表面上的位置。

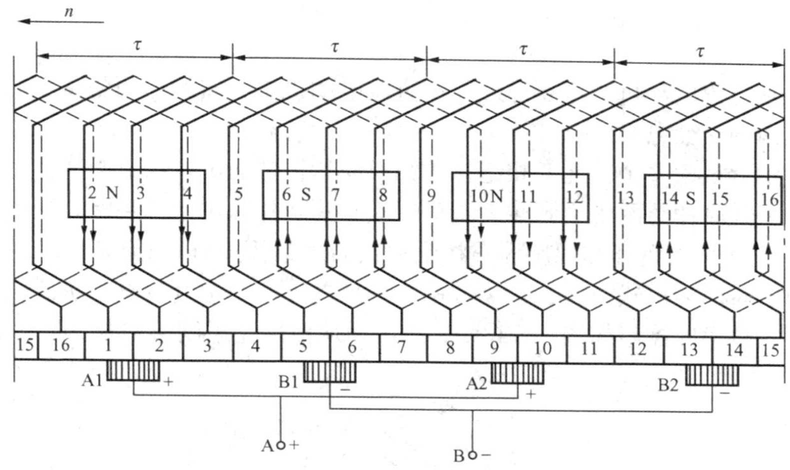

图 1-12　单叠电枢绕组展开图

按照图 1-12 各元件连接的顺序，可以得到如图 1-12 所示的电枢绕组并联支路图。图中每个元件的电动势瞬时值等于上、下层元件边电动势之和，处于每一极面的上层元件边和相邻极面内的下层元件边组成一条支路，它可等效地视为将每一极面下电动势方向相同的元件串联成一条支路：元件 2、3、4 组成一条支路，6、7、8 组成另一条支路；同样，元件 10、11、12 和 14、15、16 分别组成两条支路，这四条支路连同被电刷短路的元件 1、5、9、13 构成一个闭合回路，如图 1-13 所示。

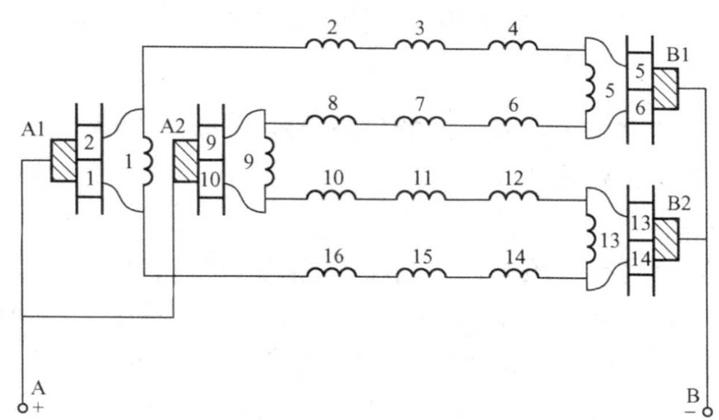

图 1-13　单叠电枢绕组并联支路图

通过上面例题的分析，可以归纳如下：

单叠绕组是将同一磁极下相邻的元件依次串联起来，所以在每一磁极下，这些电动势方向相同串联起来的元件就形成了一个支路，即每对应一个磁极就有一个支路。所以正确放置电刷的结果，绕组并联支路对数 a 必定和磁极对数 p 相等，即 $a=p$。

如图 1-13 中电动机电流自电刷 A1 和 A2 流向外电路，故 A1 和 A2 电刷的电位为正，而 B1 和 B2 电刷的电位则为负。极性相同的电刷各用汇流线并联后引向外电路。这样，电枢绕组两端便得到固定方向的直流电动势。如果元件足够多，电动势脉动就很小了。

电动机的电枢绕组出线端的电动势等于并联支路的电动势，而输出到外电路的总电流，则等于各个支路电流之和。设每个支路的电流为 i_a，则电枢绕组总电流为

$$I_a = 2ai_a$$

3. 换向器

换向器也是直流电动机的重要部件，在直流电动机中，它的作用是将电刷两端的直流电流转换为绕组内的交变电流。

换向器由楔形截面多个彼此互相绝缘的铜换向片拼装而成，构成圆柱体。一般换向片上有升高片，每个升高片与两个不同线圈端头焊接。片与片间用云母绝缘，换向片下部的鸠尾垫上云母绝缘，用 V 形钢环和螺旋压圈将全部换向片紧固成圆柱体，如图 1-14（b）所示，这种结构的换向器称为拱式换向器，是常用的一种。目前小型直流电动机改用由酚醛玻璃纤维热压成形的塑料换向器，如图 1-14（a）所示，从而简化了制造工艺。

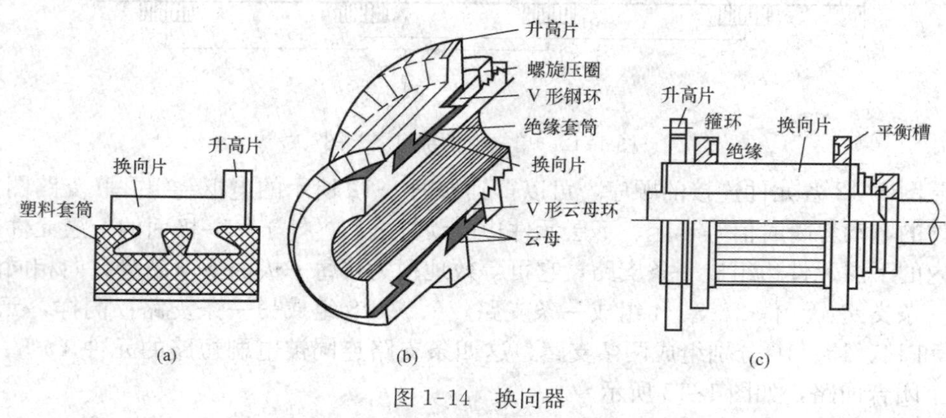

图 1-14　换向器

（a）塑料换向器；（b）拱式换向器；（c）紧固式换向器

4. 转轴

转轴起转子旋转的支撑作用，需一定的机械强度，一般用圆钢加工成。

三、电动机的铭牌及主要系列

1. 直流电动机的铭牌数据

为了保证电动机安全而有效地运行，电动机制造厂都对它出产电动机的工作条件加以规定。电动机按制造工厂规定条件工作的情况，叫作额定工作情况。表征电动机额定工作情况的各种数据叫作额定值。这些数据都列在电动机的铭牌上，如图 1-15 所示。

直流电动机			
型号	Z_3–95	产品编号	7001
结构类型		励磁方式	他励
功率	30kW	励磁电压	220V
电压	220V	工作方式	连续
电流	160.5A	绝缘等级	定子B转子B
转速	750r/min	质量	685kg
标准编号	JB1104–68	出厂日期	年　月

图 1-15　直流电动机的铭牌

铭牌数据是使用和选择电动机的依据，因此使用前一定要详细了解。当电动机恰好运行于额定容量时称为满载运行，或称为额定运行状态。若运行时输出容量超过额定容量，称为过载运行，过载会使电动机过热，降低电动机的使用寿命，甚至损坏电动机，因此过载的程度和时间应严格控制。若电动机的输出容量比额定容量小得多，称为欠载，欠载对设备和能量都是一种浪费，降低了电动机的效率，因此应尽量避免。

(1) 型号 Z_3—95。Z 表示直流电动机，注脚 3 表示第三次改型设计；第一个数字 9 表示机座号，第二个数字 5 表示铁芯长度。

(2) 额定功率 P_N。指电动机在额定运行状态时的输出功率。即电动机输出的机械功率 $P_N=\eta_N U_N I_N$（η_N为额定效率）。单位为 W 或 kW。

(3) 额定电压 U_N。指额定运行状况下，直流电动机的输入电压，单位为 V。

(4) 额定电流 I_N。指额定负载时允许电动机长期输入的电流，单位为 A。

(5) 额定转速 n_N。指电动机在额定负载时的旋转速度，单位为 r/min。

此外，铭牌上还标有额定励磁电压、额定励磁电流和绝缘等级等参数。还有一些额定值，如额定效率 η_N，额定转矩 T_N，额定温升 τ_N等一般不标在铭牌上。

【例 1-2】 一台直流电动机，其额定数据：$P_N=22\text{kW}$，$U_N=110\text{V}$，$n_N=1000\text{r/min}$，$\eta_N=84\%$，求该电动机的额定电流和输入功率各为多少？

解 根据已知数据，由 $P_N=\eta_N U_N I_N$ 可得

$$I_N=\frac{P_N}{\eta_N U_N}=\frac{22\times 10^3}{0.84\times 110}=238(\text{A})$$

$$P_1=\frac{P_N}{\eta_N}=\frac{22}{0.84}=26.19(\text{kW})$$

2. 直流电机的主要系列

为了满足各行业对电动机的不同要求，将电机制成不同型号的系列。所谓系列，就是将结构和形状基本相似，而容量按一定比例递增的一系列电机。它们的电压、转速、机座号和铁芯长都有一定的等级。

(1) Z，ZD 系列。此系列是电磁式小型直流电动机。额定功率范围为 25～400W，额定转速范围为 1500～4000r/min。适合于小型机械传动。

(2) Z_4，ZO_2 系列。此系列是一般用途的中型电动机，适用于机床、造纸、水泥、冶金等行业。额定转速范围为 320～1500r/min。

(3) ZJD 系列。此系列为大型直流电动机，适用于大型轧钢机、卷扬机及重型机械设备，额定功率范围为 1000～5350kW。

(4) S，SZ，SY 系列。此系列是直流伺服电动机，S 系列为老产品，SZ 系列为微型直流伺服电动机，SY 系列为永磁式直流伺服电动机，其功率很小，多用于仪表伺服系统。

(5) ZCF，CYD，ZYS 和 CY 系列。此系列是直流测速发电机，其中 ZCF 系列为他励式直流测速发电机；CYD 为永磁式低速直流测速发电机；ZYS 为普通永磁式直流测速发电机，它的额定输出电压较高，一般为 55V 或 110V；CY 系列是直流永磁式测速发电机，可供小功率系统作测速反馈元件，它的输出电压较低，其电动势为 5V（1000r/min）。

第三节 直流电动机的磁场

一切电磁机械都是电和磁的统一体，两者是相互依赖不可分割的。电动机的磁场是电动机产生感应电动势和电磁转矩不可缺少的因素。电动机的运行性能在很大程度上决定于电动机磁场的特性。因此，要了解电动机的运行原理，首先要了解电动机的磁场。

一、直流电动机的励磁方式

主磁极励磁绕组中通以直流励磁电流产生的磁通势称为励磁磁通势，励磁磁通势产生的磁场称为励磁磁场，又称为主磁场。励磁绕组的供电方式称为励磁方式。按励磁方式的不同，可以分成四种，如图 1-16 所示。

1. 他励直流电动机

他励直流电动机的励磁绕组与电枢绕组之间无电的联系，由两个独立电源分别给励磁绕组和电枢绕组供电，如图 1-16（a）所示，永磁直流电动机不需要直流电源，但可看作他励直流电动机，因其主磁场与电枢电压无关，$I=I_a$。

2. 并励直流电动机

并励直流电动机的励磁绕组与电枢绕组并联，其励磁回路上所加的电压就是电枢电路两端的电压。如图 1-16（b），即 $I=I_a+I_f$。

3. 串励直流电动机

串励直流电动机是将励磁绕组和电枢绕组串联起来，如图 1-16（c）所示，这种直流电动机的励磁电流就是电枢电流，即 $I_f=I_a$。

4. 复励直流电动机

复励直流电动机的主磁极上装有两个励磁绕组，一个绕组与电枢绕组并联（称为并励绕组），另一个绕组与电枢绕组串联（称为串励绕组），如图 1-16（d）。若串联绕组产生的磁通势与并励绕组产生的磁通势方向相同称为积复励。若这两个磁通势方向相反，则称为差复励。

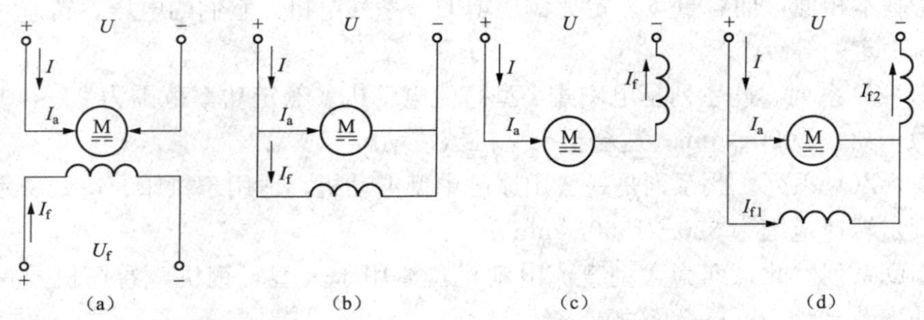

图 1-16　直流电动机的励磁方式

（a）他励直流电动机；（b）并励直流电动机；（c）串励直流电动机；（d）复励直流动电动机

二、直流电动机的空载磁场

直流电动机的空载是指电动机转轴上不接任何生产机械空转状态。这时，电动机的输出功率为零，在忽略电动机损耗的理想情况下，电动机输入功率和电枢电流 I_a 也等于零。所以直流电动机的空载磁场可以看作是励磁磁通势单独作用产生的磁场。

1. 主磁通和漏磁通

图 1-17 表示直流电动机空载磁通所经过的路径。它是四极直流电动机截面图的一部分，各磁极上励磁线圈的电流方向应使得各磁极交替出现 N 及 S 极性。磁通由 N 极出来，经过气隙及电枢分别进入两边相邻的 S 极。图 1-17 所示的扇形部分范围内的磁场分布情况和其他所有这样的扇形部分情况都是一样的。因此，只须研究一个扇形部分范围内的磁场就够了。可以看出，从一个磁极出来的磁通，大部分经过气隙进入电枢，有一小部分不经过电枢，而直接进入相邻的磁极或磁轭里形成闭合回路。进入电枢的那一大部分的磁通称为主磁通，它能使旋转的电枢绕组感生电动势，并和电枢绕组电流相互作用而产生电磁转矩，因此是主要部分。不进入电枢的那一小部分磁通称为漏磁通，它对电枢导体没有作用，但它增加了磁极和定子磁轭中的饱和程度。一般漏磁通的大小约为主磁通的 2%～8%。这是因为主磁通回路的气隙较小、磁阻较小，而漏磁通磁路气隙较大，磁阻较大的缘故。

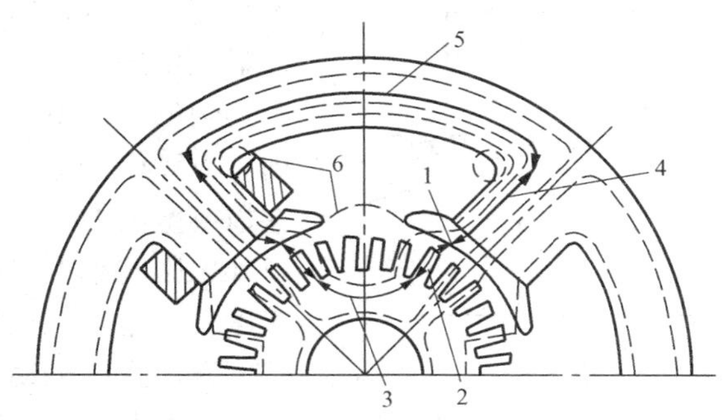

图 1-17 直流电动机的主磁通和漏磁通分布
1—气隙长；2—电枢齿高；3—电枢轭长；
4—磁极；5—定子轭长；6—漏磁通

主磁通所通过的磁路可以分为气隙、电枢的齿槽部分、电枢磁轭、主磁极极身及极靴、定子磁轭。因为各段磁路形状、尺寸和材料都不相同，计算是比较复杂的。这里只将其计算步骤简述如下：根据给定的主磁通 Φ_0 和每段磁路截面积，求出每一段的磁路的磁通密度 B；然后从该段磁路所用材料的磁化曲线查出磁场强度 H；再将 H 乘以已知的磁路有效长度 L，即得每段的磁压 HL；最后由全电流定律求得电动机各段磁极的总磁通势为各段磁压的总和，即

$$F_0 = I_f N_f = \sum HL \tag{1-2}$$

式中 I_f——励磁绕组电流；

N_f——励磁绕组各段磁极的匝数。

2. 磁化特性曲线

电动机运行时，要求每个磁极下有一定量的主磁通 Φ，也就是需要一定大小的励磁磁通势 F_f。Φ 改变时，所需的 F_f 也改变。在实际电机中，励磁绕组的匝数 N_f 已经确定，所以 Φ 改变时，所需励磁电流 I_f 也要改变。表示 Φ 和 F_f，或 Φ 与 I_f 之间关系的曲线，即 $\Phi = f(F_f)$ 或 $\Phi_0 = f(I_0)$，叫作电动机的磁化特性曲线，如图 1-18 所示。

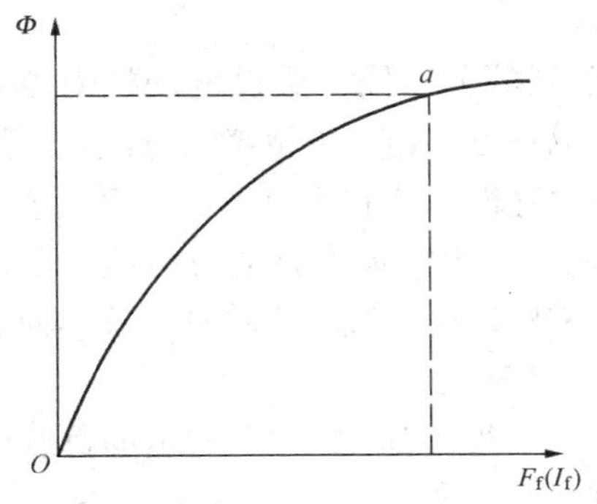

图 1-18 直流电动机的磁化特性曲线

因为空气隙中导磁系数 μ_0 为常数，所以 $\Phi = f(F_f)$ 为一直线。当主磁通 Φ 较小时，铁芯没有饱和，此时铁芯的磁阻比气隙的磁阻小得多，主磁通的大小取决于气隙磁阻，由于气隙磁阻是常量，所以在主磁通较小时磁化特性曲线接近于直线，随着磁通势的增加，磁通 Φ 的增加逐渐减慢，因而磁化特性曲线逐渐弯曲。在铁芯逐渐饱和之后，磁阻很大，磁化特性曲线平缓

上升，此时为了增加很小的磁通就必须增加很大的励磁电流。

在额定励磁时电动机一般运行在磁化特性曲线的弯曲部分，如图 1-18 的 a 点所示，这样既可获得较大的磁通密度，又不需要太大的励磁电流。在电动机运行分析和设计计算中，经常用到磁化特性曲线。电机的磁化特性曲线可以从磁路计算或用实验方法求得。

3. 空载磁场气隙磁感应密度分布曲线

由图 1-19 气隙中主磁场磁感应密度分布曲线可以看出，在一个极距范围内磁通分布是不均匀的。这是因为在极靴范围气隙较小，在极靴以外气隙长度显著增加。即使在极靴面下，由于电枢槽的影响，气隙也是不均匀的。若不考虑电枢表面齿和槽的影响，在一个极距范围内，电动机气隙中主磁场磁感应密度 B_δ 分布近似为梯形曲线。在极靴范围内，气隙磁感应密度可看作是均匀的；在极靴范围以外，则减小得很快；而在两极之间的几何中性线上，磁感应密度等于零。

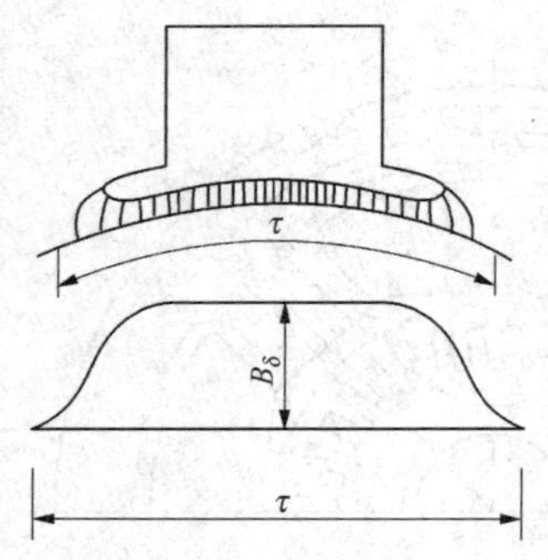

图 1-19 气隙中主磁场磁感应密度分布曲线

三、直流电动机的负载磁场

前面介绍了直流电动机空载时的磁场情况。但是，当直流电动机带上负载后，电枢绕组中就有了电流，电枢电流也要产生磁通势，称作电枢磁通势。电枢磁通势将产生磁通，必然会影响空载时由励磁磁通势单独作用产生的磁场，从而改变电动机气隙磁感应密度的分布，也改变气隙每极磁通量的大小，这种现象称为电枢反应。换言之，电动机中的磁场是由励磁磁通势和电枢磁通势共同产生的，故电枢磁通势也称作电枢反应磁通势（略去换向极和补偿绕组产生的磁通势的影响）。

分析直流电动机的电枢反应时，先假设电动机磁路未饱和，便可根据叠加原理，分别讨论主磁通势和电枢磁通势各自在气隙中的波形，然后把它们叠加起来，从而求得合成的气隙磁场波形，即电动机有负载时的气隙磁场波形。

当电动机空载时，主磁极励磁绕组磁通势所建立的主磁场的分布波形如图 1-20（a）所示，主磁通从 N 极经过电枢铁芯指向 S 极。主磁场的轴线与主磁极轴线（即中心线）相重合。主磁极轴线左右两侧的磁力线是对称分布的。图中省去了换向器，将电刷直接画在几何中性线上。以电刷为分界线，上部分 N 极面下的元件（只画出上层边）为一条支路；下面 S 极面下的元件为另一条支路。

电枢磁场分布如图 1-20（b）所示。为了得到电枢磁场的分布图，假设电动机未被励磁，即没有主磁场存在的情况下，按电动机空载运行时电动势方向通入电枢绕组电流，应用“右手螺旋定则”，可以确定这时电枢磁通的方向从电枢左边穿出，从右边穿入。电枢铁芯左侧为 N 极，右侧为 S 极。由图可见，电枢磁场的轴线，就是电枢电流变化的分界线。因此它总和电刷的轴线相重合。由于这时电枢磁场的轴线与主磁极磁场轴线互相垂直，故称为交轴电枢反应。

若不考虑磁路的饱和，可将主磁场和电枢磁场叠加起来，得到如图 1-22 所示的负载时电动机气隙合成磁场分布波形。以电枢旋转方向为准，在主磁极的进入边（或称前端），电枢磁通势与主磁通势方向相反，使合成磁场磁通减少；在主磁极退出端（或称后端）电枢磁通势与主磁通势方向相同，使合成磁场磁通增强。这样一来，合成磁场的分布波形不再对称于主磁极轴线，而发生如图 1-21 所示那样的畸变。气隙中磁感应密度为零的点并与电枢表面垂直的直线，称为物理中性线。这时物理中性线由原来与几何中性线相重合位置沿旋转方向移动了一角度 α。

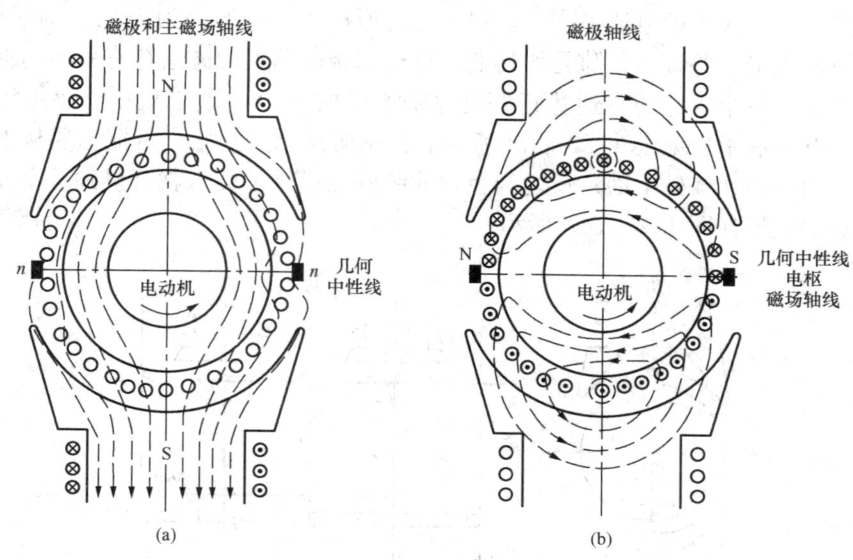

图 1-20 主磁场与电枢磁场分布示意图
(a) 主磁场；(b) 电枢磁场

在不考虑磁路饱和的条件下，由于主磁极前端磁通减少数量与后极端磁通增加数量是相等的，所以每个极面下总磁通是不变的。

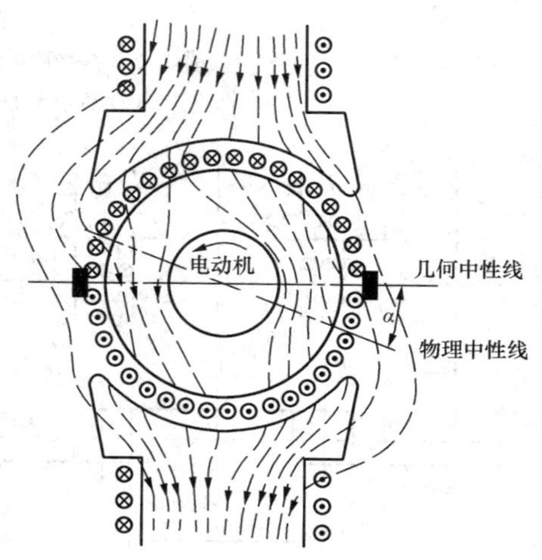

图 1-21 负载时合成磁场分布示意图

实际上在非线性磁路条件下，是不能采用上述的叠加方法的。在主磁极前端，电枢磁通势方向和主磁通势方向相反，合成磁通势减少，因此主磁极前端的极靴，电枢齿部分的磁路是不饱和的。而主磁极后端的电枢磁通势和主磁通势方向是相同的，合成磁通势增大了。显然，主磁极后端的极靴及电枢齿的磁路已经饱和，这个区间磁路的磁阻较前端增大了。所以，这时合成磁场的磁感应密度就不能随磁通势成正比地增加，就比不考虑饱和影响情况下小一些。因此，主磁极前端磁通的减少量大于后端磁通的增加量，于是使每个极面总磁通量较空载时减小了。

为了更清晰地表示负载时电动机气隙磁场的分布情况，可采用磁场展开图予以说明。在图 1-22 中已表示过主磁场气隙磁感应密度的分布曲线。现在只要把电枢磁通势和磁感应密度分布曲线分析清楚，然后把两种磁场磁感应密度曲线叠加起来，再考虑饱和的影响，就可以清楚地表示气隙合成磁场磁感应密度分布曲线。电枢反应就可看得更清楚了。

1. 一个元件所产生的电枢磁通势

设电枢槽内仅嵌有一个元件，该元件的轴线（即元件的中心线）与磁极轴线垂直，如图1-22（a）所示，即元件边就处在磁极轴线上。元件有 N_y 匝，则每个元件边有 N_y 根导线。元件中的电流（即导线中的电流）为 i_a，则元件边所产生的磁通势为 i_aN_y。为了简单起见，忽略铁磁材料的磁阻，并认为气隙是均匀的。这样每条磁路上的磁通势有一半消耗在一个气隙里，也就是说，每个气隙的磁通势正好是总磁通势的一半，即 $i_aN_y/2$。设想将电动机从几何中性线切开，展平后如图1-22（b）所示。作图时从原点开始，电枢磁通从电枢表面进入气隙为正，曲线画在横轴上面；反之为负，曲线画在横轴下面，就可得到一个元件所产生的电枢磁通势的波形如图1-22（c）所示。

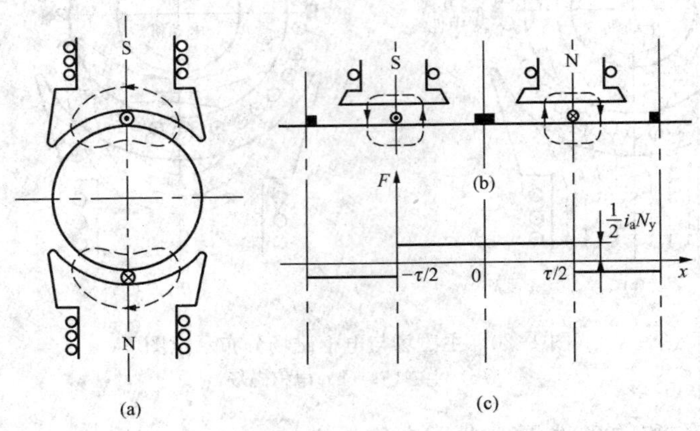

图1-22 一个元件所产生的电枢磁通势分布曲线
（a）磁场分布；（b）磁通势分布；（c）波形

2. 三个元件电流产生的磁通势

如果电枢上放了三个元件，它们依次排列在电枢的表面上，每个元件的导体电流都为 i_a，每个元件的匝数都为 N_y。就每个元件来说，在气隙上产生的磁通势为 $i_aN_y/2$，现在图1-23（a）中的三个元件彼此在空间的位置错开一段相同的距离。三个元件中电流所产生的磁通势也相互错开一定的位置，如图1-23（a）所示。把这三个元件的磁通势沿气隙圆周方向空间各点相加起来，就是电枢表面上三个元件电流产生的磁通势波形，如图1-23（b）所示。

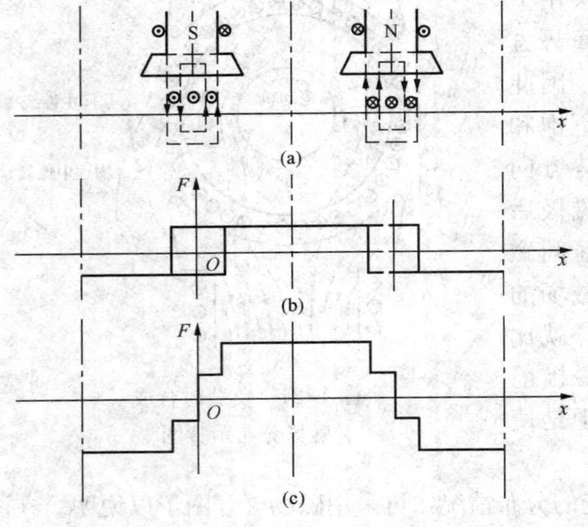

图1-23 三个元件所产生的磁通势分布波形
（a）磁通势分布；（b）每个元件所产生的磁通势波形；
（c）三个元件所产生的合成磁通势波形

3. 电枢电流产生的磁通势

电枢表面均匀分布着许多元件，每个

元件产生的磁通势仍为矩形波，幅值为$\frac{i_a N_y}{2}$。每个元件的磁通势互相错开一定的距离，将这些磁通势逐点相加起来，就得到图 1-24（b）所示的阶梯波。如电枢表面有无穷多个元件，阶梯就可忽略不计，电枢磁通势沿空间分布呈三角波，如图 1-24（c）中曲线 1 所示。图 1-24（c）表明，电枢表面（气隙）不同点的电枢磁通势是不同的，在 $x=0$ 处，$F_{ax}=0$；在 $x=\frac{\tau}{2}$处，磁通势最大。

与确定主磁场磁感应密度分布曲线一样，忽略铁芯中的磁压降，即可求出电枢磁场的磁感应密度沿电枢表面分布曲线。这条曲线表示为

$$B_{ax}=\mu_0 \frac{F_{ax}}{\delta} \tag{1-3}$$

式中，δ 为气隙长度。表明：B_{ax} 与 F_{ax} 成正比，而与 δ 成反比。因为极靴下气隙变化很小，而极间气隙较大，所以极间电枢磁场大为减弱，曲线呈马鞍形，如图 1-24（c）中曲线 2 所示。

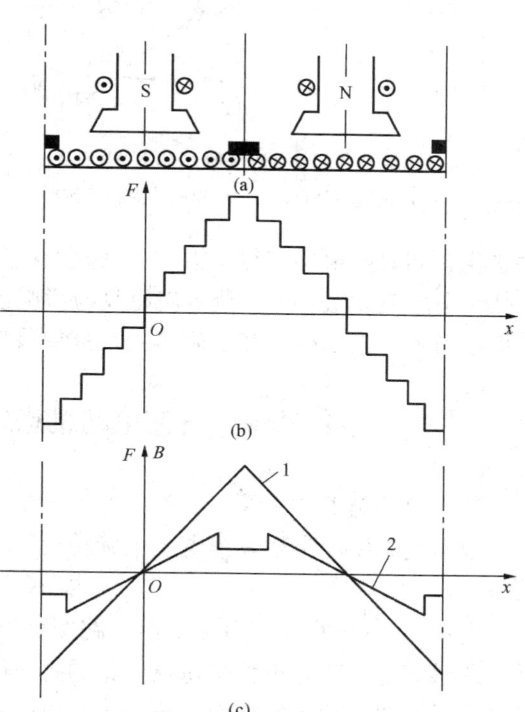

图 1-24　电刷在几何中性线上时电枢磁通势和磁感应密度的分布波形

（a）磁通势分布；（b）电枢磁通势阶梯波形；（c）电枢磁感应密度波形

四、直流电动机的电枢反应

直流电动机的主磁场与电枢磁场合成，得到图 1-25 所示的合成磁场展开图。将合成磁场与主磁场比较，便可看出电枢反应的作用。

图 1-25 中，表明了磁极极性和每个极面下元件边中的电流方向。根据“左手定则”决定转动方向，再按磁路方向与磁通势方向一致的原则，可分别画出主磁极磁场分布曲线 $B_{0x}=f(x)$ 及电枢磁场分布曲线 $B_{ax}=f(x)$。将 $B_{0x}=f(x)$ 与 $B_{ax}=f(x)$ 沿电枢表面逐点相加，可得到负载时气隙内合成磁场的分布曲线 $B_{\delta x}=f(x)$。将 $B_{\delta x}=f(x)$ 与 $B_{0x}=f(x)$ 比较，就可得到电枢磁场对主磁场的影响，概括起来电枢反应的影响有两点：

（1）负载时气隙磁场发生畸变。因为电枢磁场使主磁场一半削弱，另一半加强，并使电枢表面磁感应密度等于零的位置离开了几何中性线，把通过电枢表面磁感应密度等于零的这条直线为物理中性线。所以说，负载时电动机中物理中性线与几何中性线已不再重合，物理中性线逆电动机旋转方向移过一个 α 角。

（2）呈去磁作用。在磁路不饱和时，主磁场削弱的数量与加强的数量恰好相等（因为图 1-25 中表示出面积 $S_1=S_2$）。但在实际电动机中，磁路总是饱和的。负载时，实际合成磁场曲线如图 1-25 中虚线所示。因为在主磁极两边磁场变化情况不同，一边增磁，另一

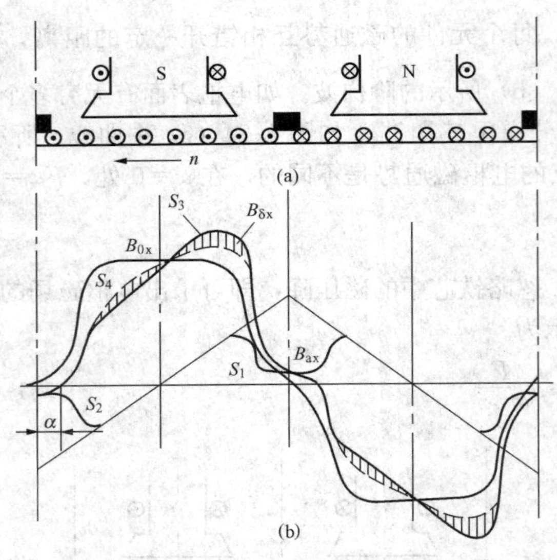

图 1-25 合成磁场展开图

（a）磁通势分布；（b）电枢磁感应密度波形

边去磁。增磁会使饱和程度提高，铁芯磁阻增大，从而使实际的合成磁场曲线要比不计饱和时略低。去磁作用可使磁感应密度比空载时低，磁感应密度减小了，饱和程度就降低，因此铁芯磁阻略有减少。由于磁阻变化的非线性，磁阻增加比磁阻减小要大些，增加的磁通数量就会小于磁通减少的数量（图 1-25中表示出面积 $S_4<S_3$），因此负载时比空载时每极磁通略有减少。

总的来说，电枢反应的作用不但使电动机气隙磁场发生畸变，而且还有去磁作用。

电枢反应对直流电动机的工作影响很大，使磁极半边的磁场加强；另半边的磁场减弱，负载越大，电枢反应引起的磁场畸变越强烈，其结果将破坏电枢绕组元件的正常换向，易引起火花，使电机工作条件恶化。同时电枢反应将使极靴尖处磁通密集，造成换向片间的最大电压过高，也易引起火花甚至造成电动机环火。削弱电枢反应影响的方法有：加装附加磁极以便使畸变的磁通得以补偿。对大型电动机，在主磁极的顶部加装补偿绕组可使磁通分布畸变得以修正。

第四节 直流电动机感应电动势和电磁转矩的计算

一、电动势 E_a 的计算

根据电磁感应定律，当电动机旋转运行时，电枢绕组切割磁力线，电枢绕组内要感应电动势。

由图 1-13 电枢绕组并联支路电路图可见，直流电动机的感应电动势 E_a 就是指正、负电刷间的感应电动势，也就是每条支路的感应电动势。从电刷两端看，每条支路在任何瞬间所串联的元件数是相等的，而且每条支路里的元件边分布在同一磁极下的不同位置，所以每个元件内感应电动势的瞬时值是不同的，但任何瞬时构成支路的情况基本相同，因此每条支路中各元件电动势瞬时值总和可以认为不变的。要计算每条支路的感应电动势，只要先求出一根导体的平均感应电动势 e_{av}，再乘以一条支路的总导体数 $\frac{N}{2a}$，就可求出电枢感应电动势 E_a，即

$$E_a=\frac{N}{2a}e_{av} \tag{1-4}$$

而一根导体的平均感应电动势为

$$e_{av}=B_{av}lv \tag{1-5}$$

式中 B_{av}——一个磁极范围内气隙磁感应密度的平均值，T；

e_{av}——一根导体的平均感应电动势，V；

l——电枢导体的有效长度，m；

v——电枢导体运动的线速度，m/s。

设电刷与位于几何中性线上的元件相联，并忽略电枢齿槽的影响，负载时气隙磁感应密度分布如图 1-26 所示，则 B_{av}与每极磁通的关系为

$$B_{av}=\frac{\Phi}{\tau l} \tag{1-6}$$

而线速度为 $v=\frac{2p\tau n}{60}$

式中　τ——极距，m；

p——磁极对数；

v——电枢绕组旋转线速度，m/s。

考虑这些关系，可得

$$e_{av}=\frac{2p\Phi n}{60} \tag{1-7}$$

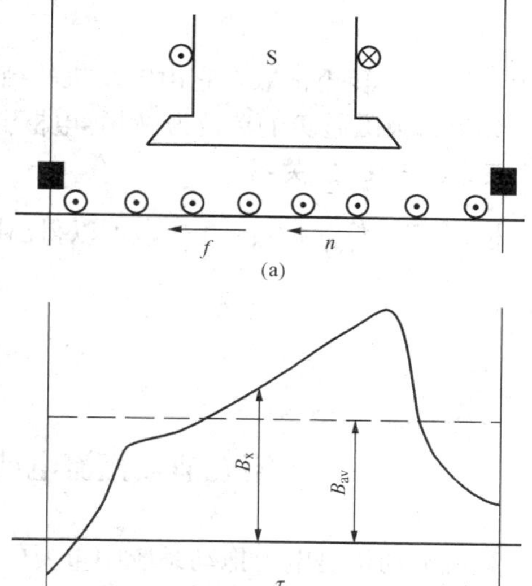

图 1-26　气隙磁感应密度的分布和平均磁感密度

(a) 磁场分布；(b) 磁通势分布

当电刷与位于几何中性线上的元件相接触时，电枢感应电动势

$$E_a=\frac{N}{2a}2p\Phi\frac{n}{60}=\frac{pN}{60a}\Phi n=C_e\Phi n \tag{1-8}$$

式中　C_e——直流电机的电动势常数，$C_e=\frac{pN}{60a}$。

若磁通 Φ 的单位为 Wb，转速 n 的单位为 r/min，则感应电动势的单位为 V。

二、电磁转矩 T_{em}的计算

在图 1-13 中，设电枢总电流为 I_a，则流过每一根导体的电流为

$$i_a=\frac{I_a}{2a}$$

全部导体所受电磁力将产生同样方向的转矩，为了计算总的电磁转矩，先求出一根导体在一个磁极范围内气隙磁场中所受到的平均电磁力，根据毕—萨电磁力定律得

$$f_{av}=B_{av}li_a$$

式中　f_{av}——平均电磁力，N。

每根导体产生的平均电磁转矩为

$$T_{av}=f_{av}\frac{D}{2}$$

式中　D——电枢直径，$D=\frac{2p\tau}{\pi}$，m；

T_{av}——平均电磁转矩，N·m。

电枢表面共有 N 根导体，则总的电磁转矩为

$$T_{em}=\frac{NB_{av}lDI_a}{2a\times 2} \tag{1-9}$$

把式 (1-6) 代入式 (1-8) 得

$$T_{em} = \frac{pN}{2\pi a}\Phi I_a = C_T \Phi I_a \tag{1-10}$$

式中 C_T——转矩常数，它由电动机的结构类型决定。

如果每极磁通 Φ 的单位为 Wb，电枢电流 I_a 的单位为 A，则电磁转矩 T_{em} 的单位为 N·m。

三、C_e 与 C_T 的关系

根据 $C_e = \frac{pN}{60a}$ 和 $C_T = \frac{pN}{2\pi a}$，可以得出同一台电动机的转矩常数与电动势常数之间的比例关系为

$$C_T = \frac{30}{\pi}C_e = 9.55C_e \tag{1-11}$$

第五节　直流电动机的运行原理及工作特性

直流电动机是电力拖动系统中重要的能量和信号转换元件，为了给学习直流拖动系统提供必要基础，必须了解其内部规律，掌握其主要物理量之间的函数关系。

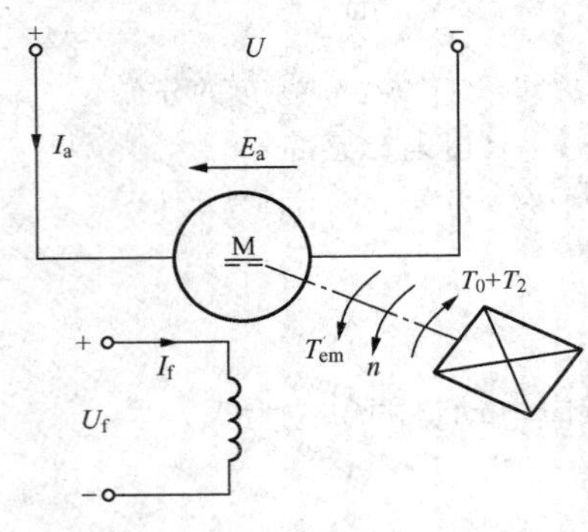

图 1-27　他励直流电动机运行原理接线图

一、直流电动机的基本平衡方程

从动力学观点看，电动机进行能量转换时，必有其运动方程式以表征其内部的电磁过程和机电过程。这种方程式也就是电气系统的电压平衡方程式和机械系统的转矩平衡方程式，并由此得出表征电能量转换时能量平衡关系的功率平衡方程式。现分别讨论如下。

图 1-27 为他励直流电动机运行原理接线图，设电动机拖动生产机械稳定运行，为方便起见，规定直流电动机中某几个物理量的正方向如图所示。图中 U 为直流电动机的电枢电压，I_a 为电枢电流，E_a 为电枢绕组的感应电动势，T_{em} 为电磁转矩，T_0 为电动机的空载转矩，T_2 为电动机转轴上的输出转矩。

1. 电压平衡方程式

由 KVL 列电枢回路方程式得

$$U = E_a + I_a r_a + 2\Delta U_b$$

通常写成

$$U = E_a + I_a R_a \tag{1-12}$$

励磁回路方程式为

$$U_f = I_f R_f$$

式中 r_a——电枢绕组电阻；

R_a——电枢内电阻，包括电刷接触电阻；

$2\Delta U_b$——正负电刷的总接触电阻压降；

R_f——励磁回路的电阻；

I_f——励磁电流。

电刷接触压降与电枢电流的关系不大，只与电刷的材料有关。国家标准规定，一个电刷

的接触电阻压降为：碳一石墨及石墨电刷 $\Delta U_b=1V$，金属石墨电刷 $\Delta U_b=0.3V$。

式（1-12）表明：直流电动机在电动运行状态下，电枢电动势 E_a 小于端电压 U。

2. 转矩平衡方程式

直流电动机的电磁转矩可以直接根据公式 $T_{em}=C_T\Phi I_a$ 计算。对直流电动机而言，转速不变时，其电磁转矩等于反抗转矩之和。由图 1-27 可写出直流电动机的转矩方程式为

$$T_{em}=T_2+T_0 \tag{1-13}$$

式（1-13）说明：转轴上输出转矩 T_2 与空载转矩 T_0（电动机本身的阻转矩）之和，叫作静态负载转矩。在稳态工作（n 一定）的情况下，电动机电磁转矩与负载转矩相平衡，也就是说，它们大小相等，方向相反。

3. 功率平衡方程式

把式（1-22）两边同乘以 I_a，则有

$$UI_a=(E_a+I_ar_a+2\Delta U_b)I_a=E_aI_a+I_a^2r_a+2\Delta U_bI_a$$

或

$$P_1=P_{em}+P_{Cua}+P_b$$

式中 P_1——电网输入的电功率，$P_1=UI_a$；

P_{em}——电磁功率，$P_{em}=E_aI_a$；

P_{Cua}——电枢铜损耗，消耗在电枢电阻 r_a 中的电功率，与电枢电流的平方成正比，$P_{Cua}=I_a^2r_a$；

P_b——电刷接触压降引起的损耗，$P_b=2\Delta U_bI_a$。

其中电磁功率为

$$\begin{aligned}P_{em}&=E_aI_a=C_e\Phi nI_a=\frac{pN}{60a}\Phi nI_a=\frac{pN}{2\pi a}\Phi I_a\frac{2\pi a}{60}\\&=C_T\Phi I_a\omega=T_{em}\omega\end{aligned}$$

式中 ω——电枢旋转的机械角速度，$\omega=\frac{2\pi n}{60}$，rad/s。

电动机的电磁功率 P_{em} 由电功率转换为机械功率以后，并不能全部以机械功率的形式从电动机轴上输出，还要扣除以下几种损耗：

（1）铁损耗 P_{Fe}。直流电动机的铁损耗是指电枢铁芯中的磁滞损耗和涡流损耗，它是由电枢铁芯在磁场中旋转并切割磁力线而引起的。铁损耗是磁感应密度和磁通交变频率的函数，在转速和气隙磁感应密度变化不大的情况下认为铁损耗是不变的。

（2）机械损耗 P_m。机械损耗包括轴承及电刷的摩擦损耗和通风损耗，通风损耗包括通风冷却用的风扇功率和电枢转动时与空气摩擦而损耗的功率，机械损耗与电动机转速有关，当电动机的转速变化不大时，机械损耗可以看作是不变的。

（3）附加损耗 P_{ad}。附加损耗又称杂散损耗，对于直流电机，这种损耗是由于电枢铁芯上有齿槽存在，使气隙磁通大小脉振和左右摇摆，在铁芯中引起的铁损耗和换向电流产生的铜损耗等。这些损耗是难以精确计算的，一般约占额定功率的 0.05%～0.1%。

电磁功率扣除以上损耗后就是电动机轴上的输出机械功率 P_2（在额定运行时，等于额定功率 P_N），即

$$P_{em}=P_2+P_{Fe}+P_m+P_{ad}=P_2+P_0+P_{ad}$$

式中 P_0——直流电动机的空载损耗，$P_0=P_{Fe}+P_m$。

综合以上所述，可得他励直流电动机的功率平衡方程式为

$$\begin{aligned}P_1 &= P_2 + P_{Fe} + P_m + P_{ad} + P_{Cua} + P_b \\ &= P_2 + \sum P\end{aligned} \tag{1-14}$$

其中总损耗

$$\sum P = P_{Cua} + P_b + P_{Fe} + P_m + P_{ad}$$

电动机的效率

$$\eta = 1 - \frac{\sum P}{P_2 + \sum P} \tag{1-15}$$

根据他励直流电动机的功率平衡方程式，可以画出他励直流电动机的功率流程图 1-28 所示。

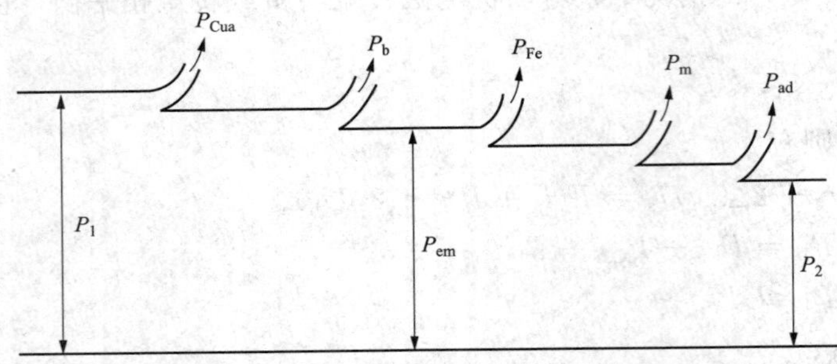

图 1-28　他励直流电动机的功率流程图

二、直流电动机的工作特性

直流电动机的工作特性是选用直流电动机的一个重要依据。直流电动机的工作特性是指端电压 $U=U_N$，电枢电路无外接电阻，只有电枢内阻 R_a，励磁电流 $I_f=I_{fN}$ 时，电动机的转速 n、电磁转矩 T_{em} 和效率 η 三者与输出功率 P_2 之间的关系。在实际运行中，电枢电流 I_a 可直接测量，并且 I_a 差不多和 P_2 成正比。所以往往将工作特性表示为 n、T_{em}、$\eta=f(I_a)$ 的关系曲线。以下分别讨论他（并）励、串励和复励电动机的工作特性。

（一）他（并）励电动机的工作特性

在电枢电压 U 为常数的条件下，他励电动机和并励电动机的工作特性没有本质的区别，可将两者合并讨论。

1. 转速特性

转速特性是指 $U=U_N$，$I_f=I_{fN}$，$R=R_a$ 时，$n=f(I_a)$ 的关系曲线。

将电压平衡方程 $U=E_a+I_aR_a$ 中的 E_a 用公式 $E_a=C_e\Phi n$ 代入，解出转速为

$$n = \frac{U}{C_e\Phi} - \frac{R_a}{C_e\Phi}I_a = n_0 - \Delta n \tag{1-16}$$

式中　n_0——电动机的理想空载转速，$n_0=\dfrac{U}{C_e\Phi}$；

Δn——由负载引起的转速降，$\Delta n=\dfrac{R_a}{C_e\Phi}I_a$。

在 $U=U_N$，$I_f=I_{fN}$ 和电枢无外加电阻 $R=R_a$ 的条件下，电动机的转速特性称为固有转速特性。

若不计电枢反应的去磁作用，可以认为 Φ 是一个与 I_a 无关的常数，则转速特性曲线是一根下垂的直线，如图 1-29 所示，其斜率为 $\dfrac{dn}{dI_a}=-\dfrac{R_a}{C_e\Phi}=-\beta$。实际上，若考虑直流电动电枢反应的去磁作用，当电动机负载增加时（指 T_L 和 T_{em} 增大），电枢电流 I_a 相应增加，电枢反应的去磁作用使磁通减小，则电动机转速趋于向上升。如果这种影响超过电枢电压降使转速下降的影响，电动机的转速特性将变成上翘的曲线，这将使电动机不能稳定运行（详见第

二章第三节）。所以，在电动机结构上要采取一些措施，补偿电枢反应去磁作用，使他（并）励电动机具有线性的下垂特性。可用负载变化引起转速变化的大小来说明电动机的静态稳定特性和特性曲线的硬度。并励和他励电动机在固有特性运行时，大容量电动机 $\Delta n_N \approx (3\% \sim 8\%) n_N$；$Z_2$ 系列电动机 $\Delta n_N \approx (10\% \sim 18\%) n_N$。说明负载变化时，引起的转速变化很小，它们的自然特性是硬特性，静态稳定性好。

2. 转矩特性

当 $U=U_N$，$I_f=I_{fN}$，$R=R_a$ 时，$T_{em}=f(I_a)$ 的关系曲线称为转矩特性。

由电磁转矩公式 $T_{em}=C_T \Phi I_a$，如果不计电枢反应去磁作用，电磁转矩特性是一根过原点的直线。考虑电枢反应影响时，由于负载增大时磁通 Φ 减小，转矩特性偏离直线，如图 1-30虚线所示。一般情况下，他（并）励电动机转矩特性仍接近直线。

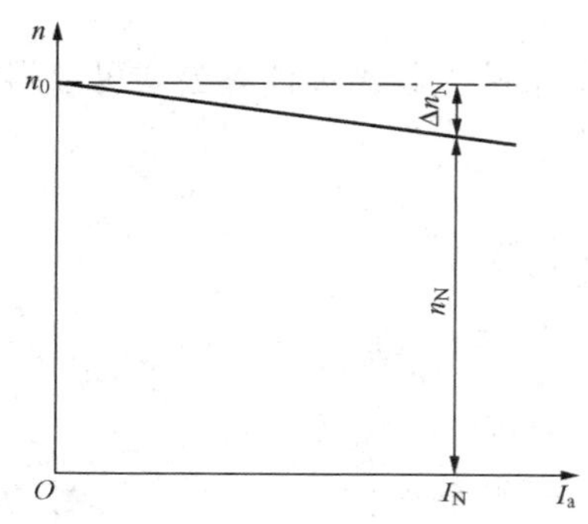

图 1-29 他（并）励直流电动机的转速特性

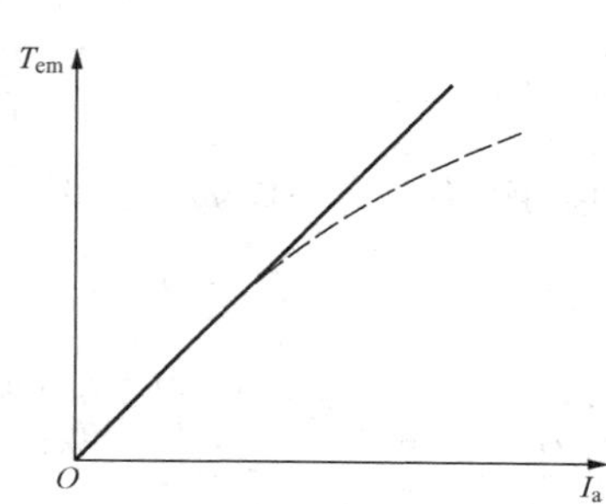

图 1-30 他（并）励直流电动机的转矩特性

3. 效率特性

当 $U=U_N$，$I_f=I_{fN}$，$R=R_a$ 时，效率 $\eta=f(P_2)$ 关系叫作电动机的效率特性。

由于电动机在运行中有各种损耗，所以它的输出功率一定比输入功率小。通常把输出功率与输入功率的百分比，叫作电动机的效率 η。

测定电动机效率时，通常采用间接的方法。先测出电动机的损耗，输出功率 P_2 是从输入功率减去总损耗 $\sum P$ 而得到的。所以电动机的效率也可写成

$$\eta=\frac{P_2}{P_1}\times 100\%=\frac{P_1-\sum P}{P_1}\times 100\%=\left(1-\frac{\sum P}{P_1}\right)\times 100\%$$

式中，ΣP 表示各种损耗之和，其中忽略了附加损耗。

为了说明效率特性曲线的形状，以他励电动机为例，其效率为

$$\eta=\left(1-\frac{P_{Fe}+P_m+I_a^2 r_a+2\Delta U_b I_a}{UI_a}\right)100\% \tag{1-17}$$

当 $U=U_N$，$I_f=I_{fN}$，$R=R_a$ 时，他励直流电动机的气隙磁通和转速随负载变化而变化很小，可以认为铁损耗 P_{Fe} 和机械损耗 P_m 是不变的，称 $P_{Fe}+P_m$ 为不变损耗。电枢回路的铜损耗 $I_a^2 r_a$ 和电刷损耗 $2\Delta U_b I_a$ 是随着负载电流 I_a 而变化的量，称为可变损耗。

从式（1-26）可以看出，效率 η 是电枢电流 I_a 的二次曲线，如图 1-31 所示。如果对式（1-26）求导，并令 $\frac{d\eta}{dI_a}=0$，可得到他励直流电动机出现最高效率的条件，即

$$P_{Fe}+P_m=I_a^2 R_a$$

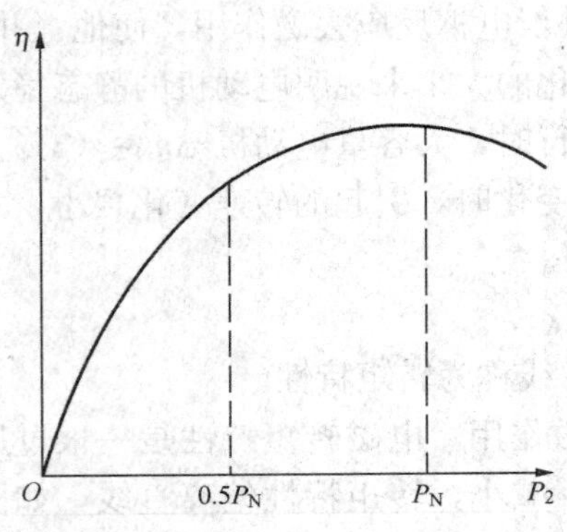

图 1-31　他（并）励直流电动机的效率特性

由此可见，当随电流平方而变化的可变损耗等于不变损耗时，电动机的效率最高；I_a 再进一步增加时，可变损耗在总损耗中的比例增加，效率 η 反而略有下降。这一结论具有普遍意义，对其他电动机也同样适用。最高效率一般出现在 3/4 额定功率左右。在额定功率时，一般中小型电机的效率在 75%～85%之间，大型电机的效率在 85%～94%之间。

【例 1-3】 一台他励直流电动机，$U_f=U_N=220V$，$R_f=120\Omega$，$R_a=0.2\Omega$，$C_e\Phi=0.175$，$n=1200r/min$，试求：励磁电流 I_f、感应电动势 E_a、电枢电流 I_a 和电磁转矩 T_{em}。

解　由已知条件极其相关计算公式可求得

励磁电流为　$$I_f=\frac{U_f}{R_f}=\frac{220}{120}=1.833(A)$$

感应电动势为　$E_a=C_e\Phi n=0.175\times1200=210(V)$

电枢电流为　$$I_a=\frac{U-E_a}{R_a}=\frac{220-210}{0.2}=50(A)$$

转矩系数为　$C_T\Phi=9.55C_e\Phi=9.55\times0.175=1.672$

电磁转矩为　$T_{em}=C_T\Phi I_a=1.672\times50=83.6(N\cdot m)$

【例 1-4】 一台并励直流电动机，$P_N=7.5kW$，$U_N=110V$，$n_N=1500r/min$，$I_N=82.2A$，$R_a=0.1014\Omega$，$R_f=46.7\Omega$，忽略电枢反应，试求：额定输出转矩 T_N、额定电磁转矩 T_{emN}、理想空载转速 n_0、空载电流 I_{a0} 和实际空载转速 n'_0。

解　额定输出转矩，即额定负载转矩，其值为

$$T_N=\frac{P_N}{\Omega_N}=9.55\frac{P_N}{n_N}=9.55\times\frac{7.5\times10^3}{1500}=47.75(N\cdot m)$$

励磁电流为

$$I_f=\frac{U_N}{R_f}=\frac{110}{46.7}=2.4(A)$$

额定电枢电流为

$$I_{aN}=I_N-I_f=82.2-2.4=79.8(A)$$

感应电动势系数为

$$C_e\Phi=\frac{U_N-I_{aNRa}}{n_N}=\frac{110-79.8\times0.1014}{1500}=0.068$$

电磁转矩系数为

$$C_T\Phi=9.55C_e\Phi=9.55\times0.068=0.649$$

额定电磁转矩为

$$T_{em}=C_T\Phi I_{aN}=0.649\times79.8=51.79(N\cdot m)$$

理想空载转速为

$$n_0=\frac{U_N}{C_e\Phi}=\frac{110}{0.068}=1618(r/min)$$

空载转矩为

$$T_0=T_{em}-T_N=51.79-47.75=4.04(\mathrm{N\cdot m})$$

空载电流为

$$I_{a0}=\frac{T_0}{C_T\Phi}=\frac{4.04}{0.649}=6.22(\mathrm{A})$$

实际空载转速为

$$n_0=n_0'-\frac{I_{a0}R_a}{C_e\Phi}=1618-\frac{6.22\times0.1014}{0.068}=1618-9=1609(\mathrm{r/min})$$

（二）串励电动机的工作特性

串励电动机的接线图如图 1-32 所示，和他（并）励电动机不同的是，串励绕组和电枢绕组串联，因此它的线路电流、电枢电流和励磁电流都是相等的，即 $I=I_a=I_f$。

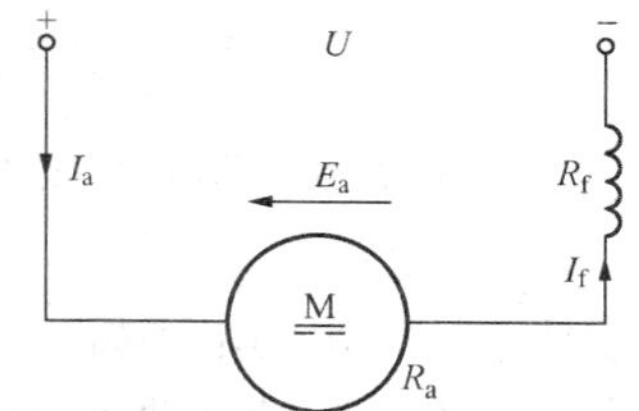

图 1-32 串励直流电动机的接线图

由于励磁电流比较大，所以串励电动机励磁绕组匝数比（他）并励电动机励磁绕组的匝数少，导线比较粗。

1. 转速特性

串励电动机与（他）并励电动机一样，具有直流电动机的共同属性。也就是说，它们的电动势 $E_a=C_e\Phi n$，电磁转矩 $T_{em}=C_T\Phi I_a$，和电压方程式 $U_a=E_a+I_aR$ 都是一样的。因此，转速方程也是一样的，即

$$n=\frac{U_a}{C_e\Phi}-\frac{R}{C_e\Phi}I_a$$

式中 R——电动机电枢回路总串联电阻，它包括电枢绕组内阻 R_a（绕组电阻与电刷接触电阻）及其串联的励磁绕组电阻 R_f。

串励电动机与（他）并励电动机本质上的区别，就在于励磁绕组接法不同，因而磁通与电枢电流关系不同。（他）并励电动机的磁通决定于外加电压，不考虑电枢反应，它与电枢电流变化是无关的，可以看作常数；串励电动机的磁通是随电枢电流变化的，因为电枢电流也就是它的励磁电流，因此它们的关系也就是电动机的磁化特性曲线（如图 1-18 所示）。由于磁化特性曲线难以用准确的数学式表达出来，所以串励电动机的转速特性曲线也很难用数学方程简单而准确地表示出来。

串励电动机的固有转速特性是指在 $U_a=U_N$，电枢电路不串联外加电阻 $R=R_a$ 条件下，$n=f(I_a)$ 关系曲线。串励电动机固有转速特性方程为

$$n=\frac{U_N}{C_e\Phi}-\frac{R_a}{C_e\Phi}I_a \tag{1-18}$$

当负载增加时，电磁转矩和电枢电流 I_a 增大，磁通 Φ 也同时增加。从式（1-18）中可以看到，转速公式中分子减小的同时，分母 $C_e\Phi$ 也在增大，所以串励电动机的转速随负载增加而下降的幅度比（他）并励电动机要大，也就是说，转速特性比并励电动机要软些。

当负载较小，即电枢电流较小时，电机的磁路未饱和，磁通与电枢电流（即励磁流）成正比，因而 $\Phi=kI_a$，将此关系代入式（1-27），可得

$$n=\frac{U_N}{C_ekI_a}-\frac{R_a}{C_ek} \tag{1-19}$$

式（1-28）表明串励电动机的转速特性为一双曲线。当负载增大时，电枢电流随之增大，铁芯趋于饱和，磁通 Φ 已接近常数。这时和并励电动机一样，转速特性曲线趋近于一下垂直线。因此，如图 1-33 所示，串励电动机特性曲线是一条软特性曲线，随着负载的增大，由双曲线的形状逐渐趋向近似的下垂直线。

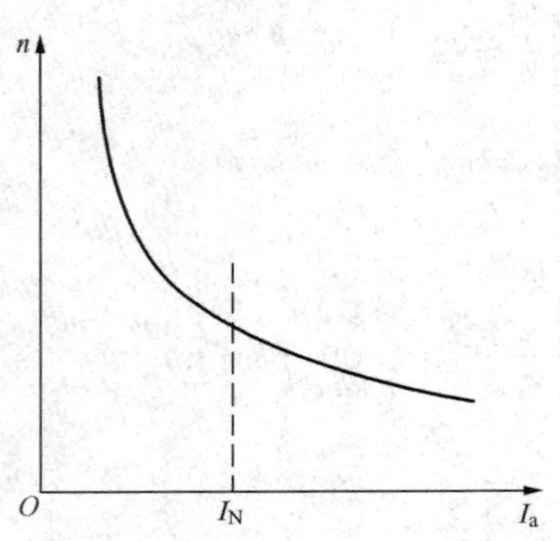

图 1-33 串励直流电动机的转速特性

串励电动机的理想空载转速 $n_0=\frac{U_N}{C_e\Phi}$，当 $I_a=0$ 时，在理论上转速应为无穷大，实际上因电动机总有剩磁存在，空载转速不能达到无穷大。但因剩磁磁通很小，要产生与电源电压相平衡的反电动势，电动机的转速仍然很高，一般会达到（5～6）n_N，这将造成电动机及传动机构损坏，所以串励电动机不允许空载起动和空载运行。通常，负载转矩不得小于 $1/4T_N$。为了安全起见，串励电动机和生产机械之间不用皮带传动，以防止皮带断裂或打滑使电动机空载。

2. 转矩特性

串励电动机的转矩特性 $T_{em}=f(I_a)$ 曲线，也要分成两个区间讨论。当电枢电流较小时，磁路未饱和，电磁转矩为

$$T_{em}=C_T\Phi I_a=C_T k I_a^2$$

当电枢电流较大，磁路饱和，磁通 $\Phi\approx$常数，电磁转矩为

$$T_{em}=C_T\Phi I_a=C_T{}'I_a$$

所以，串励电动机的转矩特性如图 1-34 所示，在轻负载时是一根抛物线，当负载增大时趋近于直线。

（三）复励电动机的工作特性

复励电动机的接线如图 1-35 所示，主磁极有两个励磁绕组：一个是并励绕组，它和电枢绕组并联；另一个是串励绕组，它和电枢绕组串联。两个绕组的磁通势方向相同的叫积复励，方向相反的叫差复励，复励电动机一般都接成积复励。

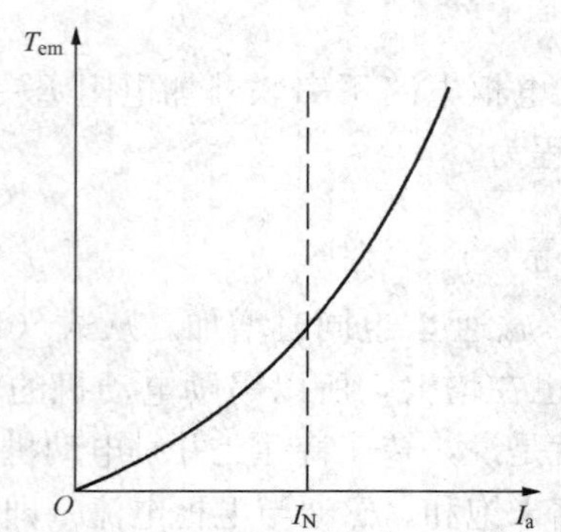

图 1-34 串励直流电动机的转矩特性

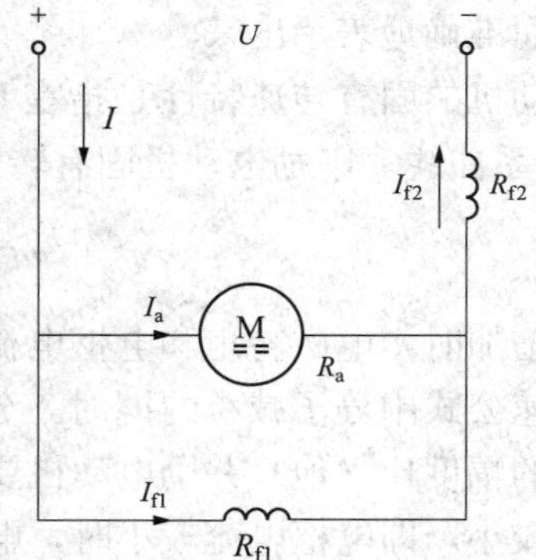

图 1-35 复励直流电动机的接线图

积复励电动机的主磁通势等于并励绕组及串励绕组磁通势之和。如设电动机铁芯尚未饱

和，电动机的主磁通是由两个绕组磁通势分别产生的磁通叠加而成的，即

$$\Phi=\Phi_{bf}+\Phi_{cf}$$

式中 Φ_{bf}——并励绕组所产生的磁通，可以认为它是一常数；

Φ_{cf}——串励绕组所产生的磁通，它随负载变化。

积复励电动机的转速为

$$n=\frac{U_a-R_aI_a}{C_e(\Phi_{bf}+\Phi_{cf})}$$

由于 Φ_{bf} 的限制，复励电动机的空载转速不是很大，不像串励电动机在空载运行时会发生“飞车”危险。在理想空载情况下，$I_a=0$，$\Phi_{cf}=0$。复励电动机理想空载转速为

$$n_0=\frac{U_a}{C_e\Phi_{bf}}$$

它比同样额定转速的并励电动机空载转速高。

当负载增加时，由于串励绕组磁通增大，积复励电动机的转速，比并励电动机有显著下降，它的转速特性不像并励电动机那么硬；又因为不是全部磁通随负载而增加，它的特性又不像串励电动机特性那么软。所以积复励电动机的特性介于并励和串励电动机特性之间。积复励电动机的速度特性曲线如图 1-36 所示。

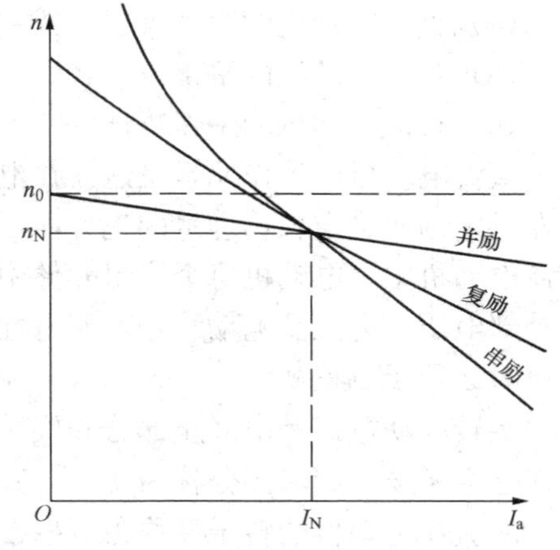

图 1-36 几种励磁方式直流电动机的转速特性

如果串励绕组磁通势和并励绕组磁通势方向相反，即电动机接成差复励，这样当负载增加时，串励绕组磁通势对并励绕组磁通势起去磁作用，使主磁通减小。因而转速随负载增大而升高。这种上翘特性将使电动机不能稳定运行。

并励电动机如果电枢反应过强，就可能得到差复励的上翘特性。为使并励电动机可靠地得到直线性的下垂特性，在国产 Z 和 Z_2 系列并励电动机中常接入少量串励绕组（称为稳定绕组），其磁通势方向与并励绕组的相同，以补偿电枢反应去磁作用。

三、各种直流电动机的比较及其应用

在正常运行中，并励和他励电动机的磁通基本上是恒定的，因此它的自然转速特性是一条稍为下垂的直线，特性比较硬，运行的稳定性好。后面还要讨论并励和他励电动机在起动、制动和调速方面都具有优越的性能。当生产机械要求电机稳定性高、调速范广、平滑性好的情况下，可用他励电动机。例如拖动某些精密车床、刨床、铣床和磨床等。

串励电动机的特点是磁通随电枢电流，也就是随负载而变化。因此负载转矩变化时，电动机转速变化相当大，具有软的机械特性。在同样的电枢电流下，串励电动机的转矩较并励电动机大，所以串励电动机有较好的起动能力和过载能力。

由于串励电动机特性软，特别是在空载和轻载时转速过高，这就限制了串励电动机的应用范围不能太广，不适用在负载变化时，要求转速变化不大的拖动装置上。

但是，串励电动机的软特性适合于电力牵引机车。当电力机车上坡时，负载转矩较大，

这时电动机转速自动下降，因此输出功率 $P_2=T_{em}\Omega$ 增加不多，输入电流也就增加不多，不致使电动机过电流和引起电网电压的波动。也就是说，它的过载能力较大。所以串励电动机的这种恒功率特性适合于带动频繁起动负载及有冲击性负载的生产机械。

复励电动机特性介于并励电动机与串励电动机之间，具备两种电动机的优点。当负载增加时，由于串励绕组的作用，转速较并励电动机下降多些；当负载减轻时，由于并励绕组作用，不至于达到危险的高速；同时它有较大的起动转矩，起动时加速较快。所以，复励电动机获得广泛的应用，例如起重装置、电力牵引机车、轧钢机及冶金辅助机械等。

本章小结

本章介绍了 6 点内容：

（1）直流电动机的工作原理；

（2）直流电动机的主要结构；

（3）直流电动机的磁场；

（4）直流电动机的两个重要公式：$E_a=C_e\Phi n$，$T_{em}=C_T\Phi I_a$；

（5）直流电动机的平衡方程式；

（6）直流电动机的工作特性。

直流电动机的工作原理是建立在电磁力原理基础上，为此必须能熟练应用电工原理学过的左手定则，确定各物理量的正方向，结合电刷和换向器的作用去理解之。并充分注意到在直流电动机中，电动机每个绕组元件中的电压、电流及电动势是交变的，而电刷引入或引出的外部电压、电流及电动势是直流电性质的。换向是直流电动机的特有问题，在使用直流电动机时必须予以重视。

旋转电动机都是由静止部分和旋转部分组成。直流电动机静止部分称定子，其主要作用是建立主磁场；旋转部分称为转子，其主要作用是产生电磁转矩和感应电动势，实现能量转换，故直流电动机的转子又称为电枢。

直流电动机的铭牌数据包括额定功率、额定电压、额定电流、额定转速及额定励磁电压、电流等，它们是正确选择电动机的依据，必须充分理解每个额定值的意义。

直流电动机的励磁方式有他励、并励、串励和复励，采用不同的励磁方式，电动机的特性不同。直流电动机的磁场是由励磁绕组和电枢绕组共同产生的，电动机空载时，只有励磁电流建立的主磁场；负载时，电枢绕组有电枢电流流过，产生电枢磁场，电枢电流产生的电枢磁场对主磁场的影响称为电枢反应。电枢反应不仅使主磁场发生畸变，而且还有一定的去磁作用。

电动机负载运行时，电枢绕组产生感应电动势：$E_a=C_e\Phi n$，E_a 与每极磁通 Φ 和转速 n 成正比；电磁转矩：$T_{em}=C_T\Phi I_a$，T_{em} 与每极磁通 Φ 及电枢电流 I_a 成正比。

直流电动机的平衡方程式表达了电动机内部各物理量的电磁关系。各物理量之间的关系可用电压平衡方程式、转矩平衡方程式和功率平衡方程式表示。

根据平衡方程式，可以求得直流电动机的转速特性、转矩特性和效率特性。他励电动机的负载变化时，转速变化很小；电磁转矩基本上正比于电枢电流的变化。并励电动机的特性与他励电动机相类似。串励电动机的特性与他励电动机的特性明显不同。串励电动机的负载变化时，励磁电流及主磁通同时改变，所以负载变化时转速变化很大，电磁转矩在磁路不饱和时正比于电枢电流的平方。

习　题

1. 直流电动机的主要部件有哪些？它们各起什么作用？

2. 在直流电动机中，为什么要用电刷和换向器，它们起什么作用？

3. 何为换向极，换向极应安装在电动机的什么位置？

4. 直流电动机空载时的气隙磁感应密度是如何分布的？

5. 何为电枢反应？电枢反应对气隙磁场有什么影响？

6. 直流电动机的绕组元件电动势和电刷两端的电动势有何区别？公式 $E_a=C_e\Phi n$ 计算的是何种电动势？

7. 公式 $E_a=C_e\Phi n$ 和 $T_{em}=C_T\Phi I_a$ 中的每极磁通 Φ 是指什么？直流电动机空载和负载时的磁通是否相同，为什么？

8. 直流电动机有哪几种励磁方式？在各种不同励磁方式的电动机里，电动机的输入、输出电流与电枢电流和励磁电流有什么关系？

9. 电动机运行时如要改变并励、串励直流电动机的转向，应怎么办？

10. 串励直流电动机的转速特性与他励直流电动机的转速特性有何不同？为什么串励直流电动机不允许空载运行？

11. 为什么电动车和电气机车上多采用串励直流电动机？

12. 一台 Z_2 直流电动机，其额定功率 $P_N=17kW$，$U_N=220V$，$n_N=1500r/min$，$\eta_N=0.85$，试求该电动机的额定电流和额定负载时的输入功率。

13. 一台他励直流电动机，$U_N=220V$，$I_N=80A$，$R_a=0.1\Omega$，励磁额定电压 $U_f=220V$，励磁绕组电阻 $R_f=88.8\Omega$，附加损耗 p_{ad} 为额定功率的 1%，$\eta_N=85\%$，试求：

(1) 电动机的额定输入功率；

(2) 额定输出功率；

(3) 总损耗；

(4) 电枢回路总铜损耗；

(5) 励磁绕组铜损耗；

(6) 附加损耗；

(7) 机械损耗和铁损耗之和。

14. 一台 Z_2-61 型并励直流电动机的额定数据如下：$P_N=17kW$，$U_N=220V$，$n_N=3000r/min$，$I_N=88.9A$，$R_a=0.114\Omega$，励磁电阻 $R_f=181.5\Omega$，忽略电枢反应，求：

(1) 电动机的额定输出转矩；

(2) 额定负载时的电磁转矩；

(3) 额定负载时的效率；

(4) 理想空载（$I_a=0$）时的转速。

15. 一台串励直流电动机电源电压 $U_N=220V$，额定电流 $I_N=40A$，额定转速 $n_N=1000r/min$，电枢回路电阻为 0.5Ω，假定磁路不饱和。试求：

（1）当 $I_a=20A$ 时，电动机的转速及电磁转矩；

（2）如电磁转矩保持上述值不变，而电压减到 110V，求此时电动机的转速及电枢电流。

16. 一台并励直流电动机，$P_N=96kW$，$U_N=440V$，$I_N=255A$，$I_{fN}=5A$，$n_N=500r/min$，$R_a=0.078\Omega$，忽略电枢反应的影响，试求：

（1）电动机的额定输出转矩；

（2）在额定电流时的电磁转矩；

（3）理想空载（$I_a=0$）转速；

（4）在负载转矩不变的情况下，当电枢回路中串入 0.1W 电阻后，电动机稳定运行时的转速。

第二章　直流电动机的电力拖动运行

机械特性是电动机的重要特性，包括固有机械特性与人为机械特性。人为机械特性有：①电枢串附加电阻的人为机械特性；②降低电枢电压的人为机械特性；③减弱磁通的人为机械特性。电动机的起动、制动、调速的原理和方法，都是依赖机械特性而完成的，因此一定要重视机械特性，掌握好各种机械特性的特点。

前面介绍了直流电动机的工作原理、基本结构、平衡方程和主要特性。对于电气类以及自动控制、数控等专业，学习电动机是使用电动机，把电动机运用于拖动控制系统。这样就需要用前一章的基本理论和基本公式来解决电力拖动系统的起动、电气制动、电气调速等基本问题。本章以讨论拖动系统的运动方程为中心，进而阐明电动机及生产机械的机械特性，最后着重讨论他励直流电动机的起动、制动、调速及有关过渡过程等运行状态。

电力拖动系统是指应用各种电动机作为原动机拖动生产机械，以完成一定生产任务的系统。一般情况下，电力拖动装置由电动机、工作机构（包括传动机构和生产机械）、控制设备、反馈装置及电源五个部分组成，如图 2 - 1 所示。

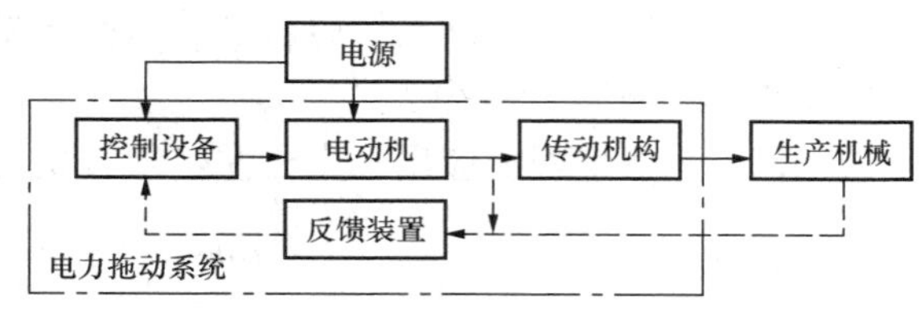

图 2 - 1　电力拖动系统示意图

电动机是电力拖动系统的主要元件。电动机、生产机械以及两者之间传动机构构成一个不可分割的机电运动的整体。本课程主要研究电力拖动系统运行的规律，而不涉及拖动系统的控制。

第一节　电力拖动系统的运动方程

在各种结构形式的电力拖动系统中，电动机轴与生产机械的旋转机构直接相连的单轴旋转系统是最基本的一种，我们将首先分析其运动方程式。

一、电力拖动系统的运动方程式

在图 2 - 2 所示的直线运动系统中，当外推力 F 大于物体运动过程中所受的阻力 F_L时，由力学定律可知，物体做加速运动。这个合外力为

$$F-F_L=ma=m\frac{dv}{dt} \tag{2-1}$$

$$a=\frac{dv}{dt}$$

图 2 - 2　直线运动系统

式中　F——驱动力，N；

F_L——阻力，N；

$m\frac{dv}{dt}$——使物体加速的惯力；

a——直线加速度，m/s^2；

m——物体质量，kg。

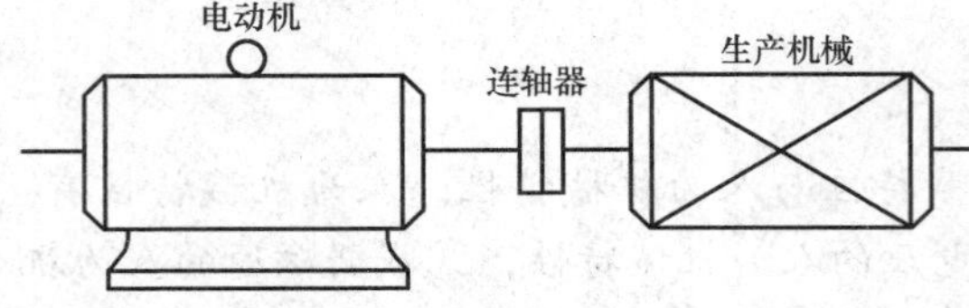

图 2-3 单轴电动机拖动系统

与直线运动相似，在图 2-3 所示的单轴电动机拖动的旋转系统中，运动方程式为

$$T_{em} - T_L = Ja = J\frac{d\omega}{dt} \tag{2-2}$$

$$a = \frac{d\omega}{dt}$$

式中 T_{em}——电动机的驱动转矩即电磁转矩，N·m；

T_L——系统的阻转矩，即负载转矩，N·m；

$J\frac{d\omega}{dt}$——系统的惯性转矩，N·m；

J——系统的转动惯量，$kg \cdot m^2$；

a——系统的角加速度，rad/s^2；

ω——角速度，rad/s。

式（2-2）为单轴拖动系统以转矩表示的运动方程式，和式（2-1）一样，实质上是旋转运动系统的牛顿第二定律。

式（2-2）在工程上应用不太方便，须转化为实用形式。由工程力学中已知

$$J = m\rho^2 = \frac{G}{g}\left(\frac{D}{2}\right)^2 = \frac{GD^2}{4g} \tag{2-3}$$

式中 g——重力加速度，$g=9.81m/s^2$；

G——系统旋转部分的重力，N；

ρ——系统旋转部分的惯性半径，m；

D——系统旋转部分的惯性直径，m。

系统旋转角速度 ω，与每分钟转数 n 的关系为

$$\omega = \frac{2\pi n}{60}$$

将 J 及 ω 的值代入式（2-2），经整理得

$$T_{em} - T_L = \frac{GD^2}{375}\frac{dn}{dt} \tag{2-4}$$

式（2-4）是今后常用的运动方程式，它表征了电力拖动系统机械运动的普遍规律，是研究电力拖动系统各种运转状态的基础。

需要指出的是，GD^2 是表示整个系统惯性的整体物理量，通常将 GD^2 称为转动飞轮惯量或飞轮转矩，单位为 $N \cdot m^2$。电动机转子及其他机械传动的部件的飞轮转矩 GD^2 的数值可以从相应的产品目录或有关手册查得；系数 375 是个有单位的系数，单位为 m/(min·s)。

分析式（2-4）可知：

（1）当 $T_{em}=T_L$ 时，转速变化率 $\frac{dn}{dt}=0$，则电力拖动系统处于稳定运行状态，电动机静

止或作匀转速运动。

（2）当 $T_{em}>T_L$时，转速变化率$\frac{dn}{dt}>0$，则电力拖动系统加速运行。

（3）当 $T_{em}<T_L$时，转速变化率$\frac{dn}{dt}<0$，则电力拖动系统减速运行。

二、方程式中不同转矩正、负号的确定规则

由于电动机的运转状态不同，以及生产机械的类型不同，电动机的电磁转矩并不都是驱动转矩，有时会转化为制动转矩（制动运行时）；同样，负载转矩也并不都是阻尼转矩，有时会转化为驱动转矩，也就是说它们不仅大小有变化，方向也会变化的。所以式（2－4）中的转矩、速度都可能有两种方向，必须用正号和负号来表示它们的方向关系。如果孤立地表示转矩和转速的方向，只要任意确定一个方向为正，同它相反的方向定为负就可以了。但是运动方程式中，转矩正、负号的确定同转速的正、负号确定有联系，必须按照一定的规则确定正、负号，才能使运动方程式正确地反映动力学关系。一般确定转矩正、负号的规则如下：

（1）以某一方向的转速 n 的方向为正方向，当电磁转矩 T_{em}的方向与转速 n 的正方向相同时，T_{em}前取正号，反之取负号。

（2）负载转矩 T_L的方向与转速 n 的正方向相反时，T_L前取正号，反之取负号。

（3）加速转矩$\frac{GD^2}{375}\frac{dn}{dt}$的大小及正负号由电磁转矩 T_{em}和负载转矩 T_L的代数和确定。

第二节　电力拖动系统的负载转矩特性

电力拖动系统是电动机和生产机械的统一体。系统的运行是由电动机的机械特性和负载的转矩特性决定的。只有分别研究它们的特性后，才能掌握整个系统的运行特性。

负载转矩特性（简称负载特性）是指电力拖动系统的旋转速度 n 与负载转矩 T_L的函数关系，即 $n=f(T_L)$。不同的生产机械在运动中所具有的转矩特性不同，其负载转矩特性曲线的形状也不同，大体上可以归纳为以下几种类型。

一、恒转矩负载特性

这一类生产机械的特点就是负载转矩 T_L的大小与转速 n 的高低无关，即当转速 n 变化时，负载转矩 T_L保持恒定值。恒转矩负载特性又可分为反抗性负载转矩特性和位能性负载转矩特性两种。

（一）反抗性负载转矩特性

属于这一类的生产机械有起重机的行走机构、皮带运输机和轧机等，常见的生产机械大都属于这一类。反抗性负载转矩是由摩擦阻力产生的转矩，它的特点是不管运动方向如何，始终是阻碍运动的。如图 2－4（a）所示桥式起重机行走机构的行走车轮，在轨道上的摩擦力总是和运动方向相反。负载转

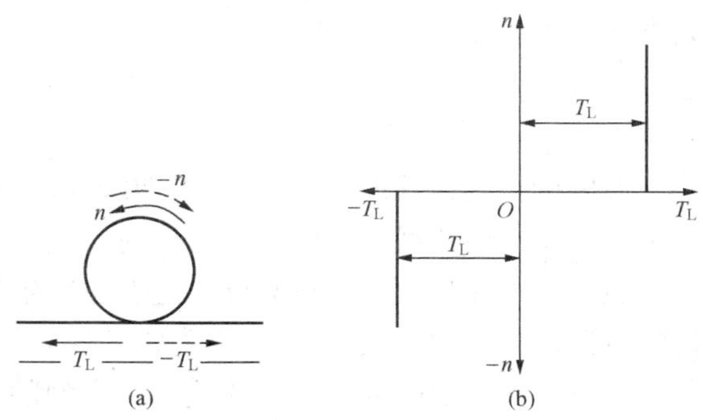

图 2－4　反抗性负载转矩与旋转方向的关系

（a）示意图；（b）负载转矩特性曲线

矩在本章的第一节已规定，当它的作用方向与旋转正方向相反时为正。所以如将行走车轮逆时针旋转时定为旋转正方向，这时反抗性负载转矩为正。随着旋转方向改变（n 为负值），反抗性负载转矩也同时改变符号为负值。负载的转矩特性曲线如图 2-4（b）所示。

（二）位能性负载转矩特性

位能性负载由拖动系统中某些具有位能的部件产生。常见的为起重机的提升机构，负载转矩是由重力作用产生的。如图 2-5（a）所示，无论是提升或下放重物，重力作用方向始终不变。在提升重物时，载荷的重力作用方向与运动方向相反，它是阻碍运动的；在下放重物时，载荷的重力方向与运动方向相同，变为推动运动的驱动转矩。图 2-5（b)为位能性负载的转矩特性曲线，以提升方向为旋转正方向，这时 T_L 为正；当下放重物时，n 为负值，T_L方向不变仍为正值。

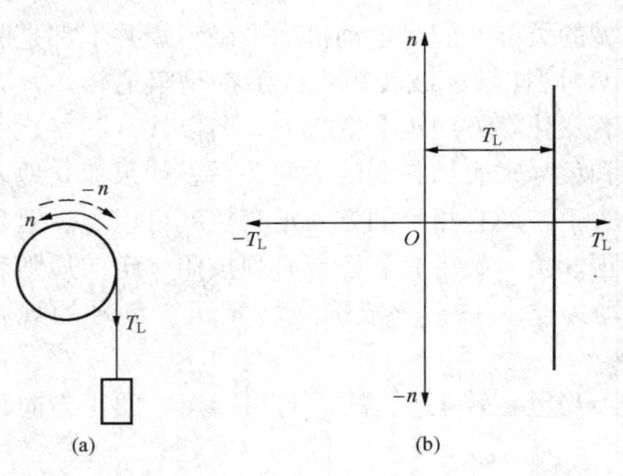

图 2-5 位能性负载转矩与旋转方向的关系
（a）示意图；（b）负载转矩特性曲线

二、恒功率负载特性

有些生产机械的负载具有恒功率特性，例如车床，在粗加工时，切削量大，切削阻力大，这时宜用低速；在精加工时，切削量小，切削阻力小，往往用高速。在不同转速下，负载转矩基本上与转速成反比，即

$$T_L = \frac{K}{n}$$

或切削功率为

$$P_L = \frac{T_L n}{9.55} = \frac{K}{9.55} = 常数$$

加工时，切削功率基本不变，其负载转矩 T_L与转速 n 的关系如图 2-6 所示。需要指出，恒功率只是机床加工工艺的一种合理选择，并非必须如此。

三、通风机负载特性

这一类型负载的机械是按离心原理工作的，如离心式鼓风机、水泵等，它们的负载转矩 T_L与 n 的平方成正比，即

$$T_L = cn^2$$

式中 c——比例常数。

通风机负载特性如图 2-7 中的曲线 1 所示。图中只画出了第一象限的特性，由于通风机负载是反抗性负载，当转速 n 反向时，T_L也反向。

除了上述几种典型的负载外，还有一些生产机械具有各自的转矩特性，如带曲柄连杆机构的机械，它们的负载转矩 T_L是随转角 α 变化。

还应指出，实际的负载可能是单一类型的，也可能是几种典型转矩特性的综合。例如，通风机除了主要是通风机的负载特性外，轴上还有一定的摩擦转矩 T_0，所以实际通风机的特性应为 $T_L = T_0 + cn^2$，为恒转矩负载与通风机负载的合成。如图 2-7 曲线 2 所示。

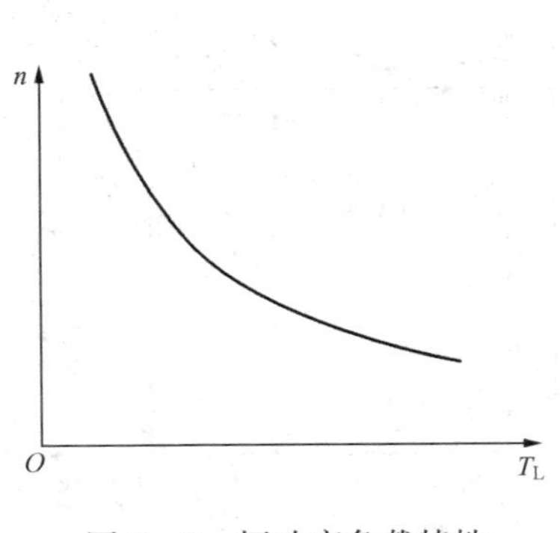

图 2 - 6　恒功率负载特性

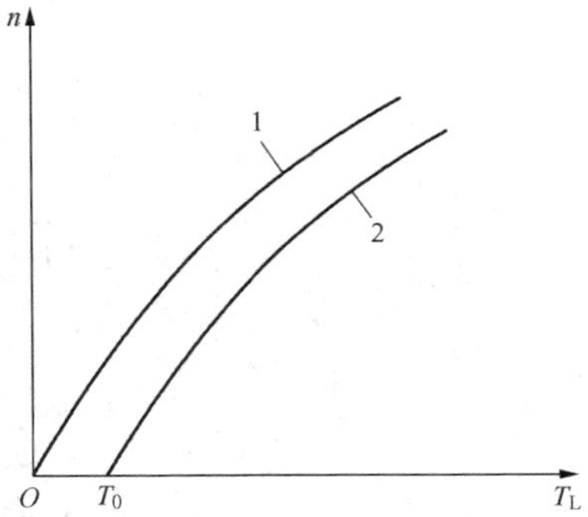

图 2 - 7　通风机负载特性

第三节　他励直流电动机的机械特性

电动机的机械特性是指电动机的转速 n 与其电磁转矩 T_{em} 的关系 $n=f(T_{em})$，机械特性是描述电动机运行性能的主要特性。在直流拖动中，他励直流电动机应用得比较广泛，因此我们着重对他励直流电动机的机械特性进行比较全面的分析。

一、他励直流电动机的机械特性方程

他励直流电动机的原理如图 2 - 8 所示。运用在前一章已导出的他励直流电动机的几个基本平衡方程式，即可导出机械特性方程。

电枢电压平衡方程式为

$$U=E_a+I_aR \tag{2-5}$$

$$R=R_a+R_{ad}$$

式中　R_a——电枢内电阻；

R_{ad}——电枢电路串联的附加电阻。

由式（2 - 5）可得电动机的转速特性方程为

$$n=\frac{U}{C_e\Phi}-\frac{R}{C_e\Phi}I_a$$

再由电磁转矩公式 $T_{em}=C_T\Phi I_a$ 或 $I_a=\frac{T_{em}}{C_T\Phi}$代入转速特性方程，即得机械特性方程式为

$$n=\frac{U}{C_e\Phi}-\frac{R}{C_eC_T\Phi^2}T_{em} \tag{2-6}$$

假定电源电压 U、磁通 Φ、电枢回路电阻 R 皆为常数，直流电动机的机械特性方程式（2 - 6）可写成

$$n=n_0-\beta T_{em} \tag{2-7}$$

即转速 n 和转矩 T_{em} 之间是线性关系，如图 2 - 9 所示。

式（2 - 7）中，$n_0=\frac{U}{C_e\Phi}$称为理想空载转速，因为它是在理想空载 $T_{em}=0$ 时电动机的转速。当励磁电压产生磁通 Φ 恒定时，n_0 是个常数。电动机在实际空载时，有空载转矩 T_0 存在。所以实际空载转速 n_0' 比理想空载转速 n_0 略低，如图 2 - 9 所示。

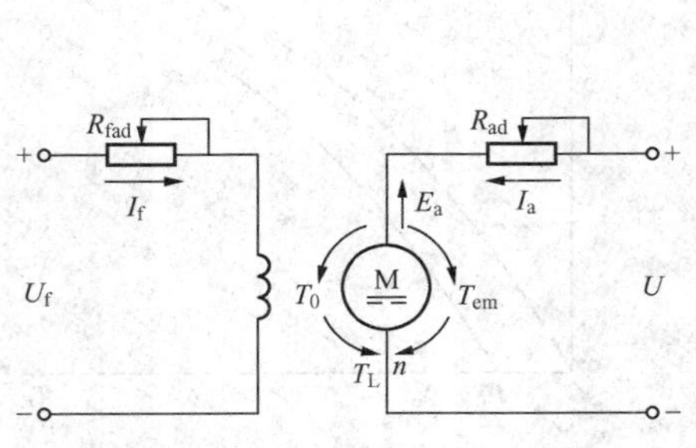

图 2 - 8 他励直流电动机的原理图

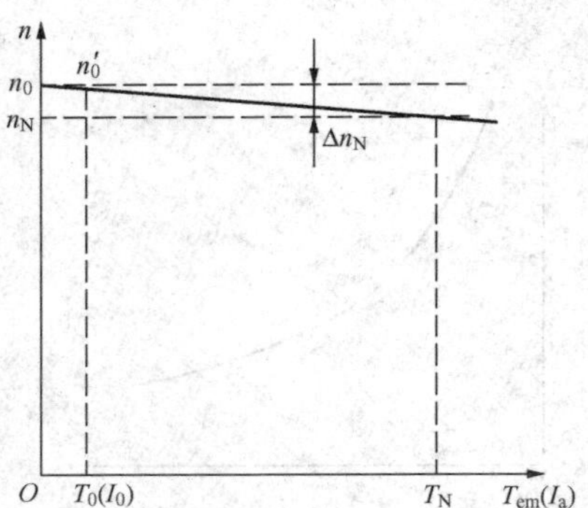

图 2 - 9 他励直流电动机的机械特性

式（2 - 7）中，$\beta=\dfrac{R}{C_eC_T\Phi^2}$为机械特性曲线的斜率。当改变电枢回路的附加电阻 R_{ad} 或电动机磁通 Φ 时，就改变了特性曲线的斜率。βT_{em} 为转速降落 Δn，即

$$\Delta n=\beta T_{em}=\frac{R}{C_eC_T\Phi^2}T_{em}$$

当电动机带负载时，就有转速降落存在，这将使拖动系统速度下降。所以他励直流电动机的机械特性为一下降的直线。斜率 β 越大，转速降落 Δn 越大，特性越软。机械特性的硬度也可用额定转速调整率（或转速变化率）来说明，即

$$\Delta n_N=\frac{n_0-n_N}{n_N}\times 100\%$$

国产 Z_2 系列他励直流电动机一般规定 $\Delta n_N=10\%\sim18\%$，而大容量电动机 $\Delta n_N=3\%\sim8\%$。

上面我们只在第一象限画了转速正向时的电动机的机械特性曲线，从方程式（2 - 5）可知，改变电枢电压的方向，理想空载转速的方向改变。从电动机工作原理可知，当直流电动机带动反抗性负载时，其他条件不变，改变电枢电压的方向，电枢电流的方向改变，电磁转矩的方向改变，则第三象限中应有与第一象限特性曲线对称的曲线，即直流电动机反向电动运行状况的机械特性曲线，如图 2 - 10 所示。

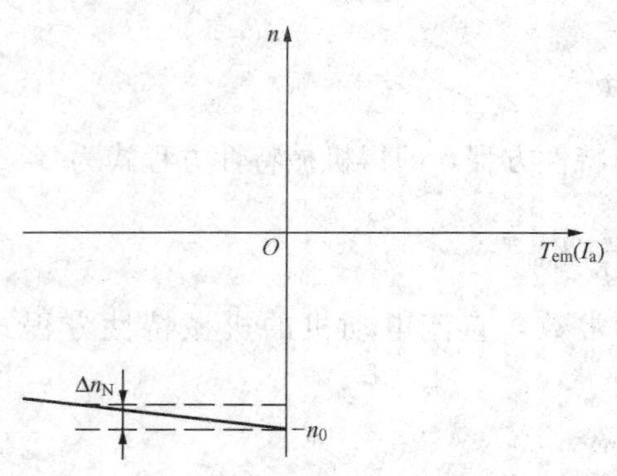

图 2 - 10 他励直流电动机反向电动运行状态机械特性

工程分析时，电枢电流 I_a 易测得，而电磁转矩 T_{em} 不易测得。对于他励直流电动机，在励磁电流 $I_f=I_{fN}$（$\Phi=\Phi_N$）时，$T_{em}=C_T\Phi I_a\propto I_a$。通常可用转速特性 $n=f(I_a)$ 曲线代替机械特性曲线 $n=f(T_{em})$ 曲线，二者区别仅在横坐标的物理量比例尺不同。

二、他励直流电动机的固有机械特性

他励直流电动机的机械特性方程式中，当 $U=U_N$，$\Phi=\Phi_N$ 和 $R_{ad}=0$ 时的机械特性称为固有机械特性，简称固有特性。由于这是按铭牌数据和接线方式得到的机械特性，也称自然

特性。

（一）固有机械特性方程

根据固有特性的定义和他励直流电动机的机械特性方程式，可得固有特性方程为

$$n = \frac{U_N}{C_e\Phi_N} - \frac{R_a}{C_eC_T\Phi_N^2}T_{em} \tag{2-8}$$

其中

$$n_0 = \frac{U_N}{C_e\Phi_N}$$

$$\Delta n = \frac{R_a}{C_eC_T\Phi_N^2}T_{em} = \beta T_{em}$$

机械特性曲线的斜率$\frac{dn}{dT_{em}}=\beta=\frac{R_a}{C_eC_T\Phi_N^2}$。他励直流电动机固有机械特性的$\beta$值很小，和固有转速特性曲线一样，它的机械特性曲线是一根倾斜度很小的直线（如图2-11所示），属于硬特性。

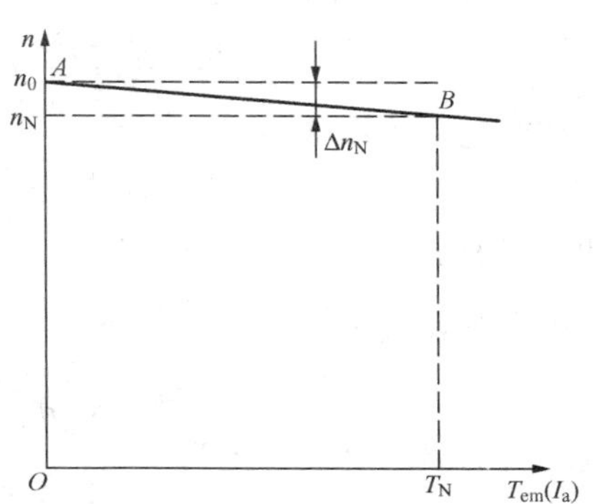

图2-11　他励直流电动机的固有机械特性

（二）固有机械特性的绘制

因为他励直流电动机的机械特性为一直线，所以绘制起来比较容易，任意取特性曲线上两点即可。为方便起见，在绘制固有机械特性时，可取图2-11所示A和B两点。A点称为理想空载点，它的坐标为$T_{em}=0$，$n=0$；B点称为额定工作点，它的坐标为$T_{em}=T_N$，$n=n_N$。在这些数据中，n_N在电动机铭牌上直接给出，T_N和n_0则可根据铭牌有关数据求得。

（1）求电枢内电阻R_a：可以实测，或用近似的估算公式计算。估算公式的依据是电动机的额定铜损耗占总损耗的$\frac{1}{2}\sim\frac{2}{3}$。这适用于普通的Z型及$Z_2$型系列电动机。$Z_2$型电动机可取较大的数值。则有

$$I_N^2R_a = \left(\frac{1}{2}\sim\frac{2}{3}\right)\sum P_N = \left(\frac{1}{2}\sim\frac{2}{3}\right)(U_NI_N - P_N)$$

所以，电枢内电阻的估算值为

$$R_a = \left(\frac{1}{2}\sim\frac{2}{3}\right)\left(\frac{U_NI_N - P_N}{I_N^2}\right) \tag{2-9}$$

（2）求理想空载转速n_0及电动势系数$C_e\Phi_N$：

额定负载运行时电压方程式为

$$E_{aN} = U_N - I_NR_a = C_e\Phi_Nn_N$$

可求得

$$C_e\Phi_N = \frac{E_{aN}}{n_N} = \frac{U_N - I_NR_a}{n_N} \tag{2-10}$$

则

$$n_0 = \frac{U_N}{C_e\Phi_N}$$

（3）求转矩系数、额定电磁转矩T_{emN}：

$$C_T\Phi_N = 9.55C_e\Phi_N$$
$$T_{emN} = C_T\Phi_N I_N$$

（4）固有特性方程：由 $\beta = \frac{R}{C_e C_T \Phi^2}$ 可得固有特性方程为

$$n = n_0 - \beta T_{em} \tag{2-11}$$

【例 2-1】 一台他励直流电动机的额定数据为：$P_N=15\text{kW}$，$U_N=220\text{V}$，$n_N=1640\text{r/min}$，$I_N=83\text{A}$。试求：

（1）绘制固有机械特性曲线；

（2）求电动机固有特性方程；

（3）求电动机实际空载转速。

解 （1）电枢内电阻估算可取

$$R_a = \frac{1}{2}\left(\frac{U_N I_N - P_N}{I_N^2}\right) = \frac{1}{2}\times\left(\frac{220\times 83 - 15\times 10^3}{83^2}\right) = 0.237(\Omega)$$

电动机电动势系数为

$$C_e\Phi_N = \frac{U_N - I_N R_a}{n_N} = \frac{220 - 83\times 0.237}{1640} = 0.122$$

转矩系数为

$$C_T\Phi_N = 9.55C_e\Phi_N = 9.55\times 0.122 = 1.165$$

理想空载转速为

$$n_0 = \frac{U_N}{C_e\Phi_N} = \frac{220}{0.122} = 1803(\text{r/min})$$

电动机的额定电磁转矩为

$$T_{emN} = C_T\Phi_N I_N = 1.16\times 83 = 96.3\ (\text{N}\cdot\text{m})$$

固有特性曲线的两点坐标为

A 点：（$T_{em}=0$，$n_0=1803\text{r/min}$）

B 点：（$T_{em}=T_N=96.3\text{N}\cdot\text{m}$，$n_N=1640\text{r/min}$）

固有特性曲线如图 2-12 所示。

（2）因有

$$\beta = \frac{R_a}{C_e\Phi_N C_T\Phi_N} = \frac{0.237}{0.122\times 1.165} = 1.67$$

则固有特性方程为

$$n = n_0 - \beta T_{em} = 1803 - 1.67T_{em}$$

（3）电动机轴上的额定转矩（负载转矩）

$$T_N = 9.55\frac{P_N}{n_N} = 9.55\times\frac{15\times 10^3}{1640} = 87.3(\text{N}\cdot\text{m})$$

$$T_0 = T_{emN} - T_N = 96.3 - 87.3 = 9(\text{N}\cdot\text{m})$$

以 T_0 代入固有特性方程

$$n'_0 = n_0 - \beta T_{em} = 1803 - 1.67\times 9.4 = 1787(\text{r/min})$$

实际空载运行在图 2-12 固有特性曲线上的 A' 点。

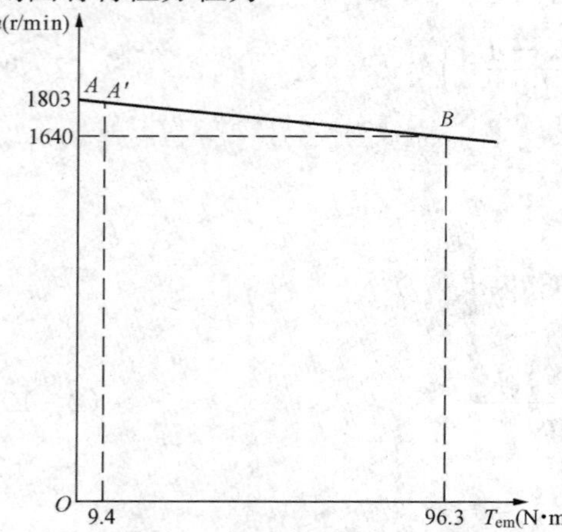

图 2-12 例 2-1 的固有机械特性

三、他励直流电动机的人为机械特性

固有机械特性只反映电动机在正常运转条件下的性能。电动机在外加电压、磁通为额定值和电枢电路附加电阻为零时，按照固有特性，对应

某一转矩下，电动机只能运行于某一转速。生产上往往对我们提出更多的要求，例如电车上的电动机，就要求在一定的转矩下，根据不同的情况，改变行车的速度。这样我们就必须人为地改变外加电压U、磁通Φ和枢路电阻R三个参数中的一个，来改变电动机的机械特性。这时，电动机的特性称为人为机械特性。

（一）电枢串联附加电阻时的人为机械特性

保持U、Φ不变情况下，在他励直流电动机的电枢电路中串入附加电阻R_{ad}，这时$U=U_N$，$\Phi=\Phi_N$，$R=R_a+R_{ad}$，机械特性方程为

$$n=\frac{U_N}{C_e\Phi_N}-\frac{R_a+R_{ad}}{C_eC_T\Phi_N^2}T_{em}=n_0-\Delta n \tag{2-12}$$

由于电动机的电压和磁通保持额定值不变，所以电动机的理想空载转速不变。转速降与斜率β值则与电枢电路总电阻成正比，这说明电动机的机械特性随串联电阻增大而变软。机械特性是一组通过理想空载点的直线簇，如图2-13所示。

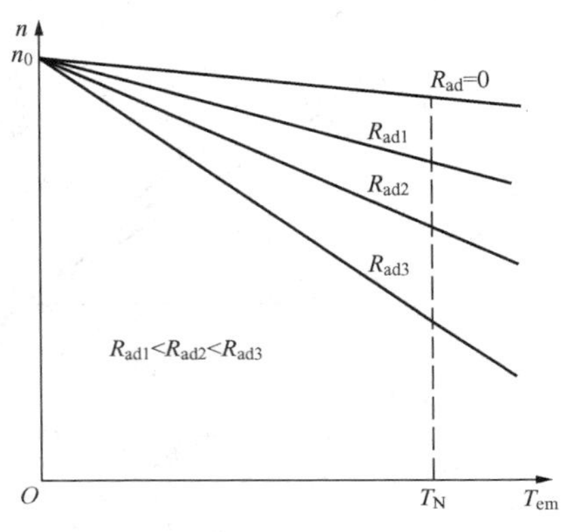

图2-13　电枢回路串联附加电阻的人为机械特性

电枢串联电阻对机械特性的影响，可用电压平衡关系来解释。在理想空载点，电枢电流为零，电枢电动势与电源电压相等，故电枢电阻的大小不影响理想空载转速。当转速低于理想空载转速，在同一转矩下，电枢电流相同，电枢电阻越大，电枢回路总电阻压降越大，电枢电动势越小，转速越低。从图2-13中可看出，当负载转矩不变时，改变电枢电阻R_{ad}可以调节拖动系统的转速。

（二）改变电枢电压时的人为机械特性

他励直流电动机电枢回路不串联电阻（$R_{ad}=0$）和保持电动机气隙磁通量为额定值（$\Phi=\Phi_N$）的条件下，改变电枢电压时的人为机械特性方程为

$$n=\frac{U}{C_e\Phi_N}-\frac{R_a}{C_eC_T\Phi_N^2}T_{em}=n_0-\Delta n \tag{2-13}$$

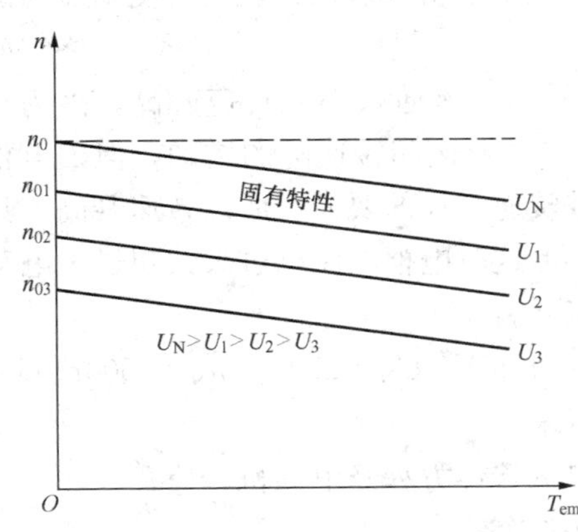

图2-14　改变电枢电压的人为机械特性

可见，改变电压时，特性曲线的斜率保持不变，而n_0则随电压成正比而变化。一般要求外加电压不超过电动机的额定值，所以只能减小电枢电压。因此人为机械特性如图2-14所示，是一组低于固有特性的平行线，它们的硬度不变。当$U=U_1$时，它的理想空载转速为

$$n_{01}=\left(\frac{U_1}{U_N}\right)n_0$$

（三）改变电动机磁通时的人为机械特性

一般电动机在额定磁通下运行时，电动机磁路已接近饱和。因此改变磁通实际上只能减弱磁通。改变他励直流电动机励磁绕组的串联电阻R_{adf}，就可以改变励磁电流，从而改变磁通。此时，$U=U_N$，$R_{ad}=0$，减弱磁通时人为机械特性方程为

$$n=\frac{U_N}{C_e\Phi}-\frac{R_a}{C_eC_T\Phi^2}T_{em}=n_0-\Delta n \tag{2-14}$$

减弱磁通时转速方程式为

$$n=\frac{U_N}{C_e\Phi}-\frac{R_a}{C_e\Phi}I_a \tag{2-15}$$

由式（2-14）和式（2-15）可以看出，减弱磁通时，理想空载转速 n_0 升高，斜率 β 增加。为了更全面地认识弱磁时的人为机械特性，我们画出弱磁时的转速特性和机械特性，如图 2-15 所示。

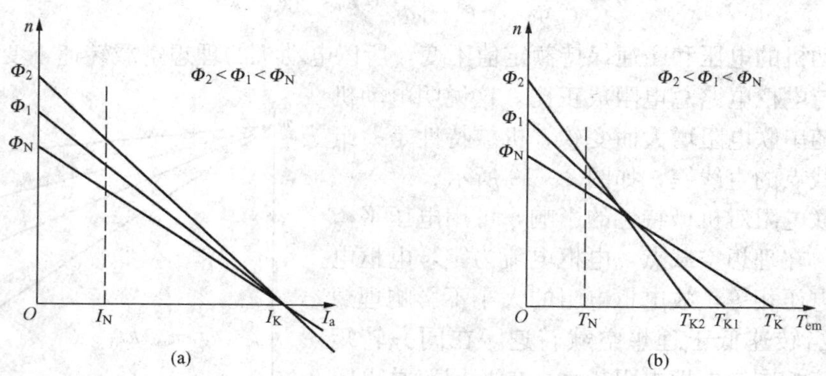

图 2-15　他励直流电动机减弱磁通的人为机械特性

（a）转速与电枢电流的关系；（b）转速与转矩的关系

现在我们通过理想空载点（$T_{em}=0$，$n=n_0$）和堵转点（$T_{em}=T_K$，$n=0$）或（$I_a=I_K$，$n=0$）来说明减弱磁通对机械特性的影响。因为理想空载转速与磁通成反比，所以磁通越小，理想空载转速越高，这个关系对于 $n=f(I_a)$ 曲线和 $n=f(T_{em})$ 曲线都是相同的。在堵转点，堵转电流 $I_K=U_N/R_a$，与磁通大小无关，堵转转矩 $T_K=C_T\Phi I_K\propto\Phi$，即与磁通成正比。因此 $n=f(I_K)$ 曲线的堵转点只有一点，$n=f(T_{em})$ 曲线的堵转点则随磁通减弱而使堵转转矩减小。由于减弱磁通使理想空载转速升高，堵转转矩减小，所以机械特性的硬度随磁通减弱而减小很多。

改变磁通可以改变电动机转速。从图 2-15（b）看出，磁通减小使转速升高。因为在机械特性方程式（2-14）中，虽然磁通减小引起理想空载转速和转速降的增加，但因电枢电阻很小，当转矩不太大时，转速降增加的比理想空载转速增加的要少，所以转速升高。只有当转矩大到一定程度时，减弱磁通反而使转速降低，但这时电枢电流已过大，超过了电动机的负载能力，所以电动机不允许工作在这样大的电流下。

【例 2-2】　一台他励直流电动机额定数据为：$P_N=13\text{kW}$，$U_N=220\text{V}$，$n_N=1500\text{r/min}$，$I_N=68.6\text{A}$，$R_a=0.225\Omega$。负载转矩为额定值不变。试求：

（1）在电枢回路串入附加电阻 $R_{ad}=1\Omega$ 时的人为机械特性方程及电动机转速；

（2）电压降至 151.4V 时人为机械特性方程及电动机转速；

（3）当磁通减至 $\frac{2}{3}\Phi_N$ 时人为机械特性方程及电动机转速。

解（1）先求固有特性方程

$$C_e\Phi_N = \frac{U_N - I_N R_a}{n_N} = \frac{220 - 68.6 \times 0.225}{1500} = 0.136$$

$$C_T\Phi_N = 9.55 C_e\Phi_N = 9.55 \times 0.136 = 1.3$$

固有特性方程为

$$n = \frac{U_N}{C_e\Phi_N} - \frac{R_a}{C_e\Phi_N C_e\Phi_N} T_{em} = \frac{220}{0.136} - \frac{0.225}{0.136 \times 1.3} T_{em}$$

即
$$n = n_0 - \beta T_{em} = 1618 - 1.27 T_{em}$$

电枢串联附加电阻时，$n_0 = 1618$r/min 不变，转速降为

$$\Delta n' = \frac{R_a + R_{ad}}{R_a} \Delta n = \frac{0.225 + 1}{0.225} \times 1.27 T_{em} = 6.91 T_{em}$$

电动机人为机械特性方程为

$$n = 1618 - 6.91 T_{em}$$

额定负载时，电动机的电磁转矩为

$$T_{em} = T_{emN} = C_T\Phi_N I_N = 1.3 \times 68.6 = 89.2(\text{N} \cdot \text{m})$$

电动机的转速为

$$n = 1618 - 6.91 \times 89.2 = 1002(\text{r/min})$$

（2）$U = 151.4$V 时

$$n_{01} = \frac{U}{U_N} n_0 = \frac{151.4}{220} \times 1618 = 1113(\text{r/min})$$

$$\Delta n = \beta T_{em} = 1.27 T_{em} \text{ 不变}$$

人为机械特性为

$$n = 1113 - 1.27 T_{em}$$

电动机在额定负载时的转速为

$$n = 1113 - 1.27 \times 89.2 = 1000\ (\text{r/min})$$

（3）$\Phi = \frac{2}{3}\Phi_N$ 时

$$n_{01} = \frac{\Phi_N}{\Phi} n_0 = \frac{3}{2} \times 1618 = 2427(\text{r/min})$$

$$\Delta n_1 = \left(\frac{\Phi_N}{\Phi}\right)^2 \Delta n = \left(\frac{3}{2}\right)^2 \times 1.27 T_{em} = 2.86 T_{em}$$

人为机械特性方程式为

$$n = 2427 - 2.86 T_{em}$$

电动机在额定负载时的转速为

$$n = 2427 - 2.86 \times 89.2 = 2172(\text{r/min})$$

四、电力拖动系统稳定运行

前面我们分别分析了电动机的机械特性和负载转矩特性。在分析电力拖动系统的运行情况时，把电动机机械特性和负载转矩特性画到同一坐标平面上，如图 2 - 16 所示，其中曲线 3 是他励直流电动机的固有机械特性，曲线 1 和 2 是恒转矩负载特性。当系统恒速稳定运行时，电动机与等效负载不仅仅是同一转速，而且电动机电磁转矩 T_{em} 与负载转矩 T_L 还是同样大小，从图 2 - 16 上看，系统就应该运行在曲线 3 和曲线 1、2 的交点 A 或 B 上。电动机机械特性与负载转矩持性的交点 A 或 B 称为工作点。

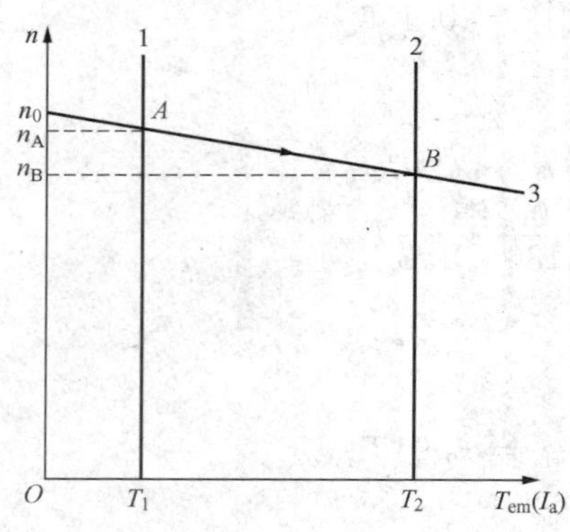

图 2-16 他励直流电动机带恒转矩负载运行

从电动机运动方程分析，电力拖动系统运行在工作点上，就是稳定运行状态。但是实际运行的电力拖动系统，经常会出现一些干扰，比如电源电压或负载转矩波动等。当系统在稳定工作点运行时，若突然出现了干扰，该系统待干扰消失后能够回到原来的工作点上继续运行或在新的平衡点上继续工作，我们就说这个系统是稳定运行系统；否则称之为不稳定运行系统。

那么，电力拖动系统稳定运行的条件是什么？

首先让我们用一个实例来分析电力拖动系统的运行情况。某一车床主轴由他励直流电动机拖动，开车时不切削，这时拖动系统的负载转矩很小，只需要克服系统的机械摩擦转矩。因此作用在电动机轴上的转矩为系统的空载转矩 T_1，它基本上与转速无关，为恒转矩负载，其机械特性如图 2-16 直线 1 所示。电动机的机械特性如图 2-16 中的直线 3 所示。因为稳定运行时，电动机的转矩 $T_{em}=T_1$，这时电动机的稳定工作点在两直线的交点 A 上，转速 $n=n_A$。

切削时，负载转矩增加，由 T_1增至 T_2，如图 2-16 中直线 2 所示。在开始切削瞬间，由于系统的旋转惯性，转速来不及改变，在 n_A转速下，电动机的转矩 $T_{em}=T_1$，小于负载转矩，即 $T_{em}-T_L<0$，使系统做减速运动。当电动机转速下降的同时，电动机的电动势 $E_a=C_e\Phi_N n$ 随转速成正比地减小，电枢电流 $I_a=(U_N-E_a)/R_a$ 将随 E_a减小而增大，电动机电磁转矩 $T_{em}=C_T\Phi_N I_a$ 随之增大。$n(E_a)$ 及 $T_{em}(I_a)$ 的变化如图 2-16 中箭头所示，由 A 点沿直线 3 趋向 B 点。当电动机转速下降到 $n=n_B$时，电动机的转矩增至 $T_{em}=T_2$（电动机的空载转矩不计）。动态转矩为零，电动机转速不再下降，而稳定在新的交点 B 上。所以，由于负载转矩改变，静态平衡被破坏后，引起电动机转速、电动势、电流及转矩相应的变化，而自动恢复平衡。这种现象称为电力拖动系统的自跟随。

由前面的讨论可知，电动机机械特性曲线和负载特性曲线相交，是电力拖动系统稳定运行的必要条件。但必须指出，如果在交点处两种特性配合情况不好，运行也有可能是不稳定的。这就是说，两种特性具有交点仅是稳定运行的必要条件，但还不够充分。充分条件要求系统具有抗干扰的能力。

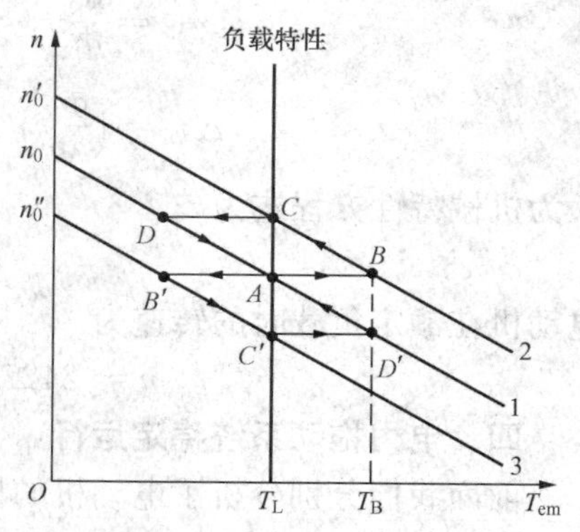

图 2-17 平衡稳定运转

如图 2-17 所示，电力拖动系统原来在特性曲线 1 上的 A 点运行，转速为 n_A，电动机的转矩 $T_{em}=T_L$。由于某种原因，电网电压升高（这是对系统的一种干扰），相应地电动机的机械特性由曲线 1 过渡到曲线 2。在此瞬间，由于惯性，转速来不及改变，因而工作点由 A 点过渡到 B 点，使得原来的平衡状态被破坏。此时电动机的转矩 $T_B>T_L$，电动机将沿特性曲线 2 加速。随着转速升高，电动机转矩减小。当转矩减小到与 T_L相等时，电动机特性将稳定在 C 点上。如果干扰消失，电压恢复原来数值，电动机特性又从曲线 2 恢复到曲线 1，这时电动机工作点由 C 点过渡到 D 点。由于电动机此时转矩为 $T_D<T_L$，转速下降，一直恢复到 A 点重新达到平衡稳定运转。同理，如果电网电压降低，系统仍能进入新的平衡点 C'稳定运转。当干扰消失后，电动机又恢复到 A 点稳定运转。图 2 - 17 所示的系统是稳定的系统。因为在交点 A 处，如果外界干扰使转速升高（获得 $+\Delta n$），当干扰消除后，电动机 $T_{em}<T_L$，使电动机转速下降，自动沿 D 向 A 点变化，恢复稳定。反之，外界干扰使转速下降（获得 $-\Delta n$），干扰消失后，电动机转矩 $T_{em}>T_L$，使电动机转速上升，自动地沿 D'向 A 点变化，恢复稳定。

图 2 - 18 所示为非稳定的电力拖动系统，设电动机机械特性如图中曲线，初始在 A 点平衡运行 $T_{em}=T_L$，$n=n_A$。假设外界干扰使系统速度升高至 n_B（获得 $+\Delta n$）。电动机在 $n=n_B$ 条件下，其转矩 $T_{em}=T_B>T_L$，这时电动机将加速，随着转速升高，电动机转矩继续增加，转速越来越高，直至飞车。反之，如果外界干扰使系统转速降低至 n_C，电动机在 $n=n_C$ 条件下，$T_{em}=T_C<T_L$，这时电动机转速下降，转矩又减小，则转速继续下降直至停车。

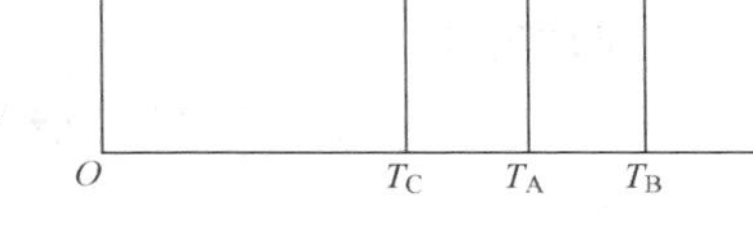

图 2 - 18　非稳定电力拖动系统

由此可见，拖动系统稳定运行的必要和充分条件是：

（1）电动机和负载机械特性曲线有交点，即 $T_{em}=T_L$；

（2）在交点所对应的转速上（$\Delta n>0$）应保证 $T_{em}<T_L$，而在这一转速之下（$\Delta n<0$）则要求 $T_{em}>T_L$。显然，如电动机与负载做这样的配合，就能保证系统有抗干扰恢复原转速的能力，即在 $T_{em}=T_L$ 处，$\dfrac{\Delta T_{em}}{\Delta n}<0$。

第四节　他励直流电动机的起动原理与方法

要正确地使用一台电动机，首先碰到的问题是怎样使它起动？所谓直流电动机的起动，是指直流电动机接通电源后，转速由 $n=0$ 升到稳定转速 n_L 的全过程。要使电动机起动的过程合理，要考虑的问题包括：①起动电流 I_{st} 的大小；②起动转矩 T_{st} 的大小；③起动时间 t_{st} 的长短；④起动过程是否平滑，即加速度是否恒定；⑤起动过程的能量损耗；⑥起动设备的简单和可靠。上述这些问题中，起动电流和起动转矩是主要的。

直接起动是指在接通励磁电压后，不采取任何措施限制起动电流，将他励直流电动机的电枢直接接到额定电源电压上起动。由于电枢电感一般很小，拖动系统的机械惯性较大，因此，通电瞬间电枢转速 $n=0$，感应电动势 $E_a=0$，起动电流为

$$I_{st}=\frac{U_N-E_a}{R_a}=\frac{U_N}{R_a}$$

起动转矩为

$$T_{st}=C_T\Phi I_{st}$$

直接起动过程可以用图 2 - 19 所示的机械特性曲线来说明，特性曲线的斜率由电枢电阻

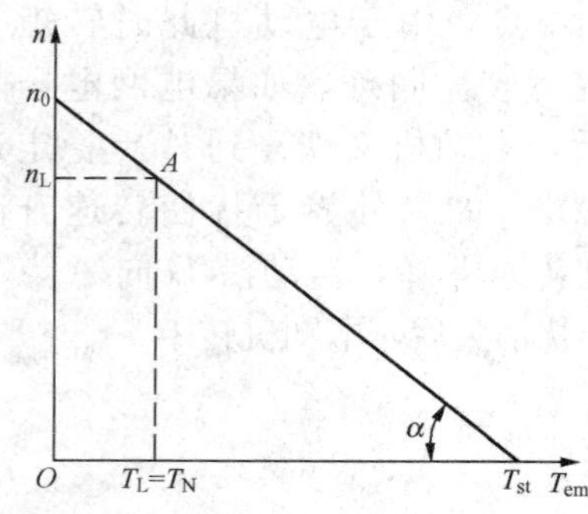

图 2-19　直接起动时的机械特性

决定。设电动机的负载转矩为 $T_L=T_N$，电枢电压接通后，因起动转矩$T_{st}\gg T_L$，直流电动机开始升速，随着转速 n 的上升，感应电动势 E_a增大，电枢电流 I_a减小，电磁转矩 T_{em}减小。但此时 T_{em}仍大于 T_L，转速继续上升，直至电动机的机械特性与负载特性交于点 A 处，$n=n_L$，$T_{em}=T_L$，起动过程结束。

直接起动不需要专用起动设备，操作简便，主要缺点是起动电流太大。对于一般他励直流电动机，因 R_a很小，I_{st}可达（10～20）I_N，这样大的起动电流可使换向器上产生强烈的火花，甚至引起环火。过大的起动电流还会使电网电压短暂却很显著地下降，影响其他设备正常工作；过大的起动电流产生过大的起动转矩 T_{st}，会使传动机构受到很大的冲击力，加速过快，易损坏传动变速机构。因此，只有额定功率在几百瓦以下的直流电动机才能在额定电压下直接起动，容量较大的电动机起动时必须采取措施限制起动电流。

为了限制起动电流，一般采取降低电源电压和电枢回路串接电阻的起动方法。

一、起动方法

为了提高生产效率，尽量缩短起动过程的时间，首先要求电动机应有足够大的起动转矩。根据运动方程式

$$T_{st}-T_L=\frac{GD^2}{375}\frac{\mathrm{d}n}{\mathrm{d}t}$$

则电动机起动的电磁转矩 T_{st}应大于负载转矩 T_L，才能使电动机获得足够大的动态转矩和加速度而很快地起动起来。从 $T_{st}=C_T\Phi I_{st}$来看，要使 T_{st}足够大，就要求磁通及起动时电枢电流足够大。因此在起动时，首先必须将励磁电路中外接的励磁电阻全部切除，使励磁电流有最大的数值，保证磁通为最大，然后将电枢接上电源。

我们要求起动转矩和起动电流足够大，并非越大越好。过大的起动电流将使电源电压波动，电动机换向困难，甚至产生环火；而起动转矩过大，可能损坏电动机的传动机构等。所以，起动电流要限制在许可的范围内。

（一）降压起动

当他励直流电动机的电枢回路由专用可调压直流电源供电时，可以限制起动过程中电枢电流在（1.5～2）I_N范围内变化，起动前先调好励磁电流，然后将电枢电压由低向高调节，最低电压所对应的人为机械特性上的起动转矩 $T_{st}>T_L$，电动机开始起动。如图 2-20所示，随着转速的上升，提高电压，以获得需要的加速转矩；随着电压的升高，电动机的转速不断提高，最后稳定运行在 A 点。在整个起动过程中，利用自动控制方法，使电压连续升高，保持电枢电流为最大允许电流，从而使系统在较大的加速转矩下迅速起动。这是一种比较理想的

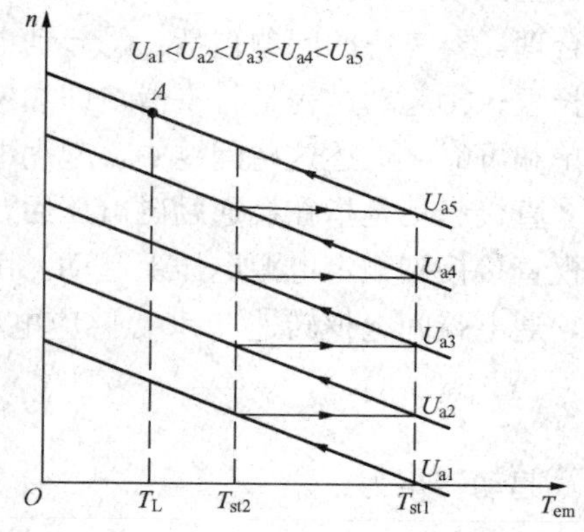

图 2-20　降压起动的机械特性

起动方法。

降压起动过程平滑、能量损耗小，但要求有单独的可调压直流电源、起动设备复杂、初期投资大，多用于要求经常起动的场合和大中型电动机的起动，实际使用的直流伺服系统多采用这种起动方法。

（二）电枢回路串电阻起动

这种方法比较简便，同样可将起动电流限制在容许的范围内，但在起动过程中，要将起动电阻 R_{st} 分段切除。为什么要将起动电阻分段切除呢？这是因为当电动机转动起来后，产生了反电动势 E_a，这时电动机的起动电流应为

$$I_{st}=\frac{U_N-E_a}{R_a+R_{st}}=\frac{U_N-C_e\Phi n}{R_a+R_{st}} \tag{2-16}$$

随着转速的升高，E_a 增大，I_{st} 也就减小，起动转矩 T_{st} 随之减小。这样，电动机的动态转矩以及加速度也就减小，使起动过程拖长，并且不能加速到额定转速。最理想的情况是保持电动机加速度不变，即让电动机做匀加速运动，电动机的转速随时间成正比例地上升。这就要求电动机的起动转矩与起动电流在起动过程中保持不变。要满足这个要求，由式（2-16）可以看出，随着电动机转速的增加，应将起动电阻均匀平滑地切除。实际上这是难以做到的。通常只能将起动电阻分成若干段切除，切除方法可用手动控制或自动控制装置来实现。起动电阻分段数目越多，起动的加速过程越平滑。但是为了减少控制电器数量及设备投资，提高工作的可靠性，段数不宜过多，只要将起动电流的变化保持在一定的范围内即可。

图 2-21 为他励直流电动机电枢串三级起动电阻的电路图。图中 KM 为接通电源用的接触器主触点，KM1、KM2、KM3 为起动过程中切除起动电阻 R_{ad} 的三个接触器的主触点，R_a 为电枢内阻，R_{ad1}、R_{ad2}、R_{ad3} 为各段起动电阻，R_1、R_2、R_3 为各级电枢总电阻。

图 2-22 为该电动机起动过程的机械特性曲线。起动开始瞬间（a 点），电枢电路接入全部起动电阻。由于这时电动机转速和反电动势为零，因此起动电流为最大值有

$$I_{st1}=\frac{U_N}{R_a+R_{st}}=\frac{U_N}{R_1}$$

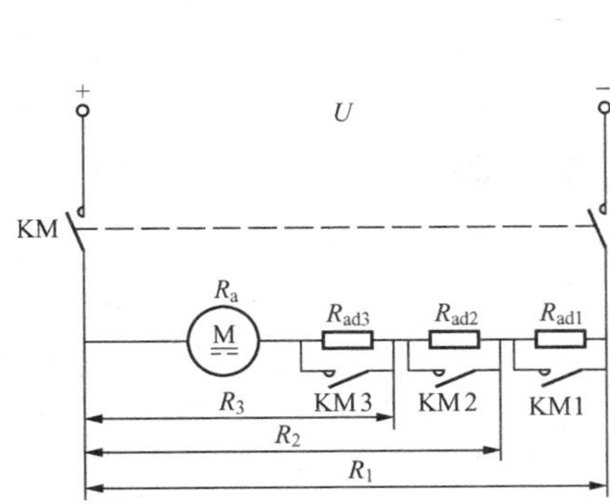

图 2-21　他励直流电动机电枢串三级起动电阻接线图

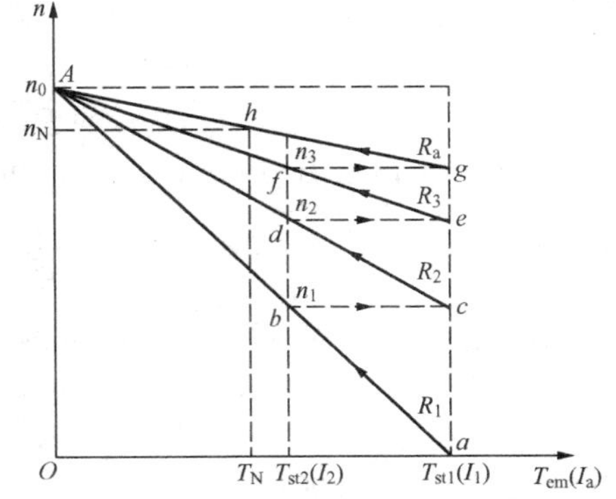

图 2-22　他励直流电动机起动过程的机械特性曲线

最大起动电流一般取 $I_{st1}=(1.8\sim2.5)I_N$。选定 I_{st1} 后，第一级电阻人为机械特性可用

$A(I_a=0, n=n_0)$、$a(I_a=I_{st1}, n=0)$ 两点绘制，即得到图直线 Aa。

电动机转动起来后，随着转速和反电动势的增加，起动电流和起动转矩将减小，它们沿着特性曲线 Aa 上箭头所指的方向变化。当转速升至 n_1，而电流降到图 2-22 中 b 点的数值，即换接电流 I_{st2} 时，加速接触器触点 KM1 应及时闭合（图 2-21），第一段起动电阻 R_{ad1} 便被短路切除。I_{st2} 的数值一般取为 $(1.1\sim1.2)I_N$，使得在起动过程中，电动机的转矩始终大于额定负载转矩。I_{st2} 选得大些，虽可使起动迅速，但将增加起动电阻级数。

由于换接瞬间电动机的转速和反电动势还来不及变化，起动电流将随起动电阻的减小而增加。如被切除的第一段电阻 R_{ad1} 选择适当，应使起动电流又升高到 I_{st1}。在此瞬间便由特性曲线 Aa 中的 b 点沿水平方向过渡到特性曲线 Ac 上的 c 点。c 点的坐标由（$I_a=I_{st1}$，$n=n_1$）决定。连接 A、c，便得到与 R_2 对应的人为机械特性曲线。于是转速和电流又沿直线 Ac 变化到 d 点时，切除第二段起动电阻 R_{ad2}，依次类推。如 I_{st1} 和 I_{st2} 选择适当，当最后一段电阻被切除后，电动机就过渡到固有特性曲线上，即过 f 点的水平线与 $I_a=I_{st1}$ 的垂直线，相交于固有特性曲线上。然后，电动机就沿着固有特性加速，直到 $T_{st}=T_L$ 时，电动机起动过程结束，进入稳定工作状态。如电动机拖动额定负载，便稳定在固有特性曲线的 h 点（$n=n_N$）上。

如果 I_{st2} 选得不合适，则当最后一段起动电阻被切除时，过 f 点的水平线和过 a 点的垂直线的交点 g 不在固有特性上，这时就需要重新选择 I_{st2}，重绘各级人为机械特性曲线，直到合适为止。

起动电阻计算的理论根据是从转速降的公式出发，即

$$\Delta n=\frac{I_aR}{C_e\Phi}=\frac{T_{em}R}{C_eC_T\Phi^2}$$

由于磁通 Φ 不变，在相同的转速降下，电流（或转矩）与电枢总电阻成反比。

我们观察图 2-22，当切除起动电阻 R_{ad1} 时，电枢总电阻 R_1 变到 R_2。这时电动机转速来不及变化，使得电流由 I_{st2} 变到 I_{st1}。在起动的机械特性图上，相当于 b 点转换到 c 点。b 点的转速降 $\Delta n_b=\dfrac{I_{st2}R_1}{C_e\Phi}$，$c$ 点的转速降 $\Delta n_c=\dfrac{I_{st1}R_2}{C_e\Phi}$，而 $\Delta n_b=\Delta n_c=n_0-n_1$。由此可得到 $I_{st2}R_1=I_{st1}R_2$，即

$$\frac{R_1}{R_2}=\frac{I_{st1}}{I_{st2}}=\lambda$$

同理，比较第二级换接时 d、e 两点，可得 $I_{st2}R_2=I_{st1}R_3$，即

$$\frac{R_2}{R_3}=\frac{I_{st1}}{I_{st2}}=\lambda$$

比较第三级换接时 f 与 g 两点，同样可得

$$\frac{R_3}{R_a}=\frac{I_{st1}}{I_{st2}}=\lambda$$

从上面的关系中，可得到

$$\frac{R_1}{R_2}=\frac{R_2}{R_3}=\frac{R_3}{R_a}=\frac{I_{st1}}{I_{st2}}=\lambda$$

由此得，各级总电阻为

$$\begin{cases} R_3 = \lambda R_a \\ R_2 = \lambda R_3 = \lambda^2 R_a \\ R_1 = \lambda R_2 = \lambda^2 R_3 = \lambda^3 R_a \end{cases}$$

起动电阻各段的数值为

$$\begin{cases} R_{ad3} = R_3 - R_a = \lambda R_a - R_a = (\lambda - 1) R_a \\ R_{ad2} = R_2 - R_3 = \lambda^2 R_a - \lambda R_a = \lambda(\lambda - 1) R_a = \lambda R_{ad3} \\ R_{ad1} = R_1 - R_2 = \lambda^3 R_a - \lambda^2 R_a = \lambda(\lambda^2 R_a - \lambda R_a) = \lambda R_{ad2} \end{cases} \tag{2 - 17}$$

假若起动电阻分为 m 级，那么

$$R_1 = \lambda^m R_a$$

于是得到，起动最大转矩（或电流）与切换转矩（或电流）之比为

$$\lambda = \sqrt[m]{\frac{R_1}{R_a}}$$

总结起动电阻计算的步骤如下：

（1）选择最大起动电流 $I_{st1} = (1.8 - 2.5) I_N$ 之值；

（2）求出 $R_1 = \frac{U_N}{I_{st1}}$；

（3）选择起动电阻级数（通常取 $m=2 \sim 4$ 级）；

（4）求出 $\lambda = \sqrt[m]{\frac{R_1}{R_a}}$；

（5）校核 $I_{st2} = \frac{I_{st1}}{\lambda}$，如 $I_{st2} > 1.1 I_N$（满载起动）即可，否则重新选择 m 或 I_{st1}；

（6）λ 值决定后，最后由式（2 - 17）算出各段起动电阻数值。

二、他励直流电动机起动的过渡过程

在电力拖动系统中，由于转矩平衡关系被破坏，从而导致系统从一种运行状态向另一种运行状态过渡的过程，称为电力拖动系统的过渡过程。电动机在起动、制动、调速及电气参数或负载转矩突然变化时都有过渡过程，下面讨论起动时的过渡过程。在起动过程中，电动机的转速 n、电动势 E_a、电枢电流 I_a 及电磁转矩 T_{em} 均在变化，它们都是时间的函数，认识和掌握这些变化规律，才能正确合理地使用电力拖动系统。

依据运动方程式与电动机有关的平衡关系，列出微分方程并求解，即可得出 $T_{em} = f(t)$，$I_a = f(t)$，$n = f(t)$ 等方程，并可画出关系曲线。为了突出机电过程，在讨论中做如下假设：①电网电压 U 为常数，不因起动电流的冲击而产生波动；②不考虑电枢反应的影响，即磁通 Φ= 常数；③负载转矩 T_L 为常数。

下面以他励直流电动机电枢回路串固定电阻 R_{ad} 起动为例，导出过渡过程的通用形式。

（一）过渡过程方程式

1. 电枢电流 $I_a = f(t)$

根据第一章分析得出的电动势平衡方程式和转矩平衡方程式，则

$$U = E_a + I_a R = C_e \Phi_N n + I_a R \tag{2 - 18}$$

$$T_{em} = T_L + \frac{GD^2}{375} \frac{dn}{dt} \tag{2 - 19}$$

对式（2-18）和式（2-19）综合分析可知，起动过程中I_a、T_{em}、n、E_a的数值都将发生变化，在变化时，它们之间将互相影响、互相制约。

从上面的电动势平衡方程式可得

$$n=\frac{U-RI_a}{C_e\Phi_N}$$

对其微分得

$$\frac{dn}{dt}=-\frac{R}{C_e\Phi_N}\frac{dI_a}{dt}$$

代入转矩平衡方程式后得

$$T_{em}=T_L-\frac{GD^2R}{375C_e\Phi_N}\frac{dI_a}{dt} \tag{2-20}$$

将式（2-20）两边同除以$C_T\Phi_N$得

$$I_a=I_L-\frac{GD^2R}{375C_eC_T\Phi_N^2}\frac{dI_a}{dt}=I_L-T_m\frac{dI_a}{dt} \tag{2-21}$$

其中，I_L为对应负载转矩T_L时的稳态电枢电流（负载电流），而

$$T_m=\frac{GD^2R}{375C_eC_T\Phi_N^2}$$

T_m称为机电时间常数，对其物理意义下面有专门的分析说明。

解式（2-21），得

$$I_a=I_L+Ce^{-\frac{t}{T_m}} \tag{2-22}$$

式（2-22）中C由初始条件决定，起动瞬间，当$t=0$时，电枢电流I_a等于起动电流I_{st}，则求得$C=I_{st}-I_L$，代入式（2-22）得到起动过渡过程的电流方程式

$$I_a=I_L+(I_{st}-I_L)e^{-\frac{t}{T_m}} \tag{2-23}$$

可见$I_a=f(t)$的关系曲线按指数规律变化，其曲线如图2-23所示。

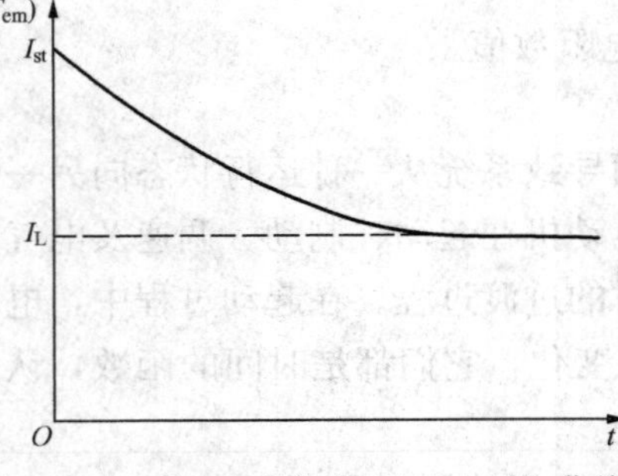

图2-23 $I_a=f(t)$和$T_{em}=f(t)$曲线

2. 转矩$T_{em}=f(t)$

将式（2-23）两边同乘以$C_T\Phi_N$得起动过渡过程的转矩方程式

$$T_{em}=T_L+(T_{st}-T_L)e^{-\frac{t}{T_m}} \tag{2-24}$$

其曲线形状同$I_a=f(t)$，见图2-23，改变横坐标比例尺即可得到$T_{em}=f(t)$关系曲线。

3. 转速$n=f(t)$

将式（2-23）代入转速特性$n=\frac{U-I_aR}{C_e\Phi_N}$，并考虑到当$I_a=I_L$时，$n=n_L$，即$n_L=\frac{U-I_LR}{C_e\Phi_N}$、$I_a=I_{st}$时，$n=n_{st}$，即$n_{st}=\frac{U-I_{st}R}{C_e\Phi_N}$，从而可得

$$n=\frac{U-I_LR}{C_e\Phi_N}+\left(\frac{U-I_{st}R}{C_e\Phi_N}-\frac{U-I_LR}{C_e\Phi_N}\right)e^{-\frac{t}{T_m}}$$

即

$$n=n_L+(n_{st}-n_L)e^{-\frac{t}{T_m}}$$

或

$$n = n_L(1 - e^{-\frac{t}{T_m}}) + n_{st}e^{-\frac{t}{T_m}} \tag{2-25}$$

由于起动瞬时，$n = n_{st} = 0$，则

$$n = n_L(1 - e^{-\frac{t}{T_m}}) \tag{2-26}$$

式（2-26）的关系曲线如图2-24所示。

图2-24　$n = f(t)$ 关系曲线

（二）过渡过程时间计算

计算过渡过程中某一段的持续时间，如计算从 $t=0$、$I_a = I_{st}$ 到 $t = t_x$、$I_a = I_{ax}$ 所需时间，可将以上数值代入式（2-23）得

$$t_x = T_m \ln \frac{I_{st} - I_L}{I_{ax} - I_L}$$

或改写为

$$t_x = T_m \ln \frac{n_{st} - n_L}{n_{ax} - n_L}$$

及

$$t_x = T_m \ln \frac{T_{st} - T_L}{T_{ax} - T_L}$$

（三）机电时间常数 T_m

机电时间常数是电力拖动系统中一个十分重要的动态参数，前面分析得到

$$T_m = \frac{GD^2}{375} \frac{R}{C_e C_T \Phi_N^2}$$

对式(2-26)进行微分得

$$\frac{dn}{dt} = \frac{n_L}{T_m} e^{-\frac{t}{T_m}}$$

当 $t=0$ 时

$$\left.\frac{dn}{dt}\right|_{t=0} = \frac{n_L}{T_m} \tag{2-27}$$

由式（2-27）可见，如果电动机一直以 $t=0$ 处的最大角加速度直线上升，则达到稳定转速 n_L 所需的时间就是系统的机电时间常数。由式（2-26）可知，从理论上看，只有时间 t 趋于无穷大时，转速 n 才能达到稳定转速 n_L，但工程计算时，当 $t = (3 \sim 4)T_m$ 时，转速 $n = (0.95 \sim 0.97)n_L$，即认为过渡过程结束，系统基本达到稳定状态。

在自控系统中，T_m 也可表示成另外一种形式，将 T_m 改写成

$$T_m = \frac{GD^2}{375} \frac{I_a R}{C_e \Phi_N} \frac{1}{C_T \Phi_N I_a} = \frac{GD^2}{375} \frac{\Delta n}{T_{em}} = \frac{GD^2}{375} \tan\alpha$$

$$\tan\alpha = \frac{\Delta n}{T_{em}}$$

式中　$\tan\alpha$——机械特性的斜率。

由此可见，对不同斜率的机械特性，电动机的机电时间常数不同。当电枢电路电阻变化时，T_m 的大小发生变化。

以上讨论的虽是起动过渡过程，但导出的式（2-23）、式（2-24）和式（2-25）是电流、转矩和转速变化规律的一般形式，它们不仅适用于起动过程，也适用于制动、调速和负载突然变化等各种过渡过程，仅仅是初始值和稳态值的不同而已。

第五节　他励直流电动机的制动原理与方法

一般情况下，电动机运行时其电磁转矩与转速方向一致，这种运行状态称作电动运行状态。通过某种方法产生一个与拖动系统转向相反的转矩以阻止系统运行，这种运行状态称为制动运行状态，简称制动。如在一些生产机械中，为了限制电动机转速的升高（如电车下坡及起重机下放重物），或需要电动机很快地减速停车（如可逆式轧钢机、龙门刨床等），对其进行制动。这对于提高劳动生产率和保证设备、人身的安全，都是很重要的。

制动的方法有机械制动（如用抱闸）、电磁制动和电气制动三种。电气制动是使电动机产生一个与旋转方向相反的电磁转矩来达到的。电气制动的优点是制动转矩大，制动强度控制比较容易，在电力拖动系统中多采用这种方法，或者与机械制动配合使用。

在一般的拖动装置中，对电动机电气制动的要求与起动基本相同，即制动时要有足够大的制动转矩（以电动机及其传动机构不致受到过大的冲击而损伤为宜），制动电流不要超过电动机换向所允许的数值，一般取 2～2.5 倍的额定电流。

他励直流电动机的电磁制动方法可分为三种：①能耗制动；②反接制动；③回馈制动（再生发电制动）。

本节主要说明他励直流电动机各种制动运行状态的物理过程、能量关系以及机械特性和参数之间的关系。

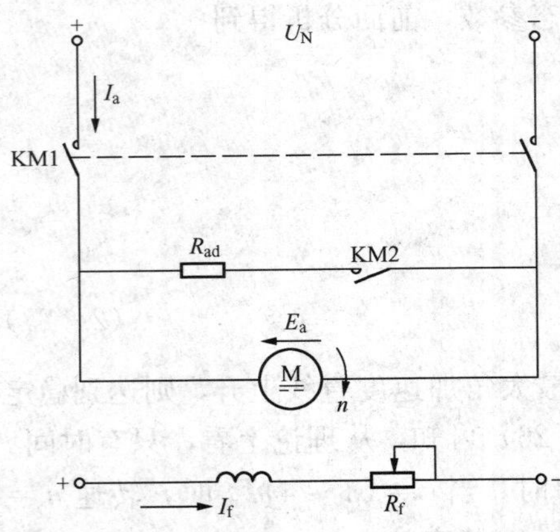

图 2-25　能耗制动原理接线图

一、能耗制动

图 2-25 为能耗制动原理接线图。当电源接触器触点 KM1 闭合，而制动接触器 KM2 触点断开时，直流电动机工作在电动状态。制动时，保持励磁电流不变，使接触器 KM1 的触点断开，接触器 KM2 的触点迅速接通，此时直流电动机电枢脱离电网，电枢两端接到一个外加电阻 R_{ad} 上。由于系统存储的动能使转速 n 不能突变，所以直流电动机感应电动势 E_a 大小与方向未变，在 E_a 作用下，电枢电流 $I_a=-E_a/(R_a+R_{ad})$ 改变方向为负值，电磁转矩 T_{em} 也随之反向变为负值，使 T_{em} 对电动机起制动作用。这时电动机由拖动系统的惯性作用而将储存的动能转换成电能，消耗在电阻 R_a+R_{ad} 上，直到电动机停止转动为止，所以这种制动方式称为能耗制动。

在能耗制动时，因 $U=0$，$n_0=0$，电动机的机械特性方程式变为

$$n=-\frac{R}{C_e\Phi}I_a=-\frac{R}{C_eC_T\Phi^2}T_{em} \tag{2-28}$$

其中

$$R=R_a+R_{ad}$$

从式（2-28）可知，能耗制动时，机械特性曲线为通过原点的直线，它的斜率 $\beta=-\dfrac{R}{C_eC_T\Phi^2}$，与电枢电阻成正比。因为能耗制动时转速方向未变，电流和转矩方向变为负（以电动状态为正）。所以，它的机械特性曲线在第二象限，如图 2-26 所示。在图 2-26 中，如制动前电动机工作在固有机械特性上的 a 点，能耗制动开始瞬间，因转速不变，工作

点将由 a 点平移到能耗制动工作点 b，b 点对应的转速为正值，电磁转矩为负值。对于反抗性负载，在制动转矩与负载转矩的共同作用下，系统的转速迅速降到零，实现快速准确停车。对于位能性负载，系统制动到 $n=0$ 后，在位能性负载的作用下，电动机将反向加速运行，n 反向为负值，导致感应电动势 E_a 改变方向，使电枢电流 I_a 又反向变为正值，T_{em} 随之变为正值。随着电动机反向转速的增加，电磁转矩也相应增加，直到 $T_{em}=T_L$，转速 n 不再变化，系统在能耗制动作用下稳定运行，恒速下放重物。

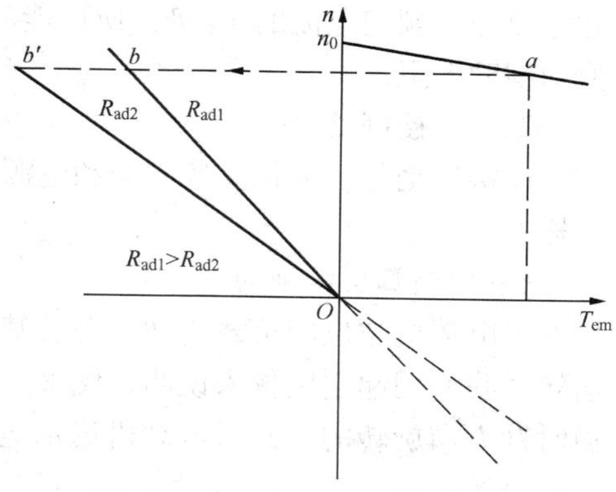

图 2 - 26　能耗制动的机械特性

在图 2 - 26 中，绘出不同制动电阻时的机械特性。可以看出，在一定的转速下，制动时串联的电阻 R_{ad} 越小，机械特性越平，起始制动转矩的绝对值越大，制动就越迅速，但 R_{ad} 不能太小，否则制动转矩和制动电流将超过允许值。一般直流电动机的最大电流应限制在 $2.5I_N$ 以内。如果选定最大制动电流为 I_{max}，则电枢回路需串入的制动电阻为

$$R_{ad}=\frac{E_a}{I_{max}}-R_a=-\frac{C_e\Phi n}{I_{max}}-R_a \tag{2-29}$$

式中　E_a——制动开始时的电枢电动势；

I_{max}——能耗制动开始瞬间电枢允许的最大制动电流，应以负值代入式（2 - 29）中。

【例 2 - 3】　一台他励直流电动机的额定数据：$P_N=40\text{kW}$，$U_N=220\text{V}$，$I_N=210\text{A}$，$n_N=1000\text{r/min}$，$R_a=0.07\Omega$。试求：

（1）在额定情况下进行能耗制动，欲使制动电流等于 $2I_N$，电枢应外接多大的制动电阻？

（2）机械特性方程。

（3）如电枢无外接电阻，制动电流有多大？

解（1）额定情况下运行，电动机电动势为

$$E_{aN}=U_N-I_NR_a=220-210\times0.07=205.3(\text{V})$$

按要求

$$I_{max}=-2I_N=-2\times210=-420(\text{A})$$

能耗制动时应串入的制动电阻为

$$R_{ad}=-\frac{E_{aN}}{I_{max}}-R_a=-\frac{205.3}{-420}-0.07=0.489-0.07=0.419(\Omega)$$

（2）机械特性方程

$$C_e\Phi=\frac{E_{aN}}{n_N}=\frac{205.3}{1000}=0.205$$

$$C_T\Phi=9.55C_e\Phi=9.55\times0.205=1.958$$

所以特性方程为

$$n=-\frac{RT_{em}}{C_e\Phi C_T\Phi}=-\frac{0.489}{0.205\times1.958}T_{em}=-1.218T_{em}$$

（3）如不外接制动电阻，制动电流

$$I_{max}=-\frac{E_{aN}}{R_a}=-\frac{205.3}{0.07}=-2933(\text{A})$$

此电流约为额定电流的14倍。所以能耗制动时，不允许直接将电枢短接，必须接入一定数值的制动电阻。

二、反接制动

反接制动包括倒拉反接制动和电源反接制动两种，这两种制动方法虽然不同，但是原理一样的。

（一）倒拉反接制动

当电动机被位能负载拖动，向着其接线旋转方向的反方向旋转时，便成为倒拉反接制动运转。我们用起重装置来说明。图2-27（a）中电动机在提升重物，它的接线是使电动机逆时针方向旋转的，此时电动机稳定运行于图2-28固有特性曲线上a点。

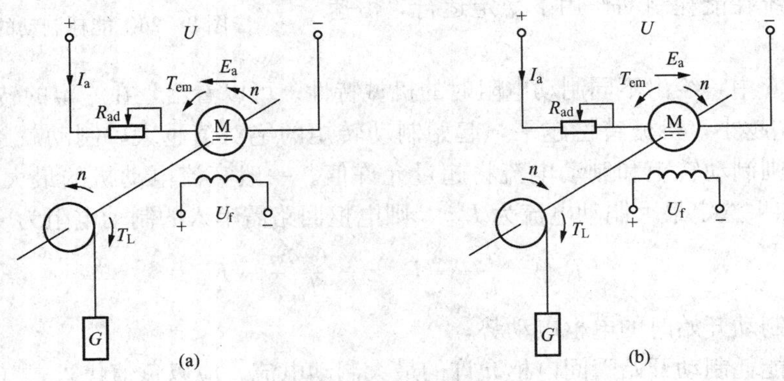

图2-27 倒拉反接制动原理接线图

（a）电动机运行；（b）倒拉反接制动运行

若以大电阻R_{ad}串联到电枢电路中，使电枢电流减小，电动机便转到对应于该电阻的人为机械特性曲线上的b点。由于这时电动机的电磁转矩小于负载转矩，电动机的转速下降，反电动势随之减小，与此同时电枢电流和电磁转矩又随反电动势减小而重新增加。转速与转矩的变化沿着该电阻对应的人为机械特性曲线箭头所示的方向。当转速降至零时，如电动机电磁转矩仍小于负载转矩，则在负载位能转矩作用下，将电动机倒拉而开始反转，其旋转方向变为下放重物的方向［如图2-27（b）所示］。在此情况下，电动势方向也随之改变，而与电源电压方向相同，于是电枢电路中电流为

$$I_a = \frac{U-(-E_a)}{R_a+R_{ad}} = \frac{U+E_a}{R_a+R_{ad}} \qquad (2-30)$$

由于电枢电流方向未变，这时电动机的电磁转矩方向也未变。但因旋转方向已改变，所以电磁转矩变成阻碍反向运动的制动转矩。如略去T_0，当$T_{em}=T_L$时，就制止了重物下放速度的继续增加，稳定运行于图2-28特性曲线的c点上。因为倒拉反接制动时，电动机的电动势方向发生改变，由原来与端电压方向相反，变为与端电压方向相同，所以倒

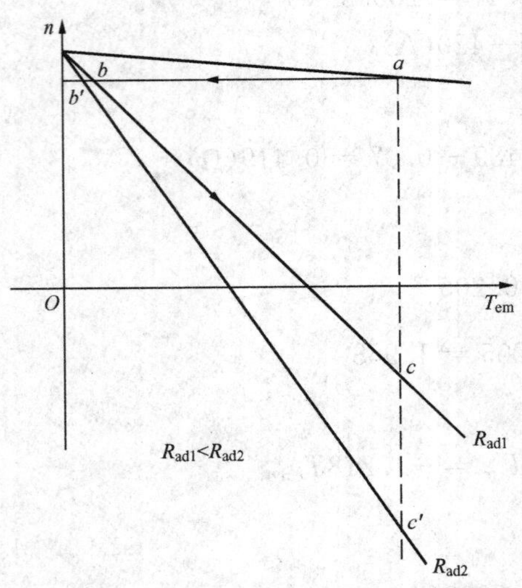

图2-28 倒拉反接制动的机械特性

拉反接制动状态又称为电动势反接制动状态。

倒拉反接制动时机械特性方程式仍为

$$n = \frac{U}{C_e\Phi} - \frac{R_a + R_{ad}}{C_e C_T \Phi^2} T_{em}$$

但此时由于串入了大电阻，电动机的转速降为

$$\Delta n = \frac{R_a + R_{ad}}{C_e C_T \Phi^2} T_{em} > n_0$$

即电动机的转速变为负值，所以特性曲线应在第四象限内。

图 2 - 28 也表示了不同的电枢电阻下的反接运转机械特性。可以看出，在同一转矩下，电阻越大，稳定的倒拉转速越高。

由于倒拉反接制动时，电动机的电动势 E_a的方向与电源电压 U 的方向一致，故有

$$U + E_a = I_a(R_a + R_{ad}) \tag{2-31}$$

将式（2 - 31）两边乘以 I_a，得

$$UI_a + E_a I_a = I_a^2(R_a + R_{ad}) \tag{2-32}$$

式（2 - 32）中，UI_a表示直流电源仍然向电动机供给电能，而 $E_a I_a$则表示电动机将下落重物的机械能转变为电能。以上这两部分电能都消耗在电枢内电阻 R_a和串入的制动电阻 R_{ad}上。由此可见，反接制动在电能利用方面是很不经济的。

（二）电源反接制动

反接制动还可以在电源反接（或称电压反接）的情况下实现。图 2 - 29 为其原理接线图。接触器 KM1 的触点闭合时，电流正向流通，电动机工作在电动状态。为了实现电压反接的反接制动，将 KM1 断开，KM2 接通，直流电动机电枢两端与电压反向接通，为了防止出现过大的制动电流，在电压反接的同时在电枢电路上串入一个较大的限流电阻 R_{ad}。由于电动机的转速 n 及电枢电动势 E_a不能突变，电压反接后，U 为负值，电压极性与电动势 E_a 极性一致，$I_a = \frac{-U-E_a}{R_a+R_{ad}}$反向，电磁转矩也反向，故电磁转矩与转速反向，系统进入反接制动状态。为了限制电压反接的反接制动过程中的电枢电流不超过允许值 I_{max}，电枢回路应串入电阻为

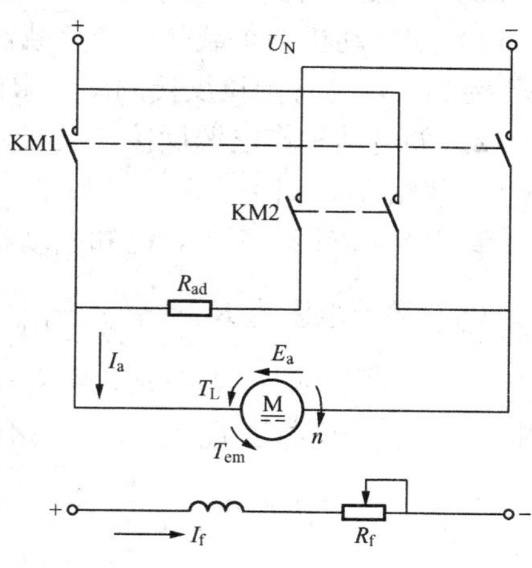

图 2 - 29　电源反接制动原理接线图

$$R_{ad} = \frac{U + E_a}{I_{max}} - R_a$$

式中　E_a——反接制动开始瞬间的电枢电动势，V。

因为电源电压改变方向，理想空载转速为$\frac{-U}{C_e\Phi} = -n_0$，所以电源反接的机械特性方程式为

$$n = -n_0 - \frac{R_a + R_{ad}}{C_e\Phi} I_a = -n_0 - \frac{R_a + R_{ad}}{C_e C_T \Phi^2} T_{em} \tag{2-33}$$

其中，I_a及T_{em}应以负值代入。

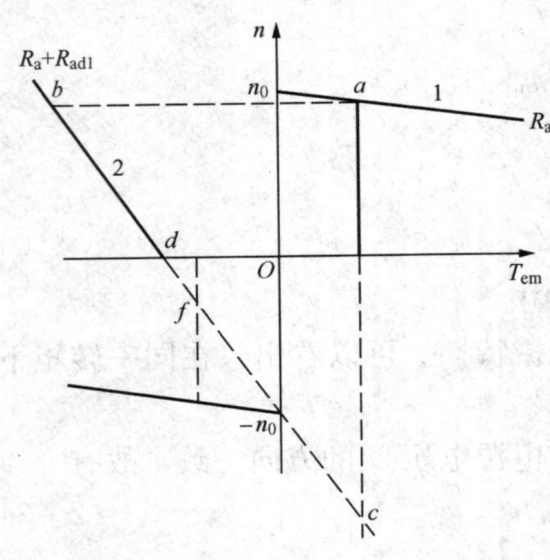

图 2-30 电源反接制动的机械特性

电源反接过程的机械特性曲线如图 2-30 所示。在制动前，电动机运行在固有特性曲线 1 上的 a 点；当串加电阻R_{ad}并将电源反接的瞬间，电动机过渡到电源反接的人为机械特性曲线 2 的 b 点上，电动机的电磁转矩变为制动转矩，开始反接制动，使电动机沿特性曲线 2 减速运行。在减速过程中，由于E_a的减小，使I_a及T_{em}随之减小。当转速降至零时，如果负载是反抗性负载，并且当$T_{em}\leqslant T_L$时，电动机便停止不动（特性曲线 2 的 d 点）。如果$T_{em}>T_L$，在反向的电磁转矩作用下，电动机将反向起动，进入反向电动运行状态。假如负载是位能负载（如前述起重装置中，在重力作用下，负载总是力图倒拉电动机反转），那么这个位能负载转矩如果大于拖动系统空载的摩擦转矩，则不管电动机在 $n=0$ 时，电磁转矩（它也是使电动机反转的）有多大，电动机都要反向旋转。要避免电动机反转，必须在 $n=0$ 瞬间切断电源，并使机械抱闸动作，保证电动机准确停车。人为机械特性曲线 2 中 bd 段即为电源反接制动的机械特性，在第二象限内。电源反接制动的能量关系和倒拉反接制动的相同。

【例 2-4】 用例 2-3 的电动机，试求：

（1）如电动机的负载是位能负载，提升重物在额定负载情况下工作，如在电枢中串入电阻$R_{ad}=2R_N$，进行倒拉反接制动，求倒拉反接制动时稳定的转速；

（2）如电动机作电源反接，反接初瞬时的电磁制动转矩$T_{em}=2T_N$，电枢中需串入多大电阻？（忽略T_0不计）

解（1）从例 2-3 中，已知电动机有关的计算数据：$R_a=0.07\Omega$，$E_{aN}=205.3\text{V}$，$C_e\Phi_N=0.205$。额定电阻为$R_N=\dfrac{U_N}{I_N}=\dfrac{220}{210}=1.05\Omega$，倒拉反接时电枢总电阻为

$$R=R_a+R_{ad}=R_a+2R_N=0.07+2\times1.05=2.17(\Omega)$$

忽略T_0不计，下放时$T_{em}=T_L=T_N$不变，$I_a=I_N=210\text{A}$不变。电动机的转速

$$n=n_0-\frac{R}{C_e\Phi_N}I_a=1073-\frac{2.17}{0.205}\times210=-1150(\text{r/min})$$

其中
$$n_0=\frac{U_N}{C_e\Phi_N}=\frac{220}{0.205}=1073\ (\text{r/min})$$

（2）电动机电源反接时，$n=n_N$，要求此时电磁制动转矩$T_{em}=2T_N$，则$I_a=-2I_N$。电枢电路总电阻

$$R=\frac{-(U_N+E_{aN})}{-2I_N}=\frac{220+205.3}{2\times210}=1.013(\Omega)$$

应串入的制动电阻

$$R_{ad}=R-R_a=1.013-0.07=0.943(\Omega)$$

三、回馈制动

回馈制动现象很多，例如当起重机下放重物及电车下坡时，电动机转速都可能超过n_0。

这时电动机将处于回馈制动（再生发电制动）状态。

图 2 - 31 是起重装置示意图。开始下放重物时，设电动机做反向电动运行（习惯上以提升方向为正）。在图 2 - 31（a）中标出了电动机电流和转矩的方向。这时的机械特性和电源反接的机械特性相同。如图 2 - 32 所示的特性曲线 2，位能负载特性仍为正值。在电动机电磁转矩和位能负载转矩作用下，电动机沿特性曲线 2 在第三象限区间 d 点反向起动并且加速。当下放转速达到某一数值，如特性曲线 2 上 f' 点可将串在电枢的外接电阻切除（也可像正常起动那样分段切除），电动机由 f' 点过渡到反向固有特性曲线 3 上 f 点，继续升速。当下放转速超过理想空载转速时，电动机进入第四象限回馈制动状态，如图 2 - 31（b）所示。当 $|-n|>|-n_0|$，$E_a>U$，这时电动机的电枢电流变为与 E_a 方向相同，从电枢正端流出。

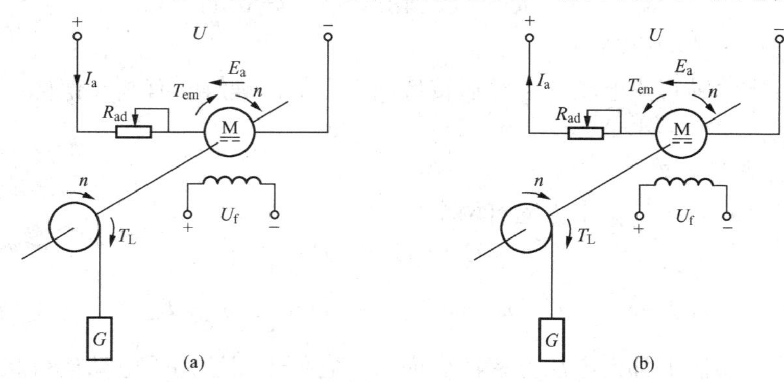

图 2 - 31　电动机回馈制动原理示意图

（a）电动机反向电动运行；（b）电动机回馈制动运行

电动机的电磁转矩也随电流而改变它的方向，变为制动转矩。于是电动机变为发电机状态，把系统的动能再生成为电能，反馈回电网。当电磁制动转矩 T_{em} 与位能负载转矩 T_L 平衡时，最后稳定在 g 点（图 2 - 32）。电动机抑制下降速度，以 n_g 速度稳定下放。从图 2 - 32 中可以看到，如果电枢电路中保留外接电阻，电动机将稳定在较高转速的 c 点上。为了防止转速过高、减少电阻损耗，在回馈制动时不宜接入制动电阻。

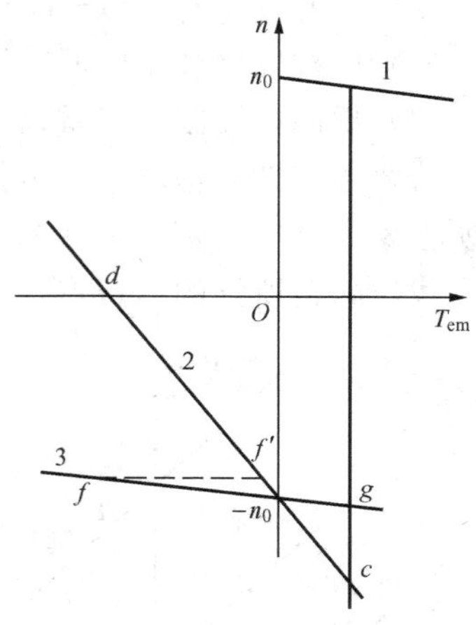

图 2 - 32　重物下放的回馈制动的机械特性

在上面讨论起重装置的电动机回馈制动时，我们把提升重物作为运动的正方向，所以下放重物的回馈制动就是反向的回馈制动，机械特性在第四象限。如果我们把下放重物的方向定为运动的正方向，则应把图 2 - 32 的特性曲线图转过 180°，成为正向的回馈制动，特性曲线在第二象限。

反向回馈制动稳定的转速为

$$n=-n_0-\frac{R}{C_e\Phi}I_a=-n_0-\frac{R}{C_eC_T\Phi^2}T_{em}$$

【例 2 - 5】　对例 2 - 3 的电动机，试求：

（1）电动机带 $\frac{1}{2}$ 额定负载，在固有特性上进行回馈制动，问在哪一点稳定运行？

（2）电动机带同样位能负载，欲使电动机在 $n=1200$ r/min时稳定运行，问回馈制动时，电枢电路应接入多大的电阻？

解（1）$T_L=0.5T_N$，忽略 T_0，可认为 $I_a=0.5I_N$，则

$$n=-n_0-\frac{R_a}{C_e\Phi_N}I_a=-1073-\frac{0.07\times0.5\times210}{0.205}=-1109(\mathrm{r/min})$$

（2）稳定在 $n=1200$r/min时的电枢回路总电阻为

$$R=-\frac{(n-n_0)C_e\Phi_N}{I_a}=-\frac{[-1200-(-1073)]\times0.205}{0.5\times210}=0.248(\Omega)$$

所以电枢回路中应接入电阻

$$R_{ad}=R-R_a=0.248-0.07=0.178(\Omega)$$

四、各种制动方法的比较

为了便于对比他励直流电动机各种运转特性，以加深理解和有利于记忆，特将他励直流电动机各种制动方法作一小结。

1. 机械特性方程比较

电动机各种运转状态的基本方程有两个。

电压方程
$$E_a=U-I_aR$$

电动机的机械特性方程
$$n=n_0-\frac{R}{C_e\Phi}I_a=n_0-\frac{R}{C_eC_T\Phi^2}T_{em}$$

这两个方程，实质上都由电压方程演变而来。它们不仅适用于电动运行状态，也适用于制动运行状态，只要注意在换接时外部条件的改变（电压的改变），有如下情况：

（1）能耗制动时，$U=0$，$n_0=0$；

（2）电源反接时，以 $-U$ 代替 U，以 $-n_0$ 代替 n_0；

（3）倒拉反接和正向回馈制动没有改变电动机的接线，U、n_0 的符号不变；

（4）反向回馈制动（重物下放）和电源反接相同。

若要用特性方程求某一运行点（过渡状态或稳定状态）的转速或电阻值，应注意该运行点所在象限，以判别 $n(E_a)$ 和 $I_a(T_{em})$ 的正负号。因此，计算时，尽量先画出机械特性曲线图，找出题目所给的运行点，才能正确地运用公式。

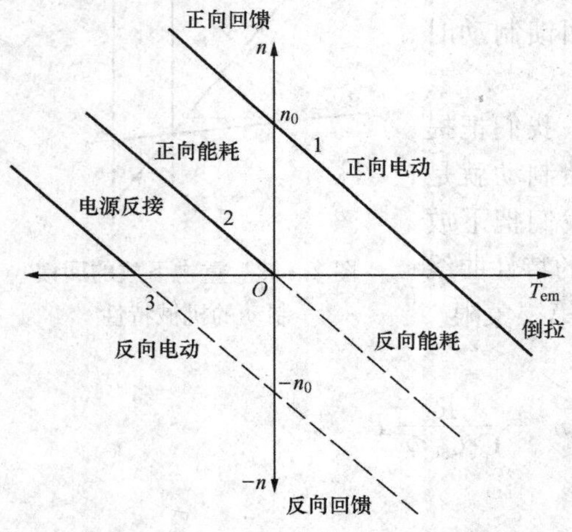

图 2 - 33　各种运转状态机械特性

2. 机械特性电能比较

现将各种运转状态的机械特性曲线画在图 2 - 33 内，以便进一步理解和记忆。

保持电枢电路电阻不变，则特性曲线斜率不变，能耗制动时 $U=0$，$n_0=0$，机械特性曲线经过原点（见图 2 - 33 中直线 2）；电动机接在电网上，按规定正方向运行，$n_0=U/C_e\Phi$，这时特性曲线向上平行移至 n_0，得直线 1，第一象限为正向电动运行，第二象限为正向回馈制动，第四象限为倒拉反接制动；如将电源反接，则曲线向下移至（$-n_0$），得直线 3，与直线 1 相对应，第二象限为电源反接制动，第三象限为反向电动运行，第四象限为反向回馈制

动运行。

能耗制动和电源反接制动时，电动机转速由运行值下降至零，属于刹车过程。在制动过程中没有稳定运行点，是属于过渡状态的制动。出现在重物下放的倒拉反接制动和回馈制动，起着限速作用，有稳定的运行点。在下一节中所述的降压调速过程可能出现过渡状态的回馈制动。

在制动状态下，电动机实质上转化为发电机运行。能耗制动时，电动机变为独自向电枢电路电阻供电的发电机；回馈制动时，电动机变为与电网并联的发电机，向电网反馈电能；反接制动时，电动机变为与电网串联的发电机，与电网共同对电枢电路电阻供电。这些电能都是从系统的动能或势能转变而来的。

3. 各种制动方法的优缺点和应用

(1) 能耗制动。

优点：①制动减速时较平稳可靠；②控制线路较简单；③当转速减至零时，制动转矩也减小到零，便于实现准确停车。

缺点：制动转矩随转速成正比地减小，影响到制动效果。

能耗制动适用于不可逆运行，制动减速要求在较平稳的情况下进行。

(2) 回馈制动。

优点：①不需要改接线路即可从电动状态自行转化到制动状态；②电能可反馈回电网，使电能获得利用，简便可靠而经济。

缺点：制动只能出现在 $n>n_0$ 时，应用范围较窄。

回馈制动适用于位能性负载的稳定高速下降；在降压、增磁调速过程中，可能出现过渡性回馈制动。

(3) 反接制动。

优点：制动过程中，制动转矩随转速降低的变化较小，即制动转矩较恒定，制动较强烈，效果好。

缺点：①需要从电网中吸收大量电能，不经济；②转速为零时，不及时切断电源，会自行反向加速（电源反接）。

电源反接制动适用于要求迅速反转，较强烈制动的场合；倒拉反接可应用于吊车以较慢的稳定转速下放重物时。

第六节　他励直流电动机的调速原理与方法

电动机调速是根据电力拖动系统的负载特性的特点，通过改变电动机的电源电压、电枢回路电阻或减弱磁通而改变电动机的机械特性来人为地改变系统的转速，以满足其工作实际需要的一种控制方法。电力拖动系统中采用的调速方法通常有三种。

1）机械调速。通过改变传动机构的速度比来实现机械调速。其特点是电动机控制方法简单，但机械变速机构复杂，无法自动调速，且调速为有级的。

2）电气调速。电气调速是通过改变电动机的有关电气参数以改变拖动系统的转速。其特点是：简化机械传动与变速机构，调速时不需停机；可实现无级调速，易于实现电气控制自动化。

3）电气—机械调速。它是包括上述两种方法的混合调速方法。

本节只分析电气调速的方法及有关问题。

在学习本节时，必须注意将调速与速度变化这两个概念区分开。速度变化是指生产机械的负载转矩受到扰动时，系统将在电动机的同一条机械特性上的另一位置达到新的平衡，因而使系统的转速也随着变化。调速是指电动机配合拖动系统负载特性的要求，人为地改变他励直流电动机的有关参数，使电动机运行在另一条机械特性曲线上而使系统的转速发生相应的变化。

一、调速指标

电动机速度调节性能的好坏，常用下列各项指标来衡量。

1. 调速范围

调速范围是指电动机拖动额定负载时，所能达到的最大转速与最小转速之比，即

$$D=\frac{n_{max}}{n_{min}} \tag{2-34}$$

不同的生产机械要求不同的调速范围，例如某些轧钢机 $D=3\sim10$，龙门刨床 $D=10\sim40$。

2. 调速的平滑性与经济性

以电动机两个相邻调速级的转速 n_i 与 n_{i-1} 之比来衡量，即平滑系数，则有

$$K=\frac{n_i}{n_{i-1}} \tag{2-35}$$

这个比值越接近于1，调速的平滑性越好。在一定的调速范围内，可能得到的调速级数越多，则调速平滑性越好。调速的经济性由调速设备的投资和电动机运行时的能量消耗来决定。

3. 调速的相对稳定性

调速的稳定性是指负载转矩发生变化时，电动机转速随之变化的程度。工程上常用静差率来衡量调速的相对稳定性。它是指电动机在某一机械特性曲线上运转时，在额定负载下的转速降 Δn_N 对理想空载转速的百分比，即

$$\delta=\frac{\Delta n_N}{n_0}\times100\% \tag{2-36}$$

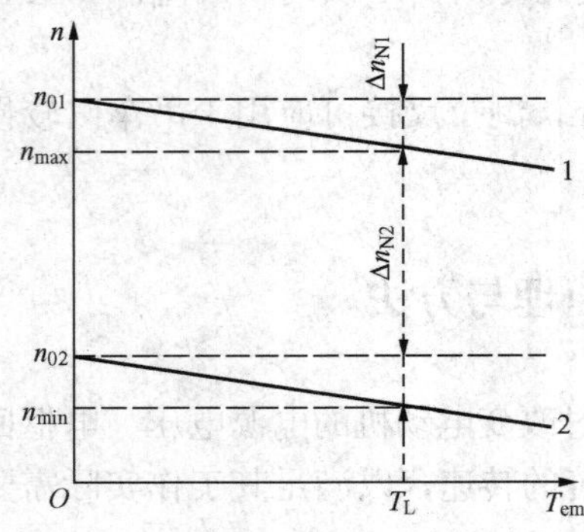

图 2-34　不同转速时的静差率

静差率和机械特性硬度的关系是电动机的机械特性越硬，转速变化越小，静差率越小，相对稳定性越高。但机械特性硬度一样，静差率可能不等。如图2-34所示两条互相平行的机械特性，虽然 $\Delta n_{N1}=\Delta n_{N2}=\Delta n_N$，但 $n_{02}<n_{01}$，因此 $\delta_1<\delta_2$，即低速机械特性的静差率大，相对稳定性差。对于低速运行的拖动装置，运行的稳定性更显得重要。因为在调速过程中，可能由于稳定性差而引起停车。所以在低速运行时，提高其机械特性硬度（使 Δn_N减小）：减小静差率，不仅可以保证电动机稳定地工作，而且还可以扩大调速范围。不同的生产机械在调速时，对静差率要求不同，例如普通车床 $\delta<30\%$；高级造纸机$\delta\leqslant0.1\%$。

静差率与调速范围是互相联系的两个指标，由于最低转速决定于低速时的静差率，因此，调速范围必然受到低速特性静差率的制约。现在以减压调速为例，推出调速范围 D 与

低速静差率 δ 间的关系如图 2 - 34 所示。

$$D=\frac{n_{\max}}{n_{\min}}=\frac{n_{\max}}{n_{02}-\Delta n_{\mathrm{N}}}=\frac{n_{\mathrm{N}}}{n_{02}\left(1-\frac{\Delta n_{\mathrm{N}}}{n_{02}}\right)}$$
$$=\frac{n_{\mathrm{N}}}{\Delta n_{\mathrm{N}}\frac{1-\delta}{\delta}}=\frac{n_{\mathrm{N}}\delta}{\Delta n_{\mathrm{N}}(1-\delta)} \tag{2 - 37}$$

式中　δ——用小数表示的静差率；

Δn_{N}——低速特性额定负载下的转速降落。

由式（2 - 37）可知，当 $n_{\max}$、Δn_{N}均为恒值时，调速的相对稳定性要求越高，即静差率 δ 越小，则调速范围 D 也越小，若要求 D 大时，必须设法提高机械特性的硬度、减少额定转速降 Δn_{N}的数值。静差率 δ 与调速范围 D 是不能同时兼顾的，必须根据系统的实际需要，有所侧重，统筹考虑。

4. 适应负载的特点

不同的生产机械在调速时，轴上负载转矩和功率变化的情形是不一样的。某些机械，例如起重机、皮带运输机等的特点是当转速变化时，负载转矩不变，因而所需的功率随转速成正比例变化，如图 2 - 35（a）所示，这一类负载称为恒转矩负载。另一些生产机械，如大多数机床的主轴拖动。这类机械的特点是当转速变化时，负载功率保持一定，负载转矩与转速成反比，如图 2 - 35（b）所示。这一类负载称为恒功率负载。电动机各种调速方法的选择，应适应负载调速特点的要求，使电动机尽可能地被充分利用。

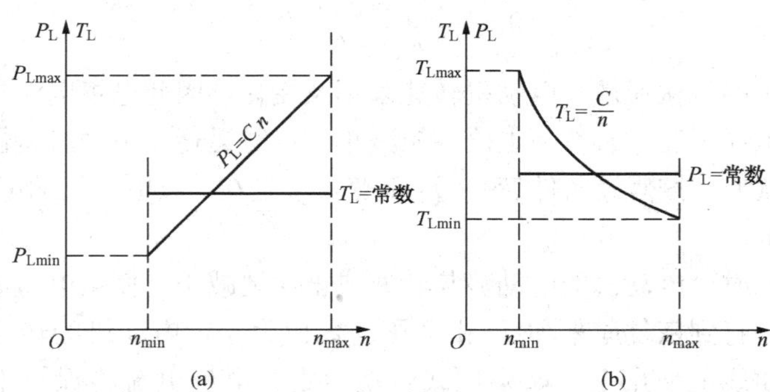

图 2 - 35　负载特性

（a）恒转矩负载；（b）恒功率负载

已知直流电动机稳定工作时的转速为

$$n=\frac{U-I_{\mathrm{a}}\ (R_{\mathrm{a}}+R_{\mathrm{ad}})}{C_{\mathrm{e}}\Phi}=\frac{U-I_{\mathrm{a}}R}{C_{\mathrm{e}}\Phi} \tag{2 - 38}$$

由式（2 - 38）可知，直流电动机调速方法有三种：①改变电枢电路电阻 R；②改变磁通 Φ；③改变电枢电压。由前面分析已知，这三种参数中任何一个发生改变，都会使电动机的固有机械特性发生变化，而得到我们所要求的人为机械特性。下面分别讨论各种调速方法。

二、改变电枢串联电阻调速

在电枢电路串接附加电阻后，n_0 不变，而转速降与电阻成正比，使特性变软，对应不同的电枢电阻，可得到不同的人为机械特性。现在先来分析串入电阻时，转速是怎样引起变化的。

用此方法调速时，保持电动机端电压为额定电压，磁通为额定磁通不变。在调速过程中，设电动机轴上负载转矩不变。

调速前，电动机带额定负载，运行在对应 $T_{em}=T_L=T_N$（略去 T_0 不计）的固有特性曲线 a 点上［如图 2-36（a）所示］。这时电动机的转速为 n_N，电枢电流为 I_N。

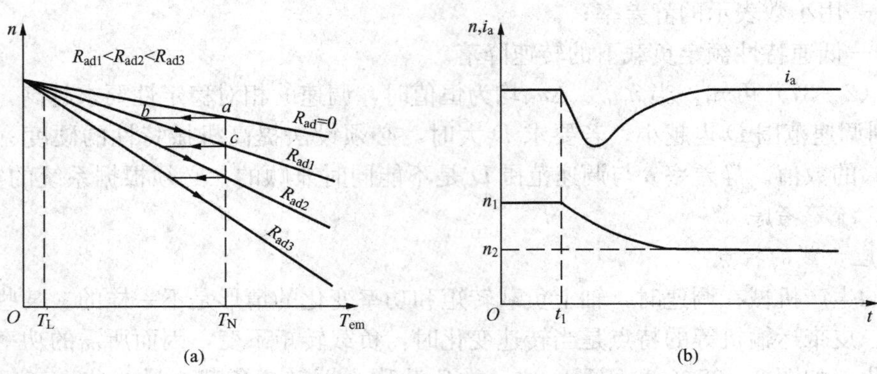

图 2-36 电枢串联电阻调速的人为机械特性及电流、转速变化过程

（a）人为特性；（b）电流、转速变化曲线

当电枢串联调节电阻 R_{ad1} 时，电枢电流为

$$I_a=\frac{U_N-C_e\Phi_N n}{R_a+R_{ad1}}$$

在此瞬间，由于系统的机械惯性，电动机转速来不及变化，因此电枢电流将随电枢电路电阻增加而减小。因为磁通不变，必然使电磁转矩减小。这时运行点由固有特性 a 点过渡到人为机械特性曲线的 b 点上。按假设条件 $T_L=T_N$ 不变，于是在 b 点电动机的电磁转矩 $T_{em}>T_L$，电动机的转速便降低。

在转速下降的同时，电动机的电动势与转速成正比地减小，使得电枢电流和对应的电磁转矩又重新增大。一直到恢复原来和 T_L 相平衡的数值为止，电动机的转速便不再下降，稳定在人为机械特性曲线的 c 点上。如果负载转矩恒定，电枢电流将保持不变，即 $I_c=I_a=I_N$。新的稳定转速为

$$n=n_0-\frac{R_a+R_{ad1}}{C_e\Phi_N}I_N=n_0-\frac{R_a+R_{ad1}}{C_eC_T\Phi_N^2}T_N$$

图 2-36（b）表示调速过程中电枢电流 I_a 和转速 n 的变化过程。当负载转矩不变时，系统在新的稳定状态下运行，电枢所串联的电阻越大，电动机的旋转速度越低，但电枢电流不变，该调速系统也是一种恒转矩调速系统。

这种调速方法的缺点是：①由于所串联电阻体积大，只能分较少的档次，调速的平滑性差；②低速时，特性较软，稳定性较差；③轻载时调速效果不大；④因为电枢电流不变，电阻损耗随电阻成正比变化，转速越低，须串入的电阻越大，电阻损耗越大，效率越低。考虑上述因素，电动机的转速不宜调节得太低，因此也就限制了调速范围，一般 $D=2\sim3$。但是，这种调速方法具有设备简单、操作方便的优点，适于做短时调速，在起重和运输牵引装

置中得到广泛的应用。

三、改变电动机的磁通调速

他励直流电动机改变磁通调速，比较简便的方法是在励磁电路串联调节电阻，改变励磁电流，使磁通改变，其原理接线图如图2-37所示。

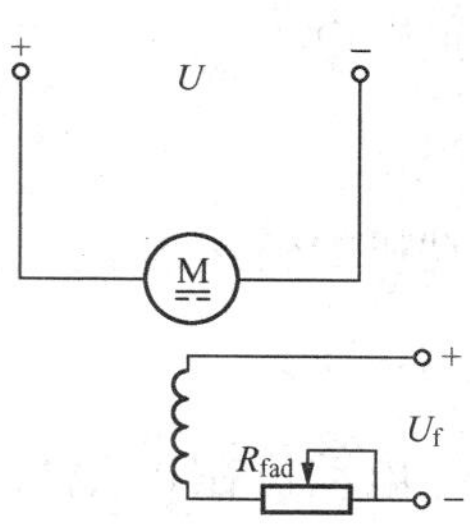

图2-37　他励直流电动机改变磁通调速原理接线图

1. 机械特性

首先让我们来分析，在端电压 $U=U_N$，电枢电路不串接外电阻，负载转矩 $T_L=T_N$ 不变的条件下，改变磁通调速时的调速过程。设调速前电动机稳定运行在图2-38（a）中的固有特性曲线 a 点上，当增加励磁调节电阻 R_{fad}，使励磁电流和磁通减小时，电动机的电动势随之减小。虽然电动势减小得不多，但由于电枢内电阻很小，所以电枢电流将急剧地增加。例如，某一电动机 $U_N=220V$，$E_a=C_e\Phi n=200V$，$R_a=0.5\Omega$，则电枢电流

$$I_a=\frac{U_N-C_e\Phi n}{R_a}=\frac{220-200}{0.5}=40(A)$$

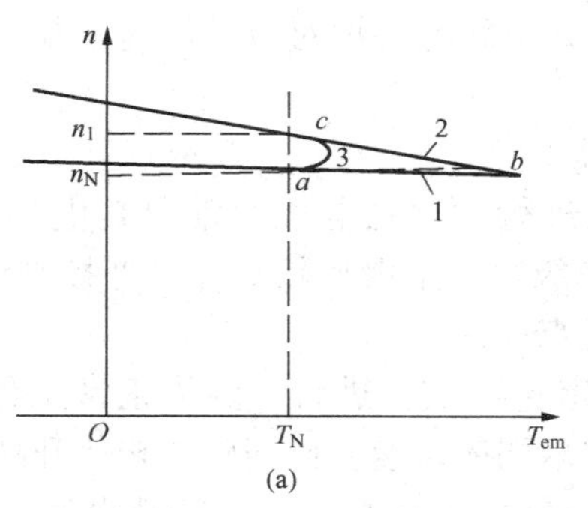

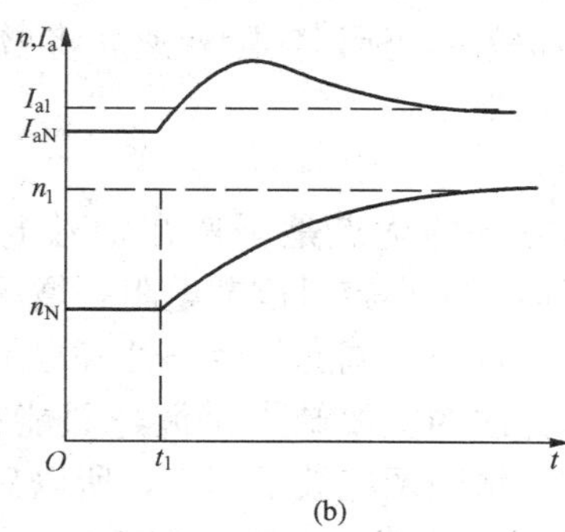

图2-38　改变磁通调速的机械特性及电流、转速变化过程

（a）机械特性；（b）电流、转速变化曲线

如将磁通 Φ 减少 $\frac{1}{5}$，即 $\Phi_1=0.8\Phi_N$，并认为最初瞬间电动机的转速还来不及改变，则得

$$I_a=\frac{220-0.8\times200}{0.5}=120(A)$$

即电枢电流增加到原来的3倍。

磁通 Φ 减小并不大，而电枢电流 I_a 却增加很多，这样电磁转矩 $T_{em}=C_T\Phi I_a$ 还是比原来增大了。在这一瞬间，运行点由固有特性曲线上 a 点，过渡到人为机械特性曲线上的 b 点[如图2-38（a）所示]。对应磁通减小的人为机械特性曲线形状已于前面讨论过。此时，由于 $T_{em}>T_L$，电动机的转速开始上升。

在转速上升的同时，电动势也将增加，电枢电流就重新减小。电磁转矩和转速沿着人为机械特性从 b 点变化到 c 点时，电磁转矩恢复到原有值，这时转速便稳定在 n_1。

在新的稳定点 c 上，电磁转矩为

$$T_{em}=C_T\Phi_1I_{a1}=C_T\Phi_NI_{aN}$$

电枢电流为

$$I_{a1}=\frac{\Phi_N}{\Phi_1}I_N \tag{2-39}$$

电动机的转速为

$$n_1=\frac{U_N-I_{a1}R_a}{U_{aN}-I_NR_a}\cdot\frac{C_e\Phi_N}{C_e\Phi_1}n_N\approx n_N\frac{\Phi_N}{\Phi_1}$$

电动机在 c 点稳定运行时，新的转速 $n_1>n_N$、$T_{em}=T_L$、$I_{a1}>I_{aN}$。实际由于励磁回路的电感较大，磁通不可能突变，电磁转矩的变化曲线如图 2-38（a）中的曲线 3 所示。调速过程的电枢电流 i_a 和转速 n 的变化过程如图 2-38（b）所示。考虑到连续运行中，电枢电流不能大于 I_{aN}，所以弱磁调速通常运用于恒功率负载拖动系统。

调速的机械特性公式为

$$n=\frac{U_N}{C_e\Phi}-\frac{R_a}{C_eC_T\Phi^2}T_{em}=n_0-\beta T_{em}$$

由于 Φ 下降，理想空载转速 n_0 和转速降 Δn 都增加，一般在额定转矩范围内 n_0 增加较大，而 Δn 增加较少，所以实际转速 n 将增加，高于固有特性对应的转速，如图 2-38（a）所示。

2. 优缺点

这种调速方法的优点是调速在励磁电路里进行，励磁电流通常只是电枢额定电流的 2%～5%，因而可用小容量调节电阻，增多调速级数，平滑性较好。另外控制设备体积小，投资少，能量损耗小，调速的经济性好也是其优点。

这种调速方法的主要缺点是调速只能在额定转速以上进行。因为正常工作时 $\Phi=\Phi_N$，磁路已趋饱和，增磁调速效果不大，所以只能采取弱磁调速。而弱磁使转速升高又受到换向和机械强度的限制，因此调速范围不广。普通电动机 $D=1.2\sim2$，特殊设计的可达到 $D=3\sim4$。

最后必须指出，他励和并励电动机在运行过程中，如果励磁电路突然断线，则电动机处于严重的弱磁状态（只有剩磁）。此时不仅由于电动势的减小而使电枢电流大大增加，而且电动机的转速将上升到危险的高速，有可能使电动机遭受破坏性的损伤，必须采取相应的保护措施。

这种调速方法不适合于恒转矩负载。因为在恒定负载条件下，从式（2-39）可知，磁通减小，转速升高时，电枢电流将增大。如果低转速电枢电流为额定，则高转速时电枢电流将超过额定值，使电动机过热；反之如使高速时电枢电流为额定值，则低速时电枢电流达不到额定值，电动机容量不能充分利用。要使电动机在弱磁调速过程中，电枢电流保持额定值不变，则在高速（弱磁）时，要求负载转矩相应地减小，所以弱磁调速适合于恒功率负载。

四、改变电枢电压调速

1. 机械特性

改变电枢电压的人为机械特性已在第三节讨论过，它是一根平行于固有机械特性的直线。这里要说明改变电压调速的过程。设电动机的磁通保持额定值不变，电枢电路不串外接电阻，负载转矩为额定值不变。调速前，电动机稳定工作在图 2-39（a）所示固有机械特性曲线 1 的 a 点上。这时如将加在电枢两端的电压降低（对应于人为机械特性的电压），在此瞬间电动机的转速由于惯性作用而来不及变化，电动势 E_a 也来不及变化，电枢电流 $I_a=\frac{U-E_a}{R_a}=\frac{U-C_e\Phi_N n}{R_a}$ 将减小，必将导致电磁转矩变小，电动机将从 a 点瞬时过渡到人为机械特性曲线 2 上的 b 点。这时电动机电磁转矩小于负载转矩，转速将下降。

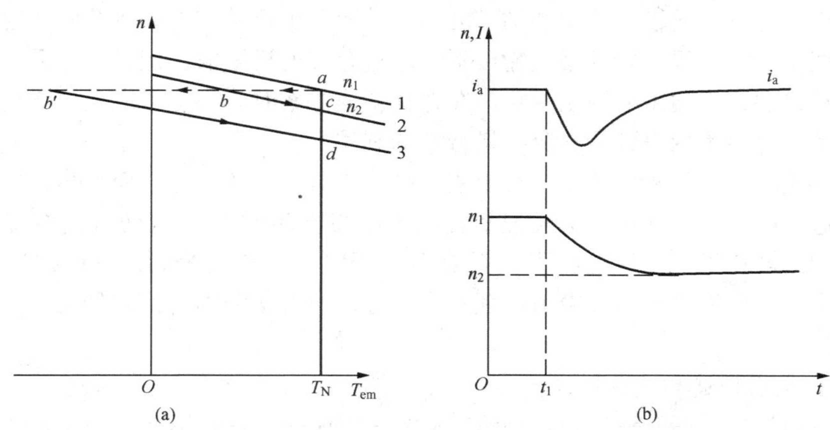

图 2-39　改变电枢电压调速的机械特性及电流、转速变化过程

（a）机械特性；（b）电流、转速变化曲线

在转速下降的同时，电动势 E_a 随之减小，电枢电流及电磁转矩又重新增大。当电枢电流及电磁转矩增加到原来与负载转矩相平衡的数值时，电动机便稳定在人为机械特性曲线 3 的 c 点上。

如果电枢电压下降幅度较大，使 $U<E_a$ 时，I_a 为负值，电动机便过渡到回馈发电制动状态，从固有机械特性曲线 1 的 a 点瞬时地过渡到另一人为机械特性曲线 3 上的 b' 点。这时系统的动能将变为电能回馈电网。电动机在电磁制动转矩和负载阻转矩作用下，转速下降。随后，电动机的转矩和转速变化将沿着又一条人为机械特性，从 b' 点过渡到 d 点，并以 n_d 的转速稳定运转。图 2-39（b）表示调速过程中电枢电流 I_a 和转速 n 的变化过程。

2. 优缺点

这种调速方法优点很多，主要有：①电压调节可以很细，实现无级调速，平滑性很好；②由于特性没有软化，相对稳定性较好；③可以调节至较低的转速，因此调速范围较广；④调速过程能量损耗较小。

改变电压调速的电力拖动装置中，电动机起动时可用降低电压起动，然后逐渐升高电压，使转速逐渐提高到正常运行转速。起动过程可以保持起动电流和起动转矩在一定的数值不变，因而获得较理想的匀加速起动过程。这样就不需在电枢中串入起动电阻限制起动电流，节省了起动设备和起动过程的能量损耗。拖动系统制动时，可采取回馈制动方法，操作既简便，又能将系统的动能反馈回电网，十分经济。

电动机一般不允许超过额定电压运行，因此这种调速方法只能在额定转速以下进行调节。这种调速方法适合于恒转矩负载，因为转矩一定时，电枢电流能保持额定值而不随转速变化。

改变电压调速，需要供给电动机电枢电路专门的直流调压电源。这种专门的调速装置有发电机—电动机系统和晶闸管整流调速系统。后者是采用晶闸管整流装置作为可调压的直流电源对电动机供电，构成晶闸管整流器—电动机系统（SCR—D系统）。有关晶闸管调速的详细内容将在其他课程中介绍。

五、电动机调速时的允许输出与负载的配合

（一）电动机调速时的允许输出

电动机稳定运行时的输出功率和轴上的输出转矩是由负载和电动机共同决定的，为了保证电动机长期工作而不损坏，其最大输出不能超过允许的极限值。但是，在采用不同的方法调速时，电动机的允许输出要发生变化。在选择调速方案时，必须考虑允许输出的变化，使电动机在整个调速范围内得到最充分、最合理的利用。

电动机调速时允许的输出功率或转矩主要决定于电动机的发热，而发热又取决于电枢电流。在调速过程中，只要在不同的转速下，电枢电流不超过 I_N，电动机长期工作就不会过热。若在不同的转速下，电枢电流刚好等于 I_N，则电动机被充分利用，所对应的输出功率和输出转矩也就是允许输出的极限值。现在就三种调速方法分别讨论其最大输出功率和输出转矩。

1. 电枢串电阻调速和减压调速

电枢串电阻调速和减压调速时，$\Phi=\Phi_N$不变，若保持 $I_a=I_N$不变，则对应的电磁转矩和电磁功率分别为

$$T_{em}=C_T\Phi_N I_N=T_N \tag{2-40}$$

$$P_{em}=\frac{T_{em}n}{9.55}=\frac{T_N n}{9.55}\propto n \tag{2-41}$$

其中，T_N为额定电磁转矩，调速过程中保持不变。

由式（2-40）、式（2-41）可见，采用电枢串联电阻调速和减压调速时，不论电动机在任何转速下工作，允许输出的转矩为额定转矩，不随转速改变，因此称为恒转矩调速方法。而允许输出的功率则与转速成正比，随转速下降而减小，如图2-40所示。

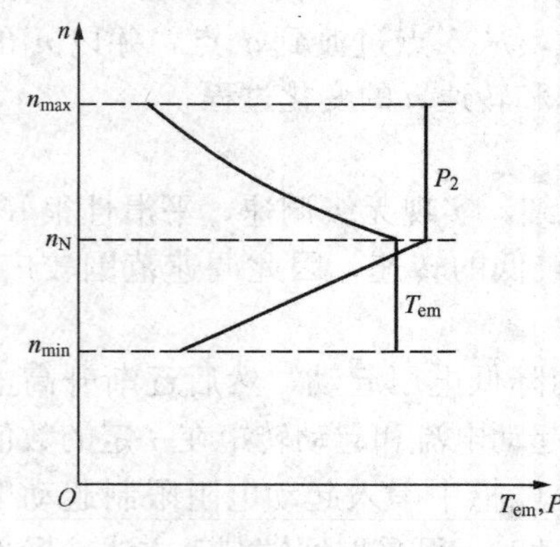

图2-40 调速时电动机允许的输出曲线

2. 弱磁调速

弱磁调速时，若保持 $I_a=I_N$不变，则 Φ 与 n 之间有下列关系

$$\Phi=\frac{U_N-I_N R_a}{C_e n}=\frac{E_{aN}}{C_e n}$$

由此求出不同转速时的电磁转矩和电磁功率分别为

$$T_{em}=C_T\Phi I_N=C_T\frac{E_{aN}}{C_e n}I_N=9.55\frac{P_{emN}}{n}$$

其中，$P_{emN}=E_{aN}I_N$为额定电磁功率，调速过程中保持不变。

$$P_{em}=\frac{T_{em}n}{9.55}=P_{emN}$$

可见，弱磁调速时，允许输出转矩与转速成反比，随转速升高而减小。而允许输出功率则为额定功率，不随转速变化，故称之为恒功率调速，如图2-40所示。

（二）调速方法与负载的配合

图2-40所绘出的允许输出转矩或功率只表示电动机的最大输出能力，不代表电动机的实

际输出。电动机的实际输出由不同转速下负载转矩与负载功率特性 $T_L=f(n)$ 及 $P_L=f(n)$ 来决定，这样就有一个调速方法与负载类型的配合问题。若配合恰当，在整个调速范围内，既可使电动机的输出能力充分利用，又不会使电动机过载。

1. 恒转矩调速

若对恒转矩负载用恒转矩调速，使 $T_N=T_L=$常数，$n_N=n_{max}$。此时电动机功率为

$$P_N=\frac{T_N n_N}{9.55}=\frac{T_L n_{max}}{9.55}$$

电动机在任何转速时 $I_a=I_N$，电动机的输出能力得到了充分利用。

若将恒转矩调速用于恒功率负载，由于恒转矩调速由额定转速 n_N 向下调节，因此电动机的额定转速不能小于负载要求的最高转速。通常取 $n_N=n_{max}$，在转速最低时，负载转矩最大，则 $T_{L,max}=9.55\frac{P_L}{n_{min}}$，为了满足负载的要求，电动机的额定转矩必须等于最大负载转矩，即

$$T_N=9.55\frac{P_N}{n_N}=9.55\frac{P_L}{n_{min}}$$

式中　P_N——电动机的额定功率；

n_N——电动机的额定转速。

由此可得

$$\frac{P_N}{n_N}=\frac{P_L}{n_{min}} \tag{2-42}$$

即

$$P_N=P_L\frac{n_N}{n_{min}}=P_L\frac{n_{max}}{n_{min}}=DP_L$$

式（2-42）说明，如将恒转矩调速用于恒功率负载，电动机的功率是负载功率的 D 倍。此外，当转速升高时，负载转矩减小，必然使电枢电流减小，显然这样的配合使电动机得不到充分利用，造成浪费。

2. 恒功率调速

由于他励直流电动机恒功率调速是采用弱磁调速方法，转速是从额定转速往上调，故电动机的额定转速 n_N 应等于生产机械要求的最低转速 n_{min}。若用恒功率调速方法拖动恒功率负载将 $n_N=n_{min}$ 代入式（2-42）得 $P_N=P_L$。

电磁转矩 $T_{emN}=C_T\Phi I_N$，在弱磁调速时，磁通与转速成反比，因输出功率一定，转矩也与转速成反比。这样在调速范围内，电枢电流可始终保持额定值，电动机得到了充分利用。

用恒功率调速方式拖动恒转矩负载，因 $n_N=n_{min}$，电动机的额定功率为

$$P_N=\frac{T_N n_N}{9.55}=\frac{T_L n_{min}}{9.55}$$

而负载最大功率为

$$P_{L,max}=\frac{T_L n_{max}}{9.55}$$

要使电动机与负载配合，必须使电动机额定功率 $P_N=P_{L,max}$，即

$$T_N n_{min}=T_L n_{max}$$

$$T_N=DT_L$$

这样，在 $n_N=n_{min}$ 时，电动机的转矩比实际负载转矩大得多，造成了浪费。

【例 2-6】 一台他励直流电动机的额定数据：$P_N=17kW$，$U_N=220V$，$I_N=90A$，$n_N=1500r/min$，$R_a=0.23\Omega$。

（1）当轴上负载转矩为额定值时，在电枢串入调节电阻 $R_{ad}=1\Omega$，求电动机的转速是多少？此时电动机的效率是多少？

（2）如果电动机的负载转矩为 $0.5T_N$，要得到 850r/min 的转速，应串入多大的电阻？

（3）负载转矩 $T_L=T_N$，若将磁通减至 $0.8\Phi_N$，求电动机的稳定转速和电枢电流。

（4）负载转矩 $T_L=T_N$不变，要使电动机以 750r/min 的转速稳定运行，如何实现？计算有关参数、静差率和效率。

解 （1）电动机的感应电动势系数为

$$C_e\Phi_N=\frac{U_N-I_aR_a}{n_N}=\frac{220-90\times0.23}{1500}=0.133$$

当 $T_L=T_N$时，$I_a=I_N=90A$，串入电阻后的稳定转速为

$$n=\frac{U_N-I_a(R_a+R_{ad})}{C_e\Phi_N}=\frac{220-90\times(0.23+1)}{0.133}=822(r/min)$$

电动机的效率为

$$\eta=\frac{T_L\Omega}{U_NI_a}\times100\%$$

因为 U_N、I_a及 T_L不变，所以 $\eta\propto\Omega\propto n$。

调速前的效率为

$$\eta_N=\frac{P_N}{U_NI_a}\times100\%=\frac{17\times10^3}{220\times90}\times100\%=86\%$$

调速后的效率为

$$\eta=\eta_N\frac{n}{n_N}\times100\%=\frac{822}{1500}\times0.86\times100\%=47\%$$

（2）$T_L=0.5T_N$时，忽略 T_0可认为 $T_{em}=0.5T_N$，$I_a=0.5I_N$，电动机的电枢总电阻为

$$R_a+R_{ad}=\frac{U_N-C_e\Phi_Nn}{0.5I_N}=\frac{220-0.133\times850}{0.5\times90}=2.38(\Omega)$$

$$R_{ad}=2.38-0.23=2.15(\Omega)$$

（3）电动机的额定电磁转矩为

$$T_{emN}=C_T\Phi I_N=9.55C_e\Phi I_N=9.55\times0.133\times90=114.3(N\cdot m)$$

根据给出的条件 $C_e\Phi=0.8C_e\Phi_N$，$C_T\Phi=0.8C_T\Phi_N$，电动机的稳定转速为

$$n=\frac{U_N}{C_e\Phi}-\frac{R_aT_{em}}{C_e\Phi C_T\Phi}=\frac{U_N}{0.8C_e\Phi_N}-\frac{R_aT_{em}}{0.8^2C_e\Phi_NC_T\Phi_N}$$

$$=\frac{220}{0.8\times0.133}-\frac{0.23\times114.3}{0.8^2\times0.133\times1.27}=2068-243=1824(r/min)$$

电枢电流为

$$I_a=I_N\frac{\Phi_N}{\Phi}=90\times\frac{1}{0.8}=112.5(A)$$

（4）在额定转速以下调速，只能采取电枢串联电阻和降压的调速方法。

1）采用电枢串电阻，电枢总电阻为

$$R_a+R_{ad}=\frac{U_N-C_e\Phi_Nn}{I_N}=\frac{220-0.133\times750}{90}=1.336(\Omega)$$

$$R_{ad}=1.336-0.23=1.106(\Omega)$$

电动机的理想空载转速为

$$n_0=\frac{U_N}{C_e\Phi_N}=\frac{220}{0.133}=1654(r/min)$$

静差率为

$$\delta=\frac{\Delta n_N}{n_0}\times 100\%=\frac{1654-750}{1654}\times 100\%=54.7\%$$

效率为

$$\eta=\eta_N\frac{n}{n_N}\times 100\%=\frac{750}{1500}\times 0.86\times 100\%=43\%$$

2）采用降压方法，所加电压为

$$U=C_e\Phi_N n+I_N R_a=0.133\times 750+90\times 0.23=120.5(V)$$

额定转速降为

$\Delta n_N=n_0-n_N=1654-1500=154$（r/min）

降低电压时的理想空载转速为

$$n'_0=n_0\frac{U}{U_n}=1654\times\frac{120.5}{220}=906(r/min)$$

静差率为

$$\delta=\frac{\Delta n_N}{n'_0}\times 100\%=\frac{154}{906}\times 100\%=17\%$$

输出功率为

$$P_2=P_N\frac{n}{n_N}=17\times 10^3\times\frac{750}{1500}=8.5(kW)$$

输入功率为

$$P_1=UI_N=120.5\times 90=10.845(kW)$$

效率为

$$\eta=\frac{P_2}{P_1}\times 100\%=\frac{8.5}{10.845}\times 100\%=78.4\%$$

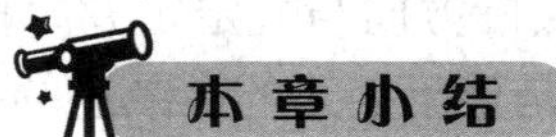

本章介绍了 6 点内容：

（1）电力拖动系统的运动方程式；

（2）电力拖动系统的负载；

（3）他励直流电动机的机械特性；

（4）他励直流电动机的起动原理和方法；

（5）他励直流电动机的制动原理和方法；

（6）他励直流电动机的调速原理和方法。

本章的内容是所有电力拖动的基础，相关的概念在三相异步电动机的拖动中也会用到，因此在学习时一定要深刻理解其定义与方法，为学习三相异步电动机的拖动打下良好的基础。

电力拖动系统是指电动机和电动机转轴上的负载所组成的整体。当系统稳定运行时，系统满足 $T_{em}=T_L$。电动机的机械特性与负载特性相交，即电力拖动系统的运行状态同时与电动机的机械特性和负载特性有关。

电动机的典型负载共有四种形式，即反抗性恒转矩负载、位能性恒转矩负载、恒功率负载及通风机负载。

直流电动机的机械特性是指电动机的旋转速度 n 与电动机电磁转矩 T_{em} 之间的函数关系 $n=f(T_{em})$，包括固有特性和人为机械特性。改变电动机的电枢电压、电枢电阻及励磁电流可得到不同的人为机械特性。

直流电动机起动时要有足够大的起动转矩 T_{st}，起动电流 I_{st} 要尽可能小，一般不允许超过允许的过载倍数。他励直流电动机起动时，由于起动开始 $n=0$、$E_a=0$，起动电流 $I_{st}=U/R_a$ 可达（10～20）I_N，会损坏电动机，所以直流电动机一般不允许直接起动。直流电动机的起动方法有电枢回路串电阻和降低电枢电压两种。忽略电动机的电磁惯性，只考虑机械惯性，分析得到了他励直流电动机机械过渡过程的一般公式，即过渡过程中电枢电流 I_a、电磁转矩 T_{em}、转速 n 与时间 t 的函数关系。

直流电动机制动的特征是电磁转矩 T_{em} 的方向与电动机的旋转方向相反。制动可用于快速停车或用于匀速下放重物。他励直流电动机的制动方法有能耗制动、反接制动（电源反接制动和倒拉反接制动）和回馈制动。

当直流电动机的负载一定时，改变电动机的电枢电压、电枢电阻或减弱电动机的磁通，就可改变电动机的转速，即对直流电动机进行调速。若要使直流电动机得到充分利用又不使电动机过载，电枢回路串电阻和降低电枢电压调速时可保持输出转矩最大，属于恒转矩调速；弱磁调速时可保持输出功率不变，属于恒功率调速。

习　题

1. 什么是电力拖动系统？它包括哪些部分？都起什么作用？

2. 电力拖动系统的运动方程式是怎样的？式中的拖动转矩、阻转矩和动态转矩的概念及其正方向的规定是怎样的？如果实际方向与规定正方向相反，说明什么问题？

3. 从运动方程式怎样看出系统是处于加速的、减速的、稳定的或静止的工作状态？

4. 生产机械负载特性归纳起来有哪几种基本类型？

5. 什么是固有机械特性？什么是人为机械特性？

6. 什么叫静态稳定运行？电力拖动系统静态稳定运行的充分和必要条件是什么？

7. 他励直流电动机一般为什么不能直接起动？采用什么起动方法比较好？起动时为什么常常把励磁回路中串联的电阻短路？

8. 他励直流电动机稳定运行时，电磁转矩和电枢电流的大小由什么决定？说明机电时间常数的物理意义。

9. 调速指标中的静差率与机械特性硬度有何区别？

10. 电动机的输出决定于负载还是决定于调速方法？电动机采用恒转矩调速方法与拖动恒转矩负载二者是否一样？

11. 如何区别直流电动机运行于电动状态还是处于制动状态？

12. 能耗制动怎样实现？具有什么特点？

13. 直流电动机起动电流的大小和什么因素有关？直流电动机的满载起动电流与空载起动电流是否一样？

14. 对于他励直流电动机拖动的系统，哪些性质的负载可分别在一、二、三、四象限内稳定运行？

15. 一台他励直流电动机，铭牌数据如下：$P_N=1.75kW$，$U_N=110V$，$I_N=20.1A$，$n_N=1450r/min$。

(1) 计算并画出固有机械特性曲线；

(2) 计算 50%额定负载时电动机的转速；

(3) 计算转速为1530r/min 时的电枢电流值。

16. 一他励直流电动机其铭牌数据：$P_N=10kW$，$U_N=220V$，$I_N=53.7A$，$n_N=3000r/min$。试计算：

(1) 固有机械特性；

(2) 当电枢电路串入 2Ω 电阻时的人为机械特性；

(3) 当电枢电路端电压 $U_a=U_N/2$ 时的人为机械特性；

(4) 当 $\Phi=0.8\Phi_N$时的人为机械特性；

(5) 绘出各种情况的机械特性曲线。

17. 一台他励直流电动机：$P_N=40kW$，$U_N=220V$，$I_N=207.5A$，$R_a=0.067\Omega$。试求：

(1) 如果电枢电路不串接起动电阻，则起动电流为额定电流的几倍？

(2) 如将起动电流限制为 $1.5I_N$，电枢电路应串多大的电阻？

*18. 有一台他励直流电动机的铭牌数据：$U_N=220V$，$I_N=52A$，$n_N=2250r/min$，$R_a=0.25\Omega$。当电动机拖动一反抗性额定负载，且在固有特性上运行时，若电枢电路内突串入 $R_{ad}=0.45\Omega$ 的附加电阻。试求：

(1) 电动机的转速与电流的过渡过程曲线；

(2) 当转速降至 $n=2100r/min$ 时所需的时间。设系统的总飞轮矩 $GD^2=90N\cdot m$。

19. 有一他励直流电动机的数据：$P_N=21kW$，$U_N=220V$，$I_N=110A$，$n_N=1200r/min$，$R_a=0.12\Omega$。轴上负载转矩为额定值，在固有特性上转入能耗制动。制动初瞬时电流不超过 $2.5I_N$。求应串入电路的电阻值，并画出制动的机械特性曲线。

20. 一台他励直流电动机的数据：$P_N=12kW$，$U_N=220V$，$I_N=64A$，$n_N=685r/min$，$R_a=0.296\Omega$，此电动机用于起重装置，今放下一轻负荷，运转于回馈制动状态。电动机轴上转矩为 $0.3T_N$（忽略 T_0不计）。

(1) 求运转在固有特性下的转速；

(2) 如果 T_L不变，电动机运转在 $1.2n_N$的转速下，求电枢电路需串入的制动电阻，并画出相应的机械特性曲线。

21. 一台他励直流电动机的数据：$P_N=10kW$，$U_N=220V$，$I_N=54A$，$n_N=1000r/min$，$R_a=0.5\Omega$，其在负载转矩保持额定不变的情况下工作。现在，在电枢电路中接入电阻 $R_{ad}=1.5\Omega$。假定此系统惯性较大，在接入 R_{ad}瞬间，转速并未发生变化。试求：

(1) 在此瞬间的电枢电流和电磁转矩；

(2) 转入新的稳定状态时的电枢电流和转速；

(3) 新的稳定转速时的电动机的效率。

22. 习题 21 的电动机，令 $R_{ad}=0$，$\Phi=\Phi_N$，负载转矩仍为额定值不变，将电枢电压从 220V 降低至 176V。求：

（1）电压降低瞬间电动机的电枢电流和电磁转矩；

（2）新的稳定状态时的电枢电流和转速；

（3）新的稳定转速时的效率。

*23. 习题 21 的电动机，负载转矩仍为额定值不变，$R_{ad}=0$，将 I_{fN}从 1A 减至 0.7A，设磁通减少至原来值的 0.8 倍。求：

（1）磁通变化瞬间的电枢电流和电磁转矩（设磁通变化时，转速来不及改变）；

（2）新的稳定状态时的电枢电流和转速；

（3）电动机在新的稳定转速时的效率。

（带 * 号的习题不作要求。）

第三章 变 压 器

本章运用交流电路的基础对变压器进行分析，得到变压器的平衡方程、等效电路及相量图。为分析变压器的运行特性打下了坚实的基础，同时也为三相异步电动机的分析打下基础。可以毫不夸张地说，如果掌握了变压器的分析方法，三相异步电动机的原理分析就非常容易理解。因此一定要理解变压器的分析方法，掌握分析过程。

变压器是电能传输和电信号处理过程中广泛应用的一种电气设备，它通过磁路耦合作用把交流电能从一次侧输送到二次侧，利用一、二次绕组匝数的不同，使一次侧电压和电流从一个等级变为二次侧的另一个等级。为了减少输电损耗，电力系统采用高压输电，如10kV、35kV、110kV、220kV、500kV等高压，再变换到用户需要的380/220V、1kV、3kV、6kV等电压。

变压器按用途大致分为电力变压器、电子变压器、调压变压器、试验变压器、启动变压器、仪用变压器、特殊专用变压器等。按冷却方式分为干式（自冷）变压器、油浸（自冷）变压器、氟化物（蒸发冷却）变压器。按防潮方式分类：开放式变压器、灌封式变压器、密封式变压器。按铁芯或线圈结构分为芯式变压器（插片铁芯、C形铁芯、铁氧体铁芯）、壳式变压器（插片铁芯、C形铁芯、铁氧体铁芯）、环形变压器、金属箔变压器。按电源相数分为单相变压器、三相变压器、多相变压器。按用途分为电源变压器、调压变压器、音频变压器、中频变压器、高频变压器、脉冲变压器。变换器中的变压器、变换相数的变压器、变换频率的变压器、磁控变压器、充电变压器、功能型变压器、压电变压器等。

尽管变压器的种类用途繁多，但是它们的原理相同。

第一节 变压器的工作原理和结构

一、变压器的工作原理

图3-1为单相双绕组变压器的原理接线图。从原理上讲，变压器由铁芯构成的磁路部分和绕在铁芯上的绕组构成的电路部分组成。与电源连接的绕组为一次绕组，也称初级绕组或原绕组，其匝数为N_1；与负载连接的绕组为二次绕组，也称次级绕组或副绕组，其匝数为N_2。当一次侧与交流电源接通时，在电源电压u_1作用下，一次侧形成交流电流i_1，并在铁芯中产生交变磁通Φ，磁通Φ同时与一、二次绕组交链，根据电磁感应定律在图3-1所示参考极性下，一次侧感应电动势为

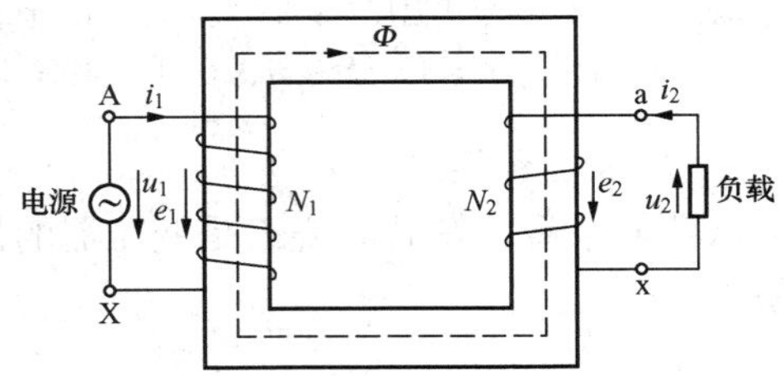

图3-1 单相双绕组变压器原理接线图

$$e_1=-N_1\frac{\mathrm{d}\Phi}{\mathrm{d}t}$$

二次侧感应电动势为

$$e_2=-N_2\frac{\mathrm{d}\Phi}{\mathrm{d}t}$$

其中“－”号由楞次定律确定。若二次侧与负载接通，在 e_2 的作用下，形成二次侧电流 i_2，从而实现了电能的传输。

显然，一、二次侧感应电动势 e_1、e_2 之比等于一、二次绕组匝数之比，即 $e_1/e_2=N_1/N_2$，而一、二次侧电压与一、二次侧感应电动势的大小非常接近，故改变一、二次侧的匝数之比，就可以达到改变电压的目的。若 $N_1>N_2$，为降压变压器；若 $N_1<N_2$，为升压变压器。

二、变压器的基本结构

变压器按相数可分为单相、三相和多相变压器；按每相绕组个数分为双绕组和三绕组变压器；按其用途分为电力变压器、特种变压器、仪用变压器等。本节以电力变压器为例介绍其基本结构。电力变压器多为三相双绕组，若需要两个输出电压等级，才应用三绕组变压器。图 3－2 是一台三相油浸式双绕组电力变压器示意图。

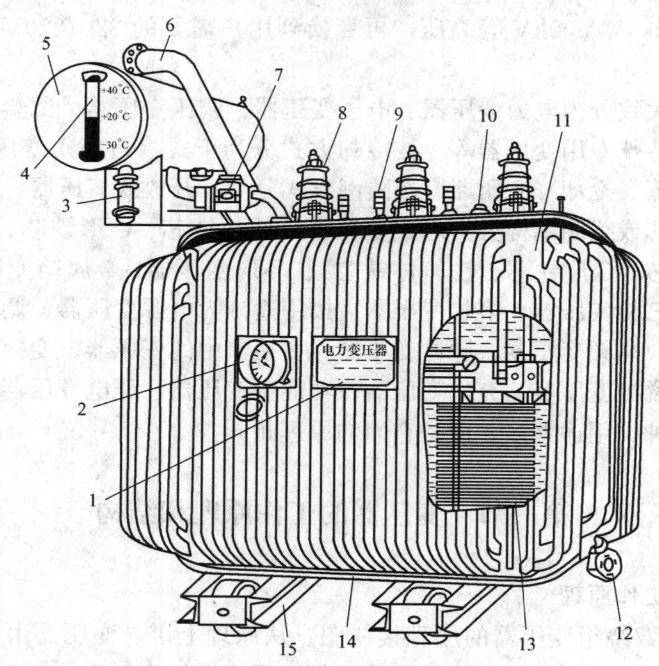

图 3－2　三相油浸式双绕组电力变压器

1—铭牌；2—讯号式温度计；3—吸温器；4—油表；5—油枕；6—安全气道；7—气体继电器；8—高压套管；9—低压套管；10—分接开关；11—油箱；12—放油阀；13—绕组及铁芯；14—接地栓；15—小车

（一）铁芯和绕组

从功能来看，铁芯和绕组是变压器的最主要部分，图 3－3 为三相芯柱式变压器的铁芯和绕组。

1. 铁芯

铁芯是变压器的主要磁路，其内部通过交变的磁通。为提高磁路的导磁性能和减小涡流及磁滞损耗，铁芯用 0.35mm 或 0.5mm 厚的硅钢片涂绝缘漆后叠制而成，它由铁芯柱（外套有绕组）和铁轭（起连接铁芯柱的作用）组成。

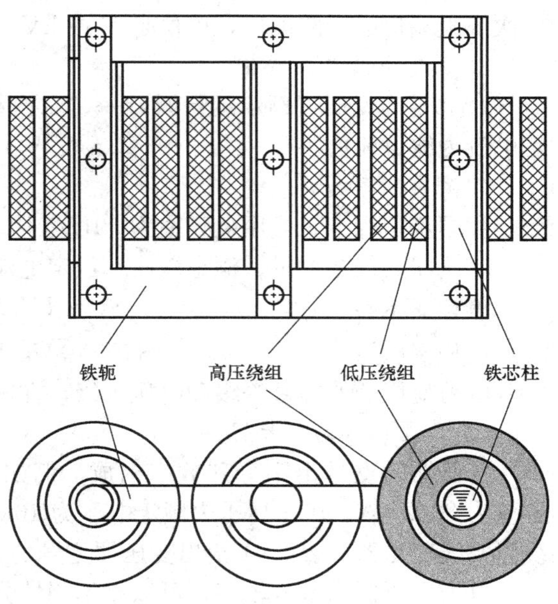

图 3-3 三相芯柱式变压器的铁芯与绕组

为减小变压器励磁电流，铁芯磁回路不能有间隙，相邻两层铁芯叠片的接缝要互相错开。图 3-4 为相邻两层硅钢片的不同排法。为充分利用空间，大型变压器的铁芯柱截面为阶梯形状，而小型变压器铁芯截面可以是矩形或方形。

2. 绕组

绕组是变压器的电路部分，为减小电阻，用包有绝缘的铜线或铝线绕制而成，并用绝缘材料构成线圈层的主绝缘和从绝缘。通常高压绕组和低压绕组为同心式结构，为便于绝缘，一般低压绕组在里面，高压绕组在外面（如图 3-3 所示），高、低压绕组间有油道，以利于散热和绝缘。

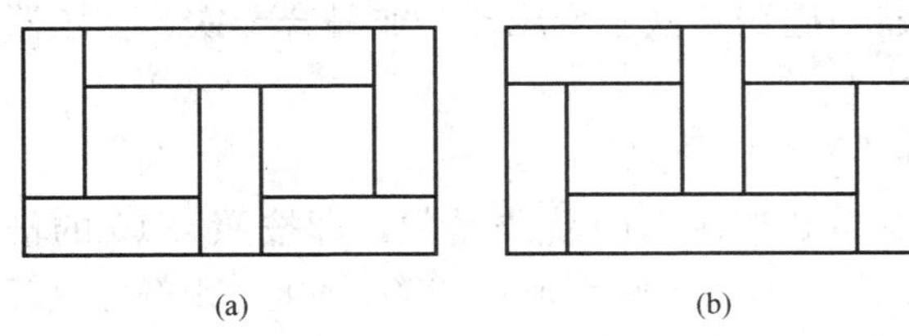

图 3-4 相邻两层硅钢片的不同排法

铁芯和绕组都有多种结构型式，有关内容请参见《电机学》的等相关教材，在此不作详细介绍。

（二）油箱和变压器油

变压器油箱由钢板焊接而成。箱内除放置变压器的铁芯和绕组（也称器身）外，空间充满变压器油。变压器油起绝缘和冷却作用（如油浸式变压器），为了提高散热能力，油箱侧面装设散热管或散热器。

（三）其他部件

变压器作为重要的电气设备，对其保护非常重要。温度和绝缘是影响变压器安全运行和使用寿命的主要因素。讯导式温度计、安全气道、气体继电器等起显示和保护作用，分接开关起电压的调节作用，高、低压套管为瓷质绝缘套管，变压器引出线从油箱内穿过油箱盖时，必须经过绝缘套管。电力变压器其他附件，参见图 3-2。

三、变压器的铭牌数据

每台变压器都有一个铭牌，上面标注着该变压器的型号、额定数据及其他数据。铭牌数据是使用变压器的依据。

（一）变压器的额定数据

1. 额定容量 S_N

S_N 是变压器的额定视在功率，单位是 VA 或 kVA 或 MVA。

2. 额定电压 U_{N1}/U_{N2}

U_{N1}是指电源加在一次绕组上的额定电压；U_{N2}是一次接额定电压、二次空载运行时，二次绕组端口的开路电压，单位是 V 或 kV。对于三相变压器额定电压均为线电压值。

3. 额定电流 I_{N1}/I_{N2}

I_{N1}/I_{N2} 为变压器额定运行时，一、二次绕组的电流，单位为 A。对于三相变压器，额定电流为线电流值。

4. 额定频率 f

我国规定标准工业用电频率为 50Hz。

变压器的额定容量、额定电压和额定电流之间的关系为

单相变压器 $$S_N = U_{N1}I_{N1} = U_{N2}I_{N2}$$

三相变压器 $$S_N = \sqrt{3}U_{N1}I_{N1} = \sqrt{3}U_{N2}I_{N2}$$

电力变压器的容量等级和电压等级，在国家标准中都有规定，可查阅有关手册。

（二）变压器的型号规格

变压器的型号由字母和数字构成，例如 SL—800/10，S—三相，L—铝线，800—额定容量为 800kVA，10—高压边额定电压为 10kV。故此变压器为一台三相自冷矿物油浸式双绕组铝线变压器。表 3-1 给出变压器型号的符号含义。

电力变压器的型号较多，可以有不同的分类：

(1) 按电压等级分：1000、750、500、330、220、110、66、35、20、10、6kV 等。

(2) 按绝缘散热介质分：干式变压器，油浸式变压器，其中干式变压器又分为：SCB 环氧树脂浇注干式变压器和 SGB10 非包封 H 级绝缘干式变压器。

(3) 按铁芯结构材质分：硅钢叠片变压器，硅钢卷铁芯变压器，非晶合金铁芯变压器。

(4) 按设计节能序列分：SJ、S7、S9、S11、S13、S15。

(5) 按相数分：单相变压、三相变压器。

(6) 按容量来说我国现在变压器的额定容量是按照 R10 优先系数，即按照 $\sqrt{10}$ 的倍数来计算，50、80、100、125、160、200、250、315、400、500、630、800、1000、1250、1600、2000、2500、3150、4000、5000kVA 等。

表 3-1　变压器型号的代表符号含义

<table>
<tr><th>分类</th><th>类别</th><th>代表符号</th><th>分类</th><th>类别</th><th>代表符号</th></tr>
<tr><td>相数</td><td>单相
三相</td><td>D
S</td><td rowspan="2">循环方式</td><td rowspan="2">自然循环
强迫循环
强迫导向
导体内冷
蒸发冷却</td><td rowspan="2">—
P
D
N
H</td></tr>
<tr><td rowspan="2">线圈外冷却介质</td><td rowspan="2">矿物油
不燃性油
气体
空气
成形固体</td><td rowspan="2">—
B
Q
K
C</td></tr>
<tr><td>绕组数</td><td>双绕组
三绕组
自耦</td><td>—
S
O</td></tr>
<tr><td rowspan="2">箱壳外冷却介质</td><td rowspan="2">空气自冷
风冷
水冷</td><td rowspan="2">—
F
W</td><td>调压方式</td><td>无励磁调压
有载调压</td><td>—
Z</td></tr>
<tr><td>绕组材料</td><td>铜线
铝线</td><td>—
L</td></tr>
</table>

（三）其他数据

除上述额定数据和型号外，变压器的铭牌上还标注有相数、联结组别及接线图、短路电压或漏阻抗标幺值（%）、效率、温升、总重量、器身重量、生产厂家等。关于联结组别、短路电压或漏阻抗标幺值等将在本章的下面几节中介绍。

第二节 单相变压器的空载运行

变压器一次侧接电源，而二次侧开路即无二次侧电流的运行状态为变压器的空载运行，而三相变压器可看成是三个单相变压器的组合，本节将对单相变压器空载运行时的电路、磁路进行分析。

一、变压器的空载运行原理

图 3 - 5 为单相变压器空载运行原理接线图。按照惯例，变压器各物理量的参考正方向标在图 3 - 5 中。其中，一次侧 AX 接在电压为 $\dot{U}_1$ 的交流电源上，二次侧 ax 开路。$\dot{I}_0$ 为一次侧空载电流，也称励磁电流，其产生的空载磁通势为 $\dot{I}_0 N_1$。磁通势 $\dot{I}_0 N_1$ 产生的磁通可分为两部分，一部分为主磁通 Φ，其路径为闭合铁芯磁路称为主磁路，同时交链着一、二次侧两个绕组；另一部分为漏磁通 $\Phi_{\sigma 1}$，其路径为漏磁路，漏磁路需经油箱壁和变压器油（或空气）闭合，只交链着一次绕组。由于漏磁路主要是非铁磁介质，其磁阻比铁磁介质大得多，一般 $\Phi_{\sigma 1}$ 只为 Φ 的百分之几。变压器的能量传递是通过主磁通进行的。

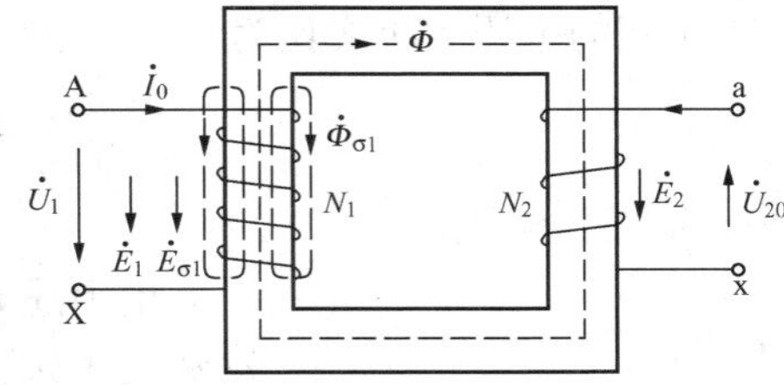

图 3 - 5 单相变压器的空载运行原理接线

二、电压、电动势和磁通的关系

1. 忽略漏磁通和绕组电阻时各电磁量及相互关系

由于 $\Phi_{\sigma 1} \ll \Phi$，空载电流 $\dot{I}_0$ 较小，绕组电阻 R_1 很小，其铜耗也很小，首先忽略漏磁通和绕组电阻。

当变压器一次侧接正弦交流电源 u_1 时，其主磁通也随时间按正弦交变，频率与电源频率相同，设瞬时值为

$$\Phi = \Phi_m \sin\omega t \tag{3-1}$$

式中 Φ_m——主磁通 Φ 的幅值。

按照图 3 - 5 所示各物理量的参考方向，主磁通在一次绕组中的感应电动势的瞬时值为

$$\begin{aligned} e_1 &= -N_1 \frac{d\Phi}{dt} = -\omega N_1 \Phi_m \cos\omega t \\ &= \omega N_1 \Phi_m \sin(\omega t - 90°) = \sqrt{2} E_1 \sin(\omega t - 90°) \end{aligned} \tag{3-2}$$

同理，主磁通在二次绕组中感应电动势的瞬时值为

$$\begin{aligned} e_2 &= -N_2 \frac{d\Phi}{dt} \\ &= \omega N_2 \Phi_m \sin(\omega t - 90°) = \sqrt{2} E_2 \sin(\omega t - 90°) \end{aligned} \tag{3-3}$$

用相量表示一、二次绕组中的感应电动势分别为

$$\dot{E}_1=-\mathrm{j}\frac{\omega N_1}{\sqrt{2}}\dot{\Phi}_m=-\mathrm{j}\frac{2\pi fN_1}{\sqrt{2}}\dot{\Phi}_m$$

$$=-\mathrm{j}4.44fN_1\dot{\Phi}_m \tag{3-4}$$

$$\dot{E}_2=-\mathrm{j}\frac{\omega N_2}{\sqrt{2}}\dot{\Phi}_m=-\mathrm{j}\frac{2\pi fN_2}{\sqrt{2}}\dot{\Phi}_m$$

$$=-\mathrm{j}4.44fN_2\dot{\Phi}_m \tag{3-5}$$

由式（3-2）～式（3-5）可知绕组感应电动势的大小与绕组的匝数及主磁通的大小成正比，相位滞后主磁通 90°。

忽略一次绕组的电阻和漏磁通时，空载运行的变压器一、二次侧电压关系为

$$\begin{cases}\dot{U}_1=-\dot{E}_1\\ \dot{U}_{20}=\dot{E}_2\end{cases}$$

一、二次侧的电压大小之比为

$$\frac{U_1}{U_{20}}=\frac{E_1}{E_2}=\frac{N_1}{N_2}=k \tag{3-6}$$

则 k 称为变压器变比。

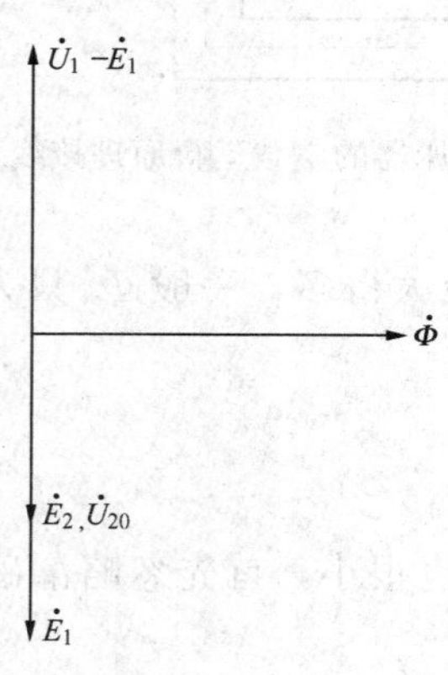

图 3-6 忽略漏磁通和绕组电阻时变压器空载运行相量图

由上述分析，可画出变压器空载运行一、二次侧电压、电动势及主磁通的相量图，如图 3-6 所示。通过相量图可直观地反映各电磁量大小及相位关系。

2. 考虑一次绕组的电阻和漏磁通时各电磁量及相互关系

由于变压器一次绕组有电阻 R_1，空载电流 $\dot{I}_0$ 通过时，在一次绕组上产生电压降 $\dot{I}_0R_1$。

前面提到的漏磁路包含变压器油（或空气），为线性磁介质，其磁阻很大，且近似为常数。所以漏磁通的大小与励磁电流 $\dot{I}_0$ 的大小成正比且相位相同，在一次绕组产生的漏感电动势为

$$e_{\sigma1}=-N_1\frac{\mathrm{d}\Phi_{\sigma1}}{\mathrm{d}t}=-\mathrm{j}4.44f_1N_1\dot{\Phi}_{\sigma1} \tag{3-7}$$

采用绕组的漏电感系数来表示漏感磁通和励磁电流之间的关系，有

$$L_{\sigma1}=\frac{N_1\Phi_{\sigma1}}{\sqrt{2}I_0}$$

其中，$L_{\sigma1}$ 为一次绕组的漏电感系数，是一个不随励磁电流大小变化的常数。将式（3-7）用漏感压降的形式表示

$$\dot{E}_{\sigma1}=-\mathrm{j}\omega L_{\sigma1}\dot{I}_0=-\mathrm{j}X_{\sigma1}\dot{I}_0 \tag{3-8}$$

式中 $X_{\sigma1}$——变压器一次绕组的漏电抗。

根据基尔霍夫电压定律，一次侧回路电压平衡方程式为

$$\dot{U}_1 = -\dot{E}_1 - \dot{E}_{\sigma1} + \dot{I}_0 R_1$$
$$= -\dot{E}_1 + jX_{\sigma1}\dot{I}_0 + \dot{I}_0 R_1$$
$$= -\dot{E}_1 + \dot{I}_0(R_1 + jX_{\sigma1})$$
$$= -\dot{E}_1 + \dot{I}_0 Z_1$$
$$Z_1 = R_1 + jX_{\sigma1} \quad (3-9)$$

式中　Z_1——变压器一次绕组漏阻抗；

$\dot{I}_0 Z_1$——一次绕组漏阻抗压降。

在一般电力变压器中，其值远小于 E_1，在变压器空载分析中往往可以被忽略，故认为 $\dot{U}_1 \approx -\dot{E}_1$，则有

$$\frac{U_1}{U_2} \approx \frac{E_1}{E_2} = k$$

三、空载电流和空载损耗

变压器空载运行时，一次绕组中的电流 $\dot{I}_0$ 为空载电流。空载电流由两部分组成：一是在变压器磁路产生主磁通 $\dot{\Phi}$ 这部分电流成为磁化电流用 $\dot{I}_\mu$ 表示，它与 $\dot{\Phi}$ 同相，滞后 $-\dot{E}_1$ 相位 90°，属于无功分量。另一部分为铁芯损耗电流 $\dot{I}_{Fe}$，由于变压器铁芯中存在磁滞及涡流损耗，因此空载电流中除无功的磁化电流 $\dot{I}_\mu$ 外，还有一小部分有功分量，即 $\dot{I}_{Fe}$，它与 $-\dot{E}_1$ 同相位，如图 3 - 7 所示，所以空载电流 $i_0 = i_\mu + i_{Fe}$，写成相量形式为

$$\dot{I}_0 = \dot{I}_\mu + \dot{I}_{Fe} \quad (3-10)$$

$$I_0 = \sqrt{I_\mu^2 + I_{Fe}^2} \quad (3-11)$$

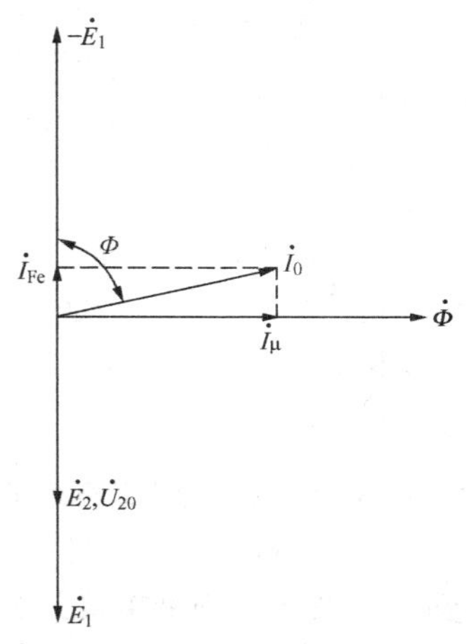

图 3 - 7　变压器空载运行时的励磁电流、主磁通、感应电动势

由此可见变压器空载电流的大小与主磁通的大小、铁芯的磁化特性及铁芯损耗的大小有关系。

由于铁磁材料的磁化特性为非线性的，磁化电流的大小和波形取决于铁芯磁化特性曲线的饱和程度。当电源电压为正弦波，感应电动势为正弦波，主磁通 Φ 为正弦波时，磁化电流为尖顶波，是非正弦波，它可以分解成基波、三次谐波及五次谐波等一系列高次谐波。其中基波 $\dot{I}_{\mu1}$ 仍与 $\dot{\Phi}$ 同相位，滞后 $-\dot{E}_1$ 相位 90°，图 3 - 8 所示 Φ 为正弦波时，利用平均磁化特性曲线 $\Phi = f(i_\mu)$，用画图法，求取磁化电流。

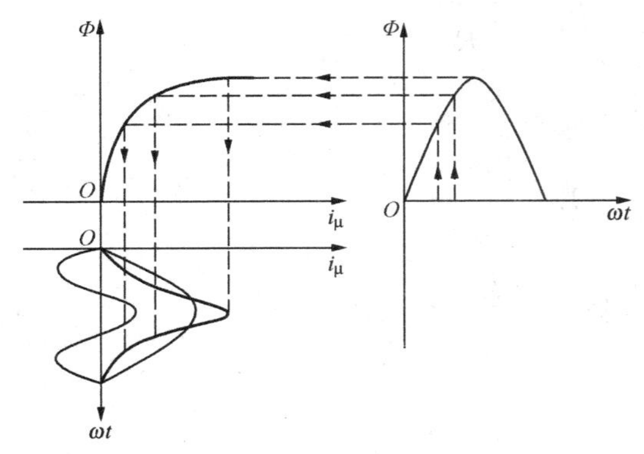

图 3 - 8　磁通为正弦波时的磁化电流波形

由图 3 - 8 可见，磁路饱和越深，磁化电流的波形畸变越严重。但为便于分析计算变压器的电磁关系，通常用等值的正弦波电流

代替非正弦波，两者频率、有效值及相位相同，也就可以用相量形式来表示，故式（3 - 10）仍成立。

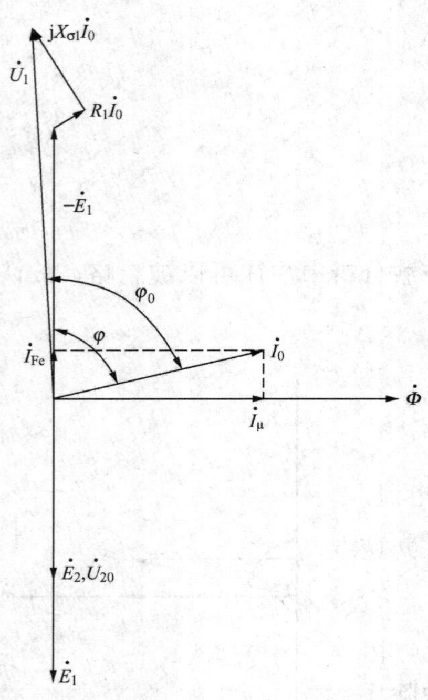

图 3 - 9　变压器空载运行相量图

变压器空载运行时，电源提供的功率转化为变压器的空载损耗。由于一次绕组电阻 R_1 上的铜耗远小于铁芯中的铁耗，故变压器中的空载损耗，主要是铁芯损耗 P_{Fe}。

四、空载运行时的相量图和等效电路

（一）空载运行相量图

根据以上变压器的空载运行分析，按式（3 - 9）和式（3 - 10），画出空载运行相量图，如图 3 - 9 所示。关于 $\dot{\Phi}$、$\dot{E}_1$、$\dot{E}_2$、$\dot{I}_0$ 及 $\dot{U}_{20}=\dot{E}_2$ 的相量，在图 3 - 6和图 3 - 7 已经给出。在相量 $-\dot{E}_1$ 上分别加上与 $\dot{I}_0$ 同相位的电阻损耗 $\dot{I}_0R_1$ 和超前 $\dot{I}_0$ 相位 90°的电抗损耗 $\mathrm{j}X_{\sigma1}\dot{I}_0$ 构成 $\dot{U}_1$。$\dot{U}_1$ 与 $\dot{I}_0$ 的夹角 φ_0 为空载功率因数角。由相量图可知 φ_0 接近 90°，因此变压器空载运行时功率因数很低。

（二）空载运行时的等效电路

变压器的运行是电磁耦合的过程。特别是含有非线性磁介质变压器磁路的分析和计算，要比单纯电路的分析计算复杂得多。为此，我们希望寻求一个既能正确反映变压器内部电磁过程，又便于分析、计算的等效电路来模拟变压器电磁耦合关系。

前面讲过漏感电动势 $-\dot{E}_{\sigma1}$ 等于 $\dot{I}_0$ 在电抗 $X_{\sigma1}$ 上的压降，$X_{\sigma1}$ 其实就是等效的电路元件，主磁通感应电动势 $-\dot{E}_1$ 同样可用类似的方法表示。

从图 3 - 9 的相量图可以看出，励磁电流的有功分量 $\dot{I}_{Fe}$ 与 $-\dot{E}_1$ 同相位，无功分量 $\dot{I}_\mu$ 滞后 $-\dot{E}_1$ 的相位 90°。为此，$-\dot{E}_1$ 可以看成 $\dot{I}_{Fe}$ 在一个电阻 R 上的压降，也等于 $\dot{I}_\mu$ 在一个电感元件 $\mathrm{j}X$ 上的压降，即

$$-\dot{E}_1=\dot{I}_{Fe}R \quad 或 \quad \dot{I}_{Fe}=\frac{-\dot{E}_1}{R}$$

$$-\dot{E}_1=\dot{I}_\mu \mathrm{j}X \quad 或 \quad \dot{I}_\mu=\frac{\dot{E}_1}{\mathrm{j}X}$$

而

$$\begin{aligned}\dot{I}_0&=\dot{I}_\mu+\dot{I}_{Fe}=\frac{-\dot{E}_1}{R}+\frac{\dot{E}_1}{\mathrm{j}X}\\&=(-\dot{E}_1)\left(\frac{1}{R}-\mathrm{j}\,\frac{1}{X}\right)=(-\dot{E}_1)(G-\mathrm{j}B)\\&=-\dot{E}_1Y\end{aligned}$$

或

$$-\dot{E}_1=\frac{\dot{I}_0}{Y} \tag{3 - 12}$$

其中，电导 $G=\frac{1}{R}$，电纳 $B=\frac{1}{X}$。对应的等效电路如图 3 - 10（a）所示。

把式（3 - 12）代入式（3 - 9）得

$$\dot{U}_1=\dot{I}_0Z_1+\frac{\dot{I}_0}{Y}=\dot{I}_0(R_1+\mathrm{j}X_{\sigma1})+\dot{I}_0\left(\frac{1}{G-\mathrm{j}B}\right) \tag{3-13}$$

根据式（3 - 13）得到变压器空载运行时的并联等效电路如图 3 - 10（b）所示。

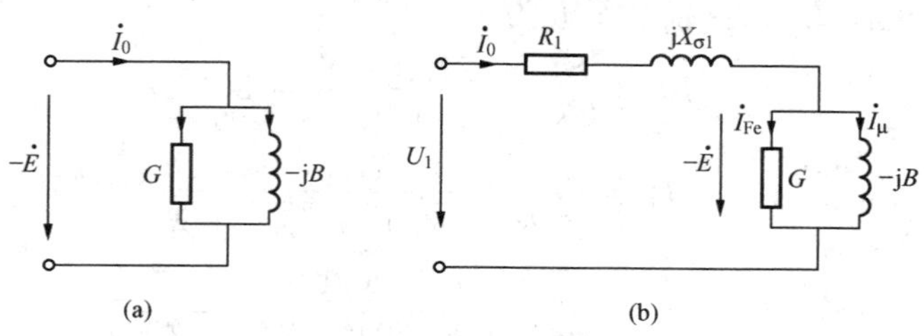

图 3 - 10　变压器空载运行并联等效电路

（a）式（3 - 12）对应的等效电路；（b）式（3 - 13）对应的等效电路

图 3 - 10（b）中的并联电路在计算时仍不方便，常用一个电阻和一个电抗串联的等效电路来进一步表示，即

$$Z_{\mathrm{m}}=R_{\mathrm{m}}+\mathrm{j}X_{\mathrm{m}}=\frac{1}{G-\mathrm{j}B}=\frac{G}{G^2+B^2}+\mathrm{j}\frac{B}{G^2+B^2}$$

其中

$$R_{\mathrm{m}}=\frac{G}{G^2+B^2};\ X_{\mathrm{m}}=\frac{B}{G^2+B^2}$$

式中　R_{m}——铁耗（等效）电阻，也称励磁电阻；

X_{m}——励磁电抗；

Z_{m}——励磁阻抗。

等效变换后式（3 - 12）可写成

$$-\dot{E}_1=\dot{I}_0Z_{\mathrm{m}}=\dot{I}_0(R_{\mathrm{m}}+\mathrm{j}X_{\mathrm{m}}) \tag{3-14}$$

将式（3 - 14）代入式（3 - 9）得

$$\begin{aligned}\dot{U}_1&=\dot{I}_0Z_1+\dot{I}_0Z_{\mathrm{m}}\\&=\dot{I}_0(R_1+\mathrm{j}X_{\sigma1})+\dot{I}_0(R_{\mathrm{m}}+\mathrm{j}X_{\mathrm{m}})\end{aligned} \tag{3-15}$$

由式（3 - 14）和式（3 - 15）画出变压器空载运行时的等效电路如图 3 - 11 所示。

励磁电抗 X_{m} 是与主磁通相对应的，由于受铁芯磁路饱和影响，X_{m} 不是一个常数。由于空载时漏阻抗压降很小，所以 $U_1\approx E_1=4.44fN_1\Phi_{\mathrm{m}}$，电源频率 f_1 和一次绕组匝数 N_1 不变，Φ_{m} 的大小只与电源电压 U_1 有关。若 U_1 增大，铁芯饱和度增加，X_{m} 则减小。同理 R_{m} 也不是常数。当变压器一次侧接额定电压，电压基本不变时，X_{m}、R_{m} 近似为常数。

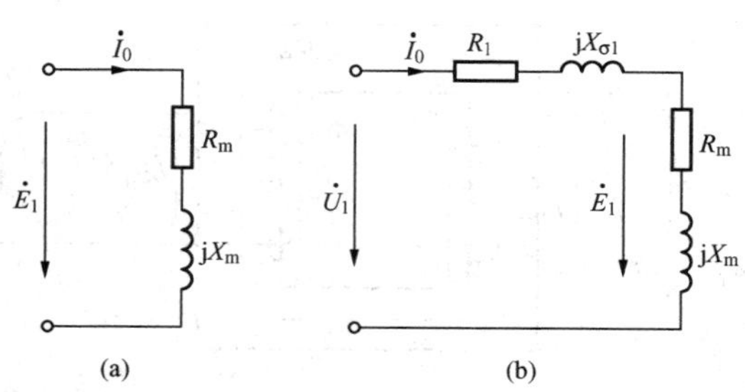

图 3 - 11　变压器空载运行时的等效电路

励磁电阻 R_{m} 反映变压器的铁耗。空载时，铁耗 $P_{\mathrm{Fe}}=I_0^2R_{\mathrm{m}}$，为了减小铁耗和空载电

流，设计时要减小 R_m 而增大 X_m，故在数值上 $X_m \gg R_m$。

【例 3 - 1】 一台单相变压器，额定容量 $S_N = 210\text{kVA}$，额定电压 $U_{1N}/U_{2N} = 6000/230\text{V}$。$R_1 = 2.1\Omega$，$X_1 = 9\Omega$，$R_m = 720\Omega$，$X_m = 7200\Omega$。试求：

（1）变压器一次侧的额定电流 I_{N1} 及空载电流 I_0 所占百分比值 $\frac{I_0}{I_{N1}} \times 100\%$。

（2）一次侧空载感应电动势 E_1 及漏阻抗压降 $I_0 Z_1$。

解　（1）额定电流 I_{N1}、空载电流 I_0 为

$$I_{N1} = \frac{S_N}{U_{N1}} = \frac{210 \times 10^3}{6000} = 35(\text{A})$$

$$\begin{aligned} I_0 &= \frac{U_{N1}}{\sqrt{(R_1 + R_m)^2 + (X_{\sigma 1} + X_m)^2}} \\ &= \frac{6000}{\sqrt{(2.1 + 720)^2 + (9 + 7200)^2}} \\ &= 0.828(\text{A}) \end{aligned}$$

$$\frac{I_0}{I_{N1}} \times 100\% = \frac{0.828}{35} = 2.37\%$$

（2）一次侧空载感应电动势 E_1 及漏阻抗压降 $I_0 Z_1$ 为

$$\begin{aligned} E_1 &= I_0 Z_m = I_0 \sqrt{R_m{}^2 + X_m{}^2} \\ &= 0.828 \sqrt{720^2 + 7200^2} = 5991(\text{V}) \\ I_0 Z_1 &= I_0 \sqrt{R_1{}^2 + X_{\sigma 1}{}^2} \\ &= 0.828 \sqrt{2.1^2 + 9^2} = 7.68(\text{V}) \end{aligned}$$

由计算结果证实，$I_0 Z_1$ 很小，只是 U_{1N} 的 0.13%，所以可认为 $U_1 \approx E_1$。

第三节　单相变压器的负载运行

一、变压器的磁通势平衡关系

变压器一次侧接电源、二次侧接负载时的运行状态称为负载运行。如图 3 - 12 所示，图中箭头所指为各电磁量的参考正方向。

由于二次绕组 ax 端接有负载阻抗 Z_L，在 $\dot{E}_2$ 的作用下，二次绕组产生电流 $\dot{I}_2$，其大小由负载 Z_L 决定。$\dot{I}_2$ 将产生磁通势 $\dot{F}_2 = N_2 \dot{I}_2$。$\dot{F}_2$ 的存在使主磁通 $\dot{\Phi}_m$ 有所改变，$\dot{E}_1$ 就有所变化，若电源电压 $\dot{U}_1$ 保持不变，则一次绕组电流变为 $\dot{I}_1$、而一次绕组所产生的磁通势 $\dot{F}_1 = N_1 \dot{I}_1$。由安培环路定律可知，负载时铁芯中的主磁通由一、二次侧磁通势共同产生，或者说是由一、二次侧的合成磁通势所产生，按图 3 - 12 的参考方向，负载时的磁通势关系为

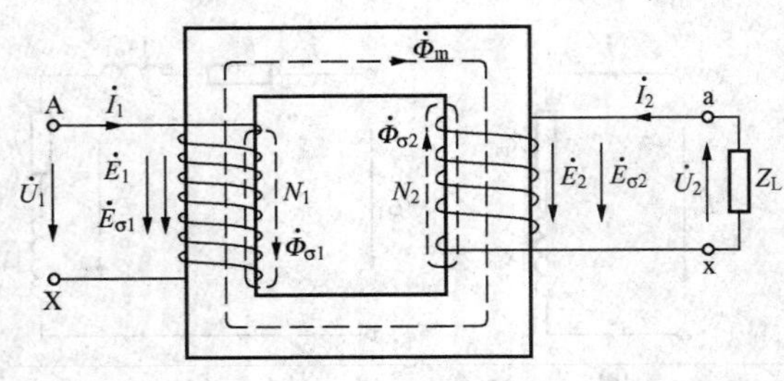

图 3 - 12　单相变压器负载运行原理接线图

$$\dot{F}_1 + \dot{F}_2 = \dot{F}_m \tag{3-16}$$

式中 $\dot{F}_m$——一、二次绕组的合成磁通势，也称产生主磁通的励磁磁通势。

虽然变压器负载运行使主磁通 $\dot{\Phi}_m$ 及 $\dot{E}_1$ 的大小有所改变，并使一次侧电流增加为 $\dot{I}_1$，但由于一次侧漏阻抗 Z_1 很小，漏阻抗压降就很小，使得一次绕组电压 $\dot{U}_1 \approx -\dot{E}_1 = \mathrm{j}4.44 f_1 N_1 \dot{\Phi}$，$\dot{U}_1$ 若不变，$\dot{E}_1$ 和 $\dot{\Phi}$ 就不变（变化不大），也就是说与空载运行时几乎相同。若空载磁通势为 $\dot{F}_0 = N_1 \dot{I}_0$，负载时的合成磁通势 $\dot{F}_m = \dot{F}_0$，所以式（3-16）可以写成

$$N_1 \dot{I}_1 + N_2 \dot{I}_2 = N_1 \dot{I}_0 \tag{3-17}$$

式（3-16）和式（3-17）即是变压器负载运行的磁通势平衡方程式。
式（3-17）还可写成

$$N_1 \dot{I}_1 = N_1 \dot{I}_0 + (-N_2 \dot{I}_2) \tag{3-18}$$

两边同除以 N_1，则

$$\dot{I}_1 = \dot{I}_0 + \left(-\frac{N_2}{N_1}\dot{I}_2\right) \tag{3-19}$$

式（3-19）表明变压器负载运行时，一次绕组电流 $\dot{I}_1$包含有两部分组成。一部分是为主磁路提供励磁的电流分量 $\dot{I}_0$，是固定不变的；另一部分是负载电流分量$-\frac{N_2}{N_1}\dot{I}_2$，它随负载的变化而变的，通常是 $\dot{I}_1$中的主要部分。若忽略 $\dot{I}_0$，则式（3-19）表示为

$$\dot{I}_1 \approx -\frac{N_2}{N_1}\dot{I}_2 = -\frac{\dot{I}_2}{k}$$

二、变压器的基本方程式

变压器负载运行时，二次侧磁通势 $\dot{F}_2 = N_2 \dot{I}_2$还会产生只与二次绕组交链而不与一次绕组交链的二次侧漏磁通 $\dot{\Phi}_{\sigma 2}$。与一次绕组漏感的处理方法一样，可用二次侧漏感系数 $L_{\sigma 2}$或二次侧漏抗 $X_{\sigma 2}$来表示漏感特性。在图 3-12 所示参考方向下，二次侧漏感电动势为

$$\dot{E}_{\sigma 2} = -\mathrm{j}\omega L_{\sigma 2} \dot{I}_2 = -\mathrm{j}X_{\sigma 2} \dot{I}_2$$

二次绕组的电阻为 R_2，$\dot{I}_2$流过时产生的压降为 $\dot{I}_2 R_2$，由基尔霍夫电压定律，二次绕组 ax 端口的电压为

$$\begin{aligned} \dot{U}_2 &= \dot{E}_2 - \dot{I}_2 R_2 + \dot{E}_{\sigma 2} = \dot{E}_2 - \dot{I}_2 R_2 - \mathrm{j}X_{\sigma 2}\dot{I}_2 \\ &= \dot{E}_2 - \dot{I}_2 Z_2 \\ Z_2 &= R_2 + \mathrm{j}X_{\sigma 2} \end{aligned}$$

式中 Z_2——二次侧漏阻抗。

根据以上对变压器的负载运行的分析，在图 3-12 所示参考方向下，得到六个基本方程式：

（1）一次侧回路电压平衡方程式

$$\dot{U}_1 = -E_1 + \dot{I}_1 Z_1 \tag{3-20}$$

（2）二次侧回路电压平衡方程式

$$\dot{U}_2 = \dot{E}_2 - \dot{I}_2 Z_2 \tag{3-21}$$

（3）一、二次侧感应电动势的关系

$$\frac{E_1}{E_2}=k \tag{3-22}$$

（4）磁通势平衡方程式

$$N_1\dot{I}_1+N_2\dot{I}_2=N_1\dot{I}_0 \quad 或 \quad \dot{I}_1+\frac{N_2}{N_1}\dot{I}_2=\dot{I}_0 \tag{3-23}$$

（5）励磁电流与一次侧感应电动势的关系

$$\dot{I}_0=\frac{-\dot{E}_1}{Z_m} \tag{3-24}$$

（6）负载的伏安关系

$$\dot{U}_2=\dot{I}_2Z_L \tag{3-25}$$

这六个基本方程式是变压器负载运行时电磁关系及所遵循规律的集中体现，也是分析计算变压器运行的基本依据。

三、绕组的折算

由于一、二次绕组的匝数相差较多，一、二次绕组的参数、电压和电流的数值相差较大，很难用相量图来表示各物理量之间的关系和大小。虽然利用上述六个基本方程式可以对变压器进行分析和计算，但很不方便。通常采用折合算法，即绕组的折算。具体方法是用一个匝数与一次绕组相等的二次绕组替代实际的二次绕组，即用变比为 1 的变压器代替实际的变压器。与实际二次绕组所对应的新的二次绕组各物理量称为二次绕组的折算值。由于折算后二次绕组的匝数与一次侧相同，也称二次侧对一次侧的折算。折算的前提是保持折算前后磁通势及功率关系不变。

$\dot{E}'_2$、$\dot{I}'_2$、$\dot{U}'_2$、R'_2、$X'_{\sigma2}$、Z'_2、Z'_L为折算后二次侧参数的折算值。

1. 电流的折算

折算原则：保持折算前、后磁通势不变，即

$$\dot{F}_2=N_2\dot{I}_2=N_1\dot{I}'_2$$

则

$$\dot{I}'_2=\frac{N_2}{N_1}\dot{I}_2=\frac{\dot{I}_2}{k}$$

即电流的折算值为实际值乘以$\frac{1}{k}$。

2. 电压、电动势的折算

折算原则：保持折算前、后功率不变，即

$$\dot{E}'_2\dot{I}'_2=\dot{E}_2\dot{I}_2$$

则

$$\dot{E}'_2=\frac{\dot{I}_2}{\dot{I}'_2}\dot{E}_2=k\dot{E}_2=\dot{E}_1$$

同理

$$\dot{U}'_2=k\dot{U}_2$$

即电压、电动势的折算值为实际值乘以 k 。

3. 阻抗的折算

折算原则：保持折算前、后有功功率、有功损耗不变，即

$$I_2'^2 R_2' = I_2^2 R_2$$

则

$$R_2' = \frac{I_2^2}{I_2'^2} R_2 = k^2 R_2$$

同理

$$R_L' = k^2 R_L$$

保持折算前后无功损耗不变，即

$$I_2'^2 X_{\sigma2}' = I_2^2 X_{\sigma2}$$

则

$$X_{\sigma2}' = \frac{I_2^2}{I_2'^2} X_{\sigma2} = k^2 X_{\sigma2}$$

同理

$$X_L' = k^2 X_L$$

所以

$$Z_2' = R_2' + jX_{\sigma2}' = k^2(R_2 + jX_{\sigma2}) = k^2 Z_2$$

$$Z_L' = R_L' + jX_L' = k^2(R_L + jX_L) = k^2 Z_L$$

即，阻抗的折算值为实际值乘以 k^2。

以上介绍绕组的折算是从二次侧向一次侧折算，也可以从一次侧向二次侧进行折算，在此不做介绍，读者可自行分析。

折算后变压器的六个基本方程式为

$$\dot{U}_1 = -E_1 + \dot{I}_1 Z_1 \tag{3-26}$$

$$\dot{U}_2' = \dot{E}_2' - \dot{I}_2' Z_2' \tag{3-27}$$

$$\dot{E}_1 = \dot{E}_2' = -j4.44 f_1 N_1 \dot{\Phi}_m \tag{3-28}$$

$$\dot{I}_1 + \dot{I}_2' = \dot{I}_0 \tag{3-29}$$

$$\dot{I}_0 = \frac{-\dot{E}_1}{Z_m} \tag{3-30}$$

$$\dot{U}_2' = \dot{I}_2' Z_L' \tag{3-31}$$

四、变压器负载时的等效电路和相量图

（一）等效电路

变压器一、二次绕组间，只有磁的耦合而无电的联系。但变压器进行绕组折算后，变压器一、二次绕组匝数相同，且有 $\dot{I}_1 + \dot{I}_2' = \dot{I}_0$，根据基尔霍夫电流定律，可以将 $\dot{I}_1$、$\dot{I}_2'$和 $\dot{I}_0$ 看成电路的一个节点上所接三条支路的电流；$-\dot{E}_1 = -\dot{E}_2' = \dot{I}_0 Z_m$ 可认为一、二次侧感应电动势相同而合并成一条支路。这样就可将一、二次绕组画成等效电路。

根据折算后的六个基本方程式（3-26）～式（3-31），结合空载等效电路，画出了满足方程式的等效电路，如图 3-13 所示。由于等效电路呈“T”形结构（不包括 Z_L'）故称 T

形等效电路。

在变压器 T 形等效电路中，由于一次侧漏阻抗 Z_1 远小于励磁阻抗 Z_m，为简化计算而将励磁支路移至一次侧端而形成变压器 Γ 形等效电路，如图 3 - 14 所示。若变压器负载运行时励磁电流 $I_0 \ll I_1$ 而被忽略，则可将励磁支路移去，而形成变压器的简化等效电路，也称一字形等效电路，如图 3 - 15（a）所示。

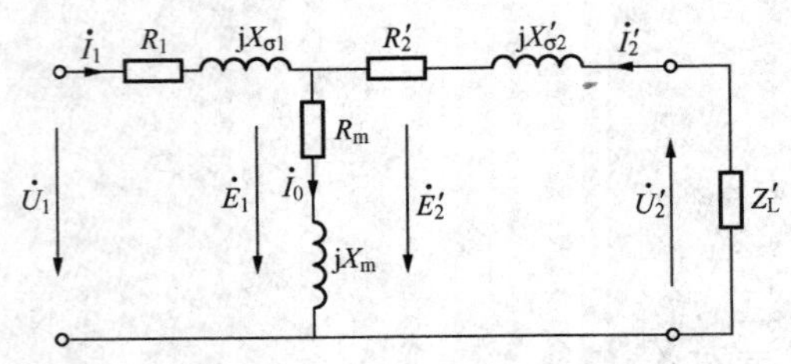

图 3 - 13　变压器 T 形等效电路

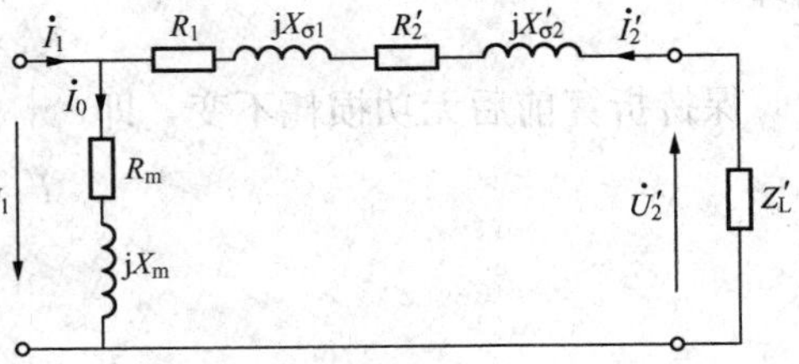

图 3 - 14　变压器 Γ 形等效电路

对于简化等效电路，如果负载短路即 $Z'_L = 0$，从一次侧端口看的等效阻抗

$$
\begin{aligned}
Z_{sh} &= R_1 + jX_{\sigma1} + R'_2 + jX'_{\sigma2} \\
&= (R_1 + R'_2) + j(X_{\sigma1} + X'_{\sigma2}) \\
&= R_{sh} + jX_{sh}
\end{aligned}
\tag{3 - 32}
$$

故 Z_{sh} 称短路阻抗，R_{sh} 称短路电阻，X_{sh} 称短路电抗。用短路阻抗表示的简化等效电路如图 3 - 15（b）所示。

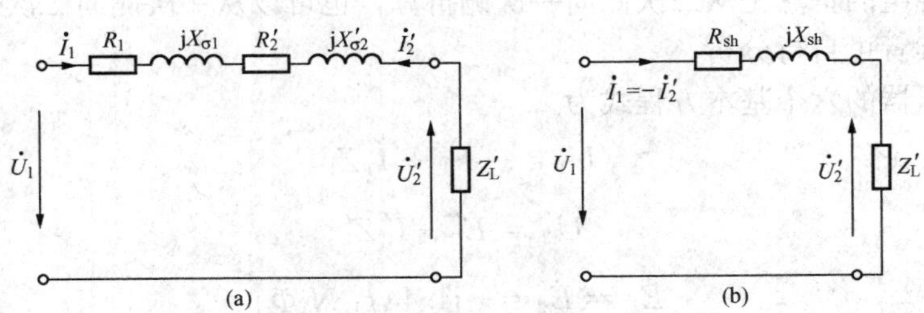

图 3 - 15　变压器的简化等效电路

（a）一字形等效电路；（b）用短路阻抗表示的简化等效电路

短路阻抗是变压器的一个重要参数，反映额定负载运行时变压器内部压降。它可通过变压器的短路实验获得。

（二）相量图

根据变压器绕组折算后的基本方程式（3 - 26）～式（3 - 31）和变压器等效电路，可以画出变压器负载运行相量图。由相量图可直观地反映不同负载情况下各物理量之间的关系。

1. 感性负载

Z_L 为感性负载，阻抗角为 φ_2，则负载电流 $\dot{I}_2$ 滞后 $\dot{U}_2$ 一个 φ_2 角，$\cos\varphi_2$ 为负载功率因数。

假设变压器各参数均为已知，则相量图绘制步骤为：

（1）先绘制 $\dot{U}'_2$ 和 $\dot{I}'_2$，且 $\dot{I}'_2$ 滞后 $\dot{U}'_2 \varphi_2$ 相位角。

（2）根据 $\dot{E}_1 = \dot{E}'_2 = \dot{U}'_2 + \dot{I}'_2 Z'_2 = \dot{U}'_2 + \dot{I}'_2 R'_2 + jX'_{\sigma2}\dot{I}'_2$ 画出 $\dot{E}_1$ 和 $\dot{E}'_2$。

（3）$\dot{\Phi}$ 超前 $\dot{E}_1$ 相位 90°，画出 $\dot{\Phi}$。

（4）励磁电流 $\dot{I}_0$ 的画法，在空载相量图中已知。由 $\dot{I}_1=\dot{I}_0-\dot{I}'_2$，可画出 $\dot{I}_1$。

（5）根据 $\dot{U}_1=-\dot{E}_1+\dot{I}_1Z_1=-\dot{E}_1+\dot{I}_1R_1+\mathrm{j}X_{\sigma1}\dot{I}_1$ 最后画出 $\dot{U}_1$。

变压器感性负载运行相量图如图 3 - 16（a）所示，φ_1 为 $\dot{U}_1$ 和 $\dot{I}_1$ 的相位差，$\cos\varphi_1$ 为一次侧功率因数。

2. 容性负载

Z_L 为容性负载，若阻抗角为 φ_2，则 $\dot{I}'_2$ 超前 $\dot{U}'_2$ 角 φ_2。其作图步骤同感性负载，如图 3 - 16（b）所示。

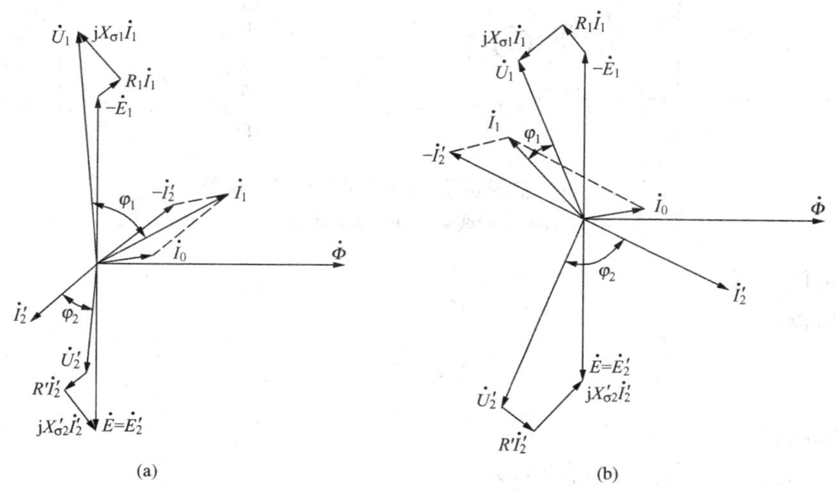

图 3 - 16　变压器负载运行相量图

（a）感性负载；（b）容性负载

在相量图的绘制过程中，为了清楚地反映各物理的相互关系，没有严格按实际比例绘制，例如，励磁电流远远小于负载电流，漏阻抗压降远远小于感应电动势，而在相量图中将它们夸大了。

变压器负载运行的六个基本方程式、等效电路和相量图，是表示变压器运行状态的各物理量相互关系的三种形式，它们之间有着必然的联系，是相互统一的。定性分析时相量图显得非常直观，而定量计算时通常利用等效电路和基本方程式。

五、等效电路参数测定及标幺值

（一）等效电路参数的测定

利用变压器等效电路对变压器的负载运行进行分析计算，首先需要知道电路各等效元件的参数值。这些参数由变压器本身所选用的材料、结构、形状和几何尺寸所决定。参数的获取，一种是通过设计、计算得到，也可以对现成变压器进行实验的方法测得。下面介绍通过空载实验和短路实验测定参数的方法。

1. 空载实验

利用变压器的空载实验，可以求得变比 k、铁损耗 P_{Fe}、励磁阻抗 Z_m 等量。实验可在一次侧加电压，也可在二次侧加电压。为了提高测量精度和选择测量仪表时方便，空载实验通常在低压边加电压，将高压边开路。

以升压变压器为例，空载实验线路如图 3 - 17（a）所示，二次侧开路，一次侧接额定电压 U_{N1}，通过测量仪表，测量 U_0、I_0、输入功率 P_0 和 U_{20}。

从图 3 - 17（b）空载等效电路可以看出，由于二次侧开路，变压器没有功率输出。输入功率 P_0 包括一次绕组的铜耗 $I_0^2R_1$ 和铁耗 $I_0^2R_m$ 两部分。由于 $R_1 \ll R_m$，一次侧铜耗可忽略不计，则 $P_0 \approx I_0^2R_m = P_{Fe}$。空载实验时，一次侧加的是额定电压 $U_0 = U_{N1}$，所以主磁通及铁芯中的涡流和磁滞损耗的大小都与正常运行时相同。

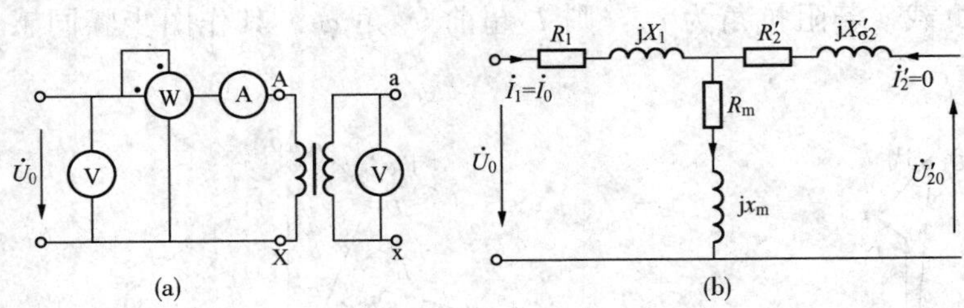

图 3 - 17　空载实验线路图和空载等效电路

（a）实验线路；（b）等效电路

根据测量值算得：

（1）变压器变比

$$k = \frac{U_0}{U_{20}}$$

（2）励磁阻抗

由于 $Z_1 \ll Z_m$、$R_1 \ll R_m$，故可以认为

励磁阻抗 $$Z_m \approx \frac{U_0}{I_0}$$

励磁电阻 $$R_m = \frac{P_0}{I_0^2}$$

励磁电抗 $$X_m = \sqrt{Z_m^2 - R_m^2}$$

若变压器为降压变压器，空载实验在二次侧加电压，将上述计算所得励磁阻抗乘以 k^2，就得到折算到一次侧的励磁阻抗值。

2. 短路实验

通过变压器的短路实验可以求得变压器铜耗 P_{Cu} 和短路阻抗 Z_{sh}。

如果变压器一次侧接额定电压、二次侧短路，变压器将有非常大的短路电流，是一种故障状态，是不允许的。所以电源电压要小于额定电压，通常短路实验在高压边加电压，将低压边短路。降压变压器短路实验线路如图 3 - 18（a）所示。二次侧短接，一次侧通过调压器与电源相接。

实验操作步骤：先将二次侧短接，一次侧再加电压，电压从零逐渐升高；观察电流表，当电流 $I_{sh} = I_{N1}$ 后，停止升压；通过测量仪表测量并记录一次侧电压 U_{sh} 和输入功率 P_{sh}。

变压器短路后，由于励磁阻抗远远大于漏阻抗故可用一字形等效电路来表示变压器，如图 3 - 18（b）所示。可以看出变压器感应电动势 $E_1 \approx \frac{1}{2}U_{sh} \ll U_{N1}$，与 E_1 成正比关系的主磁

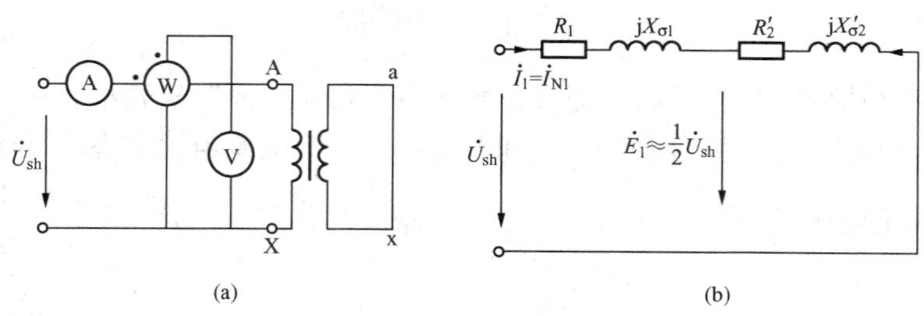

图 3-18 短路实验线路图和空载等效电路

(a) 实验线路；(b) 等效电路

通比正常运行时要小得多，铁芯中的铁耗则远远小于正常运行时的值，与绕组铜耗相比，完全可以忽略不计。因此变压器输入功率 P_{sh} 等于一、二次绕组的铜耗，即

$$P_{sh}=I_{sh}^2R_{sh}$$

根据测量值算得

短路阻抗为
$$Z_{sh}=\frac{U_{sh}}{I_{sh}}$$

短路电阻为
$$R_{sh}=\frac{P_{sh}}{I_{sh}^2}$$

短路电抗为
$$X_{sh}=\sqrt{Z_{sh}^2-R_{sh}^2}$$

使用T形等效电路分析计算变压器，需要分别考虑一、二次绕组漏阻抗时，可认为 $R_1\approx R_2'$，$X_{\sigma1}\approx X_{\sigma2}'$，$Z_1\approx Z_2'$。

由于导体的阻值与温度有关，而短路实验时温度不同，实验结果不同。按照技术标准规定，实验所得绕组电阻要换算到基准工作温度 75℃时的数值，换算公式为

$$R_{sh75℃}=R_{sh}\frac{\alpha+75}{\alpha+\theta}$$

$$Z_{sh75℃}=\sqrt{R_{sh75℃}^2+X_{sh}^2}$$

式中 θ——实验时的室温；

α——温度折算系数，铜绕组 $\alpha=234.5$，铝绕组 $\alpha=228$。

在基准工作温度下，短路电流为额定值时 $U_{sh}=I_{N1}Z_{sh75℃}$，称为变压器的短路电压或阻抗压降。考虑到电力系统电压等级较多，为便于使用，短路电压常用额定电压的百分值 u_{sh} 来表示，即

$$u_{sh}=\frac{U_{sh}}{U_{N1}}\times100\%=\frac{I_{N1}Z_{sh75℃}}{U_{N1}}\times100\%$$

短路电压 u_{sh} 是变压器的一个重要参数，它反映了在额定运行时变压器的电压损耗，在变压器的铭牌和工程手册上都有标注。

（二）标幺值

同一系列的电力变压器无论是容量等级，还是电压等级，相差极其悬殊，其参数也相差很大。为便于分析和表示，在工程计算中，各物理量往往不用它们的实际值来表示，而是用标幺值来表示。

标幺值就是某物理量的实际值与选定的一个同单位的基值进行比较，其比值称为该物理量的标幺值，即

$$标幺值=\frac{实际值}{基值}$$

各物理量标幺值的符号是在该物理量符号的右上角加“*”来表示。一般基值都选额定值。如一、二次侧电压的基值分别为U_{N1}和U_{N2}，一、二次侧电流的基值分别为I_{N1}和I_{N2}；阻抗的基值是额定电压除以额定电流，一、二次侧分别为$Z_{N1}=\frac{U_{N1}}{I_{N1}}$和$Z_{N2}=\frac{U_{N2}}{I_{N2}}$；功率的基值为$S_N=U_{N1}I_{N1}=U_{N2}I_{N2}$。

例如：一、二次侧电压电流的标幺值为

$$U_1^*=\frac{U_1}{U_{N1}} \qquad U_2^*=\frac{U_2}{U_{N2}}$$

$$I_1^*=\frac{I_1}{I_{N1}} \qquad I_2^*=\frac{I_2}{I_{N2}}$$

一、二次侧漏阻抗的标幺值为

$$Z_1^*=\frac{Z_1}{U_{N1}/I_{N1}} \qquad Z_2^*=\frac{Z_2}{U_{N2}/I_{N2}}$$

采用标幺值有以下优点：

(1) 可以直观的反映变压器的运行状态。例如，两台变压器其标幺值分别为$U_1^*=1.0$，$I_1^*=1.0$和$U_1^*=1.0$，$I_1^*=0.5$，可以判断出两个变压器电源电压为额定值，前者满负荷工作，而后者为半载工作。

(2) 一、二次绕组不需要折算，即折算前后标幺值相等。例如二次侧漏阻抗的标幺值

$$Z_2^*=\frac{Z_2}{U_{N2}/I_{N2}}=\frac{k^2Z_2}{U_{N1}/I_{N1}}=\frac{Z'_2}{U_{N1}/I_{N1}}=Z'^*_2$$

这样就给分析运算带来很大的方便。

(3) 不论变压器容量大小和电压高低，同一类变压器的参数在一个很小的范围内变化。例如电力变压器短路阻抗$Z_{sh}^*=0.04\sim0.10$，空载电流$I_0^*=0.02\sim0.10$。

(4) 某些物理量虽然具有不同的量纲，但其标幺值却是一样的。例如

$$Z_{sh}^*=\frac{Z_{sh}}{U_{N1}/I_{N1}}=\frac{I_{N1}Z_{sh}}{U_{N1}}=\frac{U_{sh}}{U_{N1}}=U_{sh}^*=u_{sh}$$

(5) 对三相变压器而言，无论是星形连接还是三角形连接，其线值和相值的标幺值总相等，从而不必指出是线值还是相值。

第四节 变压器的运行特性

一、电压调整率和外特性

当变压器一次侧接额定电压U_{N1}，二次侧开路时，二次侧端电压$U_{20}=U_{N2}$。由于变压器存在漏阻抗，当二次侧接上负载时，变压器内部产生电压降，使二次侧电压变为U_2，且U_2随负载的变化而变化。把接上负载后电压的变化量$U_{N2}-U_2$与额定电压U_{N2}的比值称为电压调整率或电压变化率用Δu来表示，即

$$\Delta u=\frac{U_{N2}-U_2}{U_{N2}} \text{ 或 } \Delta u=\frac{U_{N2}-U_2}{U_{N2}}\times100\%$$

还可以表示为

$$\Delta u = 1 - U_2^* = 1 - U'^*_2$$

电压调整率是变压器的重要性能之一，它反映了变压器供电电压的稳定性。变压器负载运行时的电压调整率可根据简化的等效电路及其相量图来求取。图 3 - 19（a）是用标幺值表示的变压器简化等效电路。设 Z_L 为感性负载，根据简化等效电路画出相量图如图 3 - 19（b）所示。

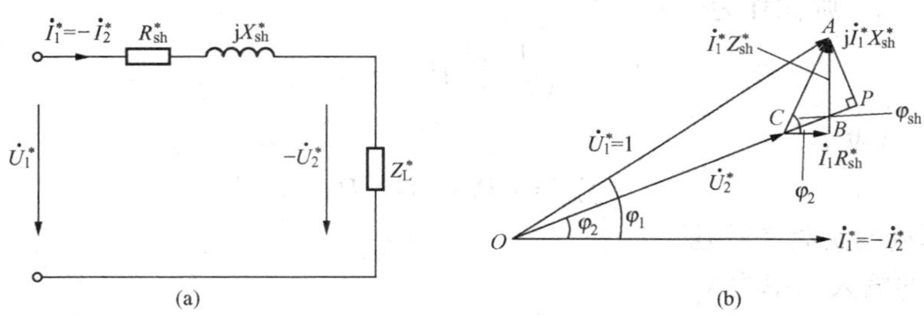

图 3 - 19　简化等效电路及相量图

（a）简化等效电路；（b）相量图

利用相量图的几何关系可推导出 Δu。

由于 φ_1 和 φ_2 的角度差很小，故

$$\overline{OA} \approx \overline{OP} = U_1^* = 1$$

$$\begin{aligned}\Delta u &= 1 - U_2^* \approx \overline{CP} \\ &= I_1^* Z_{sh}^* \cos(\varphi_{sh} - \varphi_2) \\ &= I_1^* Z_{sh}^* (\cos\varphi_{sh}\cos\varphi_2 + \sin\varphi_{sh}\sin\varphi_2) \\ &= I_1^* (R_{sh}^* \cos\varphi_2 + X_{sh}^* \sin\varphi_2) \end{aligned} \tag{3 - 33}$$

若变压器额定运行 $I_1^* = 1$，则

$$\Delta u = R_{sh}^* \cos\varphi_2 + X_{sh}^* \sin\varphi_2$$

由式（3 - 33）可以看出对于感性负载，$\varphi_2 > 0$、$\sin\varphi_2 > 0$、$\Delta u > 0$，说明二次侧电压 U_2 将随负载电流增大而下降；对于容性负载，$\varphi_2 < 0$、$\sin\varphi_2 < 0$，若 $|R_{sh}\cos\varphi_2| < |X_{sh}\sin\varphi_2|$，则 $\Delta u < 0$。说明二次侧端电压随负载电流增大而升高。当 $U_1 = U_{N1}$、$\cos\varphi_2$ = 常数时，变压器二次侧端电压与负载电流的关系 $U_2 = f(I_2)$ 称为变压器的外特性，画成曲线如图 3 - 20 所示。可以看出，在纯阻性负载 $\cos\varphi_2 = 1$ 和电感性负载 $\cos\varphi_2 = 0.8$ 时，外特性是下降的直线，如曲线 2 和 3；而电容性负载 $\cos(-\varphi_2) = 0.8$ 时，外特性可能是上翘的如曲线 1。显然 Z_{sh}^* 越小，特性曲性越平，变压器输出电压稳定性越好。

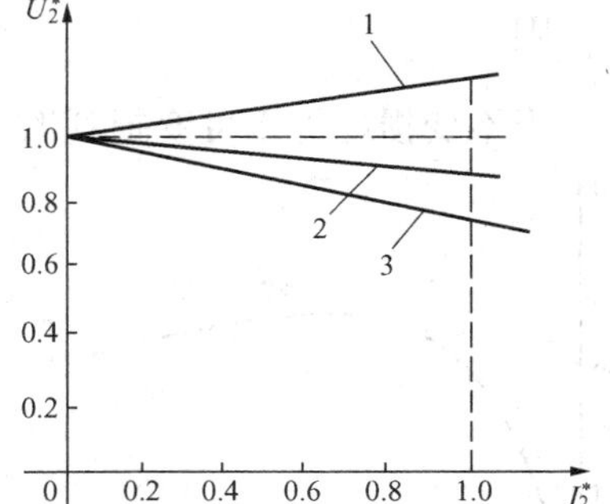

图 3 - 20　变压器外特性曲线

二、损耗、效率和效率特性

1. 变压器的损耗

从能量的角度看，变压器将电源的电能通过电磁耦合的关系传递给负载，在传递过程中，必然伴随着能量的损耗。前面的论述中我们知道，变压器的损耗包括铜耗 P_{Cu} 和铁耗

P_{Fe}两部分。铜耗 P_{Cu}包括一次侧铜耗 P_{Cu1}和二次侧铜耗 P_{Cu2}。

变压器总的损耗为

$$\sum P = P_{Fe} + P_{Cu} = P_{Fe} + P_{Cu1} + P_{Cu2} \tag{3-34}$$

由变压器两个实验可知变压器空载损耗 P_0就是铁耗，由于主磁通基本不随负载变化，所以变压器铁耗基本不变，故称不变损耗。而铜耗是随负载变化而变化，故称为可变损耗。若短路损耗为 P_{sh}，则铜耗为

$$P_{Cu} = \left(\frac{I_2}{I_{N2}}\right)^2 P_{sh} = I_2^{*2} P_{sh}$$

式（3-34）可写成

$$\sum P = P_0 + I_2^{*2} P_{sh}$$

2. 变压器效率及效率特性

设变压器的输入功率为

$$P_1 = U_1 I_1 \cos\varphi_1$$

输出功率为

$$P_2 = U_2 I_2 \cos\varphi_2 \approx U_{N2} \frac{I_2}{I_{N2}} I_{N2} \cos\varphi_2 = I_2^* S_N \cos\varphi_2$$

所以变压器效率为

$$\eta = \frac{P_2}{P_1} \times 100\% = \left(1 - \frac{\sum P}{P_2 + \sum P}\right) \times 100\% = \left(1 - \frac{P_0 + I_2^{*2} P_{sh}}{I_2^* S_N \cos\varphi_2 + P_0 + I_2^{*2} P_{sh}}\right) \times 100\% \tag{3-35}$$

令

$$\frac{d\eta}{dI_2^*} = 0$$

解得 $$I_2^* = \sqrt{\frac{P_0}{P_{sh}}}$$

即 $$P_0 = I_2^{*2} P_{sh}$$

则 $$\eta_{max} = 1 - \frac{2P_0}{I_2^* S_N \cos\varphi_2 + 2P_0}$$

当不变损耗等于可变损耗时，变压器的效率最高。电力变压器的最高效率一般设计在 $I_2^* = 0.5 \sim 0.6$ 处。效率特性曲线如图 3-21 所示。

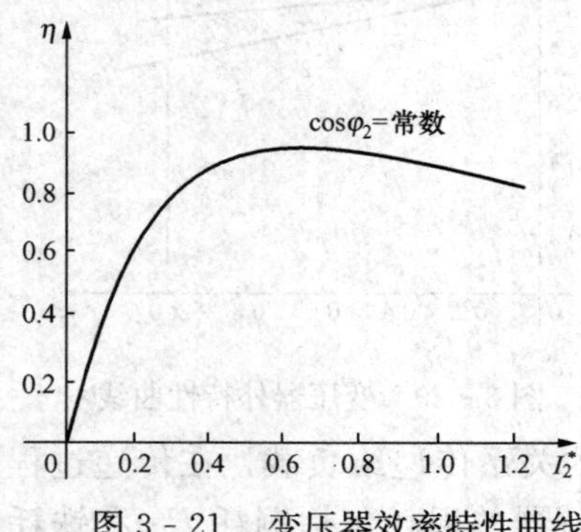

图 3-21 变压器效率特性曲线

【例 3-2】 一台单相铝绕组变压器，额定容量S_N=250kVA。额定电压 U_{N1}/U_{N2}=6000/230，低压侧做空载实验：$U_2 = U_{N2}$=230V，$I_2 = I_{20}$=60A，P_0=1270W。高压侧做短路实验：$U_1 = U_{sh}$=254V，$I_1 = I_{N1}$=41.7A，P_{sh}=3630W，室温 20℃。求：

（1）该变压器 T 形等效电路的各参数值（用标幺值表示，并将短路电阻换算到 75℃时的基准值）。

（2）用简化等效电路求二次侧满载、$\cos\varphi_2$=0.8 时

的电压调整率和二次侧输出电压。

解　(1) T 形等效电路的各参数值：

变比为

$$k=\frac{U_{N1}}{U_{N2}}=\frac{6000}{230}=26.1$$

一次侧电流为

$$I_{N1}=\frac{S_N}{U_{N1}}=\frac{250\times10^3}{6000}=41.7(\text{A})$$

二次侧电流为

$$I_{N2}=kI_{N1}=1087(\text{A})$$

一次侧阻抗基值为

$$Z_{N1}=\frac{U_{N1}}{I_{N1}}=\frac{6000}{41.7}=143.9(\Omega)$$

二次侧阻抗基值为

$$Z_{N2}=\frac{U_{N2}}{I_{N2}}=\frac{230}{1087}=0.213(\Omega)$$

二次侧测得励磁阻抗为

$$Z_m=\frac{U_{N2}}{I_{20}}=\frac{230}{60}=3.83(\Omega)$$

$$Z_m^*=\frac{Z_m}{Z_{N2}}=\frac{3.83}{0.213}=17.9$$

励磁电阻为

$$R_m=\frac{P_0}{I_{20}{}^2}=\frac{1270}{60^2}=0.353(\Omega)$$

$$R_m^*=\frac{R_m}{Z_{N2}}=\frac{0.353}{0.213}=1.66$$

励磁电抗为

$$X_m^*=\sqrt{Z_m^{*2}-R_m^{*2}}=\sqrt{17.9^2-1.66^2}=17.8$$

一次侧测得短路阻抗为

$$Z_{sh}=\frac{U_{sh}}{I_{sh}}=\frac{254}{41.7}=6.09(\Omega)$$

短路电阻为

$$R_{sh}=\frac{P_{sh}}{I_{sh}{}^2}=\frac{3630}{41.7^2}=2.09(\Omega)$$

短路电抗为

$$X_{sh}=\sqrt{Z_{sh}{}^2-R_{sh}{}^2}=\sqrt{6.09^2-2.09^2}=5.72(\Omega)$$

换算到 75℃（铝线），则有

$$R_{sh75℃}=2.09\times\frac{228+75}{228+20}=2.55(\Omega)$$

其标幺值为

$$R_{sh75℃}^*=\frac{2.55}{143.9}=0.0177$$

$$X_{sh}^{*}=\frac{5.72}{143.9}=0.0397$$

$$Z_{sh75℃}^{*}=\sqrt{R_{sh75℃}^{*}{}^{2}+X_{sh}^{*}{}^{2}}=\sqrt{0.0177^{2}+0.397^{2}}=0.0435$$

一、二次绕组漏电阻为

$$R_{1}^{*}\approx R_{2}^{*}=\frac{1}{2}R_{sh75℃}^{*}=0.00885$$

一、二次绕组漏电抗为

$$X_{\sigma1}^{*}\approx X_{\sigma2}^{*}=\frac{1}{2}X_{sh}^{*}=0.0199$$

（2）求电压调整率和二次侧输出电压：

满载时，因为有 $I_{1}^{*}=I_{2}^{*}=1$

故有

$$\begin{aligned}\Delta u&=I_{1}^{*}(R_{sh75℃}^{*}\cos\varphi_{2}+X_{sh}^{*}\sin\varphi_{2})\\&=R_{sh75℃}^{*}\cos\varphi_{2}+X_{sh}^{*}\sin\varphi_{2}\\&=0.0177\times0.8+0.0397\times0.6\\&=0.038\end{aligned}$$

二次侧输出电压为

$$U_{2}^{*}=1-\Delta u=1-0.038=0.962$$

$$U_{2}=U_{2}^{*}U_{N2}=221.1(\mathrm{V})$$

第五节 三相变压器

在电力系统中，应用更广泛的是三相变压器。三相变压器在对称三相负载下运行，每相电压、电流大小相等，相位互差120°，可以把三相变压器看成三个单相变压器的三相结合。这样在分析计算时，每一相都可看成一台单相变压器，前面推导的单相变压器的基本方程、相量图、等效电路均可直接使用。但三相变压器有着自身的结构特点，本节将分析三相变压器的磁路系统、绕组的连接方式及联结组别、空载电动势波形及其并联运行。

一、三相变压器的磁路系统

根据铁芯的结构不同，可把三相变压器磁路系统分为两类，一类是三相磁路彼此独立，另一类是三相磁路彼此相关。

图3-22所示是由三个结构完全相同的单相变压器组成的三相变压器组，其每相主磁通各自有自己的磁路，彼此相互独立。这种三相变压器组由于结构松散、使用不方便，一般不用，只有大容量的巨型变压器，为便于运输和减少备用容量才使用三相变压器组。我国电力系统中使用最多的是三相芯式变压器，如图3-23所示，三相芯式变压器磁路彼此相关，其中图3-23（a）

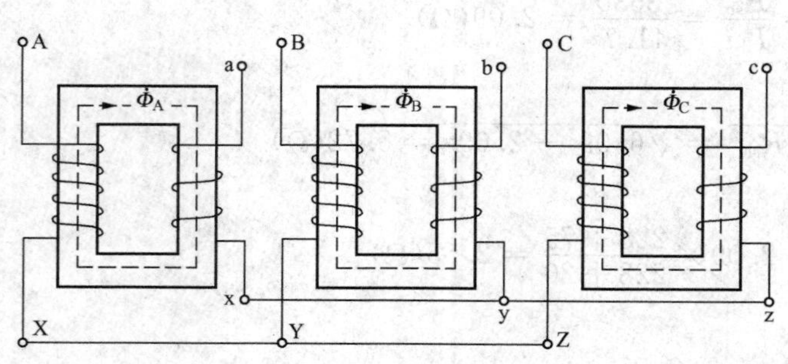

图3-22 三相变压器组

相当于三个单相芯式铁芯合在一起。由于三相绕组接对称电源，三相主磁通也是对称的，故三相主磁通之和 $\dot{\Phi}=\dot{\Phi}_A+\dot{\Phi}_B+\dot{\Phi}_C=0$。这样中间芯柱无磁通通过，便可省去，形成图 3-23（b）所示的结构。实际使用时为减少体积、便于制造，常将铁芯柱做在同一平面内，形成图 3-23（c）所示的结构，常用的三相芯式变压器都是这种结构。

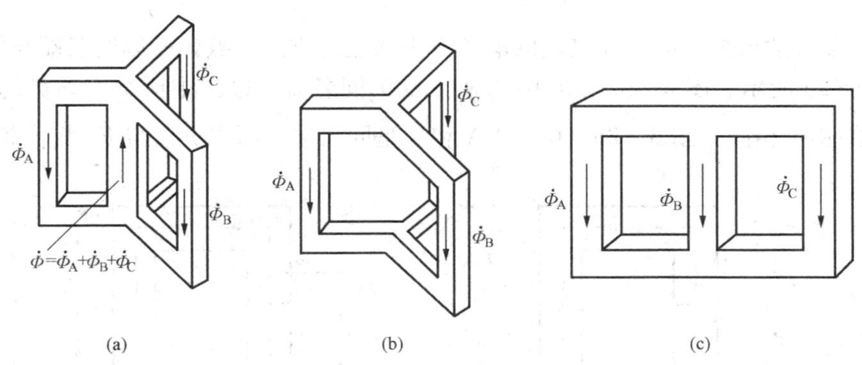

图 3-23 三相芯式变压器磁路

（a）有芯柱的三相芯式变压器磁路；（b）无芯柱的三相芯式变压器磁路；（c）常用三相芯式变压器磁路

从图 3-23（c）可见，三相磁路长度不等，故励磁电流 I_0 将稍不对称，中间相较小。但由于励磁电流很小，故变压器负载运行时影响非常小，可不计其影响。

与三相变压器组相比，三相芯式变压器耗材少、价格低、占地面积小、维护方便，因而应用最为广泛。

二、三相变压器的电路系统

三相变压器的电路系统是指变压器的一、二次绕组的连接方式及联结组别。

（一）三相变压器绕组的连接方式

通常三相变压器高压绕组首端分别用 A、B、C（或 U1、V1、W1）表示，末端用 X、Y、Z（或 U2、V2、W2）表示；低压绕组首端分别用 a、b、c（或 u1、v1、w1），末端用 x、y、z（或 u2、v2、w2）表示。

三相绕组，不论一次侧还是二次侧，有星形和三角形两种连接方法。若三个末端连在一起，三个首端引出来，是星形接法用 Y（或 y）表示，若三相绕组相互首末按顺序相连，构成闭合回路，便是三角形连接，用 D 或△（或 d）表示，如图 3-24 所示。这样三相变压器一、二次绕组就有 4 种连接方式：Yy、Yd、Dy、Dd。其中，Y 形连接法中有中性点引出时用 Yyn 或 YNy 表示。

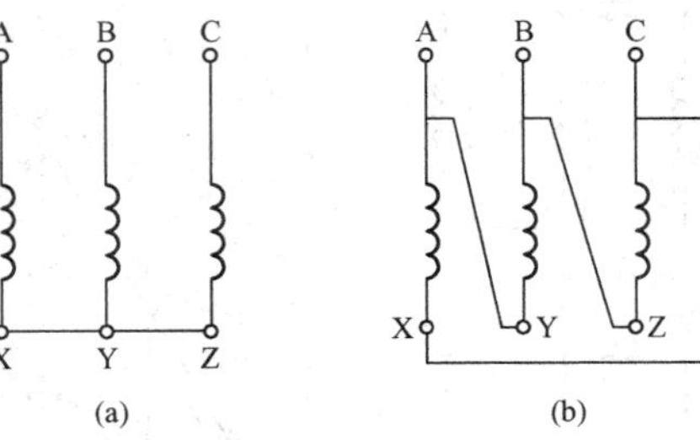

图 3-24 三相变压器绕组的连接

（a）星形接法（Y 形接法）；（b）三角形接法（△或 D 形接法）

（二）变压器的联结组别

在实际应用中，某些负载不仅对变压器二次侧电压等级有要求，还对二次侧电压与一次侧电压相位关系提出要求。变压器一、二次侧相位关系是通过其联结组别来表示的。另外，两台以上电力变压器的并联运行，其联结组别必须相同。联结组别在变压器铭牌上有标注。

1. 变压器一、二次绕组电动势的相位关系及表示法

套在同一铁芯柱上的一、二次两个绕组，其感应电动势的相位关系，可通过同名端来体现，通常在端点旁边打“·”做标记，打“·”的两个端为同名端。另两个不打“·”的也是同名端。

按照同名端的概念，流入同名端的电流产生的磁通方向一致，所以同名端与绕组绕向有关，如图 3-25 所示。图 3-25（a）中 A 和 a 端为同名端，按图中所给电动势的参考极性，$\dot{E}_{AX}$与$\dot{E}_{ax}$的相位相同。图 3-25（b）中 A 和 x 是同名端，所以$\dot{E}_{AX}$与$\dot{E}_{ax}$相位相反。

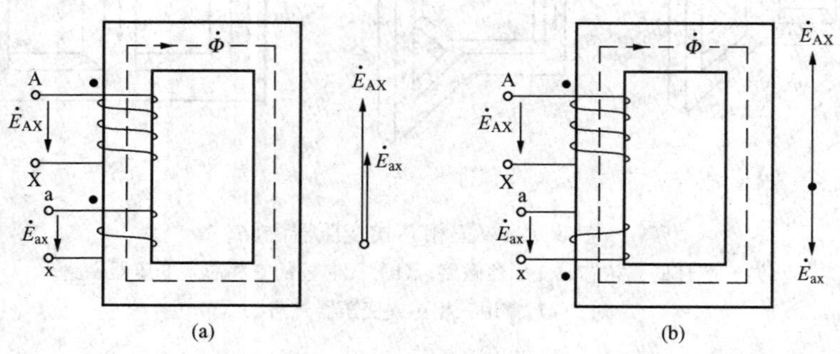

图 3-25　单相变压器绕组及同名端联结组别

（a）同名端同为首端；（b）异名端同为首端

2. 变压器的联结组别

所谓变压器的联结组别，国际上都采用时针表示法来表示一、二次绕组电动势的相位关系。规定单相变压器高压绕组电动势$\dot{E}_{AX}$永远指向时钟的数字 12，而低压绕组电动势$\dot{E}_{ax}$指向哪个数字，该数字就为变压器的联结组别的标号。Ii 表示单相变压器。图 3-25（a）中的联结组别为 Ii0，而图 3-25（b）中的联结组别为 Ii6，单相变压器只有这两种情况。

对于三相变压器规定，高压边线电动势$\dot{E}_{AB}$永远指向时钟的数字“0”，而低压边线电动势$\dot{E}_{ab}$指向哪个数字，就用该数字作为变压器联结组别的标号。标号是通过一、二次侧相电动势和线电动势的相量图来确定的。下面就以 Yy 和 Yd 两种连接法为例，来分析三相变压器的联结组别。图 3-26（a）为三相变压器 Yy（或 Y/Y）连接法的连接图，上下对着的高、低压绕组套在同一铁芯柱上，图中标出了对应各相同名端、相电动势及线电动势方向，确定联结组别

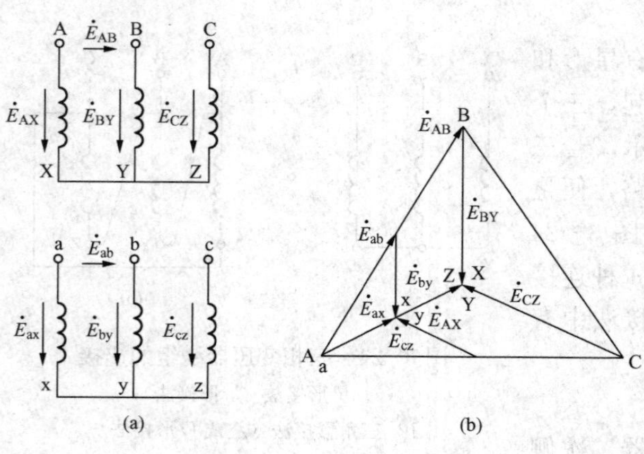

图 3-26　Yy0 联结组别

（a）接线图；（b）相量图

的具体步骤为：

(1) 先按相序 A—B—C 画出高压绕组相电动势 $\dot{E}_{AX}$、$\dot{E}_{BY}$和 $\dot{E}_{CZ}$相量图，如图 3 - 26 (b) 所示；由于是 Y 形连接，X、Y、Z 三个末端接在一起，画相量图时也将 X、Y、Z 重合于一点，然后分别从 A、B、C 三点向该点画有向线段表示 $\dot{E}_{AX}$、$\dot{E}_{BY}$和 $\dot{E}_{CZ}$，使其相位差为 120°。

(2) 按线电动势和相电动势的关系画出线电动势 $\dot{E}_{AB}$、$\dot{E}_{BC}$和 $\dot{E}_{CA}$，用有向线段$\overrightarrow{AB}$，$\overrightarrow{BC}$和$\overrightarrow{CA}$表示。

(3) 将低压绕组相电动势 $\dot{E}_{ax}$的 a 点与 A 点重合，而 x、y、z 也重合于一点，分别画出相电动势 $\dot{E}_{ax}$、$\dot{E}_{by}$和 $\dot{E}_{cz}$。由同名端可知，$\dot{E}_{AX}$、$\dot{E}_{BY}$、$\dot{E}_{CZ}$分别与 $\dot{E}_{ax}$、$\dot{E}_{by}$、$\dot{E}_{cz}$同相位。

(4) 有向线段$\overrightarrow{ab}$表示低压边线电动势 $\dot{E}_{ab}$，由图 3 - 26 (b) 可知，若 $\dot{E}_{AB}$指向“12”，$\dot{E}_{ab}$也指向“12”。故该变压器的联结组别为 Yy0（或 Y/Y—12)。

Yy 连接的变压器还可得到 Yy2、Yy4、Yy6、Yy8…

Yd11 联结组别的高压绕组为 Y 形连接，其相量图前面已经画过，低压绕组为 d 连接，由图 3 - 27 (a) 可知，线电动势等于相电动势，即 $\dot{E}_{ab}=-\dot{E}_{by}$，$\dot{E}_{by}=-\dot{E}_{cz}$，$\dot{E}_{ca}=-\dot{E}_{ax}$。同样将低压绕组相电动势 $\dot{E}_{ax}$的 a 点与 A 点重合，$\dot{E}_{ax}$与 $\dot{E}_{AX}$方向一致。由于末端 x 与 cz 相首端相连，则 x 点即为 c 点，从 c 点画 $\dot{E}_{cz}$与 $\dot{E}_{CZ}$方向一致。同理，z 点即为 b 点，从 a 点向 b 点作有向线段$\overrightarrow{ab}$，就是低压绕组线电动势 $\dot{E}_{ab}$，由图 3 - 27 (b) 可知，若 $\dot{E}_{AB}$指向“0”，$\dot{E}_{ab}$指向“11”。所以该变压器的连接组别Yd11（或 Y/△-11)。

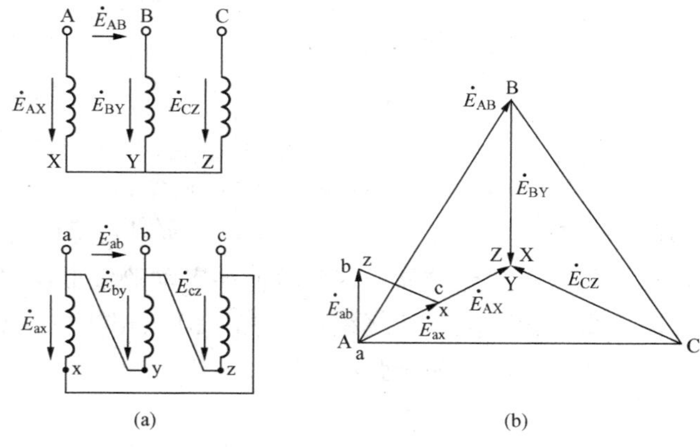

图 3 - 27 Yd11 联结组别
(a) 接线图；(b) 相量图

Yd 连接的变压器还可得到 Yd1、Yd3、Yd5、Yd7、Yd9，标号都是奇数。

此外 Dy 连接可得到与 Yd 连接一样的标号，都是奇数，Dd 连接可得到与 Yy 连接一样的标号，都是偶数，图 3 - 28 给出了 Yy4、Yd1、Dd0 和 Dy11 的接线图和相量图，可自行判断。

三、三相变压器空载电动势波形

在本章第二节单相变压器空载运行分析中，已知电源为正弦电压时，主磁通为正弦波，由于铁芯的饱和特性，励磁电流为非正弦波，其中含有三次和其他高次谐波，除基波外，谐波的主要成分为三次谐波。对于 Yy 连接的三相变压器，由于三次谐波分量之间的相位差是 3×120°=360°，即在时间上是同相位的。在没有中性线引出时，三次谐波电流无法流通，励磁电流近似为正弦波，使得磁通波形为一平顶波，如图 3 - 29 所示，可分解出三次谐波，同样在时间上是同相位的。

在三相变压器组中，各相磁路彼此独立，三次谐波磁通将形成闭合路径。由于三次谐波

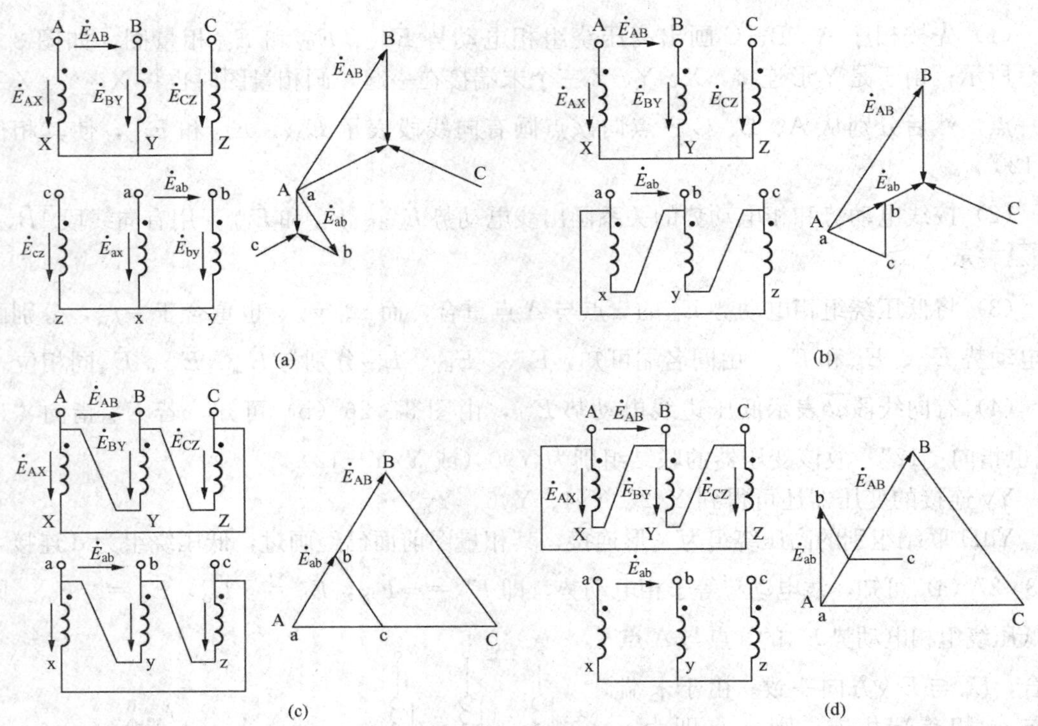

图 3-28 三相变压器的几种联结组别

(a) Yy4 联结组别；(b) Yd1 联结组别；(c) Dd0 联结组别；(d) Dy11 联结组别

频率是基波频率的 3 倍，即 $f_3=3f_1$，所以它感应的电动势就很大，有时可达基波电动势的 45%～60%，甚至更高。这样就使相电动势波形发生畸变，如图 3-30 所示。由于其电动势幅值很高，很可能破坏绕组的绝缘。但三相线电动势由于同相位的三次谐波电动势相互抵消，故线电动势仍为正弦波。

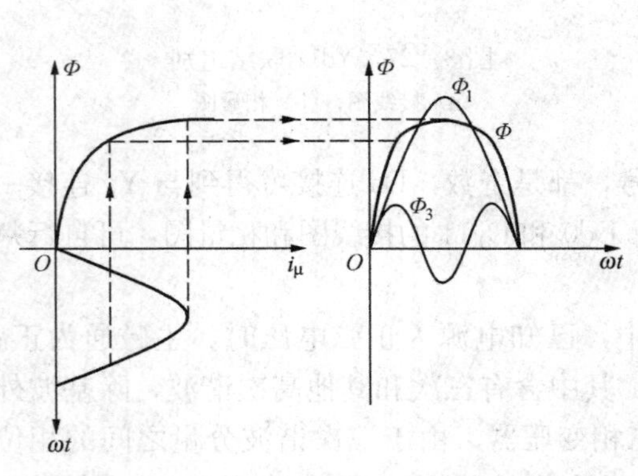

图 3-29 磁路饱和励磁电流为正弦波时主磁通波形

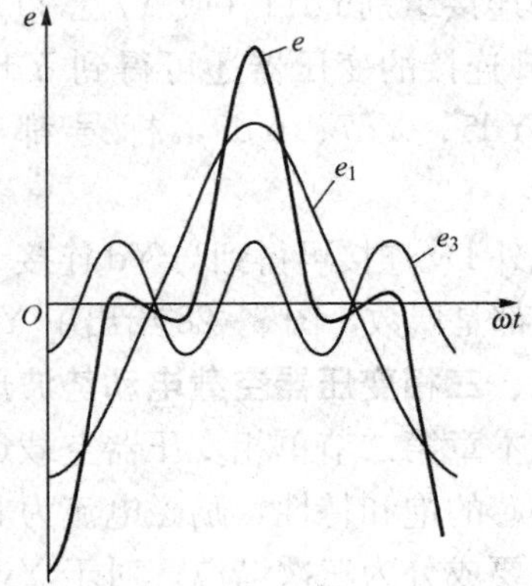

图 3-30 主磁通为平顶波三相变压器组相电动势波形

在三相芯式变压器中，由于三相磁路彼此相关，各相三次谐波磁通大小相等、相位相同，不能通过铁芯闭合，只能由油箱壁、铁芯柱及变压器油形成闭合路径。而这条磁路磁阻较大，故三次谐波被大大削弱，三次谐波电动势相应减小，相电动势也近似为正弦波。由于三次谐波经油箱壁闭合，引起附加损耗，使变压器油箱发热，降低了变压器的效率。

对采用 Dy 连接的三相变压器，一次侧励磁电流中的三次谐波分量可以流通，于是主磁通就是正弦波，相应一、二次侧感应电动势也是正弦波。当变压器采用 Yd 连接时，一次绕组中三次谐波电流分量仍无法流通，因此主磁通和一、二次侧相电动势中将产生三次谐波。由于二次侧为 D 接法，同相位的三次谐波相电动势在 D 连接的二次绕组形成三次谐波环流，相当于励磁电流。一、二次侧励磁电流共同激励，与 Dy 连接、一次侧有三次谐波励磁电流时一样，因此主磁通近似正弦波。由于三次谐波电流很小，绕组内的三次谐波环流对变压器的运行影响不大。

综上所述，三相变压器相电动势波形与磁路系统和绕组连接法有密切关系，在三相变压器中，采用 Yd 或 Dy 连接，将大大削弱三次（及三的倍数次）谐波电动势，以改善相电动势波形，使之趋近于正弦波。同时对变压器的运行很有利，而高压大容量三相变压器，特别是三相变压器，不宜采用 Yy 连接法。

四、三相变压器的并联运行

目前电力系统中广泛采用变压器并联运行的方式供电，变压器并联运行是指两台或两台以上变压器的一、二次侧同标号的出线端连在一起，分别并联到对应的公共母线上去，如图 3-31 所示。

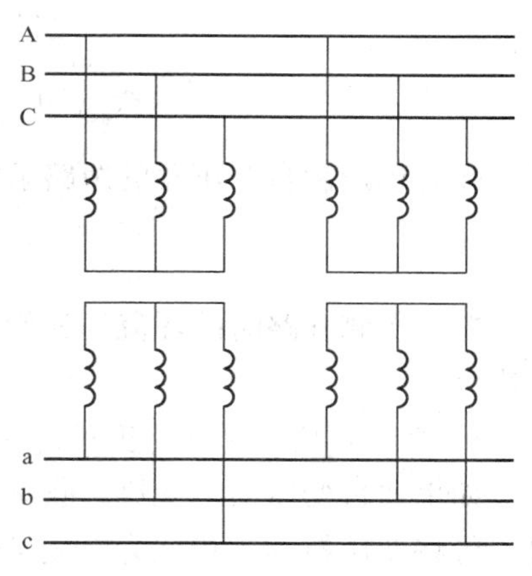

图 3-31 两台变压器并联运行

数台变压器并联运行的好处是：

（1）可提高变压器的利用效率。随着负载的增加，逐步投入并联运行变压器的台数，尽可能使变压器接近满载。

（2）可提高电网供电的可靠性。当某台变压器发生故障，需要检修时，可从电网上切除，而其他变压器可继续运行，保证正常供电。

（3）可减小变压器备用容量，因为并联运行的变压器容量小于总容量。但并联变压器的台数不宜过多，否则将增加设备投资和安装面积，反而不经济。并联运行的变压器必须满足的条件是：

1）一、二次侧的额定电压相同，变比相等。

2）具有相同的联结组别。

3）短路阻抗标幺值相等。

这样在空载时，各变压器二次绕组之间才不会有环流，负载时各变压器电流按它们的额定容量成正比例分配，可充分利用变压器的容量。下面分析不满足上述运行条件时变压器的状况。

1. 变比不相等时变压器的并联运行

以两台变压器并联运行为例进行分析。如图 3-32 所示，这两台变压器联结组别相同，短路阻抗标幺值相等，设变比分别为 k_α 和 k_β。如果 $k_\alpha \neq k_\beta$，两台变压器的空载电压分别为

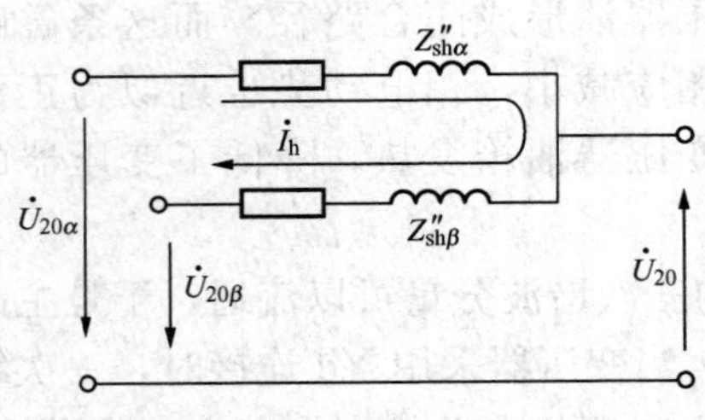

图 3 - 32 变比不相等时变压器的并联运行等效电路

$U_{20\alpha}=\frac{U_1}{k_\alpha}$、$U_{20\beta}=\frac{U_1}{k_\beta}$也不相等。当并联运行时，二次侧回路将产生环流，则有

$$I_{sh}=\frac{U_{20\alpha}-U_{20\beta}}{Z'_{sh\alpha}+Z'_{sh\beta}}=\frac{U_1/k_\alpha-U_1/k_\beta}{Z'_{sh\alpha}+Z'_{sh\beta}}=\frac{\Delta U_{20}}{Z'_{sh\alpha}+Z'_{sh\beta}}$$

其中，$Z'_{sh\alpha}$和$Z'_{sh\beta}$分别为两台变压器折算到二次侧的短路阻抗，由于短路阻抗很小，即使变比差的不大，也会产生较大的环流。例如，设两台变压器的阻抗标幺值为$Z^*_{sh\alpha}=Z^*_{sh\beta}=0.05$，当二次侧空载电压差1%，即$\Delta U_{20}=1\%U_{N2}$，则环流$I^*_h\approx0.1$，将达到额定电流的10%。

由于环流的存在，增加了变压器的损耗，变压器的效率降低了。因此必须对环流加以限制，通常规定并联运行的变压器变比相差小于±0.5%。

2. 联结组别不同时变压器的并联运行

两台联结组别不同的变压器并联时后果更严重。例如，联结组别为Yy0与Yd11并联，二次侧相电动势大小相等，但相位不同，如图3 - 33所示。此时二次侧开路电压差为

$$\Delta\dot{U}_{20}=\dot{U}_{20\alpha}-\dot{U}_{20\beta}$$

$$\Delta U_{20}=2U_{20}\sin\frac{30°}{2}\approx0.52U_{N2}$$

此时仍设两台变压器的短路阻抗标幺值为0.05，则环流为

$$I^*_h=\frac{0.52}{2\times0.05}=5.2$$

即二次侧开路时的环流约为额定电流的5.2倍，故联结组别不同的变压器绝对不能并联使用。

3. 短路阻抗不同时变压器的并联运行

如果两台变压器的变比、联结组别都相同，只是短路阻抗不同。若带额定负载并联运行时，可将变压器的一相化为简化等效电路，如图3 - 34所示。则有

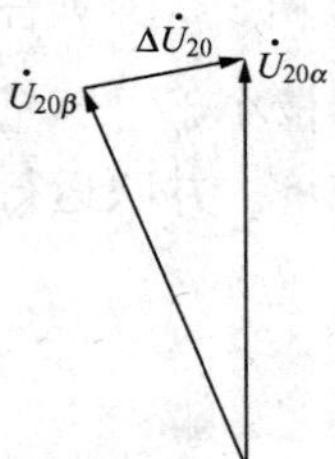

图 3 - 33 联结组别不同时变压器的并联运行二次侧相电动势相量图

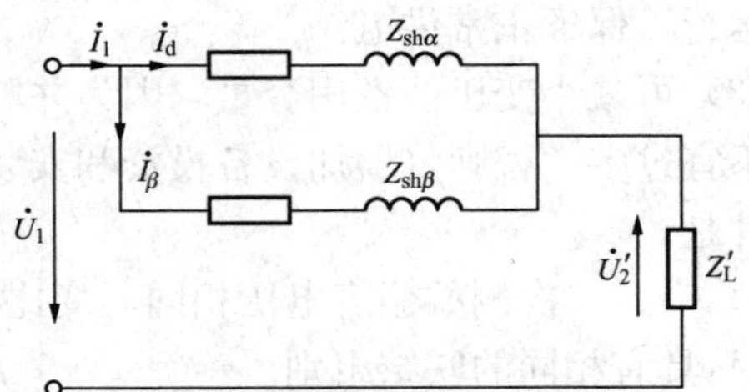

图 3 - 34 短路阻抗不同时变压器的并联运行等效电路

$$\dot{I}=\dot{I}_\alpha+\dot{I}_\beta$$

而

$$I_\alpha Z_{sh\alpha}=I_\beta Z_{sh\beta}$$

$$\frac{I_\alpha}{I_\beta}=\frac{Z_{sh\beta}}{Z_{sh\alpha}}$$

由于 $$U_{N\alpha}=U_{N\beta}=U_N$$

所以 $$\frac{I_\alpha^*}{I_\beta^*}=\frac{Z_{sh\beta}^*}{Z_{sh\alpha}^*}$$

即并联运行时变压器的负载电流与短路电抗标幺值成反比。若各变压器阻抗标幺值相等，则各变压器负载电流分配合理，否则可能出现某变压器欠载而另一台变压器可能过载的情况。

由以上分析可知，实际运行时，必须严格保证第二个条件，即并联变压器连接组别必须相同，而另两个条件可稍有出入。

【例 3-3】 两台变压器并联运行，均为 Yd11 连接，$U_{N1}/U_{N2}=35\text{kV}/10\text{kV}$，$S_{N\alpha}=1600\text{kVA}$，$Z_{sh\alpha}^*=0.08$，$S_{N\beta}=1000\text{kVA}$，$Z_{sh\beta}^*=0.06$。当负载为 2600kVA 时，试求：

(1) 每台变压器的电流，输出容量；

(2) 若不使任何一台变压器过载两台变压器能供给的最大负载是多少?

解 (1) 变压器的电流、输出容量。

一次侧总电流为

$$I=I_\alpha+I_\beta=\frac{S}{\sqrt{3}U_N}=\frac{2600}{\sqrt{3}\times 35}=42.9(\text{A})$$

两台变压器的变流比为

$$\frac{I_\alpha}{I_\beta}=\frac{\dfrac{S_{N\alpha}}{Z_{sh\alpha}^*}}{\dfrac{S_{N\beta}}{Z_{sh\beta}^*}}=\frac{1600\times 10^3}{0.08}\times\frac{0.06}{1000\times 10^3}=1.2$$

一次侧负载电流

$$I_\alpha+I_\beta=1.2I_\beta+I_\beta=42.9(\text{A})$$

求得

$$I_\beta=19.5\text{A}\qquad I_\alpha=23.4\text{A}$$

输出容量

$$\frac{S_\alpha}{S_\beta}=\frac{I_\alpha}{I_\beta}=1.2$$

$$S_\alpha+S_\beta=1.2S_\beta+S_\beta=2600(\text{kVA})$$

求得

$$S_\beta=1182\text{kVA}\qquad S_\alpha=1418\text{kVA}$$

(2) 任何一台变压器都不过载时的最大负载。第二台变压器不过载，第一台变压器肯定不过载，因此当 $I_\beta^*=1$ 时，有

$$I_\alpha^*=\frac{Z_{sh\beta}^*}{Z_{sh\alpha}^*}I_\beta=\frac{0.06}{0.08}=0.75$$

最大负载时两个变压器的输出容量为

$$S_\alpha=I_\alpha^*S_{N\alpha}=0.75\times 1600=1200(\text{kVA})$$

$$S_\beta=I_\beta^*S_{N\beta}=1000(\text{kVA})$$

最大负载为 $$S=S_\alpha+S_\beta=1200+1000=2200(\text{kVA})$$

第六节 自耦变压器和仪用互感器

一、自耦变压器

（一）概念和原理

自耦变压器是输出和输入共用一组线圈的特殊变压器。利用不同的抽头可实现降压和升压，因此自耦变压器可分为降压自耦变压器和升压自耦变压器。如图 3-35 所示，当作为降压变压器使用时，从绕组中抽出一部分线匝作为二次绕组；当作为升压变压器使用时，外施电压只加在绕组的一部分线匝上。通常把同时属于一、二次的那部分绕组称为公共绕组，其余部分称为串联绕组。

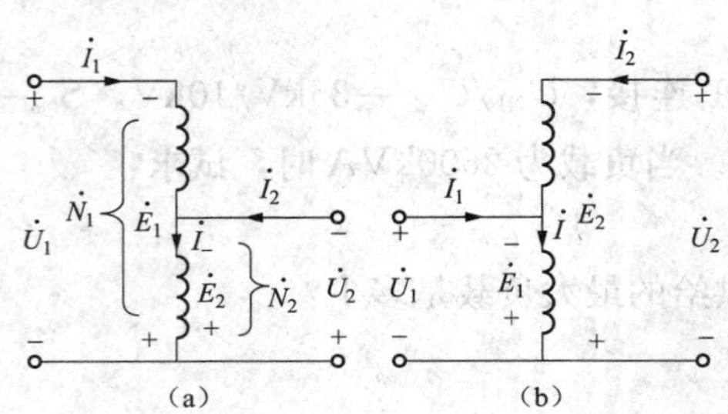

图 3-35 自耦变压器原理接线图

（a）降压自耦变压器；（b）升压自耦变压器

与普通双绕组变压器一样，自耦变压器也有单相和三相之分。下面以单相降压变压器为例对自耦变压器进行介绍。

自耦变压器的漏阻抗很小，其压降可忽略。若一次侧接额定电压 U_{N1}，二次侧额定电压即空载电压为 U_{N2}，它们的关系为

$$\frac{U_{N1}}{U_{N2}} \approx \frac{E_1}{E_2} = \frac{N_1}{N_2} = k$$

式中 k——自耦变压器的变比，$k>1$ 为降压变压器。

自耦变压器负载运行时，同样要满足磁通势平衡关系，按图 3-35 所示参考方向有

$$N_1\dot{I}_1 + N_2\dot{I}_2 = N_1\dot{I}_0$$

当忽略 $\dot{I}_0$时，有

$$N_1\dot{I}_1 + N_2\dot{I}_2 \approx 0$$

$$\dot{I}_1 = -\frac{\dot{I}_2}{k}$$

而根据基尔霍夫电流定律，自耦变压器高、低压公共绕组（ax 段）的电流

$$\dot{I} = \dot{I}_1 + \dot{I}_2 = -\frac{\dot{I}_2}{k} + \dot{I}_2 = \dot{I}_2\left(1 - \frac{1}{k}\right) \tag{3-36}$$

如果一、二次侧电压相差不大，k 接近于 1，由式（3-36）可知，电流 I 很小，接近于空载电流。所以自耦变压器比普通变压器节省材料，从而减小了体积和重量更便于运输，在高压、大容量、电压相近的电力系统中，自耦变压器应用较为广泛。

（二）自耦变压器与普通的双绕组变压器主要区别

自耦变压器有体积小、成本低、传输功率大等优点。在相同的输出功率下，效率比普通变压器高，电压调整率比普通变压器低。上述优点在一次和二次侧电压值差越小时越明显。

双绕组变压器的高、低压绕组是分开绕制的，虽然每相高、低绕组之间都装在同一个铁芯柱上，但相互之间是绝缘的。高、低压绕组之间只有磁的耦合，没有电的联系。而自耦变压器一、二次绕组之间既有磁的耦合，也有电的联系。所以像我们平常使用的自耦调压器在

一次侧的电压调到零时，如果相（火）线是接在公共端上时，其二次侧还是可能存在对地的高电压的。

普通双绕组变压器电功率的传送全是由两个绕组之间的电磁感应完成的。自耦变压器的高、低压绕组实际上是一个绕组，低压绕组接线是从高压线绕组抽出来的，因此自耦变压器电功率的传送，一部分是由电磁感应传送的电磁功率，另一部分是由电路连接直接传送的传导功率。自耦变压器的功率关系如下所述。

额定功率：$S_{aN}=U_{N1}I_{N1}=U_{N2}I_{N2}$

输出功率：$S_{a2}=U_2I_2=U_{ax}I_2=U_{ax}I_1+U_{ax}I=S_{cd}+S_{em}$

其中，S_{cd}为传导功率，S_{em}为电磁功率。

（三）自耦变压器的应用

自耦降压变压器在交流电动机起动中可作为起动设备，实现降压起动。在实验室和家用电器中，采用接触式自耦变压器，可平滑地调节输出电压，作调压器使用，满足负载的要求。接触式自耦变压器是通过可滑动的电刷与裸露在外的绕组相接触，引出输出电压。由于受被电刷短路的线圈短路电流的限制，这种自耦变压器往往容量较小，电压不高。当需要较大容量和较高电压的调节时可采用动圈式调压器。

二、仪用互感器

电力系统中测量高电压和大电流时使用的变压器叫做仪用互感器，它可将高电压或大电流转换为测量仪表所需的低电压或小电流，从而实现对电力系统的测量、显示与控制，保障人员及仪器、仪表的安全。进行电流转换的互感器叫电流互感器，进行电压转换的互感器叫作电压互感器。

1. 电流互感器

交流电流互感器属于双绕组变压器，一次绕组由一匝或几匝、截面积较大的导线绕制而成，与被测电路相串联。二次绕组匝数较多，截面积较小，与阻抗较小的仪表构成二次侧回路。如图3－36（a）所示。

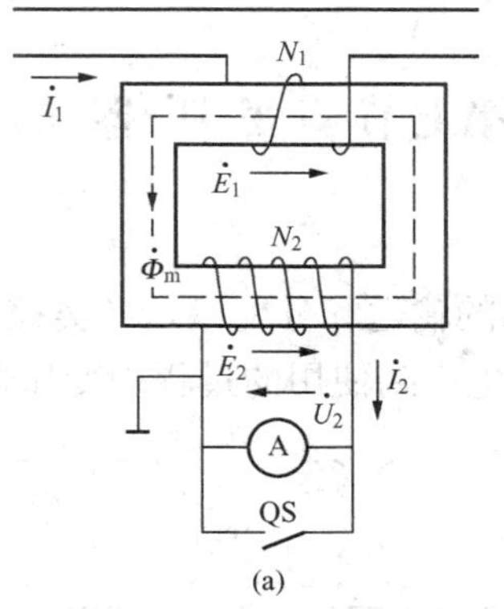

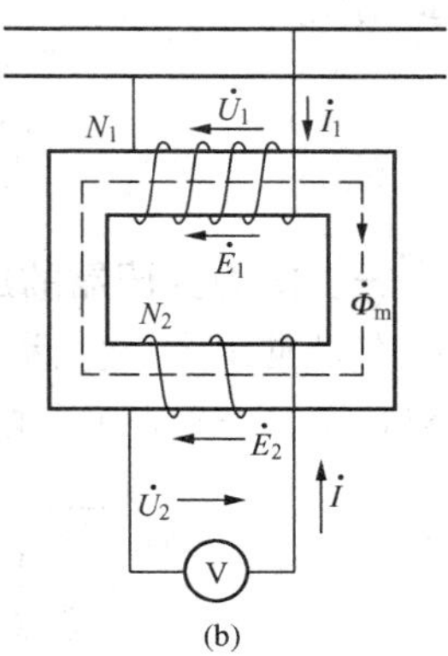

图3－36　电流互感器和电压互感器原理图

（a）电流互感器；（b）电压互感器

为提高测量精度，使二次侧电流准确反映一次侧电流值，需尽可能减小励磁电流。为此，电流互感器铁芯磁密取值较低，工作中不能饱和。铁芯材料导磁性能要好，尽量减小磁路中的气隙。这样当励磁电流忽略不计时，有

$$I_1=\frac{N_2}{N_1}I_2=k_iI_2$$

式中　k_i——变流比。

电流互感器二次侧额定电流一般为1A或5A，而一次侧被测电流范围较广，故一次侧可有很多抽头，对应不同的变流比，以适应不同的场合。

此外，使用电流互感器的注意事项是：

（1）二次侧绝不允许开路。如果二次侧开路，一次侧电流全部成为励磁电流，将比正常的励磁电流大得多，会使铁芯中磁密、铁耗剧增，从而使铁芯过热，烧毁绕组绝缘，导致高压侧对地短路。更严重的是二次绕组将产生极高的电压使绕组绝缘被击穿，危及设备及人身安全。所以在需要更换仪表时，应先闭合开关 QS，换完后再将开关 QS 打开。

（2）二次绕组一端必须可靠接地，以防高压绕组损坏，或使二次绕组带高压而引起伤害事故。

（3）电流互感器二次侧的负载阻抗不能过大，不得超过允许的额定值，否则将使测量误差增大。

2. 电压互感器

电压互感器就是一台小型的降压变压器。其一次侧并联在被测高压端，利用一、二次绕组的匝数不同，将一次侧高电压变为二次侧低电压，为测量仪表提供被测量信号或控制信号，如图 3-36（b）所示。二次侧额定电压规定为 100V，并有很多抽头，根据被测线路电压高低，适当选取电压比。其电压比为

$$k_v = \frac{N_1}{N_2} = \frac{E_1}{E_2} \approx \frac{U_1}{U_2}$$

与电流互感器一样，电压互感器铁芯磁密很低，不得饱和，尽量减小漏阻抗，从而提高测量精度。

使用电压互感器时的注意事项是：

（1）二次侧不允许短路，否则将使电流增大，绕组过热而被烧坏。

（2）二次侧所接阻抗不能太小，即不能并联太多仪表，否则将使测量误差增大，而影响测量精度。

第七节　变压器的应用

一、电力变压器的应用

在日常生产、生活中电能的输送和分配以及各类控制系统中整流和控制设备都离不开变压器，图 3-37 表示了电能从生产到使用的过程中变压器的作用。

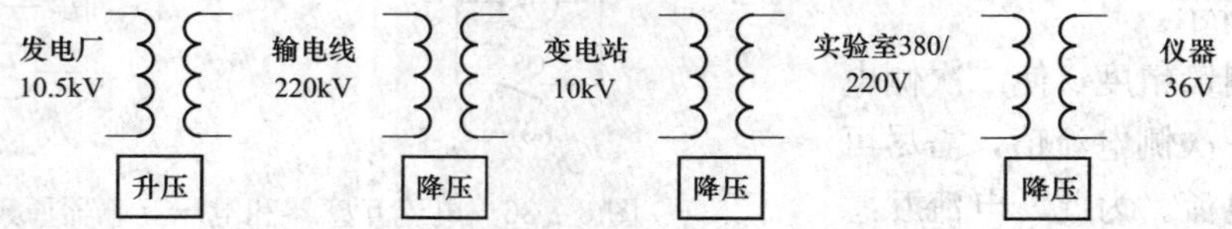

图 3-37　变压器在电能输送和分配中的应用

二、电源变压器的应用

随着电子技术的迅速发展，各类电子变压器得到了越来越广泛的应用。下面以小功率电源变压器在整流电路中的应用为例，对电子变压器的应用进行介绍。

小功率电源变压器主要应用在各种电源中，提供电子设备所必需的交、直流电压。常用的整流电路有如下几种：单相半波电路、单相全波电路、单相桥式电路、倍压电路、三相半波电路、三相桥式电路。下面以单相半波电路和单相全波电路三相半波及三相全波电路为例

进行介绍。

1. 单相半波电路

单相半波电路如图 3-38（a）所示。该电路的主要优点是简单。主要缺点是整流电压基波的频率较低，要求滤波器有较大的滤波系数；变压器的功率利用系数很小（只有 0.48 左右）；反压系数大（近似为 3），需要使用反向电压较高的二极管；变压器铁芯中存在显著的磁感应强度直流分量，引起强迫磁化，使铁芯中的最大磁感应强度降低 30%；这种电路适用于电压几千伏，电流几毫安的整流器。在输出电压相同的情况下，半波电路中变压器二次绕组的匝数要比全波时少。

2. 单相全波电路

单相全波电路如图 3-38（b）所示。该电路的主要优点是整流电压基波频率为电源频率的 2 倍。在同样输出电压的情况下，全波电路中变压器次级绕组电压只有半波时的一半。主要缺点是反压系数大（2.1～3.5）；变压器的功率利用系数不高（0.54～0.71）；为了防止强迫磁化，建议采用壳式或双绕组芯式变压器。当采用芯式结构时，不同铁芯柱上的一次绕组应当并联。这种电路应用极广。

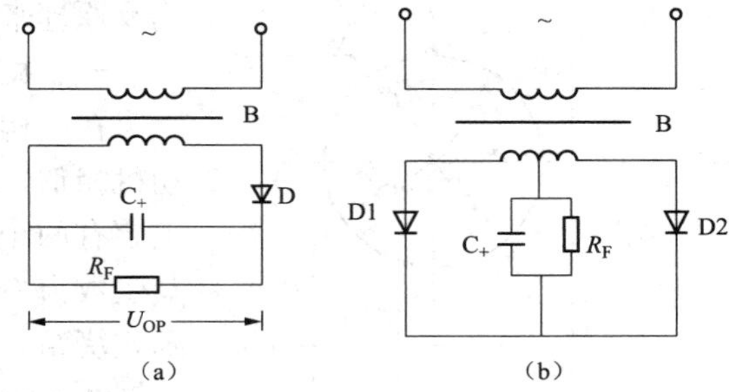

图 3-38　单相小功率电源变压器在整流电路中的应用

（a）单相半波整流电路；（b）单相全波整流电路

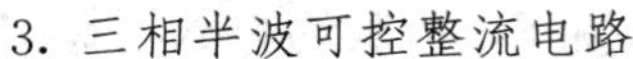

3. 三相半波可控整流电路

三相半波可控整流电路如图 3-39（a）所示。L 值很大，整流电流 i_d 的波形基本是平直的，流过晶闸管的电流接近矩形波。α 为晶闸管导通角。$\alpha \leqslant 30°$，整流电压波形与电阻负载时相同；$\alpha > 30°$，当 u_2 过零时，由于电感的存在，阻止电流下降，因而VT1继续导通，直到下一相晶闸管VT2的触发脉冲到来，才发生换流，由VT2导通向负载供电，同时向 VT1 施加反压使其关断。

4. 三相桥式全控整流电路

三相桥式全波可控整流电路如图 3-39（b）所示。阴极连接在一起的 3 个晶闸管（VT1、VT3、VT5）称为共阴极组；阳极连接在一起的 3 个晶闸管（VT4、VT6、VT2）称为共阳极组。共阴极组中与 a、b、c 三相电源相接的 3 个晶闸管分别为 VT1、VT3、VT5，共阳极组中与 a、b、c 三相电源相接的 3 个晶闸管分别为 VT4、VT6、VT2。晶闸管的导通顺序为 VT1-VT2-VT3-VT4-VT5-VT6。

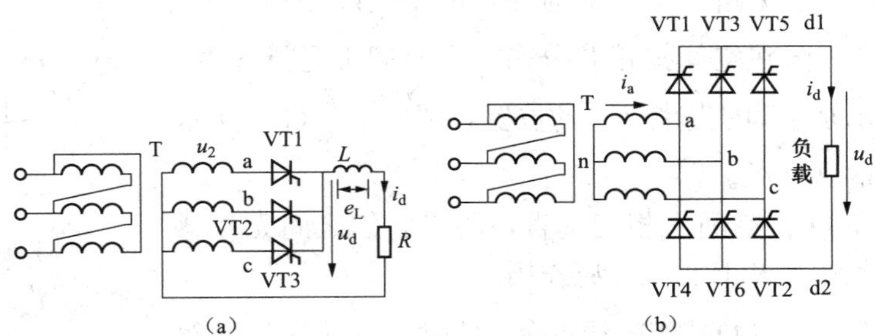

图 3-39　三相小功率电源变压器在整流电路中的应用

（a）三相半波可控整流电路原理图；（b）三相桥式全控整流电路原理图

*第八节 旋 转 变 压 器

旋转变压器属特殊变压器，也可以看作是一种控制电机。旋转变压器转子的转动，可以改变其输入（定子）绕组和输出（转子）绕组的相互耦合关系，使输出电压与转子转角之间成正弦、余弦、线性或其他函数关系。在自动控制系统中可进行三角函数运算、信号的转换与传输，还可作为移相器。

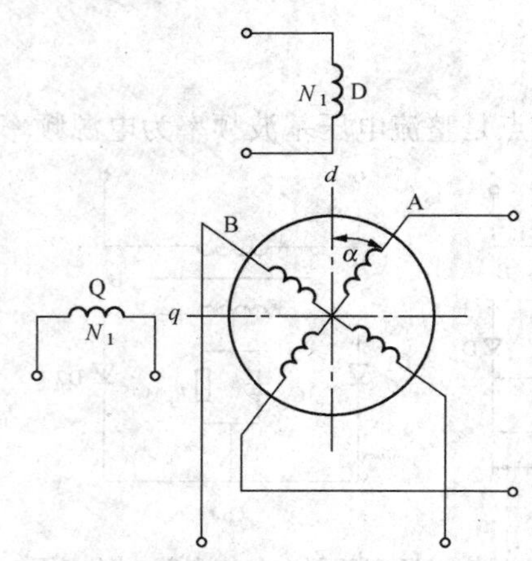

图 3-40 旋转变压器原理接线图

旋转变压器有很多种类，按输出电压与转子转角的关系有正弦、余弦旋转变压器，线性旋转变压器，还有呈倒数函数、对数函数等旋转变压器，但就其结构及原理来讲，它们基本相同。

一、旋转变压器的结构特点

在结构上，旋转变压器和微型两相绕线式异步电动机相似，其定、转子铁芯由硅钢片叠压而成。定子上装有两个完全相同且按空间 90°分布的绕组 D 和 Q，其匝数为 N_1，如图 3-40 所示。D 绕组是直轴绕组为励磁绕组，其轴线 d 为一纵轴。Q 绕组为交轴绕组，其轴线 q 为横轴或交轴。转子上也装有两个完全相同且相互垂直分布的绕组 A 和 B，匝数均为 N_2。

使用时，定子励磁绕组 D 接单相交流电源，将交轴绕组 Q 短接。转子感应电压则通过滑环和电刷引出，是旋转变压器的输出电压。

旋转变压器按结构形式分为有限转角和无限转角两种，前者只能旋转 1～2 周，不经电刷、滑环的滑动接触，运行可靠。无限转角旋转变压器有电刷、滑环的滑动接触，可靠性稍差些。转子的转角是以 d 轴为基准，转子绕组 A 的轴线与 d 轴的夹角 α。

二、正、余弦旋转变压器的工作原理

（一）空载运行

旋转变压器 D 绕组接交流电源 $\dot{U}_1$，Q 绕组开路，而转子两绕组均开路，如图 3-41 所示。为简明起见，只画 D 绕组和 A 绕组。此时 D 绕组中的电流 $\dot{I}_{D0}$ 为励磁电流，形成脉振的励磁磁通势 $\dot{F}_{D0}=\dot{I}_{D0}N_1$，并在磁路上产生磁通 $\dot{\Phi}$，由于气隙是均匀的，磁路不饱和，$\dot{\Phi}$ 沿气隙在空间按正弦分布，在时间上是脉振的。图 3-42（a）所示是空间磁通势 $\dot{F}_{D0}$ 的位置，图3-42（b）所示是 $\dot{\Phi}$ 沿气隙分布的展开图。

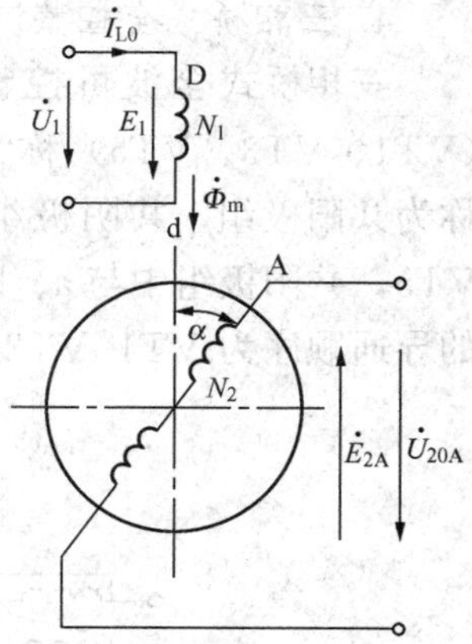

图 3-41 空载运行时的正、余弦旋转变压器原理接线图

定子绕组 D 和 Q 在空间上相互垂直，所以它们之间无互感作用。同理转子绕组 A 和 B 也无互感作用。

当 $\alpha=0$ 时，A 绕组与 D 绕组轴线重合，此时，磁通 $\dot{\Phi}$ 与 A 绕组全部交链，A 绕组中的感应电动势 E 最大。当 $\alpha=90°$时，A 绕组与 D 绕组的轴线垂直，$\dot{\Phi}$ 不与

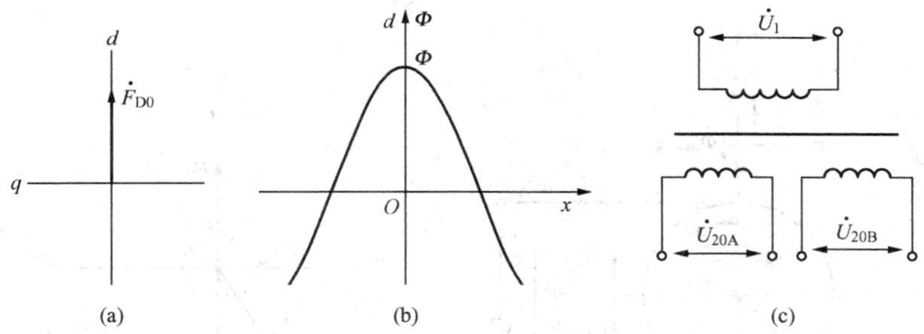

图 3-42　正、余弦旋转变压器空载运行时的励磁磁通势、磁通和等效图

(a) 励磁磁通势的方向；(b) 励磁磁通势的分布波形；(c) 等效电路

A 绕组交链，A 绕组中感应电动势为零。所以，与 A 绕组交链的磁通量取决于 A 绕组的位置。

当 α 为任意值时，与 A 绕组交链的磁通为 $\Phi_m\cos\alpha$，因此，D 绕组和 A 绕组中感应电动势分别为

$$E_1 = 4.44 f N_1 k_{w1} \Phi_m$$

$$E_{2A} = 4.44 f N_2 k_{w2} \Phi_m \cos\alpha = kE_1 \cos\alpha$$

同理，B 绕组中感应电动势为

$$E_{2B} = 4.44 f N_2 k_{w2} \Phi_m \sin\alpha = kE_1 \sin\alpha$$

$$k = \frac{N_2 k_{w2}}{N_1 k_{w1}}$$

式中　k——转子与定子绕组有效匝数比，即电压比。

k_{w1} 和 k_{w2} 分别为定、转子绕组系数，其大小由绕组结构决定。绕组系数将在第四章第二节中介绍，$N_1 k_{w1}$ 和 $N_2 k_{w2}$ 分别为定、转子绕组的有效匝数。

空载时，忽略定子边漏阻抗压降则有

$$\dot{U}_1 \approx -\dot{E}_1$$

转子输出电压为

$$\dot{U}_{20A} = \dot{E}_{2A} = -k\dot{U}_1 \cos\alpha \tag{3-37}$$

$$\dot{U}_{20B} = \dot{E}_{2B} = -k\dot{U}_1 \sin\alpha \tag{3-38}$$

式（3-38）表明，当电源电压 $\dot{U}_1$ 恒定时，A、B 绕组输出电压与转子转角 α 呈余弦和正弦函数关系，故称其为正、余弦旋转变压器。若将定子边看成是匝数为 $N_1 k_{w1}$ 的一次侧，将转子边看成为匝数为 $N_2 k_{w2}\cos\alpha$ 和 $N_2 k_{w2}\sin\alpha$ 的二次侧，旋转变压器就等效为普通的三绕组变压器，图 3-42（c）所示为等效图。

（二）负载运行

当 A 绕组接负载阻抗 Z_A（B 绕组开路）后，A 绕组电流为 $\dot{I}_A$，在 A 绕组轴线方向产生按空间正弦分布的脉振磁通势 $\dot{F}_A$。D 绕组电流为 $\dot{I}_D$，磁通势为 $\dot{F}_D$。图 3-43 为负载时的原理接线图和空间磁通势，磁通势 $\dot{F}_A$ 可分解成 d 轴和 q 轴方向两个分量 $\dot{F}_{Ad}$ 和 $\dot{F}_{Aq}$。

$$\dot{F}_{Ad} = \dot{F}_A \cos\alpha$$

$$\dot{F}_{Aq} = \dot{F}_A \sin\alpha$$

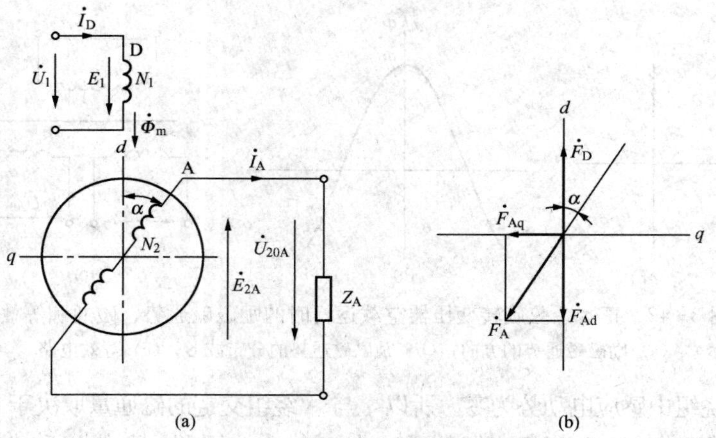

图 3-43　正、余弦旋转变压器负载运行

(a) 原理接线图；(b) 磁通势关系图

显然 q 轴方向的磁通势分量 $\dot{F}_{Aq}$ 所产生的磁通不与 D 绕组交链。与普通变压器一样，当 U_1 恒定时，在 d 轴方向满足磁通势平衡，即

$$\dot{F}_D + \dot{F}_{Ad} = \dot{F}_{D0} \tag{3-39}$$

$\dot{F}_{D0}$ 为合成磁通势或空载磁通势，它在 A 绕组中产生的感应电动势 E'_{2A} 与空载时一样与 α 呈余弦函数关系。但 q 轴方向的磁通势分量 $\dot{F}_{Aq}$ 所产生的磁通与 A 绕组交链，在 A 绕组中产生感应电动势 E''_{2A} 与 $F_{Aq}=F_A\sin\alpha$ 成正比，E''_{2A} 与 α 不再是余弦函数关系，而 $\dot{E}_{2A}=\dot{E}'_{2A}+\dot{E}''_{2A}$，所以 E''_{2A} 与转子转角 α 之间也不是余弦函数关系了。可推知输出电压 U_{2A} 与 α 之间的关系也发生了畸变，不再是余弦关系，负载阻抗 Z_A 越小，这种畸变就越严重。

为了消除输出电压的畸变，必须对 q 轴方向的磁通势进行补偿。补偿的方法有一次侧补偿法和二次侧补偿法。

1. 二次侧补偿法

二次侧补偿法是在转子 B 绕组上接与 A 绕组相同的负载 Z_B，即 $Z_B=Z_A=Z$。当 U_1 不变时，d 轴方向的励磁磁通势仍然为 $\dot{F}_{D0}$，但由于 A、B 两绕组轴线相互垂直，它们在 q 轴方向所产生的磁通势分量互相抵消，如图 3-44 所示。

在 q 轴方向由于

$$\frac{F_A}{F_B}=\frac{I_{2A}}{I_{2B}}=\frac{E_{2A}}{E_{2B}}=\frac{\cos\alpha}{\sin\alpha}$$

则

$$\frac{F_{Aq}}{F_{Bq}}=\frac{F_A\sin\alpha}{F_B\cos\alpha}=\frac{\cos\alpha\sin\alpha}{\sin\alpha\cos\alpha}=1 \tag{3-40}$$

即 A、B 绕组磁通势在 q 轴方向的分量大小相等、方向相反，相互抵消，从而得到补偿。

在 d 轴方向

$$\begin{aligned}F_{Ad}&=F_A\cos\alpha=I_{2A}N_2\cos\alpha=\frac{E_{2A}}{Z+Z_2}N_2\cos\alpha=\frac{kU_1\cos\alpha}{Z+Z_2}N_2\cos\alpha\\&=C\cos^2\alpha\end{aligned}$$

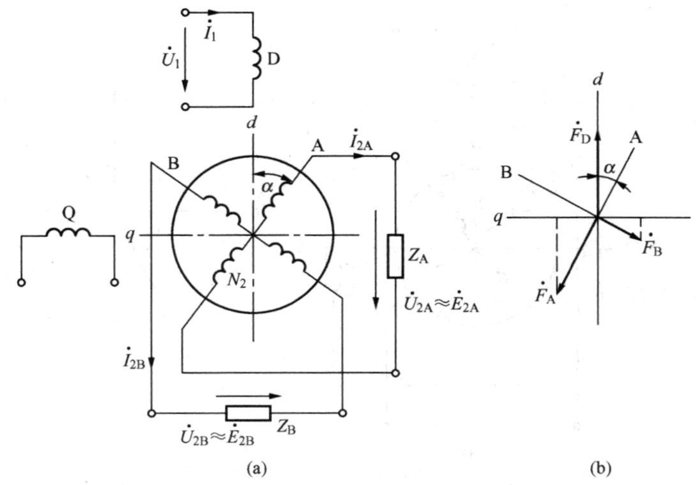

图 3-44　二次侧补偿法正、余弦旋转变压器

(a) 原理接线图；(b) 磁通势关系图

$$F_{Bd}=F_B\sin\alpha=I_{2B}N_2\sin\alpha=\frac{E_{2B}}{Z+Z_2}N_2\sin\alpha=\frac{kU_1\sin\alpha}{Z+Z_2}N_2\sin\alpha$$
$$=C\sin^2\alpha$$

其中 $C=\dfrac{kU_1N_2}{Z+Z_2}$，当 U_1、Z 不变时，C 为一常数。因此在 d 轴方向的转子磁通势分量为

$$F_{Ad}+F_{Bd}=C\cos^2\alpha+C\sin^2\alpha=C \tag{3-41}$$

即 d 轴方向转子磁通势分量是一个常数，与 α 无关。只要 $\dot{U}_1$ 不变，合成磁通势 F_{D0} 不变，d 轴磁通 Φ_m 不变，绕组感应电动势 E_A 和 E_B 也不变，与空载时相同，从而保证转子感应电动势与转子转角 α 之间保持正、余弦函数关系。

采用二次侧补偿法必须保证 A、B 两绕组负载相等。如果负载变动，就满足不了这个条件，可以采用一次侧补偿法。

2. 一次侧补偿法

一次侧补偿法就是在定子边的另一个绕组 Q 上接上阻抗 Z_Q 来实现补偿，因此 Q 绕组称为补偿绕组。A 绕组带负载时采用一次侧补偿接线图和磁通势关系，如图 3-45 所示。

由于 Q 绕组的轴线 q 与 d 轴垂直，Q 绕组不影响 d 轴的磁通势关系，式（3-39）同样成立。但 A 绕组的 q 轴磁通势分量 $\dot{F}_{Aq}$ 产生的磁通与 Q 绕组相交链，在 Q 绕组中形成感应电动势 $\dot{E}_Q$。当 Q 绕组接阻抗 Z_Q 后，Q 绕组中就有电流并产生磁通势 $\dot{F}_q$，$\dot{F}_q$ 在 q 轴方向。这样 A 绕组与 Q 绕组也相当于变压器的一、二次绕组。若 Q 绕组被短接，则 $F_{Aq}\approx F_q$，旋转变压器中 q 轴磁通势几乎为零，而 Z_Q 等于旋转变压器励磁电源内阻抗时，q 轴磁通势为零，从而消除了输出电压的畸变。

实际应用时，常常采用一、二次侧同时补偿的四绕组旋转变压器，原理接线如图 3-46 所示。$\dot{F}_{Aq}$ 由 B 绕组 $\dot{F}_{Bq}$ 补偿一部分，Q 绕组用来补偿剩余部分，以减少 $Z_A\neq Z_B$ 及绕组不对称引起的误差，使输出电压的失真减小至最小。一般旋转变压器负载阻抗 Z_A 和 Z_B 尽量大些，减小 q 轴磁通势，Q 绕组被短接。

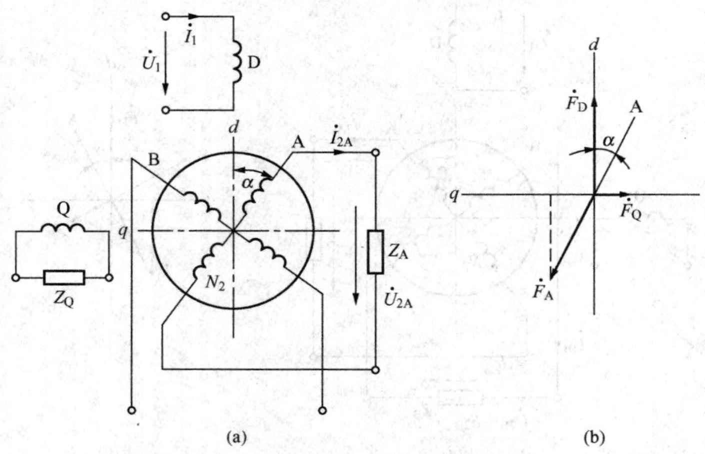

图 3-45 一次侧补偿正、余弦旋转变压器

(a) 原理接线图；(b) 磁通势关系图

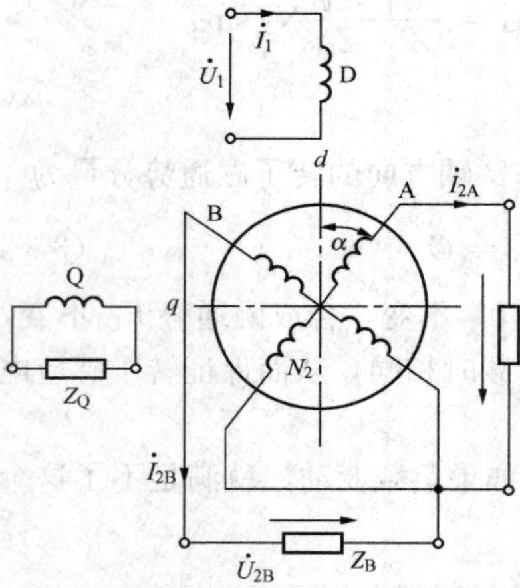

图 3-46 一、二次侧同时补偿的四绕组旋转变压器原理接线图

三、线性旋转变压器

前面所述正、余弦旋转变压器，将 B 绕组电压做输出电压，即

$$U_{2B}=kU_1\sin\alpha$$

当 α 很小时，$U_{2B}\approx kU_1\alpha$，输出电压与转子转角近似成线性比例关系，此时便为线性旋转变压器。但 α 较大时，就不满足线性关系了。为了使转角在较大范围变化，仍然保持线性比例关系，旋转变压器可按图 3-47（a）所示接线，其中 Q 绕组的阻抗 Z_Q 数值上等于电源内阻抗，补偿 A、B 绕组负载时在 q 轴方向产生的磁通势分量，D 绕组与 A 绕组串联后接电源，B 绕组接负载 Z。这样旋转变压器在 d 轴方向满足

$$\dot{F}_D+\dot{F}_{Ad}+\dot{F}_{Bd}=\dot{F}_{D0}$$

$\dot{F}_{D0}$ 为空载及负载时的励磁磁通势，若它产生的磁通在空间的分布仍然是图 3-39（b）所示正弦分布，则根据式（3-37）、式（3-38）。有如下关系

$$\dot{U}_1=-\dot{E}_1-\dot{E}_{2A}=-\dot{E}_1-k\dot{E}_1\cos\alpha=-\dot{E}_1(1+\cos\alpha)$$

$$U_{2B}\approx\dot{E}_{2B}=k\dot{E}_1\sin\alpha$$

则

$$\dot{U}_{2B}=\dot{U}_1\frac{k\sin\alpha}{1+k\cos\alpha}$$

这时 U_{2B} 和转角 α 之间近似线性关系，若 k 在 0.52～0.56 内适当取值，就可在 $-60°<\alpha<60°$ 范围内，获得最佳的线性比例关系，误差小于 0.1%。线性旋转变压器输出与转角 α 之间的关系曲线如图 3-47（b）所示，该图对应 $k=0.54$。

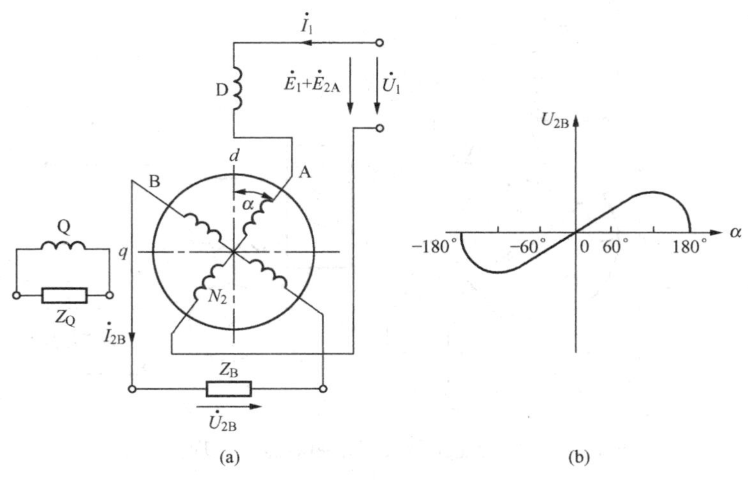

图 3 - 47 线性旋转变压器

(a) 原理接线图；(b) 正弦分布图

四、旋转变压器的应用

旋转变压器常在解算装置中作解算元件，也可在高精度随动系统中作角度信号传输元件。

(一) 在解算中的应用

在解算装置中，旋转变压器可解算三角函数、反三角函数、坐标变换和矢量运算等，还可作加、减、乘、除及积分、微分等运算。

1. 坐标变换

坐标变换就是应用正、余弦旋转变压器将极坐标表示的某一变量 $P(C,\alpha)$ 转换成直角坐标形成 $P(x,y)$ 。

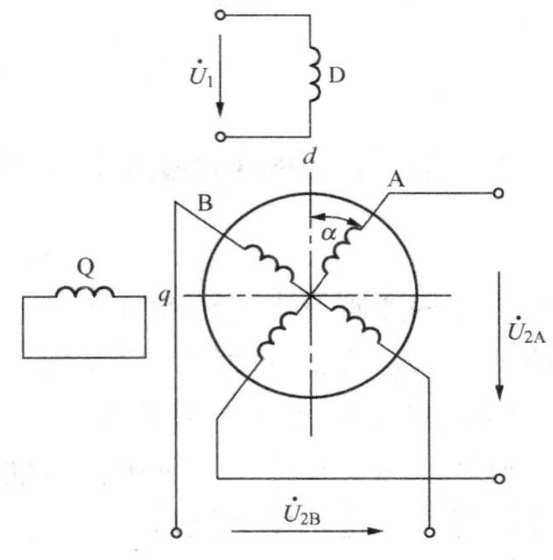

图 3 - 48 坐标变换时正、余弦旋转变压器原理接线图

设一变量的极坐标形式为：$P=Ce^{j\alpha}$，正、余弦旋转变压器按图 3 - 48 接线。将定子励磁绕组 D 接输入电压并令 $U_1=C$，另一补偿绕组 Q 短接。转子转角 α 作为角度输入。若选用变比为 1 的旋转变压器，则转子两绕组的输出电压就是变量 P 的直角坐标

$$U_{2A}=U_1\cos\alpha=C\cos\alpha=x$$

$$U_{2B}=U_1\sin\alpha=C\sin\alpha=y$$

2. 反三角函数运算

将正、余弦旋转变压器按图 3 - 49 接线，定子励磁绕组外接电源 U_1，另一补偿绕组短接。转子余弦绕组与外加电压 U 串联后送入放大器输入端，放大器输出接伺服电动机 SM 的控制绕组，外接电压 U 与余弦输出电压 U_{2B} 相位相反。

伺服电动机转子与旋转变压器转子同轴相连，并带角度指示器。若选旋转变压器的变比为 1，则

$$U_{2A}=U_1\cos\alpha$$

$$U_{2B}=U_1\sin\alpha$$

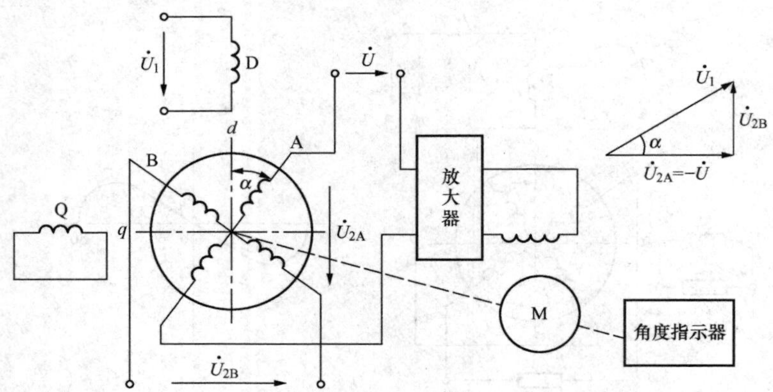

图 3-49 旋转变压器反三角函数运算原理接线图

放大器将输入电压$U-U_{2A}$放大后，驱动伺服电动机转动。当$U=U_{2A}$时，放大器输出为零。伺服电动机停转，则

$$U=U_{2A}=U_1\cos\alpha$$

$$\alpha=\arccos\frac{U}{U_1}$$

角度指示器所显示的角度就是$\frac{U}{U_1}$的反余弦。同时正弦绕组输出电压为

$$U_{2B}=U_1\sin\alpha=\sqrt{U_1{}^2-U^2}$$

即反三角函数解算电路还能计算平方差的开平方，或将U_1和U看成直角三角形的斜边和直角边的边长，正弦绕组输出电压就是另一直角边的边长。

（二）在控制系统中的应用

旋转变压器在控制系统中作角度信号传输元件时需两台完全一样的旋转变压器，一台为旋变发送机（也称发送机），另一台为旋变接收机（也称接收机），如图 3-50 所示。它们的定子绕组对应相接，发送机的转子绕组 A 加交流励磁电压U_r，接收机的转子绕组 B 作输出绕组，它们的另一转子绕组 B 和 A 均短路作补偿用。设发送机转子转角α_r，接收机转子转角α_c。

（1）若$\alpha_r=\alpha_c=0$，如图 3-48 所示，d 轴与 A 绕组轴线重合。发送机转子励磁磁通势F产生沿d轴方向的脉振磁通，它只与该电机的定子绕组 D 交链，在其中产生感应电动势E_D，并在两个电机的 D 绕组构成的回路内产生电流I_D。在接收机中I_D只产生 D 轴方向的磁通势F，它与 B 绕组轴线垂直，且 A 绕组短接，所以 B 绕组输出电压为零。

（2）若$\alpha_r=\alpha_c=\alpha\neq0$，如图 3-51 所示，发送机转子励磁磁通势所产生的沿 A 轴方向的脉振磁通，在发送机的两定子绕组中分别产生感应电感E_d和E_q，且有

$$E_d=E\cos\alpha$$

$$E_q=E\sin\alpha$$

从而在定子的两闭合回路内分别产生正比于$\cos\alpha$和$\sin\alpha$的电流I_d和I_q，形成对应的磁通势F_d和F_q。且

$$F_d=F\cos\alpha$$

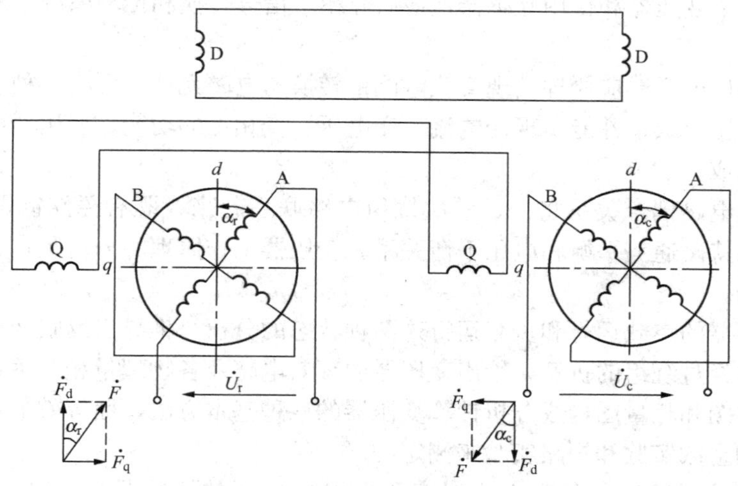

图 3-50　旋转变压器角度信号传输原理接线图

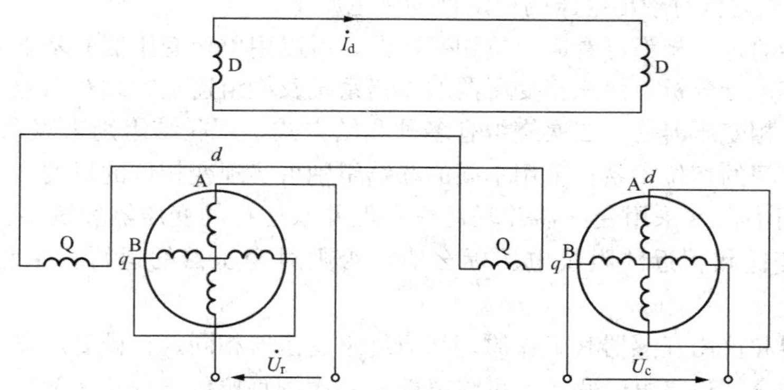

图 3-51　$\alpha_r=\alpha_c=0$ 旋转变压器的角度信号传输原理接线图

$$F_q = F\sin\alpha$$

由于 $\alpha_r=\alpha_c$，所以两电机定子合成磁通势 F 与 B 绕组垂直，同样接收机 B 绕组输出电压为零。

（3）若 $\alpha_r\neq\alpha_c$，则接收机定子合成磁通势不与 B 绕组垂直，其在 B 绕组轴线方向的分量将产生沿该轴线方向的脉振磁通，并在 B 绕组中产生感应电动势。这样，接收机将有电压输出，其大小与 α_r 和 α_c 的角度差有关。若将该电压经放大器放大，加到执行电动机的控制绕组上，执行电动机转子与接收机转子同轴，或通过减速机构连接，然后执行电动机带动接收机转子一起转动，转向要使 α_c 趋于 α_r，直到 $\alpha_c=\alpha_r$ 为止。人为改变 α_r，则 α_c 也将随之变动，故称该系统为位置随动系统。

此外，旋转变压器还可实现位置检测、移相及其他运算等多种应用，在此不一一列举。

本章主要研究变压器的结构及工作原理、运行状态、参数测定方法、运行特性、联结组

别等。介绍了自耦变压器和仪用互感器，最后介绍了信号转换和传输系统中所应用的旋转变压器。

变压器是利用电磁感应原理实现交流电能量转换的电磁元件。可将一种电压等级转换成同频率的另一电压等级，并能实现变电流、变电压、变相位的功能。变压器由绕组、铁芯和其他辅助设备构成。

变压器通过电磁耦合关系将一、二次绕组电路联系起来，既有磁路问题，又有电路问题，在运行中保持磁通势平衡和电压平衡关系。变压器工作原理的分析是在这两个基本关系的基础上进行的。

通过对变压器的空载运行和负载运行这两种状态的分析，推导出反映变压器运行状态的基本方程式，并经过绕组的折算，给出变压器的等效电路及各物理量相互关系的相量图。基本方程式、等效图和相量图构成分析计算变压器的三种基本方法，而等效电路中各元件参数是通过变压器的空载实验和短路实验来测定的。

变压器带负载运行时，负载大小对变压器输出电压的影响是通过变压器的外特性即 $U_2=f(I_2)$ 来描述的。不同性质的负载对输出电压的影响有所不同，而变压器的电压调整率 Δu 表征了负载运行时输出电压的稳定性和供电质量。

三相变压器的每一相都可看成为单相变压器，可以用单相变压器的基本方程式、等效电路和相量图对其进行分析。但三相变压器的磁路系统及绕组连接方式对磁通及电动势波形有较大的影响。三相变压器一、二次绕组有多种联结方式，用联结组别来表示，它反映了一、二次侧线电势之间的相位关系，采用不同的联结组别可实现变相位的目的。

在实际应用中，常采用变压器并联运行。但并联运行的变压器要满足具有相同的联结组别，相同的变比和相近的阻抗电压标幺值，否则对变压器的运行很不利，甚至损坏变压器。

自耦变压器和仪用互感器其工作原理与双绕组变压器相同。自耦变压器一、二次绕组之间不仅有磁的耦合，还有电的联系，可将电能从一次侧直接传导到二次侧，因此比双绕组变压器节省材料，效率较高。仪用互感器包括电流互感器和电压互感器，它们具有较大的变比，可将大电流、高电压转换成测量仪表所需的小电流、低电压，从而实现对一次侧电流和电压的测量。电流互感器二次侧不允许开路，电压互感器二次侧不允许短路。

旋转变压器属于特殊变压器，它与普通变压器有相同的电磁感应原理，但结构上与微型两相异步电动机相似，定子为一次侧，转子为二次侧。转子输出电压的大小与转子转角有关，并按它们之间的关系分正、余弦变压器和线性变压器。由于旋转变压器作为信号检测、转换及计算元件，要有较高的精度。为消除由于交轴磁场影响而引起输出电压的畸变和失真，采用一次侧补偿和二次侧补偿两种方法。

习　题

1. 变压器主磁路为闭合铁芯回路，不能有间隙，为什么？

2. 能否用薄钢板或整块铁芯作变压器铁芯？

3. 某单相变压器铁芯导磁截面为 34cm²，最大磁通密度为12 000Gs，额定电压为 380/110V，电源频率 50Hz，试计算一、二次绕组的匝数。（$1\text{Wb}=10^8\text{Mx}=10^8\text{Gs}\cdot\text{cm}^2$）。

4. 某三相变压器，额定容量 $S_N=750$kVA，额定电压 $U_{N1}/U_{N2}=35/10.5$kV，采用 Yd 连接，求变压器一、二次绕组额定电流。

5. 某单相变压器高低压绕组分别用 A、X 和 a、x 表示，额定电压 $U_{N1}/U_{N2}=220/110$V。当高压侧加 220V 时，空载电流为 I_0，主磁通为 Φ_m。试求：

(1) 若将 X、a 连在一起，在 A、x 端加 330V 电压，此时空载电流和主磁通各为多少？

(2) 若将 X、x 连在一起，在 A、a 端加 110V 电压，此时空载电流和主磁通各为多少？

6. 一台单相变压器额定容量为 200kVA，额定电压为 1000/230V，一次侧参数 $R_1=0.08\Omega$，$X_{\sigma1}=0.14\Omega$，$R_m=5.5\Omega$，$X_m=63.5\Omega$，带额定负载运行时，一次侧功率因数 $\cos\varphi_1=0.8$（滞后）。求：

(1) 空载及额定负载时的一次侧漏阻抗压降及 E_1 的大小；

(2) 由计算结果说明空载及额定负载时保持 $U_1=U_{N1}$ 不变，主磁通 Φ_m 基本不变。

7. 一个 180 匝的空心线圈接在 60V、50Hz 的交流电源上，测得电流为 33.5A、功率为 830W，若给该线圈装上一个闭合铁芯后，测得电流为 0.15A，功率为 1W。试求：

(1) 装铁芯前、后该线圈的等效电路及参数；

(2) 装铁芯前、后磁通的最大值。

8. 型号为 S-750/10 的三相变压器，额定电压为 10/0.4kV，Yd 连接。在低压侧做空载实验：$U_{20}=400$V，$I_0=65$A，$P_0=3.7$kW。在高压侧做短路实验：$U_{sh}=450$V，$I_{sh}=35$A，$P_{sh}=7.5$kW，室温 30℃。求变压器 T 形等效电路的各参数（设 $R_1=R_2'$，$X_{\sigma1}=X_{\sigma2}'$）。

9. 一台单相变压器，额定容量 $S_N=80$kVA，额定电压 $U_{N1}/U_{N2}=3450/230$V，一、二次绕组的电阻和漏阻抗分别为 $R_1=0.435\Omega$，$X_{\sigma1}=2.96\Omega$，$R_2=0.00194\Omega$，$X_2=0.0137\Omega$。求：

(1) 折算到一次侧的短路阻抗；

(2) 短路阻抗标幺值；

(3) 额定负载运行时，若 $\cos\varphi_2$ 为 1、0.8（滞后）、0.8（超前）三种情况下的电压调整率。

10. 一台三相变压器，Yy0 连接，$S_N=200$kVA，$U_{N1}/U_{N2}=10000/400$V，一次侧接额定电压，二次侧接三相对称负载，每相负载阻抗为 $Z_L=0.96+j0.48\Omega$，变压器每相短路阻抗 $Z_{sh}=0.15+j0.35\Omega$。用简化等效电路求：

(1) 变压器一、二次电流及二次电压（线值）；

(2) 变压器输入功率及一次侧功率因数；

(3) 电压调整率 Δu 和效率 η。

11. 三相变压器的额定容量为 5600kVA，额定电压 6000/400V，Yd11 连接。在一次侧做短路实验：$U_{sh}=280$V，得到 75℃时的短路损耗 $P_{shN}=56$kW，空载实验测得 $P_0=18$kW。每相负载阻抗 $Z_L=0.1+j0.06\Omega$，D 连接。求：

(1) 一、二次侧电流及二次电压（线值）；

(2) 变压器的效率 η 及该变压器的最高效率。

12. 一台单相变压器，$S_N=10$kVA，$U_{N1}/U_{N2}=380$V/220V，$R_1=0.14\Omega$，$R_2=0.035\Omega$，$X_1=0.22\Omega$，$X_2=0.055\Omega$，$R_m=30\Omega$，$X_m=310\Omega$，负载阻抗 $Z_L=4+j3\Omega$。试用简化等效电路计算当一次绕组加额定电压时：

(1) 一、二次绕组的电流 I_1 及 I_2；

（2）二次绕组端电压 U_2；

（3）一次绕组功率因数 $\cos\varphi_1$。

13. 根据图 3－52 中三相变压器绕组接线，确定其联结组别，画出绕组电动势相量图。

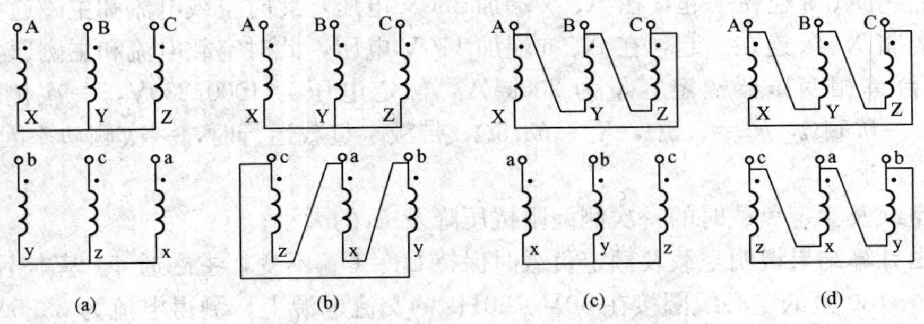

图 3－52　习题 13 图

*14. 画出下列各连接组别的接线图：①Yd7；②Dy3；③Yy10；④Dd6。

15. 两台变压器并联运行，一台额定容量为2000kVA、$Z^*_{sh\alpha}=0.08$，另一台额定容量为1000 kVA、$Z^*_{sh\beta}=0.06$，如果一次侧总负载电流为 150A，问两台变压器一次侧电流各是多少？

第四章　三相异步电动机

本章分析了三相异步电动机的原理，对三相异步电动机的圆形旋转磁场用直观图形进行解析，重点分析了旋转磁场的旋转速度、旋转方向。利用电路原理的知识分析得到异步电动机的平衡方程、等效电路。由于三相异步电动机的磁场是旋转磁场，因此在分析等效电路的过程中，先进行频率折算，再进行绕组折算。绕组折算的方法与变压器的分析大同小异，在学习这部分内容时，先复习一下变压器的分析过程，可以更好的帮助理解。

交流电动机主要分为同步电动机和异步电动机两大类。同步电动机的转子转速与电源频率之间有着严格不变的关系，不随负载大小变化。异步电动机的转子转速将随负载的变化而变化，转子转速与（电源）频率之间没有严格的比例关系。

目前，异步电动机特别是三相异步电动机的应用非常广泛，大部分的工业、农业生产机械，家用电器都用异步电动机作原动机，其单机容量从几十瓦到几兆瓦。我国总用电量的2/3左右是被异步电动机消耗掉的。

异步电动机之所以得到如此广泛的应用，是由于它具有结构简单、制造容易、价格低廉、运行可靠、维护方便和效率较高等一系列优点。和同容量的直流电动机相比，异步电动机的重量约为直流电动机的一半，其价格仅为直流电动机的1/3左右。且由于异步电动机的交流电源可直接取自电网，用电既方便又经济，所以异步电动机在大多数领域中已逐步替代直流电动机，成为电力拖动领域中最重要的动力装置。

第一节　三相异步电动机的基本原理

一、三相异步电动机的基本工作原理

三相异步电动机要带负载运行，同直流电动机一样，必须提供一定大小和确定旋转方向的电磁转矩，即需要磁场和电流的共同作用产生电磁转矩。但异步电动机的电磁转矩产生的方法不同于直流电动机，异步电动机的磁场是旋转磁场，转子电流是感应电流，气隙中的旋转磁场与转子导体的感应电流相互作用产生电磁转矩，如图4-1所示。这方面与直流电动机有很大差别。

三相异步电动机的定子装有三相对称绕组，当接入三相对称的交流电源时，流入定子绕组的三相对称电流在电动机的气隙中将产生一个以同步转速 n_1 旋转的旋转磁场。这个旋转磁场在定子和转子间的气隙旋转。转子导体嵌放在转子铁心外圆槽内，两端被导电环连接（笼型）。旋转磁场磁力线切割转子导体产生感应电动势（如N、S极中心线导条产生电动势 e_2），当旋转磁场如图4-1所示为逆时针方向旋转时，则转子导体顺时针方向切割磁力线，由右手定则可确定，转子的上半圆周各导体的感应电动势方向均为⊗，即进入纸面；下半圆周导体的电动势方向均为⊙，即指向纸面。现转子各导体两端均有导电环短接，所以各导体

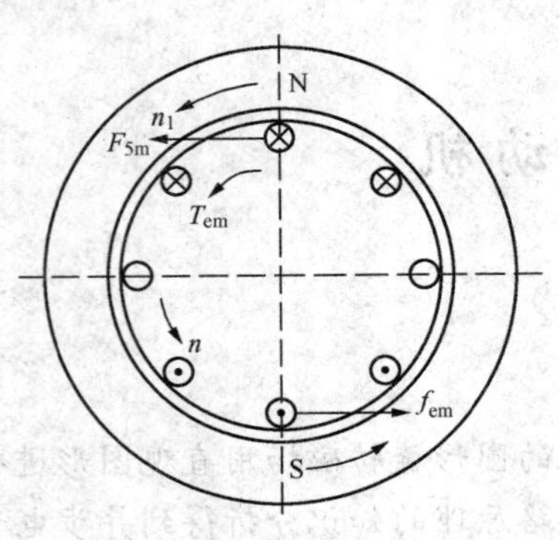

图 4-1　三相异步电动机工作原理示意图

有电流产生，若不计转子绕组电感，则导体电流与感应电动势同相位。转子导体电流 i_2 与旋转磁场相互作用将产生电磁力 f_{em} 作用在转子上，f_{em} 的方向由左手定则确定。转子所有导体受的电磁力对转轴产生了一个逆时针方向的电磁转矩 T_{em}。当电磁转矩 T_{em} 大于负载转矩 T_L 时，转子就会跟着旋转磁场以某一转速 n 旋转，电磁转矩 T_{em} 及转子的旋转方向与旋转磁场的旋转方向相同。如果转子拖动生产机械，则作用在转子上的电磁转矩将克服负载转矩而做功，电动机输出机械功率，从而实现了机电能量的转换。

异步电动机在运行时，当 $n \neq n_1$ 时，转子导体与旋转磁场之间存在相对旋转速度，转子导体切割磁力线，产生电磁转矩。当 $T_{em}=T_L$ 时，电动机就以某一转速 n 稳速运行。但一旦 $n=n_1$，则转子导体与旋转磁场之间无相对运动，转子导体中无感应电动势产生，无转子电流，电动机产生的电磁转矩 $T_{em}=0$，转子的转速 n 下降。因此，电动机转速不可能等于同步转速 n_1，只能与气隙旋转磁场处于异步状态，这也就是异步电动机名称的由来。异步电动机也可以称作感应电动机，这是因为转子导体中的感应电动势、感应电流是转子导体切割旋转磁场的磁力线而感应出来的，从而使电动机产生电磁转矩。

从以上讨论可看出，转子转速 n 与同步转速 n_1 之差即转差是异步电动机工作状态的一个很重要参数。设转差 $\Delta n=n_1-n$，为了更直观地了解不同转速异步电动机转差的相对值，把转差 Δn 与同步转速 n_1 之比称为转差率 s，即

$$s=\frac{\Delta n}{n_1}=\frac{n_1-n}{n_1}$$

或

$$s\%=\frac{\Delta n}{n_1}\times 100\%=\frac{n_1-n}{n_1}\times 100\% \tag{4-1}$$

一般情况下，各种三相异步电动机转差率的差别很小，额定负载时，额定转差率 $s_N\%=2\%\sim6\%$。通常负载转矩 $T_L \leqslant T_N$，所以正常工作时 $s \leqslant s_N$。根据这一特点，可得到异步电动机调速的一种基本途径，即通过调节异步电动机的同步转速 n_1 来实现转子转速 n 的调速，第五章将具体讨论这种调速方法。

当异步电动机接上电源使带着负载的转子以转速 n 旋转时，异步电动机即可输出机械功率。所以从电能转换成机械能这一角度分析，异步电动机与直流电动机相似。但从电磁感应这一角度来分析异步电动机运行的基本原理又与变压器很相似，所以在第三节中将运用类似分析变压器的方法来求得异步电动机的等效电路。

【例 4-1】 一台三相异步电动机，额定频率 $f_N=50\text{Hz}$，额定转速 $n_N=720\text{r/min}$。求：①极对数 p；②额定转差率 s_N。

解　(1) 由同步转速 $n_1=\frac{60f_1}{p}=\frac{60\times50}{p}$ 和 n_N 略小于 n_1 可知，$n_1=750\text{r/min}$，则

$$p=\frac{60\times50}{750}=4$$

(2) 额定转差率　$s_N=\frac{n_1-n}{n_1}=\frac{750-720}{750}=0.04$

二、三相异步电动机的结构

三相异步电动机的基本结构类似于直流电动机，也是由定子部分（静止的）和转子部分（旋转的）两大部分组成。定、转子中间是气隙。由于笼型异步电动机不需要电刷、换向器，所以在构造上比直流电动机简单得多。图 4-2 是笼型异步电动机的结构图。

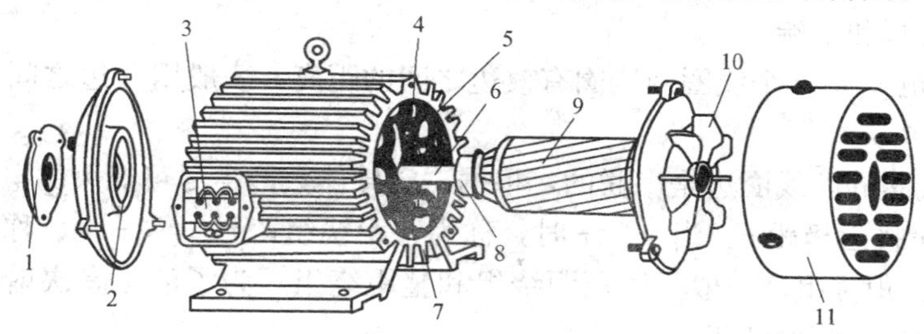

图 4-2　笼型异步电动机的结构图

1—轴承盖；2—端盖；3—接线盒；4—定子铁芯；5—定子绕组；6—转轴；7—机座；8—轴承；9—转子；10—风扇；11—罩壳

（一）定子部分

异步电动机的定子主要由定子铁芯、定子绕组和机座三个部分组成。

1. 定子铁芯

异步电动机定子铁芯是其磁路的一部分，固定安装在机座里。定子铁芯由 0.5mm 厚的硅钢冲片叠成，冲片两面涂有绝缘漆，用以降低交变磁通在铁芯中产生的涡流损耗。定子铁芯内圆上冲有均匀的槽，用以嵌放三相定子绕组。定子铁芯圆形内表面可使电动机气隙尽可能小，从而使磁路磁阻尽可能小，定子铁芯的硅钢冲片如图 4-3（b）所示。由于定、转子槽都有窄缝与定、转子间的空气隙相通，如图 4-3 所示，故定子槽与转子槽一样，在分析时均应当作气隙的一部分。

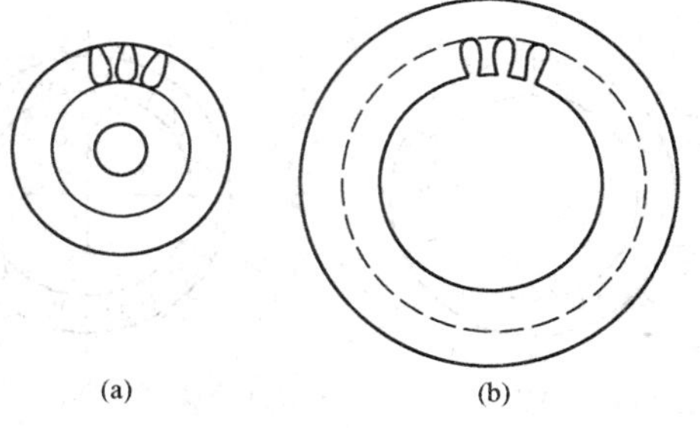

图 4-3　定、转子铁芯的硅钢冲片

(a) 转子冲片；(b) 定子冲片

2. 定子绕组（交流绕组）

三相异步电动机的定子绕组与第六章将要讨论的同步电动机的定子绕组的原理是一样的，异步电动机与同步电动机都是交流电动机，它们的定子绕组（还有绕线式异步电动机的转子绕组）的结构相同，所以把这类绕组统称为交流绕组。本节所讨论的三相异步电动机的定子绕组，即交流绕组的结构，也同样适用于同步电动机。这方面的内容在同步电动机一章中不再讨论。交流绕组的功能与直流电动机电枢绕组完全相同，都是电动机产生电枢磁场进行能量转换的关键部件。

交流绕组的种类很多，可以从绕组的不同相数、层数、每极每相槽数等方面分类。如单相绕组、两相绕组、三相绕组；单层绕组、双层绕组；叠绕组、波绕组；正弦槽绕组、分数槽绕组、变极绕组、延边三角形绕组等。本节只讨论异步电动机常用的单层绕组和双层绕组。

（1）绕组参量。

1）极矩 τ：旋转磁场两相邻磁极的中心点之间的距离。

2）旋转磁场电角度：电动机的几何圆周是固定的，一周为 360°，电动机中把这种几何圆周角称为机械角度。电角度的定义是绕过一对磁极，磁场变化一周，即相当于 360°电角度。若电动机极对数为 p（一个圆周上有 p 对磁极），电动机几何圆周按电角度计算就有$p\times360°$，所以有：电角度＝机械角度$\times p$。

3）线圈：线圈是交流绕组的基本单元。线圈由一匝或多匝导体串接而成，其引出的两个端分别称为首端和末端。

4）线圈节距 y_1：一个线圈两线圈有效边之间的距离，一般用两边之间相距的定子槽数来表示。

由于一个线圈的两线圈边是串联的，根据一定导体数产生尽可能大的电动势的原则，线圈节距 y_1应尽量接近极距 τ。当 $y_1=\tau$ 时，称为整距绕组；当 $y_1<\tau$ 时，称为短距绕组；当 $y_1>\tau$时，称为长距绕组。一般只用短距绕组和整距绕组，为了消除高次谐波的磁通势和电动势，更多使用的是短距绕组。

5）槽距角 α：定子相邻两个槽之间的电角度。因为槽在定子内圆上是均匀分布的，设定子总槽数为 Z_i，p 为电动机的极对数，则槽距角为

$$\alpha=\frac{p\times360°}{Z_i}$$

6）每极每相槽数 q：一个磁极面下一相绕组所占有的槽数。设定子为 m_1 相绕组，则每极每相槽数为

$$q=\frac{Z_i}{2pm_1}$$

一般 q 为整数。q 为分数时，称为分数槽绕组。

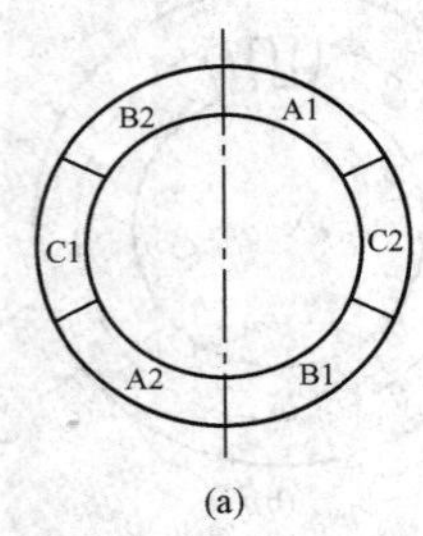

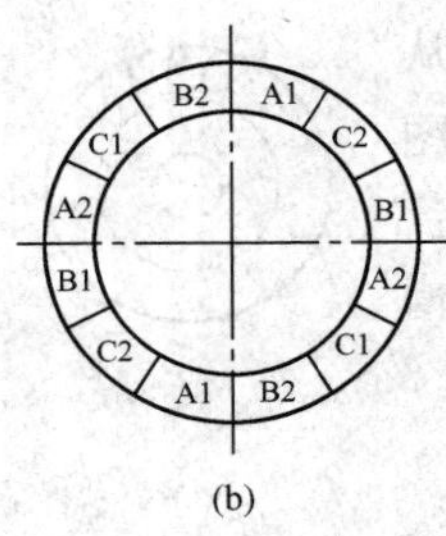

图 4-4 三相绕组 60°相带示意图

(a) 2 极；(b) 4 极

7）相带：一相绕组（在一个磁极面下）连续所占的范围。相带一般用电角度表示。由于一个磁极占 180°电角度，三相交流绕组每相绕组在一个磁极下占有三分之一范围即 60°电角度，称为 60°相带。A、B、C 三相对称绕组在空间相互间隔 120°电角度，所以任一对磁极下 6 个 60°的相带均应以 A1—C2—B1—A2—C1—B2（或 A1—B2—C1—A2—B1—C2）顺序排列，如图 4-4 所示。

以上各绕组参量中，主要应掌握线圈节距和相带划分，以掌握交流绕组在电动机中的排列规律。

（2）三相单层交流绕组。单层交流绕组的每一个槽内只有一个线圈边，由于一个线圈有两个线圈边，所以整个交流绕组的线圈总数仅为总槽数的一半。10kW 以下的小型三相异步电动机常采用单层绕组。单层绕组电气性能（如电动势和磁通势波形）比双层交流绕组稍差，但其槽利用率高，制造方便。

例如，$Z_i=24$ 槽的三相交流绕组如图 4-5 所示。绕组的主要参量可通过以下计算求得。

1）τ：因总共有 24 槽，三相共 12 个线圈 24 个线圈边。按 60°相带分，每个相带占两个线圈边（即两个槽），24 个槽共 12 个相带。而每极占有三个相带，所以这样的绕组是 4 极电动机，即 $2p=4$。设定子总槽数为 Z_i，故有

$$\tau = \frac{Z_i}{2p} = \frac{24}{4} = 6$$

2）线圈节距 y_1：$y_1 = 6$ 为整距绕组，由于 $y_1 = \tau$，则同一线圈的两线圈边，无论旋转磁场转到哪个位置，都处在相反的极面下。如图 4 - 5 所示某一时刻，A 线圈的 A1 线圈边在 N 极面下，A2 边则一定在 S 极面下。如 A1 在另一时刻处于 S 极面下，则 A2 肯定在 N 极面下了。当两边串联起来后，电动势同方向，相加得较大电动势。

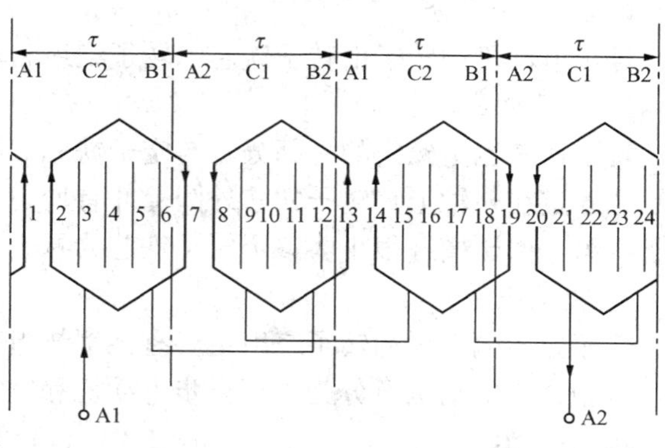

图 4 - 5　三相单层交流绕组

3）每极每相槽数 q 为

$$q = \frac{Z_i}{2pm_1} = \frac{24}{2 \times 2 \times 3} = 2$$

A、B、C 三相绕组的三个线圈共 6 个引出端接到电动机外壳的接线盒上，如图 4 - 6 所示。这些端子分别称为 A1－A2，B1－B2，C1－C2，这 6 个端子可根据工作需要将绕组连接成对称的 Y 形或△形，如图 4 - 6 所示，这样就可通以对称的三相交流电。

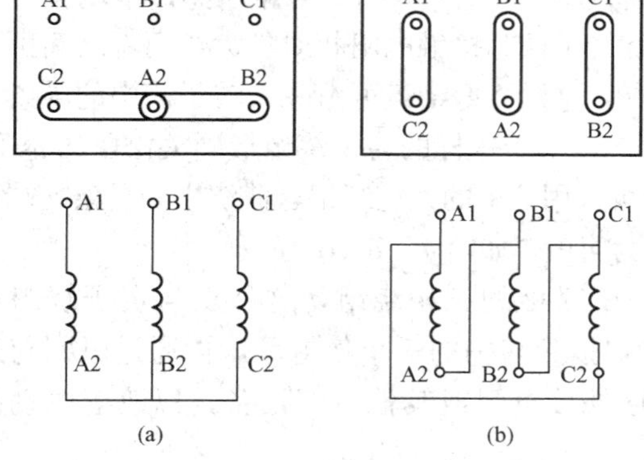

图 4 - 6　三相异步电动机接线端连接方法

（a）星形连接；（b）三角形连接

但一般情况下，三相异步电动机的定子绕组都大于 3 个线圈，即 $2p \geqslant 2$，$q \geqslant 1$。按照线圈形状和引出端连接方法的不同，单层绕组又可有同心式、链式和交叉式等型式，这些型式的绕组均可根据节距和相带划分，用与上例相同的分析方法对这些绕组的排列进行分析，找出规律，在此不再详述。

（3）三相双层交流绕组。双层交流绕组是指在每个槽里安放两个线圈边，每个线圈边为一层，分为上、下两层。所以绕组的线圈总数等于定子总槽数。双层交流绕组也可分为叠绕组和波绕组两类，这一点与直流电动机相同。

双层交流绕组的主要优点是可以灵活选择线圈节距 y_1（一般均为短距）以削弱电动势及磁通势的高次谐波改善电动势及磁通势波形。所以一般 10kW 以上的三相交流电动机的定子绕组均采用双层绕组。

有关双层绕组的情况介绍可参见有关《电机学》或《电动机与拖动》方面教材，这里就不再讨论了。

3. 机座

异步电动机的机座主要起固定和支撑作用，由于它不像直流电动机那样用作磁路的一部分，所以一般情况之下，既可用导磁的铸铁也可用非导磁的铸铝等来作机座。为了加强散热，小型封闭式电动机的机座外表面铸有很多均匀分布的散热筋，以增大散热面积。

（二）转子部分

异步电动机的转子由转子铁芯、转子绕组和转轴等组成。

1. 转子铁芯

转子铁芯也是磁路的一部分，与定子铁芯一样，也由0.5mm厚的硅钢片叠压而成，整个铁芯固定在转轴上。转子铁芯外圆上冲有均匀分布的槽，如图4-3（a）所示，用以安放转子绕组。由于槽缝很小，整个转子铁芯的外表面成圆柱形。

2. 转子绕组

三相异步电动机的转子绕组主要有笼型绕组和绕线型转子绕组两种。根据转子绕组的不同，三相异步电动机可分为笼型异步电动机和绕线式异步电动机两大类。

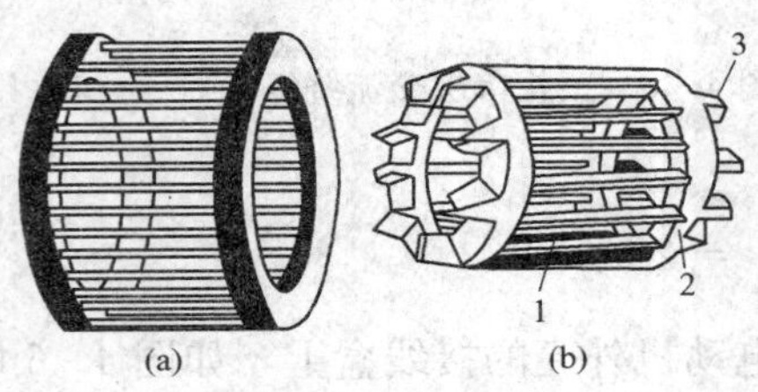

图4-7 笼型转子绕组

（a）铜导条绕组；（b）铸铝绕组

1—转子导条；2—短路环；3—风扇叶

（1）笼型绕组。从三相异步电动机的工作原理可知，其转子导体内的电流是通过电磁感应产生的，不像直流电动机那样需外电源对转子绕组供电，因此转子绕组相数不必限定三相，且绕组可自行封闭，所以设计出了铜导条笼型绕组如图4-7（a）所示。笼型绕组的各相均由单根导条组成，导条很粗，其电阻很小。由于正常工作时，转差率$s_N=2\%\sim6\%$，导条中感应电动势e_2较小，导条和转子铁芯接触电阻相对较大，两者之间可不用绝缘材料，这样笼型绕组可由嵌入转子槽中的导条和两端的环形导电环组成，大大简化了转子的制造工艺，由于这样的转子绕组形同关松鼠的笼子，所以称为笼型转子。100kW以下的笼型电动机一般可采用铸铝的笼型绕组，使绕组的导条、端环以及冷却用的风扇叶一次成型铸出，工艺和结构更为简单，如图4-7（b）所示。

（2）绕线型转子绕组。绕线型转子绕组是一个对称的三相绕组，这一点与定子绕组相似。转子对称三相绕组星形连接，并把三个出线端接到转轴的三个集电环，再通过电刷与外电路连接。如图4-8所示，可在转子回路中串接外接电阻或其他电气设备，以改善电动机的运行性能。

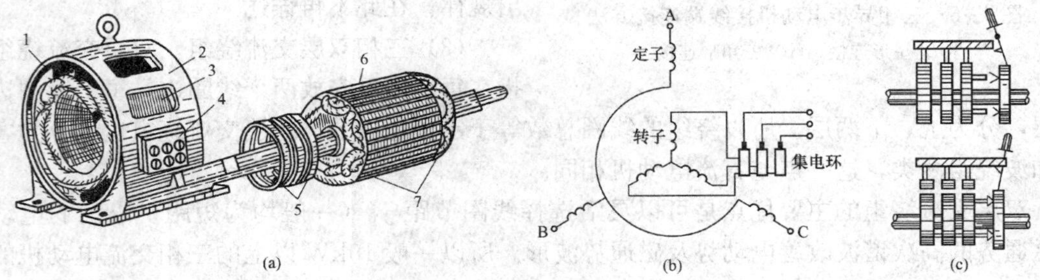

图4-8 绕线转子异步电动机定、转子绕组接线示意图

（a）绕线型电动机的结构图；（b）转子绕组接线示意图；（c）提刷装置

1—定子绕组；2—机座；3—定子铁芯；4—接线盒；5—滑环；6—转子铁芯；7—转子绕组

（三）气隙

与直流电动机相比，异步电动机定、转子之间的气隙要小得多。中、小型异步电动机的气隙一般为0.2～1.5mm。由于气隙是电动机能量转换的主要场所，所以气隙的大小与异步电动机的性能好坏关系很大。气隙大，整个磁路的磁阻就要大得多，使产生同样大小磁通的

旋转磁场的励磁电流要大得多，从而使异步电动机的功率因数下降。所以为了提高功率因数，应尽可能把气隙做得小些，然而气隙太小，会有制造方面的困难或使运行时定、转子间发生摩擦或碰撞。因此对气隙的大小应有全面考虑，一般在伺服系统中用的高性能异步电动机的气隙更为小些。

三、三相异步电动机的铭牌数据及主要系列

（一）三相异步电动机的铭牌数据

与直流电动机类似，三相异步电动机的机座上都标有铭牌，铭牌上标注有供使用时应掌握的电动机主要额定数据。

1. 额定功率 P_N

额定功率指电动机在额定状态下运行时输出的机械功率，单位为 W（瓦）或 kW（千瓦）。

2. 额定电压 U_N（U_{N1}）

额定电压指在额定运行状况下加在电动机定子绕组上的线电压，单位为 V（伏）或 kV（千伏）。绕线式为了区分定、转子电压和电流，其定、转子电压、电流等额定值中分别采用了下标“1”和“2”。

3. 额定电流 I_N（I_{N1}）

额定电流指电动机加额定电压，输出额定功率时，定子绕组中的线电流，单位为 A（安）。

4. 额定频率 f_N

额定频率指电动机所接电源的标准频率，单位为 Hz（赫兹）。我国规定标准工业用电的频率为 50Hz（美国规定为 60Hz）。

5. 额定转速 n_N

额定转速指电动机加额定频率、额定电压、并在转轴上输出额定功率时的转子转速。单位为 r/min（转/分）。

6. 定子绕组连接法

用 Y 或 D 表示，表示加额定电压时定子绕组的连接方式为星形或三角形。

另外，铭牌上还标出了绕组的相数、功率因数、额定温升（或绝缘等级）等。若是绕线式异步电动机，还标出了转子绕组的接法，转子的额定电动势 E_{N2}（指定子加额定电压，转子绕组开路时的线电动势）及转子额定电流 I_{N2} 等。

（二）三相异步电动机的型号规定及其主要系列产品

异步电动机的型号也由铭牌标明。新系列异步电动机的型号由字母 Y 为首表示，字母 IP 表示国际标准的电动机防护等级，其后第一位数字代表第一种防护型式即防尘的等级，其值越大，防护等级越高，防尘能力越强，第二位数字代表第二种防护型式即防水的等级，同样，其值越大，防水能力越好。型号中用电动机的中心高表示电动机直径大小，铁芯长度等级（短、中、长）分别用 S、M、L 表示。

例如：

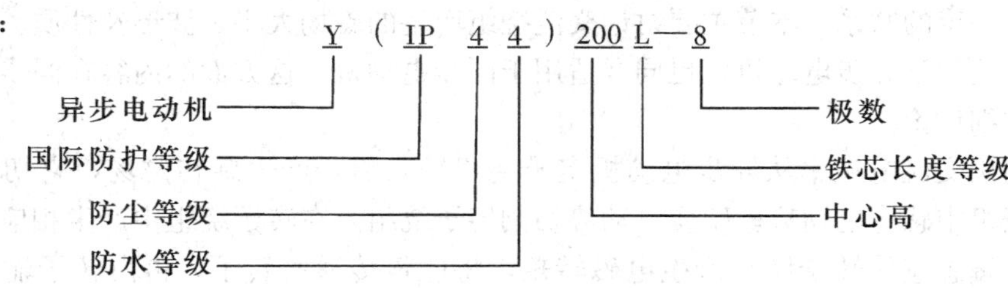

目前使用的异步电动机还有不少是老系列的产品。型号中老系列异步电动机都用字母J（交流异步电动机汉语拼音的第一个字母）表示，字母JO表示封闭式异步电动机，“O”是用象形法字母来表示结构形式。

例如型号JO2—62—4表示的含义为

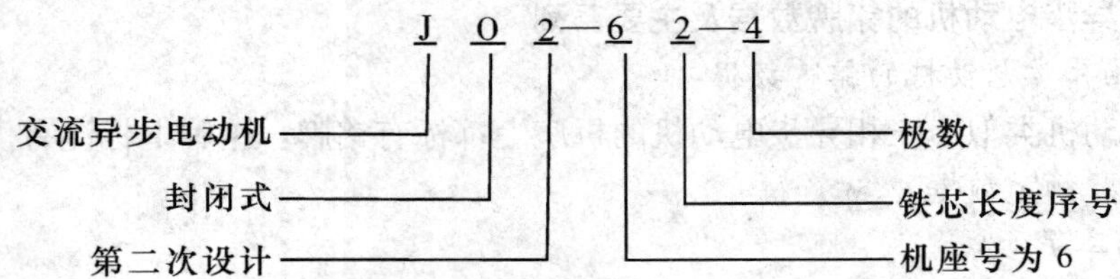

异步电动机是我国生产数量最大的电动机，种类很多，主要系列产品有：

Y系列：作普通用途的小型笼型异步电动机新系列，取代老产品JO2系列。额定电压为380V，功率范围从0.55～90kW，同步转速为750～3000r/min，外壳防护形式为IP44，B级绝缘，符合国际电工委员会（IEC）标准的有关规定。

J2、JO2和JO2—L系列：作为普通用途的小型三相笼型异步电动机。其中J2表示是防护式的，JO2、JO2—L（铝）表示是封闭式的，额定电压为380V，同步转速为600～3000r/min，采用E级绝缘。

JD2、JDO2系列：分别从J2、JO2派生出来的防护式和封闭式多速笼型异步电动机，主要用于各种机床以及起重设备中需多种速度的传动装置。

JR系列：中型的防护式三相绕线式异步电动机系列，容量为45～410kW，可用于频繁起动的起重机上。

YR系列：大型三相绕线式异步电动机系列，容量为250～2500kW，主要用于冶金工业和矿山机械中。

SL系列：笼型转子的两相交流伺服电动机，输出功率很小，一般不超过几十瓦。

CK系列：空心杯转子异步测速发电动机，是一种中频电动机，额定励磁频率为400Hz。

其他类型的异步电动机可参阅相关设备手册。

第二节 三相异步电动机的定子磁场及感应电动势

有电流就要产生磁通势及相应的磁场。磁场的性质取决于电流的类型及电流的分布。三相异步电动机定子磁通势是由定子绕组通以三相交流电产生的，交流绕组是分布绕组，电流是随时间变化的交变电流，因此交流绕组产生的磁场既是时间的函数，又是空间的函数，而且两者之间有一定的联系。本节主要讨论交流绕组产生的磁场大小、波形及性质。交流绕组的磁通势不仅适用于异步电动机，也同样适用于同步电动机。这方面的内容在同步电动机一章中不再作详细讨论。

异步电动机交流电功率从异步电动机定子绕组输入后，产生旋转磁场，它切割定子绕组，在定子绕组中感应电动势。感应电动势切割转子绕组，在转子绕组中产生相应的感应电动势，通过电磁感应使转子绕组产生电磁转矩，将能量传递给转子，再由转子输出机械功率，所以在讨论异步电动机的运行原理之前应掌握它的三相定子绕组产生的磁通势和感应电动势。

一、三相异步电动机的定子绕组磁通势

为了便于读者掌握，先分析简单的一个线圈产生的磁通势，再分析单相绕组产生的磁通势，最后分析三相对称绕组通以三相交流电后所建立的旋转磁场。

（一）单相交流绕组产生的磁通势——脉振磁通势

当单相交流绕组通以单相交流电时，会产生什么样的磁通势？下面以图 4-5 的每相一个线圈的三相单层交流绕组中的 A 绕组为例来说明单相绕组的磁通势。

1. 线圈通以直流电时

假定线圈 A 通以直流电，其值为 I_c。根据全电流定律得

$$\oint \vec{H} dl = \sum I_c = N_c I_c \qquad (4-2)$$

式中　$\sum I_c$——每根磁力线所包围的全电流；

H——磁场强度；

N_c——线圈的匝数。

铁芯磁力线的分布是以线圈的中心线为轴对称分布，如图 4-9（a）所示。

设把电动机沿 A 绕组轴线剖开并展平，即得到如图 4-9（b）所示的矩形波磁通势曲线。因为与空气隙相比，铁芯磁阻要小得多，所以略去定、转子铁芯中磁阻上的磁压降。则线圈磁通势完全降落在一条磁路的两个相同气隙上 $N_c I_c = 2F_y$，$F_y = N_c I_c/2$，同一线圈两线圈边在右上部和左下部产生的气隙磁通势方向相反，气隙磁通势周期为 2τ，这种情况与直流电动机主磁极磁通势相同。

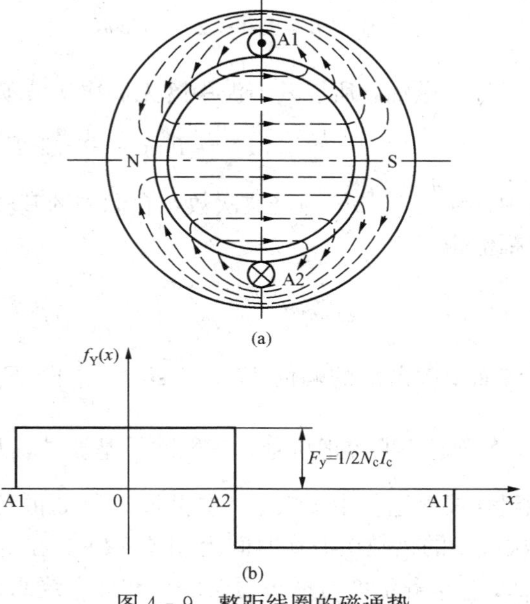

图 4-9　整距线圈的磁通势

（a）磁通势分布；（b）气隙磁通势分布曲线

2. 线圈通以交流电时

设 A 绕组通以交流电，则有

$$i = \sqrt{2} I_c \cos\omega t$$

S 极面下各气隙磁通势均为

$$\begin{aligned} f_y(x,t) &= N_c i/2 \\ &= N_c \sqrt{2} I_c \cos\omega t/2 \\ &= (\sqrt{2}/2) N_c I_c \cos\omega t \end{aligned}$$

（1）当 $\omega t = 0$ 时，磁通势为正的最大，即

$$F_y = F_{ym} = (\sqrt{2}/2) N_c I_c$$

（2）当 $\omega t = \pi/2$ 时，磁通势最小，有

$$F_y = 0$$

（3）当 $\omega t = \pi$ 时，磁通势为负的最大，有

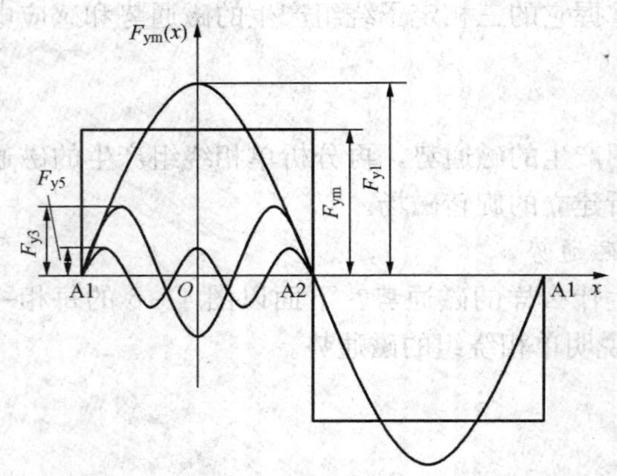

图 4－10　用傅里叶级数分解形波

$$F_y = -F_{ym} = -(\sqrt{2}/2)N_c I_c$$

同样可知 N 极面下每点磁通势也有相似规律。由此可见，整距线圈通以正弦交流电时，所产生的磁通势任何瞬时在空间分布均是矩形波，其波形幅值则随电流交变而变化，这样的磁通势称为脉振磁通势。其空间位置固定，幅值随时间在正、负最大值之间交变的磁通势，脉振频率为线圈中电流频率。

3. 傅里叶级数展开的矩形波

当设 $\cos\omega t=1$ 时刻用傅里叶级数展开矩形波磁通势，可得到如图 4－10 所示的一系列谐波，因为此矩形波磁通势既对称于横轴又对称于纵轴，所以其谐波中既无偶次谐波项，也无正弦项，则

$$F_{ym}(x) = F_{y1}\cos\frac{\pi}{\tau}x + F_{y3}\cos\frac{3\pi}{\tau}x + \cdots + F_{y\nu}\cos\frac{\nu\pi}{\tau}x \qquad (4-3)$$

其中 $\nu=1$，3，5…为谐波次数，它们中的基波分量即一次谐波分量在其中占有最大的比例，其幅值为

$$F_{y1} = \frac{4}{\pi}\times F_{ym} = \frac{4}{\pi}\times\frac{\sqrt{2}}{2}N_c I_c \qquad (4-4)$$

而 ν 次谐波的幅值 $F_{y\nu}=\frac{1}{\nu}\sin\left(\nu\frac{\pi}{2}\right)\times F_{y1}$，谐波次数越高，其幅值 $|F_{y\nu}|$ 就越小，而 $\sin\frac{\nu\pi}{2}$确定各项的正负号。一般除了基波外，只需考虑 3、5、7、9 次等谐波。由于对称三相绕组合成磁通势中 3 次、9 次谐波以及 3 的倍数次谐波磁通势已相互抵消（可以证明三相 3 次或 3 的倍数谐波在时间上相差 120°，在空间上同相位，故它们合成磁通势均为零），而 5 次、7 次等谐波可通过短距绕组和分布绕组来削弱。所以，当连成三相绕组后，矩形波磁通势只需考虑其基波分量就可以了。

因为脉振磁通势同时是一个时间函数，如空间角 $\pi x/\tau$ 用 θ 来表示，故可得整距集中绕组的基波脉振磁通势为

$$f_Y(x,t) = 0.9N_c I_c\cos\theta\cos\omega t = F_{y1}\cos\theta\cos\omega t \qquad (4-5)$$

一台实际的异步电动机绕组是由许多个线圈串联或并联而成的，这些线圈在空间是均匀分布的，如图 4－5 所示。如为双层绕组时，常采用短距线圈。设电动机磁极对数为 $2p$，每极每相槽数为 q，每个线圈匝数为 N_c，每相并联支路数为 a，则每相有效匝数 N_1为

$$N_1 = \frac{2pqN_c}{a}$$

对于单层绕组，每相串联绕组的匝数为双层绕组的一半，即

$$N_1 = \frac{pqN_c}{a}$$

异步电动机每相绕组产生的每对极基波脉振磁通势为

$$f_{ph}(x,t)=0.9\frac{N_1k_{w1}}{p}I\cos\theta\cos\omega t=F_{r1}\cos\theta\cos\omega t \quad (4-6)$$

其中，k_{w1}为考虑定子绕组分布和短距后产生的磁通势比整距集中绕组产生的磁通势小的一个系数，称为定子绕组系数，在分析三相异步电动机感应电动势时将略作介绍，详细内容可参考有关《电机学》教材。

（二）三相交流绕组电流产生的磁通势——旋转磁通势

在异步电动机工作原理的讨论中曾提出，当三相交流电动机的三相对称的定子交流绕组通以对称的三相交流电时，电动机气隙中能产生旋转磁通势。下面分析定子绕组产生的旋转磁通势。

1. 定子旋转磁通势的产生

现仍以图 4 - 5 的定子三相交流绕组 A、B、C 为例。为了简化讨论，且设这三个线圈均为一匝线圈。将这三相绕组接成 Y 形，并加上对称的三相交流电压时，A、B、C 三相绕组中将分别流过三相对称交流电流 i_A、i_B、i_C，如图 4 - 11 所示。电流的参考正方向规定从电源指向线圈，即从绕组始端 A1、B1、C1 进去，从末端 A2、B2、C2 出来。设三相电流分别为

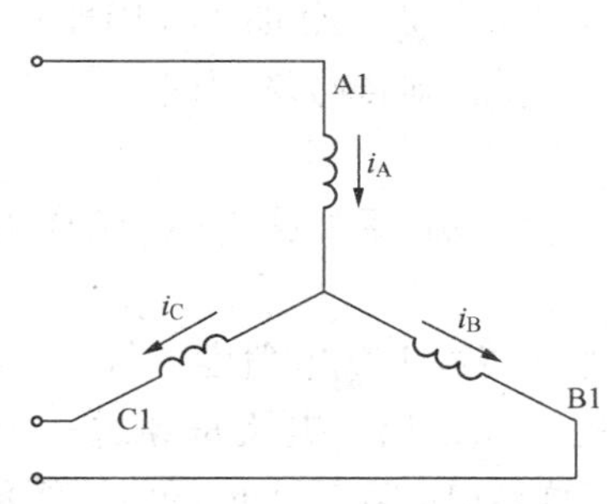

图 4 - 11 三相交流绕组的星形连接图

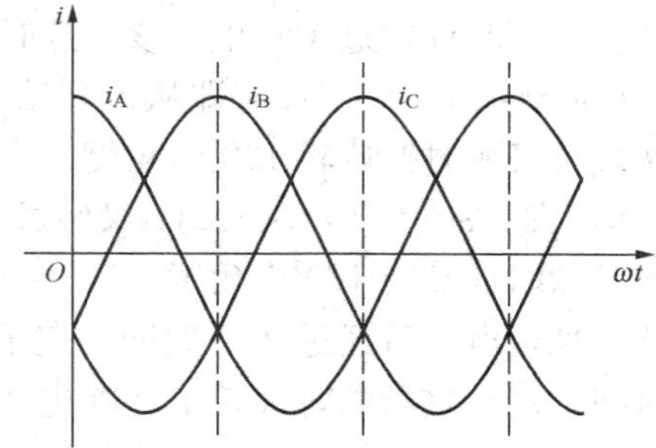

图 4 - 12 三相交流绕组中各电流波形

$$i_A=\sqrt{2}I_c\cos\omega t$$
$$i_B=\sqrt{2}I_c\cos(\omega t-120°)$$
$$i_C=\sqrt{2}I_c\cos(\omega t+120°)$$

则三相电流随时间变化的规律如图 4 - 12 所示。这时通电情况为 A 相通 i_A，B 相通 i_B，C 相通 i_C，这样通电相序为 A→B→C，绕组在定子上按逆时针方向排列，如把其中任意两相绕组（如 B、C 两相绕组）上所接的电源对调，即 A 相电流 i_A不变，而 B 相绕组流过电流 i_C，C 相绕组流过电流 i_B，则相序变为 A→C→B（绕组在定子圆周上按顺时针方向排列）。这样根据绕组中电流变化情况，判断定子合成磁通势的方向也在作相应变化。图 4 - 13 是通电相序为 A→B→C 时，选择了四个特定时刻来判别合成磁通势的方向。

（1）t_1时刻：$\omega t_1=0$，这时 $i_A=\sqrt{2}I_c$为最大值，$i_B=i_C=(-\sqrt{2}/2)\ I_c$。这时刻三相交流绕组中各电流实际方向在图 4 - 13（a）已标出。i_A从 A1 流入，A2 流出，i_B和 i_C分别从 B2、C2 流入，从 B1、C1 流出，由此根据右手守则，可画出三相合成磁通势 F 的磁力线如图 4 - 13（a）所示。这样定子铁芯的右边即为合成磁场的 N 极，左边即为合成磁场的 S 极，定子合成磁场为一对磁极。

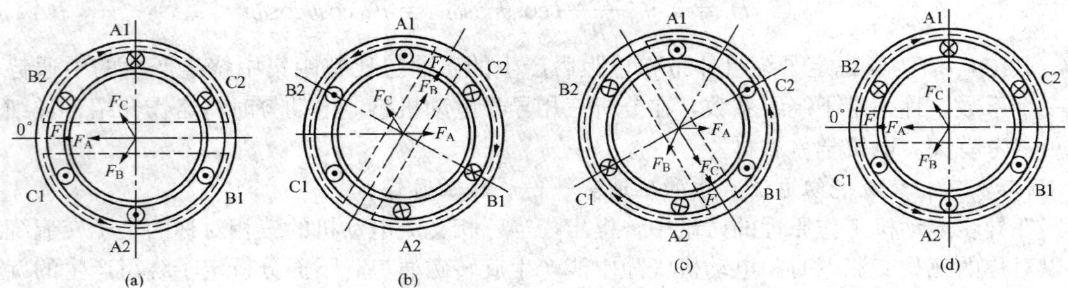

图 4-13 三相交流绕组通以三相电流产生的两极旋转磁通势

(a) t_1 时刻（$\omega t_1=0$）磁通势 F 位置；(b) t_2 时刻（$\omega t_2=T/3$）磁通势 F 位置；

(c) t_3 时刻（$\omega t_3=2T/3$）磁通势 F 位置；(d) t_4 时刻（$\omega t_4=T$）磁通势 F 位置

(2) t_2时刻：$\omega t_2=T/3$，$i_B=\sqrt{2}I_c$为最大值，$i_A=i_C=(-\sqrt{2}/2)I_c$。三相绕组中电流的实际方向由 A2、B1、C2 分别流入，从 A1、B2、C1 分别流出。此时合成磁场磁力线方向如图 4-13（b）所示，定子铁芯左下部为 N 极，右上部为 S 极，与图 4-13（a）相比，定子铁芯磁场已顺时针转过 120°电角度（这时电流从 t_1 到 t_2 经过 $T/3$ 即 1/3 周期）。

(3) t_3时刻：$\omega t_3=2T/3$，即从 t_2 开始经过 $T/3$，合成旋转磁场如图 4-13（c）所示，定子铁芯磁场又顺时针旋转 120°电角度。

(4) t_4时刻：$\omega t_4=T$，从 t_3 到 t_4 又经过 $T/3$ 时间，合成磁场如图 4-13（d）所示。这样定子磁场又顺时针旋转 120°电角度。

由此可见，电流每经过 $T/3$ 时间，定子磁场顺时针转过 120°电角度，从 $t_1\sim t_4$经过一个周期的时间，定子磁场顺时针转了 360°电角度，因此可以推出，电流每经过一个周期 T 的时间，气隙磁场将顺时针转过 360°电角度。当绕组连续通电时，这个磁场将连续沿顺时针方向旋转，这样就形成了气隙旋转磁场。

2. *旋转磁场的旋转速度、旋转方向及旋转磁通势的波形*

(1) 旋转磁场的旋转速度。对于 2 极电动机，由图 4-13 可以得到合成磁场的旋转速度 $n_1=60f_1$。图 4-14 是通电相序为 A→B→C 的 4 极电动机，在四个特定时刻的合成磁场。由图中不同时刻的合成磁场可以看出：从 $t_1\sim t_2$，$t_2\sim t_3$，$t_3\sim t_4$ 电流经过 1/3 周期的时间，定子磁场转过 60°机械角度；从 $t_1\sim t_4$ 电流经过一个周期 T 的时间，定子磁场顺时针转了 180°机械角度。因此可以推出，电流每经过一个周期 T 的时间，气隙磁场将顺时针转过 180°机械角度。所以合成磁场的旋转速度 $n_1=60f_1/2$。

由此可以得到对于 p 对极电机，定子合成磁场的旋转速度为

$$n_1=60f_1/p \text{ r/min} \tag{4-7}$$

(2) 旋转磁场的旋转方向。如图 4-13 所示，如果按 A→B→C 相序通电，每经过 $T/3$ 时间定子合成磁场的方向朝顺时针方向转动 120°电角度，如果让它长期通电，定子合成磁场将以同样的旋转方向和速度在气隙中顺时针方向旋转。如图 4-15 所示，如果按 A→C→B 相序通电，每经过 $T/3$ 时间，定子合成磁场的方向朝逆时针方向转动 120°电角度。如果让它长期通电，定子合成磁场将以同样的旋转方向和速度在气隙中逆时针方向旋转。由此可见，旋转磁场的旋转方向取决于三相交流绕组中电源的相序。

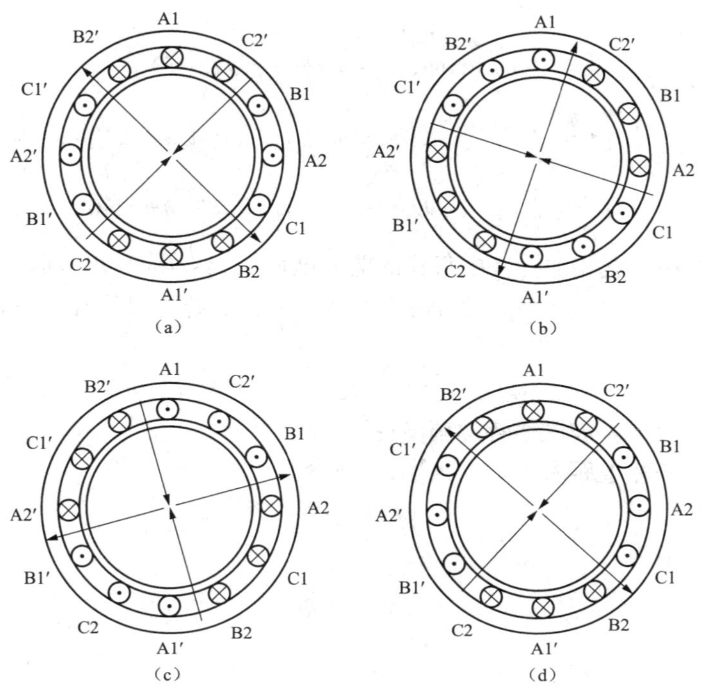

图 4-14　三相交流绕组通以三相电流产生的定子旋转磁场（$p=2$）

(a) t_1 时刻（$\omega t=0$）的定子磁场；(b) t_2 时刻（$\omega t=T/3$）的定子磁场；(c) t_3 时刻（$\omega t=2T/3$）的定子磁场；(d) t_4 时刻（$\omega t=T$）的定子磁场

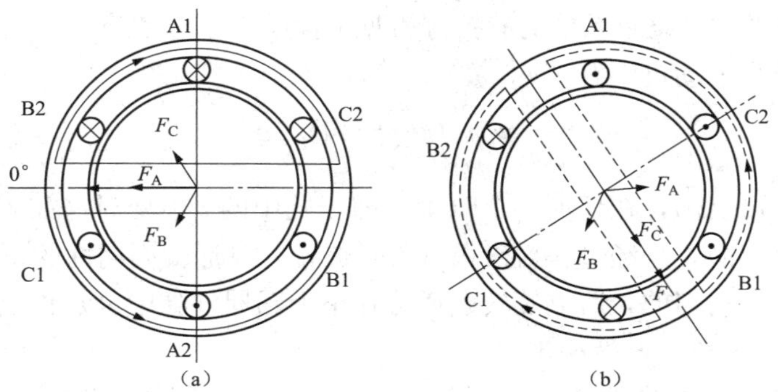

图 4-15　三相交流绕组通以三相电流产生的定子旋转磁场（通电相序为 A→C→B）

(a) t_1 时刻（$\omega t=0$）的定子磁场；(b) t_2 时刻（$\omega t=T/3$）的定子磁场

（3）旋转磁通势的波形。当每相为 N_c 匝的三相定子绕组通以对称三相交流电时，根据式（4-6）产生的三相基波脉振磁通势为

$$\begin{cases} f_{A1} = F_{r1}\cos\theta\cos\omega t \\ f_{B1} = F_{r1}\cos(\theta-120°)\cos(\omega t-120°) \\ f_{C1} = F_{r1}\cos(\theta+120°)\cos(\omega t+120°) \end{cases}$$

运用三角函数中的积化和差公式 $\cos\alpha\cos\beta=\frac{1}{2}[\cos(\alpha+\beta)+(\alpha-\beta)]$，将 f_{A1}、f_{B1}、f_{C1} 进行

分解可得

$$\begin{cases} f_{A1}=\frac{1}{2}F_{r1}[\cos(\omega t-\theta)+\cos(\omega t+\theta)] \\ f_{B1}=\frac{1}{2}F_{r1}[\cos(\omega t-\theta)+\cos(\omega t+\theta-240^\circ)] \\ f_{C1}=\frac{1}{2}F_{r1}[\cos(\omega t-\theta)+\cos(\omega t+\theta+240^\circ)] \end{cases} \tag{4-8}$$

将式（4-8）中三式相加，其中每式的前一项均带 $\cos(\omega t-\theta)$ 项，可叠加；而后三个余弦项都互差 240°，而幅值相等，故此三项相加为零。这样即可推导出三相交流绕组基波合成磁通势为

$$f_1=f_{A1}+f_{B1}+f_{C1}=F_1\cos(\omega t-\theta) \tag{4-9}$$

式中 F_1——三相合成基波磁通势的幅值；

θ——磁通势幅值距参考点的角度；

ω——电流角频率。

而合成磁通势的幅值为

$$F_1=\frac{3}{2}F_{y1}$$

一般情况下，有

$$F_1=0.9\times\frac{3}{2}I_1\frac{N_1k_{w1}}{p}$$

式中 I_1——相电流的有效值；

N_1——每相绕组串联匝数；

k_{w1}——绕组系数，绕组系数的有关分析见下面的定子电动势部分。

所以在三相异步电动机中有

$$F_1=1.35I_1\frac{N_1k_{w1}}{p} \tag{4-10}$$

从式（4-9）可得出，在任何一个时刻，即当式中的 t 不变时（如 $t=0$），磁通势 f_1 沿定子内圆是正弦分布的，每经过一对磁极（2τ）位置，波形就周期性的正弦变化一周。另外由于整个圆周气隙是均匀的，所以旋转磁通势在整个圆周气隙中也是正弦分布的。

（三）交流绕组磁场的一般规律

对三相交流绕组磁场的讨论，可以进一步引申出一个规律，即对称的 m 相交流绕组，通以对称的 m 相交流电流，在气隙中产生一个正弦分布的（幅值不变）以同步速旋转的旋转磁场。这里 m 为大于或等于 2 的整数。例如两相交流绕组通以两相交流电流即能在气隙中产生旋转磁场。

二、三相异步电动机的定子感应电动势

上面分析已得出当三相对称交流电通入三相对称交流绕组后，在气隙中产生同步转速为 n_1 的旋转磁通势的结论。这个旋转磁通势在气隙中正弦分布，其幅值不变。由于定、转子绕组也同在气隙中，所以这个旋转磁通势同时要切割定、转子绕组的所有线圈而产生感应电动势。虽然定、转子电动势的计算方法相同，但由于转子本身的旋转，旋转磁通势切割定、转子绕组的速度不同，使定、转子感应电动势的频率也不同（关于转子电动势将在第三节讨

论）。本节首先讨论定子绕组的感应电动势。为了便于分析，下面先分析一个线圈中的感应电动势，再讨论一个线圈组的感应电动势，最后得出一相绕组的感应电动势。

（一）绕组感应电动势

1. 导体感应电动势

当导体处于气隙旋转磁场中时，其感应电动势为正弦波，这个正弦波电动势的幅值为

$$E_{c1m} = B_{m1} l v$$

式中　B_{m1}——旋转磁场磁密的幅值；

l——导体的有效长度；

v——导体切割磁力线的线速度（即气隙旋转磁场的速度），$v=2p\tau\frac{n_1}{60}=2\tau f_1$。

导体感应电动势的有效值为

$$E_{c1} = \frac{E_{c1m}}{\sqrt{2}} = \frac{B_{m1} l v}{\sqrt{2}} = \sqrt{2} f_1 B_{m1} l \tau \tag{4-11}$$

其中，电源频率 $f_1=\frac{pn_1}{60}$。

又因为气隙旋转磁场的每极磁通为

$$\Phi_m = \frac{2}{\pi} B_{m1} l \tau$$

从而可得出 $B_{m1}=\frac{\pi}{2}\times\frac{\Phi_m}{l\tau}$，代入式（4-11）得

$$E_{c1} = \sqrt{2} f_1 \frac{\pi}{2} \times \frac{\Phi_m}{l\tau} l\tau = 2.22 f_1 \Phi_m$$

这就是单根导体感应的电动势有效值，其中 E_{c1} 的单位为 V，Φ_m 的单位为 Wb，f_1 的单位为 Hz。

2. 整距线圈的感应电动势

设每个线圈有 N_c 匝导体，每个线匝有两个导体，由于线圈节距 $y_1=\tau$，整距线圈任一匝线圈两导体电动势串在电路中是大小相等、方向相反的，如图 4-15 所示。所以每匝线圈的感应电动势为

$$E_{t1} = 2E_{c1} = 4.44 f_1 \Phi_m$$

从而可得整距线圈的电动势为

$$E_{y1} = N_c E_{t1} = 4.44 f_1 N_c \Phi_m \tag{4-12}$$

3. 短距线圈的电动势

由于短距线圈的线圈节距 $y_1<\tau$，如图 4-16 中虚线所示。一匝线圈的两导体产生的电动势 E_{c1} 和 E'_{c1} 相位差不是 180°，而是相差 γ 角度，如图 4-17 所示。γ 是短距节距所对应的电角度，即

$$\gamma = \frac{y_1}{\tau} \times 180°$$

根据图 4-17，短距线圈电动势为

$$\dot{E}_{t1(y<\tau)} = \dot{E}_{c1} - \dot{E}'_{c1} = \dot{E}_{c1} + (-\dot{E}'_{c1})$$

其有效值为

$$E_{t1(y<\tau)} = 2E_{c1}\cos\frac{|180° - \gamma|}{2} = 2E_{c1}\sin\frac{\gamma}{2} = 2E_{c1}k_{y1}$$

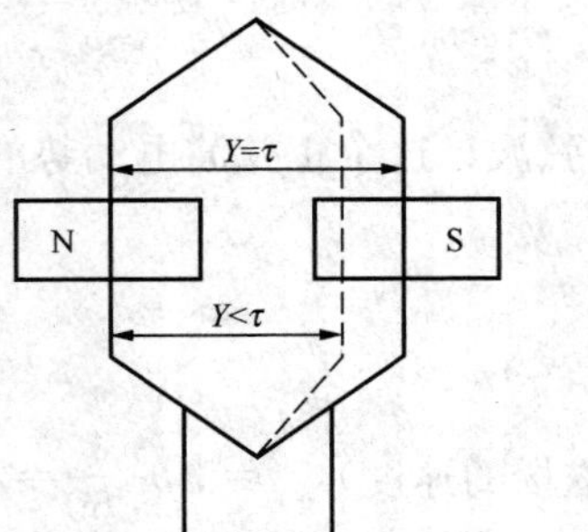

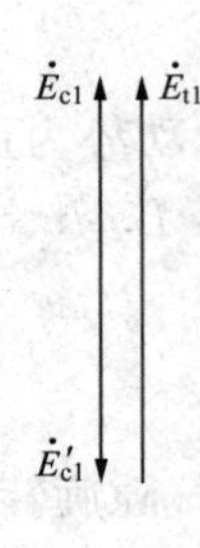

图 4-16　整距线圈感应电动势

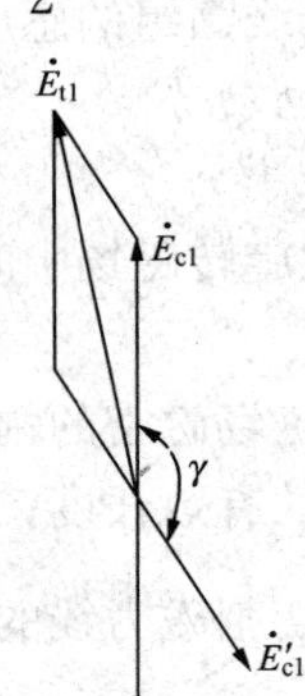

图 4-17　短距线圈电动势

其中，$k_{y1}=\sin\frac{\gamma}{2}$，称为基波电动势短距系数，其物理意义是由于采用短距线圈而使基波电动势减小的倍数。基波电动势短距系数与基波磁通势短距系数公式相同、大小相等，故统称k_{y1}为基波短距系数。

所以短距线圈的电动势为

$$E_{y1(y<\tau)} = 4.44 f_1 N_c \Phi_m k_{y1}$$

以上讨论的是基波的情况。显然基波短距系数 $k_{y1}=\sin\frac{\gamma}{2}<1$，使其感应电动势比整距线圈小，但短距线圈的高次谐波短距系数可以更小，甚至于可以为零。例如把节距缩短为$\frac{1}{5}\tau, \gamma=\left(1-\frac{1}{5}\right)\times 180°=\frac{4}{5}\times 180°$，则对于 5 次谐波，其对应的短距系数为

$$k_{y5} = \sin\left(5\times\frac{\gamma}{2}\right) = \sin\left(5\times\frac{4}{5}\times\frac{180°}{2}\right) = \sin 360° = 0$$

这样即可使 5 次谐波为零，在异步电动机的实际设计过程中，就是利用短距系数来削弱高次谐波的。

（二）线圈组感应电动势

几个均匀分布的相同的线圈相串组成线圈组，每个相绕组又是由几个线圈组组成。由于每极每相槽数为 q，所以在双层绕组中，每个极面下每相有 q 个线圈组成线圈组，而单层绕组每对极面下 q 个线圈组成一相的线圈组。线圈组中每个线圈的电动势大小是相等的，但相位依次相差一个槽距角，所以线圈组的电动势 E_{q1} 应为 q 个线圈组电动势的相量和，即

$$\dot{E}_{q1} = \dot{E}_{y1}\angle 0 + \dot{E}_{y1}\angle\alpha + \cdots + \dot{E}_{y1}\angle(q-1)\alpha$$

这 q 个电动势大小相等，相位差 α 电角度，相加就构成了正多边形的一部分，如图4-18所示。图中设 $q=3$，O 为多边形外接圆圆心，R

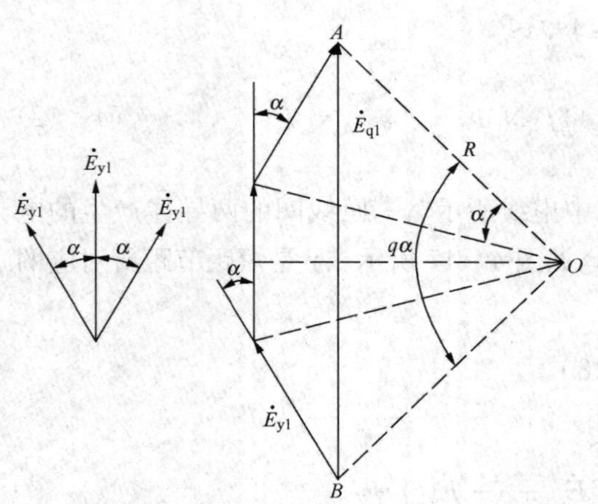

图 4-18　线圈组电动势计算示意图

为外接圆的半径。故有

$$E_{q1}=\overline{AB}=2R\sin\frac{q\alpha}{2}$$

$$R=\overline{OA}=\frac{E_{y1}}{2\sin\frac{\alpha}{2}}$$

$$E_{q1}=E_{y1}\frac{\sin(q\alpha/2)}{\sin(\alpha/2)}=qE_{y1}\frac{\sin(q\alpha/2)}{q\sin(\alpha/2)}=qE_{y1}k_{q1} \tag{4-13}$$

$$k_{q1}=\frac{\sin(q\alpha/2)}{q\sin(\alpha/2)}=\frac{E_{q1}}{qE_{y1}}$$

k_{q1}称为绕组基波感应电动势的分布系数，其物理意义是由于采用分布绕组而使基波感应电动势减小的倍数。基波感应电动势分布系数与基波磁通势分布系数公式相同，大小相等，故统称k_{q1}为基波分布系数。显然绕组的基波分布系数$k_{q1}\leqslant 1$。可以证明当采用分布绕组后，高次谐波的分布系数会更小，所以分布绕组结构也可起到削弱高次谐波的作用。

将式（4-12）代入式（4-13）得

$$E_{q1}=4.44qN_c k_{y1}k_{q1}f_1\Phi_m=4.44f_1qN_c\Phi_m k_{w1}$$

其中$k_{w1}=k_{y1}k_{q1}$称为基波电动势的绕组系数，其物理意义是由于线圈短距和分布因素使基波感应电动势减小的倍数，与基波磁通势的基波绕组系数相同，k_{w1}统称为基波绕组系数。

（三）每相绕组的感应电动势

每相绕组的感应电动势等于每相绕组的一条支路线圈组电动势之和。

一条支路串联的线圈组数为：

双层绕组 $\dfrac{2p}{a}$

单层绕组 $\dfrac{p}{a}$

由于每条支路所串联的几个线圈组感应电动势大小相等、相位相同，所以把各线圈组的感应电动势直接相加，即为每相绕组的感应电动势。

双层绕组 $$E_{ph1}=4.44f_1qN_c\frac{2p}{a}\Phi_m k_{w1}$$

单层绕组 $$E_{ph1}=4.44f_1qN_c\frac{p}{a}\Phi_m k_{w1}$$

由于双层绕组和单层绕组每相每条支路串联匝数N_1分别为$\frac{2p}{a}qN_c$和$\frac{p}{a}qN_c$，所以可得到一个统一的每相感应电动势公式为

$$E_{ph1}=4.44f_1N_1\Phi_m k_{w1} \tag{4-14}$$

式（4-14）电动势公式与变压器的感应电动势公式是一致的，其中绕组系数k_{w1}是由异步电动机定子的分布和短距因素引起的，而变压器不存在绕组系数问题。这是因为变压器的主磁通与一次、二次绕组的所有线圈同时相交链，每个线圈感应的电动势大小和相位都相同，因此变压器绕组相当于一个集中整距绕组，其中$k_{w1}=1$。

第三节 三相异步电动机的运行原理

在上节已经讨论了三相异步电动机三相定子绕组及其产生的磁通势、感应电动势等基本

知识的情况下，本节将进一步深入分析三相异步电动机带负载运行的电磁过程及其工作原理，为分析异步电动机的工作特性和其拖动系统打下基础。

三相异步电动机运行时，其定子和转子之间没有电路直接联系，仅通过磁通的联系。这种关系基本同于变压器，定子绕组相当于变压器的一次绕组，转子绕组相当于变压器的二次绕组，铁芯中有交变磁通（旋转磁通势）。所以其有关电磁感应方面的运行原理可参考变压器的分析方法。

一、三相异步电动机的空载运行

（一）三相异步电动机的空载电流和空载磁通势

1. 空载

三相异步电动机在输出轴上的机械负载（即负载转矩）为零，定子三相绕组接对称三相电源时的运行称为空载状态。

2. 空载电流 $\dot{I}_0$

空载时，异步电动机所产生的电磁转矩只需克服摩擦、风阻等阻转矩，所以转子的空载转速接近旋转磁场的同步转速，即 $n\approx n_1$。转子与旋转磁场相对转速接近于零，即 $n_1-n\approx 0$，使转差率 $s\approx 0$。根据电磁感应定律，转子绕组的导体不切割旋转磁力线，使转子感应电动势 $E_{2s}\approx 0$（下标“s”表示转子旋转时的感应电动势），从而使 $I_{2s}\approx 0$，定子空载电流可近似为定子励磁电流 $\dot{I}_0$，有

$$\dot{I}_0=\dot{I}_{0a}+\dot{I}_{0r} \tag{4-15}$$

其中，$\dot{I}_{0a}$为 $\dot{I}_0$的有功分量，产生空载损耗。它包括定子铁芯损耗、机械损耗和定子铜损耗；$\dot{I}_{0r}$为 $\dot{I}_0$的无功分量，是产生气隙磁场的磁化电流。空载时，$\dot{I}_{0a}<\dot{I}_{0r}$。

3. 空载磁通势

因为空载时转子电流 $I_{2s}\approx 0$，使转子磁通势 $F_2\approx 0$，所以空载磁通势的幅值（不计谐波磁通势）近似等于三相空载电流 I_0产生的定子旋转磁通势 F_0，根据式（4-10），可得其基波分量的幅值 $F_0=1.35I_0N_1k_{w1}/p$。

4. 磁通

主磁通 $\dot{\Phi}_m$参与电动机能量传递与转换，它是产生电磁转矩的磁通。主磁通与定、转子绕组相交链，这部分磁通占整个励磁磁通势产生的磁通的绝大多数，由于主磁通的磁路由定、转子铁芯和气隙组成，会受铁芯饱和影响，属非线性磁路。

漏磁通 $\dot{\Phi}_\sigma$不参与机电能量传递与转换，它是仅与定子绕组相交链的磁通，占励磁磁通势产生的很小一部分磁通。由于漏磁通主要经空气隙闭合，磁通势主要消耗在气隙中，磁通受磁路饱和影响很小，由此可认为它的磁路是线性的。

（二）空载定子电压平衡方程式及等效电路

由于三相异步电动机三相对称，本节在讨论空载和负载运行时，只须讨论每相电压平衡方程式和等效电路，空载时当定子绕组上接的相电压为 $\dot{U}_1$，相电流为 $\dot{I}_0$时，主磁通 $\dot{\Phi}_m$在定子绕组中感应的相电动势为 $\dot{E}_1$，漏磁通 $\dot{\Phi}_{\sigma 1}$在相绕组中感应电动势为 $\dot{E}_{\sigma 1}$。设定子每相电阻为 R_1，则根据基尔霍夫第二定律，列出空载定子电压平衡方程式为

$$\dot{U}_1=-\dot{E}_1-\dot{E}_{\sigma 1}+\dot{I}_0R_1$$

其中，$\dot{E}_1$ 和 $\dot{E}_{\sigma1}$ 的分析化简方法同变压器，则

$$\dot{E}_1 = -\dot{I}_0(R_m + jX_m) = -\dot{I}_0 Z_m \tag{4-16}$$

$$\dot{E}_{\sigma1} = -j\dot{I}_0 X_{\sigma1} \tag{4-17}$$

式中　Z_m——励磁阻抗；

R_m——励磁电阻，它是对应铁耗的等效电阻；

X_m——励磁电抗，它是对应主磁通 Φ_m 的电抗；

$X_{\sigma1}$——定子漏磁电抗，用来表征对应漏磁通 $\Phi_{\sigma1}$ 磁路特性的一个参数。

这样电压平衡方程式可写成

$$\dot{U}_1 = -\dot{E}_1 + \dot{I}_0(R_1 + jX_{\sigma1}) = -\dot{E}_1 + \dot{I}_0 Z_1 \tag{4-18}$$

其中，$Z_1 = R_1 + jX_{\sigma1}$ 称为定子绕组漏阻抗。

定性分析时，由于 $E_1 \gg I_0 Z_1$，有时为了方便分析，可以忽略 $I_0 Z_1$，即可近似得出

$$\dot{U}_1 \approx -\dot{E}_1$$

或

$$U_1 \approx E_1 = 4.44 f_1 N_1 k_{w1} \Phi_m \tag{4-19}$$

根据这个关系，可与变压器一样，得出当异步电动机的电源频率一定时，$\Phi_m \propto U_1$ 的结论。一般情况下电源电压为额定值，所以主磁通 Φ_m 基本上也是一定值，当负载变化时，Φ_m 基本不变。

另一方面，根据这一关系可得出

$$\Phi_m = \frac{U_1}{4.44 f_1 N_1 k_{w1}} \tag{4-20}$$

根据式（4-18），即可画出三相异步电动机空载运行时每相绕组的等效电路如图 4-19 所示。

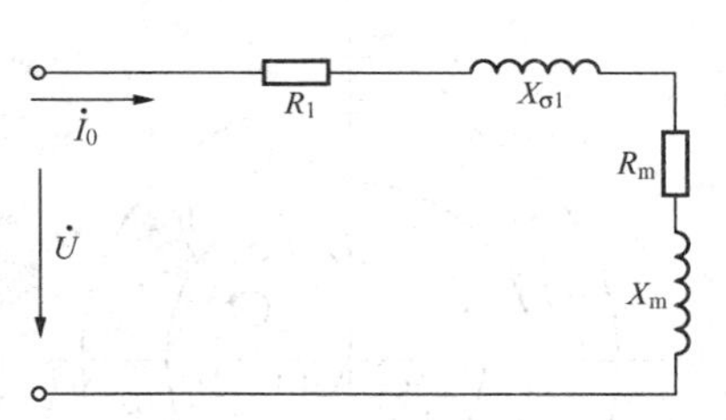

图 4-19　三相异步电动机空载时等效电路

空载运行时，三相异步电动机的电磁现象、电压平衡方程式和等效电路与变压器基本相似，但变压器中不存在机械损耗，也基本上不存在气隙（气隙很小），所以同变压器相比，异步电动机的 I_0 在额定电流中占的比例大得多，例如在小型异步电动机中 I_0 可达60%的额定电流，比变压器的 2%～10%要高多了。

二、三相异步电动机的负载运行

（一）负载运行时气隙磁通势 $\vec{F}_m$

空载运行时，气隙磁通势仅由定子旋转磁通势 $\vec{F}_1$（即 $\vec{F}_0$）组成，异步电动机各种电磁关系很简单。当异步电动机带上负载后，转子转速 $n < n_1$，在低于气隙旋转磁场的转速即同步转速 n_1 的状态下运行，转子的旋转方向同 n_1。这样转子与气隙磁通势的相对转速为 $\Delta n = n_1 - n = sn_1$，转子绕组即以 Δn 的速度切割气隙旋转磁场，在转子绕组上感应电动势 $\dot{E}_{2s}$，产生电流 $\dot{I}_{2s}$，$\dot{E}_{2s}$ 和 $\dot{I}_{2s}$ 的频率为 f_2，$\dot{I}_{2s}$ 也会在气隙中产生磁通势 $\vec{F}_2$，这时气隙磁通势就由定子磁通势 $\vec{F}_1$ 和转子磁通势 $\vec{F}_2$ 合成。由于

$$f_2 = p_2 \frac{\Delta n}{60} = s\frac{p_1 n_1}{60} = sf_1 \tag{4-21}$$

式中转子极对数 $p_2 = p_1$ 是根据任何电动机定、转子极对数必须相等，转子才能产生恒定的

平均电磁转矩原则得到的。绕线式的定、转子一般都是星形连接，很容易做到 $p_2=p_1$；因为笼型转子导体的电动势和电流是由气隙旋转磁场感应产生的，所以由这些导条电流形成的转子的极对数 p_2 也一定等于气隙磁场的极对数 p_1。这样，由于定、转子磁通势频率不等，所以使得求解气隙磁通势的情况变得复杂了，为此必须先对转子磁通势 $\vec{F}_2$ 作进一步的分析。

（二）转子磁通势 $\vec{F}_2$

转子磁通势 $\vec{F}_2$ 是由转子绕组中的电流所产生的，转子绕组主要有绕线型和笼型绕组两种，它们都是对称的多相电路。这样，由正弦分布的旋转磁通势切割转子绕组所产生的转子感应电动势及转子电流，都是对称的多相电动势和对称的多相电流。根据旋转磁通势形成的原理可知，当对称的多相绕组通以对称的多相电流时，合成磁通势为旋转磁通势，所以由此产生的转子绕组合成磁通势也是一个旋转磁通势，称作 $\vec{F}_2$。

1. $\vec{F}_2$ 的幅值

当谐波分量磁通势忽略不计时，根据式（4-10）可求得转子绕组合成磁通势（基波）的幅值为

$$F_2=0.9\times\frac{m_2}{2}\times\frac{N_2k_{w2}}{p}I_2 \tag{4-22}$$

式中 m_2——转子绕组的相数，笼型绕组每一根导条为一相，绕线型绕组的相数与定子相数相同，即 $m_1=m_2$；

N_2——转子绕组每相的串联匝数（笼型每相串联匝数为 1/2）；

k_{w2}——转子绕组的基波绕组系数。

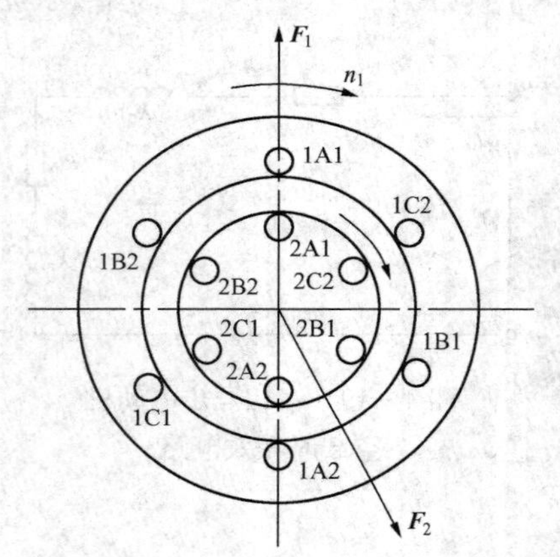

图 4-20 转子旋转磁通势的转向

2. $\vec{F}_2$ 的旋转方向

设异步电动机带动负载时定子绕组通电相序为 1A→1B→1C，定子绕组旋转磁通势 $\vec{F}_1$ 为逆时针方向，转速为 n_1，图 4-20 示出了这样一个两极定子磁通势。设转子绕组为三相绕组 2A、2B 和 2C，因转子转速 $n<n_1$，所以由 $\vec{F}_1$ 切割转子绕组，产生的转子感应电动势及转子绕组电流相序均为 2A→2B→2C。根据交流绕组产生旋转磁通势的规则，转子磁通势 $\vec{F}_2$ 的方向也将由 2A→2B→2C 相序确定，由图 4-19 可知，$\vec{F}_2$ 的旋转方向也为逆时针方向，与定子旋转磁通势 $\vec{F}_1$ 旋转方向相同。

3. $\vec{F}_2$ 的旋转速度

（1）$\vec{F}_2$ 相对于旋转转子的转速 Δn：因为已求得转子电流的频率 $f_2=sf_1$，所以由这个电流产生的转子旋转磁通势 $\vec{F}_2$ 相对转子自身的转速为

$$\Delta n=60\frac{f_2}{p_2}=60\frac{sf_1}{p_1}=sn_1=n_1-n \tag{4-23}$$

（2）$\vec{F}_2$ 相对静止空间（定子）的转速：由于转子以 n 的转速相对于静止空间旋转，所以 $\vec{F}_2$ 相对静止空间的转速为

$$\Delta n+n=(n_1-n)+n=n_1$$

即 $\vec{F}_2$ 与 $\vec{F}_1$ 转速相同，均以 n_1 的转速同方向相对于静止空间旋转。

（三）磁通势平衡方程式

由于 $\vec{F}_1$ 和 $\vec{F}_2$ 旋转速度和旋转方向相同，所以两者之间相对静止，可以把 $\vec{F}_1$ 和 $\vec{F}_2$ 合成一个同旋转方向同转速的合成磁通势 $\vec{F}_m$，则

$$\vec{F}_m = \vec{F}_1 + \vec{F}_2 \tag{4-24}$$

这个合成磁通势 $\vec{F}_m$ 就是励磁磁通势，气隙中的磁场 B_m（或 Φ_m）即由 $\vec{F}_m$ 产生的。

根据 $U_1 \approx E_1 = 4.44 f_1 N_1 k_{w1} \Phi_m$ 可知，只要电动机的电源电压 U_1 及电流频率 f_1 保持不变，那么当负载变化时，Φ_m 是不变的，这样其励磁磁通势 F_m 也应不变。空载时，励磁磁通势为 $\vec{F}_0$，所以当异步电动机带上负载后，其励磁磁通势不变，即有

$$\vec{F}_m = \vec{F}_0$$

由此得出

$$\vec{F}_1 + \vec{F}_2 = \vec{F}_m = \vec{F}_0 \tag{4-25}$$

一般写成

$$\vec{F}_1 = -\vec{F}_2 + \vec{F}_0 \tag{4-26}$$

式（4-25）或式（4-26）即是三相异步电动机的磁通势平衡方程式。其中

$$F_1 = \frac{m_1}{2} \times 0.9 \frac{N_1 k_{w1}}{p} I_1；\ F_2 = \frac{m_2}{2} \times 0.9 \frac{N_2 k_{w2}}{p} I_2；\ F_0 = \frac{m_1}{2} \times 0.9 \frac{N_1 k_{w1}}{p} I_0$$

式中：m_1、m_2 分别为定子、转子绕组的相数；N_1、N_2 分别为定子、转子绕组的有效匝数；k_{w1}、k_{w2} 分别为定子、转子的绕组系数。

【例 4-2】 一台三相绕线式异步电动机，当定子绕组加频率为 50Hz 电压，转子绕组开路电动势 $E_{2N} = 260$V（已知转子绕组为星形连接）。转子电阻 $R_2 = 0.06\Omega$，$X_{\sigma 2} = 0.2\Omega$，电动机的额定转差率 $s_N = 0.04$。求电动机额定运行时：①转子电路的频率 f_2；②转子电动势 E_{2sN}；③转子电流 I_{2sN}。

解　（1）转子电路的频率

$$f_2 = s_N f_1 = 0.04 \times 50 = 2(\text{Hz})$$

（2）转子额定运行时，转子的电动势（相电动势）

$$E_{2sN} = s_N E_2 = 0.04 \times \frac{260}{\sqrt{3}} = 6(\text{V})$$

其中 $E_{2N} = 260$V 是线电动势，除以 $\sqrt{3}$ 变为相电动势。

（3）额定运行时，转子电流

$$I_{2sN} = \frac{E_{2sN}}{Z_2} \approx \frac{6}{0.06} = 100(\text{A})$$

$$Z_2 = \sqrt{R_2^2 + (s_N X_{\sigma 2})^2} = \sqrt{0.06^2 + (0.04 \times 0.2)^2} \approx 0.06\ (\Omega)$$

（四）电动势平衡方程式

三相异步电动机负载运行时，由于气隙中的合成磁通势即励磁磁通势 F_m 产生的主磁通 Φ_m 与定、转子绕组都交链，这样在定、转子绕组中分别感应出定子电动势 E_1 和转子电动势 E_{2s}。它们的有效值分别是

$$E_1 = 4.44 f_1 N_1 k_{w1} \Phi_m$$

$$\begin{aligned} E_{2s} &= 4.44 f_2 N_2 k_{w2} \Phi_m \\ &= 4.44 f_1 N_2 k_{w2} \Phi_m s \end{aligned}$$

定子绕组电流 I_1 和转子绕组电流 I_{2s} 分别产生定、转子绕组各自的漏磁通 $\Phi_{\sigma 1}$ 和 $\Phi_{\sigma 2s}$，这些漏磁通分别在各自绕组中感应产生漏感电动势 $E_{\sigma 1}$ 和 $E_{\sigma 2s}$，它们的有效值分别是

$$\begin{aligned} E_{\sigma 1} &= 4.44 f_1 N_1 k_{w1} \Phi_{\sigma 1} = I_1 X_{\sigma 1} \\ E_{\sigma 2s} &= 4.44 f_2 N_2 k_{w2} \Phi_{\sigma 2s} = I_{2s} X_{\sigma 2s} \\ &= 4.44 f_1 N_2 k_{w2} \Phi_{\sigma 2s} s = I_{2s} s X_{\sigma 2} \end{aligned}$$

定、转子回路内除上述各电动势外，还有因回路电流流过定、转子电路而产生的电阻压降 I_1R_1 和 $I_{2s}R_2$，这样可把异步电动机负载运行时的电磁关系列成图 4 - 21 所示的关系图，定、转子电路的这些关系也可像变压器那样，用数学表达式列出异步电动机负载时的电动势平衡方程式，有

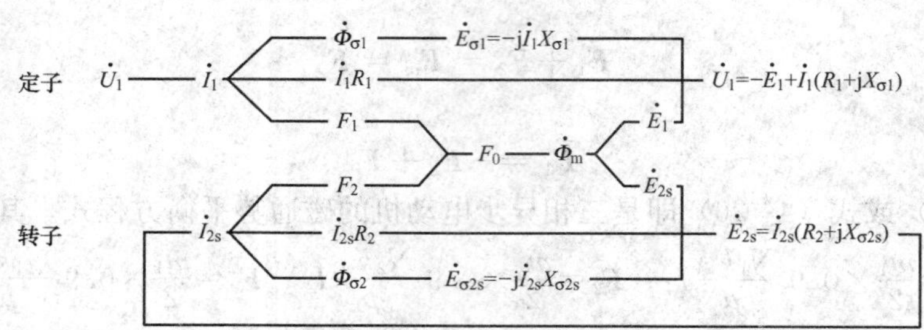

图 4 - 21　异步电动机负载运行时的电磁关系图

$$\dot{U}_1 = -\dot{E}_1 - \vec{E}_{\sigma 1} + \dot{I}_1 R_1 = -\dot{E}_1 + \dot{I}_0 Z_1 \tag{4 - 27}$$

$$\dot{E}_{2s} = -\dot{E}_{\sigma 2s} + \dot{I}_{2s} R_2 = \dot{I}_{2s}\ (R_2 + jX_{\sigma 2s})\ = \dot{I}_{2s} Z_{2s} \tag{4 - 28}$$

$$-\dot{E}_1 = \dot{I}_0 Z_m \tag{4 - 29}$$

$$X_{\sigma 2s} = 2\pi f_2 L_{\sigma 2s}$$

式中　$\dot{I}_{2s}$——转子每相电流，其的频率为 $f_2 = s f_1$；

R_2——转子每相电阻（绕线转子还应加入外接电阻）；

$X_{\sigma 2s}$——转子每相漏电抗；

Z_{2s}——转子每相阻抗。

转子相电流的有效值为

$$I_{2s} = \frac{E_{2s}}{\sqrt{R_2^2 + X_{\sigma 2s}^2}} \tag{4 - 30}$$

三、三相异步电动机的等效电路

本节的前一部分已导出三相异步电动机的基本方程式，这些方程式反映了异步电动机内部的电磁关系。但如果同变压器相类似地利用这些方程式对异步电动机的运行性能进行计算，则要解不同频率的联立相量方程组，是没有物理意义的。如能像变压器那样，通过绕组折算推导出等效电路来，就能使计算变得直观而简单了。由于异步电动机的定、转子绕组之间的电磁感应关系与变压器相同，所以完全可以用绕组折算来导出异步电动机的等效电路。但有一点不同的是异步电动机的定、转子回路的电动势、电流频率不一样，在绕组折算之前，还要先进行频率折算。一般情况下是把转子回路电动势、电流频率折算成与定子电动势、电流频率，再分析计算。

因此推导异步电动机等效电路分两步完成。首先进行频率折算，即用一个具有定子电路

频率且等效于原转子电路的电路来代替实际转子电路，使定、转子电路频率一致；接着进行绕组折算，把原先只有磁耦合而无电路直接联系的定、转子电路用一个单一电路来代替。

（一）频率折算

频率折算的具体方法是用一个静止的转子代替实际旋转的转子。这是因为不论转子电流频率为多大，转子磁通势 $\vec{F}_2$ 相对静止空间都是以同步转速 n_1 旋转的。这样静止的转子电路就具有定子电路的频率，但要保证频率折算的等效性，一定要保证频率折算的两点原则。

（1）磁通势不变原则。折算前后，转子磁通势 $\vec{F}_2$（转速、幅值等）对定子的作用不变，这样才能保证折算前后转子电路对定子电路的电磁效应不变。当用静止转子代替旋转转子时，$\vec{F}_2$ 相对空间转速为同步转速，保持不变。

（2）功率不变原则。折算前后，转子功率（有功功率、无功功率、损耗等）保持不变，保证能量转换关系不变。

1）转子电动势的折算：对静止的转子，气隙磁通势切割转子绕组的速度为同步转速 n_1，转差率 $s=1$，在转子绕组中感应电动势的频率为 f_1，可得

$$E_2 = 4.44 f_1 N_2 k_{w2} \Phi_m$$

而转子旋转时，转子电动势为

$$E_{2s} = 4.44 f_2 N_2 k_{w2} \Phi_m$$

即

$$E_{2s} = 4.44 s f_1 N_2 k_{w2} \Phi_m$$

$$E_{2s} = sE_2$$

式中　E_2——折算成定子频率的转子电动势。

2）转子电抗折算：转子静止时，转子漏抗为

$$X_{\sigma2} = 2\pi f_1 L_{\sigma2}$$

转子旋转时，转子漏抗为

$$X_{\sigma2s} = 2\pi f_2 L_{\sigma2s}$$

因为 $L_{\sigma2}=L_{\sigma2s}$，所以有

$$X_{\sigma2s} = sX_{\sigma2}$$

式中　$X_{\sigma2}$——折算为定子频率时的转子漏抗。

3）转子电流及转子电阻的折算：设转子电流折算前后分别为 I_{2s} 和 I_2，那么 I_{2s} 与 I_2 的频率肯定是不同的。折算前转子旋转，I_{2s} 频率为 $f_2=sf_1$，折算后，转子静止，转差率 $s=1$，I_2 的频率为 f_1，但这并不影响折算前后 $\vec{F}_2$ 的转速总是为同步速 n_1。除此以外，I_{2s} 和 I_2 的幅值和相位移应保持相同，只有这样 $\vec{F}_2$ 的幅值和空间位移角才能保持不变。

根据式（4-30）有

$$I_{2s} = \frac{E_{2s}}{\sqrt{R_2^2 + X_{\sigma2s}^2}} = \frac{sE_2}{\sqrt{R_2^2 + (sX_{\sigma2})^2}} = \frac{E_2}{\sqrt{(R_2/s)^2 + X_{\sigma2}^2}} = I_2 \tag{4-31}$$

式（4-31）中，E_2 和 $X_{\sigma2}$ 都是折算成定子频率的转子电动势和转子漏抗，如果把 R_2/s 当作折算成定子频率的转子电阻，那么式（4-31）即代表折算到定子频率的转子电流，因此要保持转子电流的有效值不变，只要用 R_2/s 代替实际转子中的转子电阻 R_2 即可。而转子电流滞后转子电动势的角度（即转子功率因数角）为

$$\varphi_2 = \arctan\frac{X_{\sigma2}}{R_2/s} = \arctan\frac{sX_{\sigma2}}{R_2} = \arctan\frac{X_{\sigma2s}}{R_2}$$

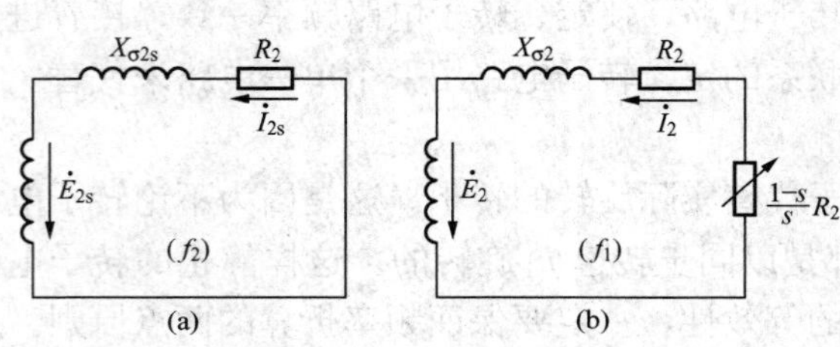

图 4－22　异步电动机转子电路的频率折算

（a）转子转动时的转子电路；（b）转子不转时的转子电路

即折算前后功率因数角保持不变，说明频率折算后，转子电流的相位移没有发生变化。这样使 $\vec{F}_2$ 的幅值和空间位移角在折算前后保持不变，保证了在频率折算前后，转子对定子的电磁感应作用不变。上述转子电路频率折算可用图 4－22 来表示。

图 4－22 所示的两个电路，其中图 4－22（a）是三相异步电动机实际运行时的一相转子电路，图 4－22（b）是将其折算到转子静止时的等效电路。这里的等效仅指两个电路中的电流有效值保持相等。这两个电路中电流 I_{2s} 和 I_2 虽然是相等的，但在图 4－22（a）中，电流 I_{2s} 是通过转子绕组旋转时产生的电动势 E_{2s}、转子绕组电阻 R_2、实际运行时转子的漏电抗 $X_{\sigma 2s}$ 解得的。在图 4－22（b）中，I_2 是通过转子静止时的转子电动势 E_2、转子绕组的等效电阻 $\frac{R_2}{s}$ 和其转子漏电抗 $X_{\sigma 2}$ 解得的。两个电路的频率不一样，其中转子转动时的电路的频率是 f_2，转子静止时的电路的频率是 f_1，即转子电路经过频率折算，把转子旋转时的实际频率为 f_2 的电路，变成了转子静止时频率为 f_1 的电路。转子电路虽经过这样的折算，但从定子侧看转子基波旋转磁通势 $\vec{F}_2$ 并无任何变化。

4）功率折算：频率折算前后，转子的铜耗应保持不变，折算前（转子旋转）的转子产生的机械功率为折算后（转子静止）转子串入的附加电阻上消耗的电能。因为折算前后转子电阻分别为 R_2 和 $\frac{R_2}{s}$，而有

$$\frac{R_2}{s}=R_2+\frac{1-s}{s}R_2 \tag{4-32}$$

其中，R_2 为折算前的电阻，这部分铜耗折算前后应不变（$I_{2s}{}^2R_2=I_2{}^2R_2$）。频率折算后转子电路增加了一个串入的附加电阻 $\frac{1-s}{s}R_2$，其消耗的电功率为 $I_2^2\ \frac{1-s}{s}R_2$。因此可把转子静止电路中的这部分附加的电功率，视为实际旋转转子产生的机械功率的功率转换值，即附加电阻上消耗的电功率转换成了电动机的机械功率。

经过如上频率折算，定、转子电路频率完全相同，如转子绕组相数 m_2 等于定子绕组相数 m_1，则可画出异步电动机负载运行时其中一相的等效电路如图 4－23所示。

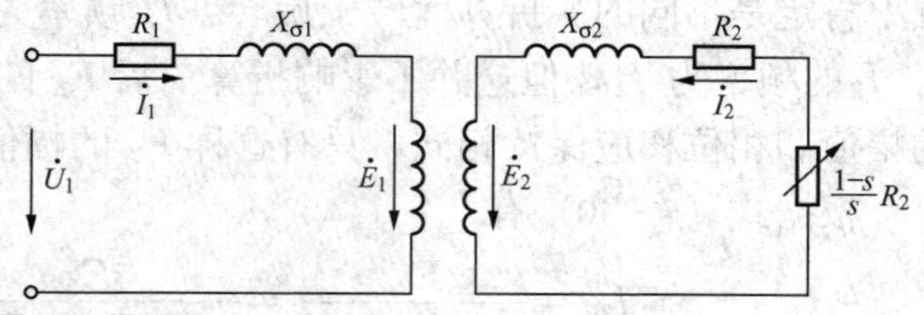

图 4－23　经过频率折算的异步电动机等效电路

图 4－23 为一典型的异步电动机电路。采用异步电动机的绕组折算法，可把这一相互之间由电磁感应联系起来的等效电路化简成单一电路的等效电路。

（二）绕组折算

对转子绕组进行绕组折算，是把相数为 m_2、每相串联匝数为 N_2、绕组系数为 k_{w2} 的实际转子绕组折算成与定子绕组完全相同的一个等效绕组。与变压器折算规则相同，折算后的

转子绕组电路参数均以加“′”表示。

1. 电流折算

把转子侧的 I_2 折算到定子侧的 I_2'，根据折算前后转子绕组磁通势不变的原则，有

$$\frac{m_1 \times 0.9 N_1 k_{w1} I_2'}{2p} = \frac{m_2 \times 0.9 N_2 k_{w2} I_2}{2p}$$

则

$$I_2' = \frac{m_2 N_2 k_{w2}}{m_1 N_1 k_{w1}} I_2 = \frac{I_2}{k_i}$$

$$k_i = \frac{m_1 N_1 k_{w1}}{m_2 N_2 k_{w2}}$$

式中　k_i——异步电动机的电流比。

这样折算后，定、转子绕组的相数、匝数、绕组系数完全相同，异步电动机的磁通势平衡方程式可写成

$$\dot{I}_1 + \dot{I}_2' = \dot{I}_0$$

2. 电动势折算

把转子侧的 E_2 折算到定子侧的 E_2'，根据电动势公式有

$$E_2 = 4.44 f_1 N_2 k_{w2} \Phi_m$$

$$E_2' = 4.44 f_1 N_1 k_{w1} \Phi_m$$

由此可得

$$E_2' = \frac{N_1 k_{w1}}{N_2 k_{w2}} E_2 = k_e E_2$$

$$k_e = \frac{N_1 k_{w1}}{N_2 k_{w2}}$$

式中　k_e——异步电动机的电动势比。

3. 阻抗折算

根据绕组折算前后损耗不变原则和无功功率不变原则，有

$$m_1 I_2'^2 R_2' = m_2 I_2^2 R_2 \tag{4-33}$$

$$m_1 I_2'^2 X_{\sigma2}' = m_2 I_2^2 X_{\sigma2} \tag{4-34}$$

由此，式（4－33）和式（4－34）分别可得

$$R_2' = \frac{m_2}{m_1} \times \frac{I_2^2}{I_2'^2} R_2 = k_e k_i R_2$$

$$X_{\sigma2}' = \frac{m_2}{m_1} \times \frac{I_2^2}{I_2'^2} X_{\sigma2} = k_e k_i X_{\sigma2}$$

根据 R_2' 和 $X_{\sigma2}'$ 可得转子每相阻抗的折算值为

$$Z_2' = k_e k_i Z_2$$

（三）三相异步电动机的等效电路

通过以上频率折算和绕组折算后，负载运行时的三相异步电动机转子绕组的相数，每相有效串联匝数及转子电路参数的频率都已与定子绕组相同，并在此基础上推导出了异步电动机的基本方程式，由此即可仿照双绕组变压器的做法建立异步电动机等效电路。

折算后异步电动机的基本方程式可归纳如下

$$\dot{U}_1 = -\dot{E}_1 + \dot{I}_1(R_1 + jX_{\sigma1}) = -\dot{E}_1 + \dot{I}_1 Z_1$$

$$-\dot{E}_1 = \dot{I}_0(R_m + jX_m) = \dot{I}_0 Z_m$$

$$\dot{E}_1 = \dot{E}'_2$$

$$\begin{aligned}\dot{E}'_2 &= \dot{I}'_2\left(\frac{R'_2}{s} + jX'_{\sigma 2}\right)\\ &= \dot{I}'_2(R'_2 + jX'_{\sigma 2}) + \dot{I}'_2 \times \frac{1-s}{s}R'_2\\ &= \dot{I}'_2 Z'_2 + \dot{I}'_2 \times \frac{1-s}{s}R'_2\end{aligned}$$

$$\dot{I}_1 + \dot{I}'_2 = \dot{I}_0$$

根据以上五个基本方程式，可画出三相异步电动机一相绕组的T形等效电路如图4-24所示。

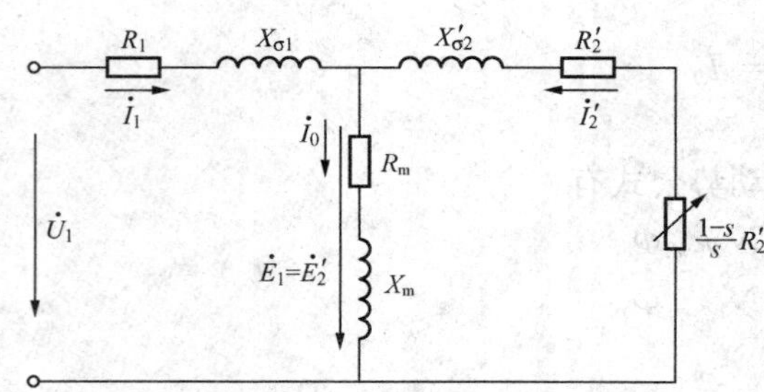

图4-24 异步电动机的T形等效电路

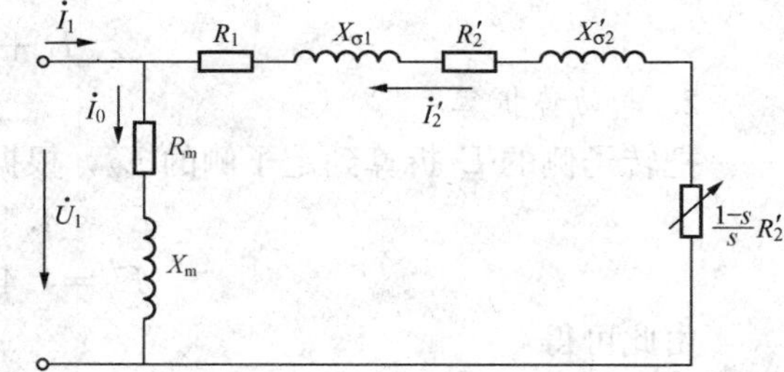

图4-25 异步电动机的简化等效电路

同变压器一样，为了简化运算，一般情况下，可把T形等效电路中的励磁电路移到电源端，变成Γ形电路，如图4-25所示，此即异步电动机的简化等效电路。由于异步电动机的 I_0 所占比例很大，所以在其简化等效电路中不能省略励磁支路。

根据折算后的基本方程式，也可类似变压器画出三相异步电动机的相量图，这里不另作说明，需要了解的可参照有关电动机学的教材。

四、三相异步电动机的参数测定

上面推导出的三相异步电动机的等效电路是分析和计算异步电动机运行性能的一个有力工具，但要使用这一工具必须具备一个条件，即必须已知这个等效电路的各电路参数 R_1、$X_{\sigma1}$、R'_2、$X'_{\sigma2}$、R_m 和 X_m。这些参数可分为两组，一组是表示空载状态的励磁参数 Z_m、R_m 和 X_m，另一类是等效电路的漏阻抗参数 Z_1、R_1、$X_{\sigma1}$、Z'_2、R'_2 和 $X'_{\sigma2}$。通常也把漏阻抗参数称为短路参数。这两类参数在性质和数值上差别都很大，测试的方法也不一样，与变压器参数的测定一样，这两类参数也可分别用空载实验和堵转实验方法进行测定。

（一）空载实验与励磁参数的确定

1. 空载实验

空载实验的目的是测定空载参数 R_m 和 X_m，为此必须还应测得铁耗 P_{Fe} 和机械损耗 P_m。实验时，电动机轴上不加任何负载，使电动机处于空载运行，定子绕组施加频率为额定值的三相对称电源，在额定电压下先进行预运行，让电动机工作一段时间，以使其机械损耗达到稳定值。实验时用调压器调节定子绕组电压，使其从高（1.1～1.3倍额定电压）往低调，逐点测量，直到转速发生明显变化时为止。记录各点的端电压 U_1、空载电流 I_0、空

载功率 P_0，且据此绘出 $I_0=f(U_1)$ 及 $P_0=f(U_1)$ 的曲线如图 4-26 所示。

2. 励磁参数的确定

（1）机械损耗与铁耗的分离，空载实验测量得到的功率只有输入功率 P_0，需设法通过 P_0，求得铁耗 P_{Fe}。

由于空载时输入功率 P_0 没有产生输出，全部被消耗，即

$$P_0 = P_{Cu1} + P_{Fe} + P_{Cu2} + P_m$$

其中，P_{Cu2} 由于空载时 I_2 近似于 0，也可忽略不计，所以有

$$P_0 = P_{Cu1} + P_{Fe} + P_m$$

式中 $P_{Cu1}=3I_0{}^2R_1$，R_1 直接可由欧姆表测得，使 P_{Cu1} 也可求得，从 P_0 中减 P_{Cu1} 可得到铁耗 P_{Fe} 和机械损耗 P_m 之和 P_0'，即

$$P_0' = P_{Fe} + P_m = P_0 - P_{Cu1}$$

而 P_{Fe} 和 P_m 都无法测得，只能通过间接方法把它们分离。机械损耗 P_m 的特性是与电压高低无关，仅与转速有关，而空载实验过程中，转速基本不变，所以可以认为在这个实验过程中 P_m 保持不变。而铁耗 P_{Fe} 与磁感应密度的平方成正比，这样 P_{Fe} 近似与电压的平方成正比，画出的 $P_0'=f(U_1{}^2)$ 的曲线近似于一条直线，如图 4-27 曲线的实线部分。把图中的直线延长与纵坐标交 A 点，过 A 作与横轴的平行线，则横轴与这平行线之间距离就是机械损耗 P_m。测得 P_m 后，只要从 $U_1{}^2=(U_{N1}{}^2)$ 时的 P_0' 值中减去 P_m 的值即为 P_{Fe} 的值。

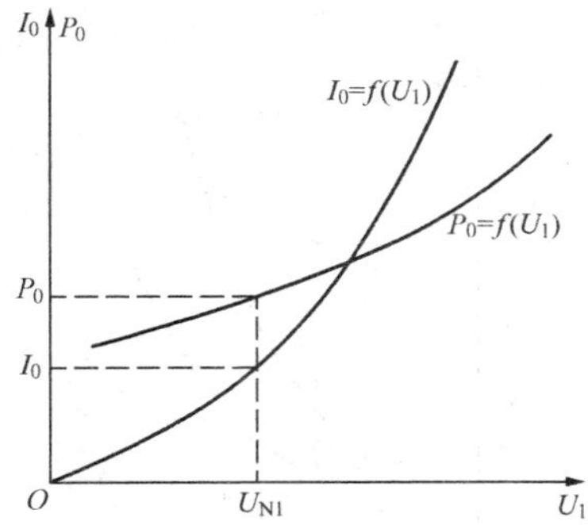

图 4-26 异步电动机的空载特性

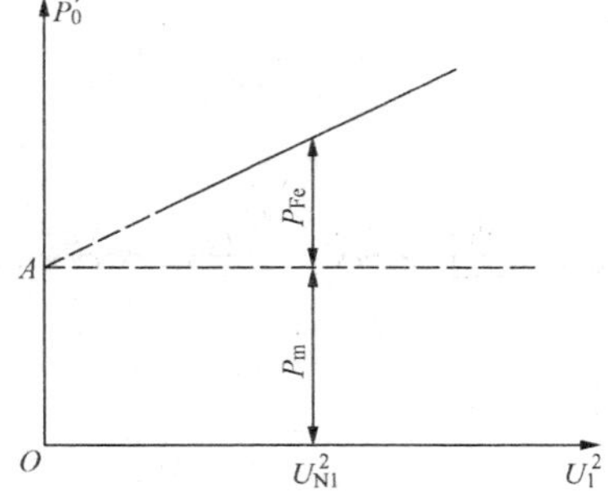

图 4-27 异步电动机铁芯损耗与机械损耗的分离

（2）励磁参数的计算。空载时，$n\approx n_1$，$s\approx 0$，转子绕组可以认为是开路，此时的等效电路如图 4-28 所示。根据上面求得的 P_{Fe} 及测得的 I_0、P_0、U_1 的额定值，即可计算励磁参数。

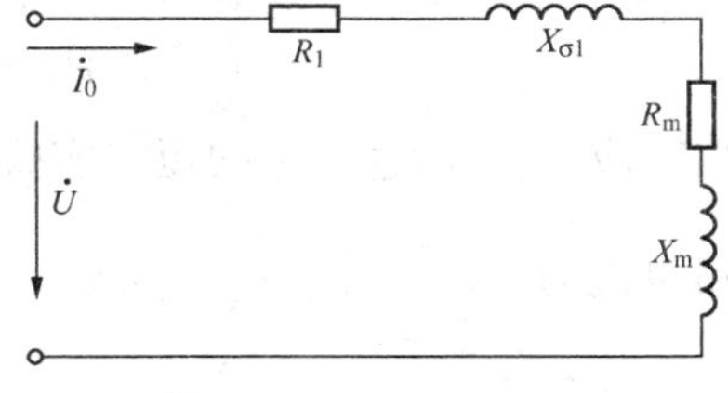

图 4-28 R_m、X_m 计算示意图

励磁电阻为

$$R_m = \frac{P_{Fe}}{m_1 I_0^2} \tag{4-35}$$

励磁电抗可直接计算

$$X_m = X_0 - X_{\sigma1} \tag{4-36}$$

其中 $X_{\sigma1}$ 是定子漏电抗，可由下面的短路实验确定，X_0 可通过以下计算得到

$$\begin{cases} Z_0 = \dfrac{U_1}{I_0} \\ R_0 = \dfrac{P_0 - P_m}{m_1 I_0^2} \\ R_0 = R_1 + R_m \\ X_0 = \sqrt{Z_0^2 - R_0^2} \end{cases}$$

励磁阻抗为
$$Z_m = \sqrt{R_m^2 + X_m^2} \tag{4-37}$$

（二）堵转实验与短路参数的确定

1. 堵转实验

异步电动机的堵转实验一般也称为短路实验，因为短路是指异步电动机等效电路中的附加电阻 $\dfrac{1-s}{s}R_2'=0$ 的状态，如图 4-29 所示。这种状态对应的是 $s=1$，$n=0$ 的堵转状态（定子绕组外加电源电压而转子静止时的状态）。为使堵转实验时电动机短路电流 I_{sh} 不致过大，应降低电源电压 U_{sh}。一般使 U_{sh} 从 $0.4U_N$ 开始逐步下降进行测定，逐点记录端电压 U_{sh}、定子短路电流 I_{sh} 和短路功率 P_{sh}。据此画出堵转实验时特性曲线，如图 4-29 所示。

2. 短路参数的计算

在图 4-30 的简化等效电路中，由于 $Z_m \gg Z_2'$，可以认为励磁电路开路，$I_0=0$，故 $\dot{I}_{sh1}=\dot{I}'_{sh2}$。

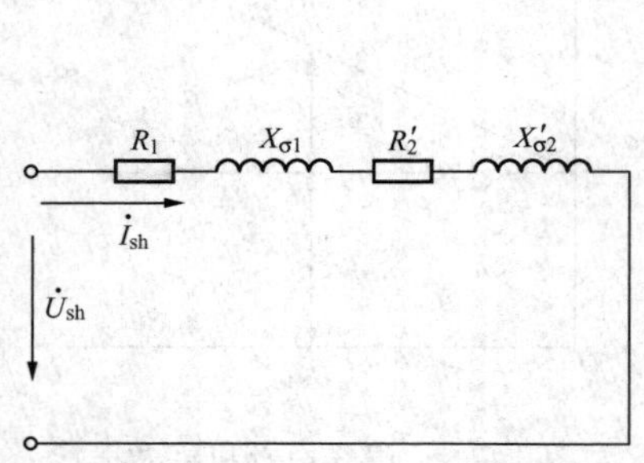

图 4-29 堵转时异步电动机等效电路

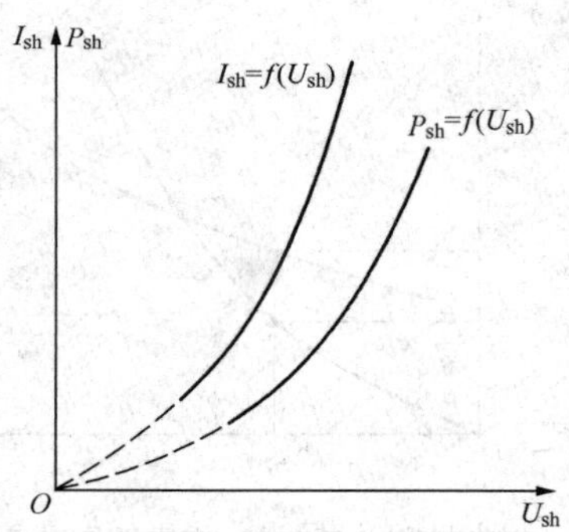

图 4-30 异步电动机的短路特性

堵转实验中，P_{sh} 全部消耗在定、转子的铜耗上，即

$$P_{sh} = 3I_{sh}^2(R_1 + R_2') = 3I_{sh}^2 R_{sh}$$

根据对应 $I_{sh}=I_N$ 这一组的短路实验参数，可求得

短路阻抗为
$$Z_{sh} = \frac{U_{sh}}{I_{sh}} \tag{4-38}$$

短路电阻为
$$R_{sh} = R_1 + R_2' = \frac{P_{sh}}{3I_{sh}^2} \tag{4-39}$$

短路电抗为
$$X_{sh} = X_{\sigma1} + X'_{\sigma2} = \sqrt{Z_{sh}^2 - R_{sh}^2} \tag{4-40}$$

进而分别求 R_1、R_2'、$X_{\sigma1}$ 和 $X'_{\sigma2}$。其中 R_1 可直接用欧姆表测得，故有

$$R_2' = R_{sh} - R_1$$

而用 X_{sh} 来求 $X_{\sigma1}$ 和 $X_{\sigma2}'$ 时一般用估算公式。对于大中型异步电动机，$X_{\sigma1} \approx X_{\sigma2}' \approx X_{sh}/2$；对于 100kW 以下的小型异步电动机，可估算如下

极对数 $2p \leqslant 6$ 时　　　$X_{\sigma2}' = 0.67X_{sh}$

极对数 $2p \geqslant 8$ 时　　　$X_{\sigma2}' = 0.57X_{sh}$

第四节　三相异步电动机的功率和电磁转矩

异步电动机通过电磁感应作用，将电能从定子侧传递到转子侧，再转化为输出的机械能，在能量转换过程中，电磁转矩起了关键的作用。下面就根据异步电动机的等效电路，分析其功率关系和转矩关系，然后推导出异步电动机的电磁转矩公式。

一、功率和损耗

根据上节得到的三相异步电动机的等效电路，可导出异步电动机的各项有功功率及有功损耗。

1. 输入电功率 P_1

$$P_1 = 3U_1 I_1 \cos\varphi_1 \tag{4-41}$$

式中　$\cos\varphi_1$——异步电动机的功率因数；

U_1、I_1——定子相电压和相电流的有效值；

φ_1——定子相电压与相电流之间夹角。

2. 定子铜耗 P_{Cu1}

$$P_{Cu1} = 3I_1^2 R_1 \tag{4-42}$$

3. 铁耗 P_{Fe}

$$P_{Fe1} = 3I_0^2 R_m$$

因为正常运行时，异步电动机的转速接近同步转速，Δn 很小，转子电流频率 $f_2 = 1 \sim 3$Hz，转子铁耗 $P_{Fe2} < P_{Fe1}$，计算整个异步电动机铁耗时可忽略 P_{Fe2}，所以有

$$P_{Fe} \approx P_{Fe1} = 3I_0^2 R_m \tag{4-43}$$

4. 电磁功率 P_{em}

从图 4-24 所示 T 形等效电路可知，传输给转子回路的电磁功率 P_{em} 等于转子电路全部等效电阻上的损耗，即

$$\begin{aligned} P_{em} &= P_1 - P_{Cu1} - P_{Fe} \\ &= 3I_2'^2 \frac{R_2'}{s} \end{aligned} \tag{4-44}$$

从转子回路看，电磁功率也可为

$$P_{em} = 3E_2' I_2' \cos\varphi_2 = m_2 E_2 I_2 \cos\varphi_2 \tag{4-45}$$

5. 转子铜耗 P_{Cu2}

$$\begin{aligned} P_{Cu2} &= 3I_2'^2 R_2' \\ &= s \times 3I_2'^2 \frac{R_2'}{s} \\ &= sP_{em} \end{aligned} \tag{4-46}$$

6. 总机械功率 P_Σ

$$P_\Sigma = 3I_2'^2\frac{1-s}{s}R_2' = (1-s)P_{em} \tag{4-47}$$

此式表明总机械功率 P_Σ 等于电磁功率 P_{em} 减去转子绕组上的铜耗 P_{Cu2}，看起来是等效电阻 $\frac{1-s}{s}R_2'$ 上的损耗，实际上这个等效损耗是传输给转轴的机械功率。它是转子电流与气隙旋转磁场共同作用产生的电磁转矩 T_{em}，带动转子以转速 n 旋转时所对应的功率。由于电动机运行时，总有风阻、轴承等阻尼转矩要损耗一部分功率，即机械损耗，用 P_m 表示。除上述各种损耗外，异步电动机由于定、转子槽对气隙磁通势的影响，转子磁通势中含有谐波磁通势等，会产生一些不易计算的杂散损耗，杂散损耗很小，用 P_{ad} 表示。根据经验估算，大型异步电动机的 $P_{ad}\approx 0.5\% P_N$，小型异步电动机较大些，有 $P_{ad}\approx$（1%～3%）P_N。

总机械功率 P_Σ 减去机械损耗 P_m 和杂散损耗 P_{ad} 才是轴上输出的机械功率，即

$$P_2 = P_\Sigma - (P_m + P_{ad}) \tag{4-48}$$

综合以上各项功率和损耗，可写出异步电动机的功率平衡方程式为

$$P_2 = P_1 - P_{Cu1} - P_{Fe} - P_{Cu2} - P_m - P_{ad} \tag{4-49}$$

上述异步电动机的功率与损耗关系也可用功率流程图来表示，如图 4 - 31 所示。

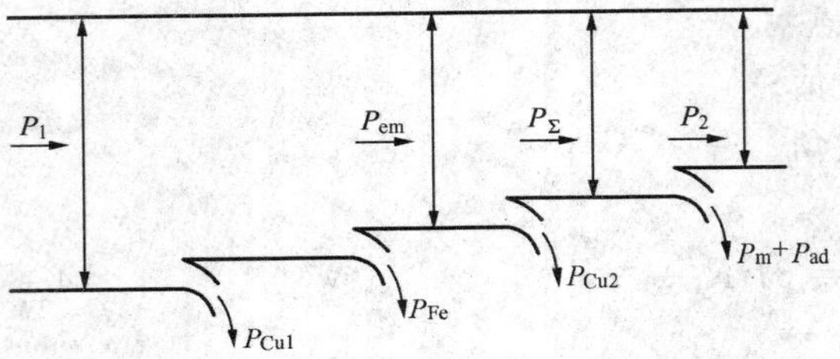

图 4 - 31 异步电动机的功率平衡流程图

二、转矩平衡方程式

与直流电动机运行原理相同，稳定运行旋转物体的机械功率等于作用在此旋转物体上的转矩与其机械角速度的乘积。异步电动机传输给转轴的总机械功率 P_Σ 就是电磁转矩 T_{em} 与轴机械角速度 Ω 的乘积，即

$$P_\Sigma = T_{em}\Omega$$

根据式（4 - 48）有

$$P_\Sigma = P_2 + P_m + P_{ad} \tag{4-50}$$

所以用 Ω 同除式（4 - 50）两边可得

$$T_{em} = T_2 + \frac{P_m + P_{ad}}{\Omega} = T_2 + T_0 \tag{4-51}$$

其中

$$T_2 = P_2/\Omega$$

$$T_0 = (P_m + P_{ad})/\Omega$$

式中 T_2——电动机转轴输出转矩；

T_0——电动机的空载转矩。

异步电动机这种转矩平衡关系与直流电动机相同，但要注意转矩关系与直流电动机的区别。异步电动机电磁转矩 $T_{em}=P_\Sigma/\Omega$，而直流电动机的电磁转矩 $T_{em}=P_{em}/\Omega$。

三、电磁转矩公式

本节根据异步电动机转矩方程式和等效电路，分别推导出电磁转矩的物理表达式和参数

表达式。

1. 电磁转矩的物理表达式

根据异步电动机的转矩方程式为

$$T_{em}=\frac{P_{\Sigma}}{\Omega}=\frac{(1-s)P_{em}}{\Omega}=\frac{P_{em}}{\Omega/(1-s)}=\frac{P_{em}}{\Omega_1} \tag{4-52}$$

$$\Omega_1=\frac{2\pi n_1}{60}$$

式中　Ω_1——同步机械角速度。

由此可得

$$T_{em}=\frac{P_{em}}{\Omega_1}=\frac{3I_2'^2R_2'/s}{\Omega_1} \tag{4-53}$$

由于电角速度 $\omega_1=p\Omega_1$，可得 $\Omega_1=\frac{\omega_1}{p}$。

而

$$P_{em}=3E_2'I_2'\cos\varphi_2 \tag{4-54}$$

所以

$$\begin{aligned}T_{em}&=\frac{p}{\omega_1}\times 3E_2'I_2'\cos\varphi_2\\&=\frac{p}{2\pi f_1}\times 3\times 4.44f_1N_1k_{w1}\Phi_m I_2'\cos\varphi_2\\&=\frac{3pN_1k_{w1}}{\sqrt{2}}\Phi_m I_2'\cos\varphi_2\\&=C_T\Phi_m I_2'\cos\varphi_2\end{aligned} \tag{4-55}$$

其中，$C_T=\frac{3}{\sqrt{2}}pN_1k_{w1}$ 为异步电动机的电磁转矩系数，其物理意义同直流电动机。对于一个已制成的异步电动机，C_T是一个常数。

式（4-55）与直流电动机的电磁转矩公式 $T_{em}=C_T\Phi I_a$ 极为相似，其中 $I_2'\cos\varphi_2$ 是异步电动机转子电流折算值的有功分量，是转子电流中能产生电磁转矩的这部分电流。当异步电动机的磁通 Φ_m一定时，其电磁转矩与折算后的转子电流有功分量成正比，这是异步电动机电磁转矩的一个很重要的性质。

2. 电磁转矩的参数表达式

上面提到的电磁转矩物理表达式能比较清楚地反映电磁转矩的物理概念。当需要用电动机参数来反映异步电动机的电磁转矩时，例如在异步电动机的电力拖动中表示电磁转矩与转差率的关系，可采用下面导出的参数表达式。电磁转矩的参数表达式可直接从异步电动机的简化等效电路导出。

从简化等效电路（图 4-24）可得转子电流的折算值为

$$I_2'=\frac{U_1}{\sqrt{(R_1+R_2'/s)^2+(X_{\sigma1}+X_{\sigma2}')^2}}$$

代入式（4-53）电磁转矩公式可得

$$\begin{aligned}T_{em}&=\frac{3I_2'^2R_2'/s}{\Omega_1}\\&=\frac{3pU_1^2R_2'/s}{2\pi f_1[(R_1+R_2'/s)^2+(X_{\sigma1}+X_{\sigma2}')^2]}\end{aligned} \tag{4-56}$$

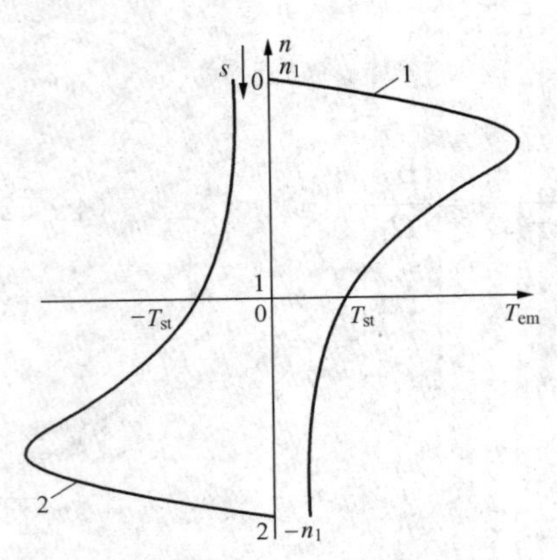

图 4-32　三相异步电动机的机械特性曲线

式（4-56）即是三相异步电动机电磁转矩的参数表达式，当U_1、f_1和R_2等一定时，这个参数表达式可反映电磁转矩T_{em}和转差率s之间的函数关系。在电力拖动中，常用它来表达异步电动机的机械特性，所以也称作机械特性曲线方程式。图4-32中曲线1是根据此特性方程式画出的机械特性曲线。这条特性曲线是一条非线性曲线，当电源反相时为另一对称的曲线2，从曲线1可看出，当$s=0$时，电磁转矩为零，称这点为理想空载点，其对应转速为同步转速n_1，三相异步电动机的起动转矩T_{st}较小，而其稳定运行段基本为一直线，且斜率相当小，机械特性很硬（有关机械特性的进一步的分析可参见第五章的第一节）。

【例4-3】　一台三相绕线式异步电动机，额定数据为：$P_N=94kW$，$U_N=380V$，$n_N=950r/min$，$f_1=50Hz$。在额定转速下运行时，机械摩擦损耗$P_m=1kW$，忽略附加损耗。额定运行时求：①转差率s_N；②电磁功率P_{em}；③电磁转矩T_{em}；④转子铜损耗P_{Cu2}；⑤输出转矩T_2。

解　由$n_N=950r/min$可知，同步转速$n_1=1000r/min$。

（1）额定转差率为

$$s_N=\frac{n_1-n}{n_1}=\frac{1000-950}{1000}=0.05$$

（2）电磁功率为

$$P_{em}=\frac{P_\Sigma}{1-s_N}=\frac{P_N+P_m}{1-s_N}=\frac{94+1}{1-0.05}=100\ (kW)$$

（3）电磁转矩为

$$T_{em}=\frac{P_{em}}{\Omega_1}=9550\frac{P_{em}}{n_1}=9550\times\frac{100}{1000}=955\ (N\cdot m)$$

（4）转子铜损耗为

$$P_{Cu2}=s_NP_{em}=0.05\times100=5\ (kW)$$

（5）输出转矩为

$$T_2=T_N=\frac{P_N}{\Omega_N}=9550\frac{P_N}{n_N}=9550\times\frac{94}{950}=944.9\ (N\cdot m)$$

第五节　三相异步电动机的工作特性

与直流电动机一样，异步电动机的工作特性也是使用异步电动机时很重要的依据之一。三相异步电动机的工作特性是指定子电源电压为额定电压和频率为额定频率时，电动机的转速n、定子相电流I_1、功率因数$\cos\varphi_1$、电磁转矩T_{em}、效率η与输出机械功率P_2之间的关系曲线，即当$U_1=U_{N1}$和$f_1=f_{N1}$时，n、I_1、$\cos\varphi_1$、T_{em}、$\eta=f\ (P_2)$的各种工作特性曲线，要定性掌握，对学习异步电动机的电力拖动和电动机控制系统都是很有必要的。

一、转速特性 $n=f(P_2)$

直接求出转速 n 与输出功率 P_2 的关系比较困难，但可从式（4-46）转子铜耗 P_{Cu2} 和电磁功率的关系式中，求得转差率 s 与转子电流折算值 I_2' 的关系。

由式（4-46）知 $P_{Cu2}=sP_{em}$，可得

$$s=\frac{P_{Cu2}}{P_{em}}=\frac{3I_2'^2R_2'}{3E_2'I_2'\cos\varphi_2}=\frac{I_2'R_2'}{E_2'\cos\varphi_2} \tag{4-57}$$

其中 $E_2'=E_1\approx U_1$，由于 $U_1=U_{N1}$，所以当 P_2 从 0 到 P_N 之间变化时，$E_2'\approx U_{N1}$ 可认为是一个常数，而 $\cos\varphi_2=\frac{R_2'/s}{\sqrt{(R_2'/s)^2+X_{\sigma2}'^2}}$，当 P_2 作上述变化时，s 从 0 变化到 $s=0.02\sim0.06$。R_2' 和 $X_{\sigma2}'$ 在数值上是同一数量级的，故可得到 $(R_2'/s)\gg X_{\sigma2}'$，所以 $\cos\varphi_2\approx1$，可近似为一个常数，由此从式（4-57）可得到 $s\propto I_2'$。

从式（4-47）和式（4-54）中，可得到 I_2' 与 P_2 的关系式，当忽略 P_m 和 P_{ad} 时，有

$$P_2\approx P_m=(1-s)3E_2'I_2'\cos\varphi_2$$

从上面的分析得到 E_2' 和 $\cos\varphi_2$ 在 P_2 变化时近似为常数，可得到 $s\propto P_2$。这样可找到下面有代表性的两点来作直线，此即为转速特性 $n=f(P_2)$。

理想空载点：$P_2=0$，$s=0$，$n=n_1$；

额定点：$P_2=P_N$，$s_N=0.02\sim0.06$，$n_N=(1-s_N)n_1=(0.98\sim0.94)n_1$。

所以三相异步电动机的转速特性是一条稍微向下倾斜的直线（仅在额定功率范围之内），如图 4-33 所示。它与他励直流电动机的转速特性很相似。

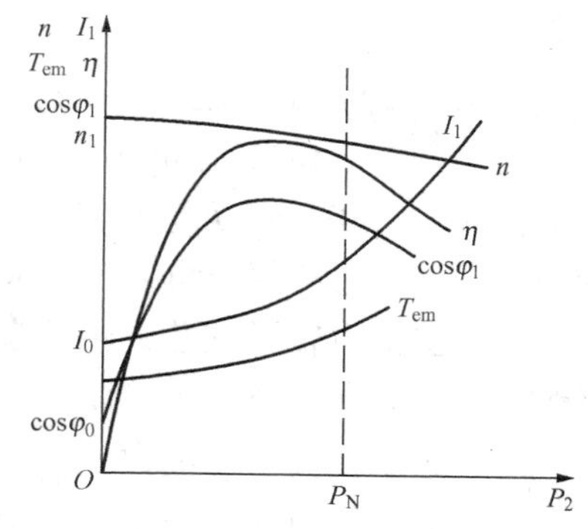

图 4-33　异步电动机的工作特性

二、定子电流特性 $I_1=f(P_2)$

根据三相异步电动机的磁通势平衡方程式 $\dot{I}_1=\dot{I}_0+(-\dot{I}_2')$，因为 I_0 在 P_2 变化时保持不变，随着负载 P_2 的增大，转子电流 I_2' 增大，定子电流 I_1 也增大，由于前面分析已得 I_2' 基本上与 P_2 成正比，所以定子电流 I_1 基本上也随 P_2 成线性增大。由于在 $P_2=0$ 时，$I_2'\approx0$，这时 $I_1=I_0$。定子电流特性曲线参见图 4-33。

三、功率因数特性 $\cos\varphi_1=f(P_2)$

异步电动机运行时需从电网中吸取无功电流进行励磁，所以 I_1 电流总滞后于电源电压 U_1，功率因数 $\cos\varphi_1<1$。空载时，定子电流为 I_0，基本上为励磁电流，这时功率因数很低，$\cos\varphi_1=0.1\sim0.2$。当负载 P_2 增大时，励磁电流 I_0 保持不变，有功电流随着 P_2 的增大而增大，使 $\cos\varphi_1$ 也随着增大，接近额定负载时，功率因数为最高，$\cos\varphi_1=0.76\sim0.9$。如在超过额定功率后进一步增大负载，转速下降速度加快，s 上升较快，使 R_2'/s 下降较快，转子电流有功分量所占比例下降，使定子电流有功分量比例也下降，从而使 $\cos\varphi_1$ 反而减小。因此如异步电动机的功率选择不合适，长期处于轻载或空载下运行，使电动机长期处于功率因数很低的状况下工作，其电能浪费是很大的。功率因数特性曲线如图 4-33 所示。

四、电磁转矩特性 $T_{em}=f(P_2)$

根据转矩平衡方程式 $T_{em}=T_0+T_2$，当负载变化时，空载转矩 T_0 保持不变，而 $T_2=P_2/\Omega$，当 P_2 在 $0\sim P_N$ 之间变化时，s 变化很小，Ω 变化也不大，所以可认为 T_2 与 P_2 成正比，特性曲线 $T_2=f(P_2)$ 为一直线。由于 $T_{em}=T_0+T_2$，T_0 基本保持不变，近似为常数，从而使电磁转矩特性 $T_{em}=f(P_2)$ 也为一直线。电磁转矩特性曲线参见图 4 - 33。

五、效率特性 $\eta=f(P_2)$

根据效率公式，有

$$\eta=\frac{P_2}{P_1}=\frac{1-\sum P}{P_1}=\frac{1-\sum P}{P_2+\sum P}$$

当 P_2 变化时，效率 η 的变化情况取决于损耗 $\sum P$ 的变化情况。$\sum P=P_{Cu1}+P_{Fe}+P_{Cu2}+P_m+P_{ad}$，其中 P_{Fe} 和 P_m 为不变损耗，即当 P_2 变化时，这部分损耗保持不变；P_{Cu1}、P_{Cu2} 和 P_{ad} 为可变损耗。电动机空载时，$P_2=0$，$\eta=0$。由于 P_{Cu1} 和 P_{Cu2} 分别与 $I_1{}^2$ 和 $I_2'^2$ 成正比，随着输出功率 P_2 的增大，开始可变损耗在 $\sum P$ 中占有很小的比例，$\sum P$ 增加得很慢，所以 η 上升很快。随着 P_2 的增大，可变损耗增加很快，使 η 增大速率减慢，当不变损耗等于可变损耗时，电动机的效率达最大。效率与损耗的这种关系，交、直流电动机完全一样。对中、小型异步电动机，当 $P_2=0.75P_N$ 左右时，效率最高，$\eta=\eta_{max}$。当 P_2 继续增大时，不变损耗增加速度加快，效率就要降低，如图 4 - 33 所示。从这一点来看，选择电动机的容量应适当，保持电动机长期工作在接近额定负载的情况下，是一种正确的选择。

本章小结

三相异步电动机主要由定子、转子和气隙三部分组成。定子主要由定子铁芯定子绕组组成，定子铁芯一般由 0.5mm 厚的硅钢片冲制叠成，目的是减小铁芯损耗。定子绕组由三个完全相同的、在空间互差 120°电角度安放的对称绕组组成，用来产生三相对称的电动势和旋转磁场，三相对称绕组可以连接成 Y 形或△形。

转子主要由转子铁芯和转子绕组组成，转子铁芯与定子铁芯相同。转子绕组分为笼型和绕线型两类，转子绕组短接。气隙的大小将影响异步电动机的励磁电流 I_0 和功率因数 $\cos\varphi_1$ 的大小，为了提高功率因数 $\cos\varphi_1$，减小励磁电流 I_0，应尽可能减小气隙。

三相对称绕组通以三相对称交流电流时，在气隙中形成圆形旋转磁场，这个旋转磁场的幅值恒定不变，旋转速度由电源频率和磁极对数决定，即 $n_1=60f_1/p$，其旋转方向由电源的相序决定，要改变旋转磁场的旋转方向，只要对调任意两相电源的接线。

三相异步电动机的转子转速始终小于旋转磁场的旋转速度，转差率是异步电动机的重要参数。由于异步电动机的转子与旋转磁场存在转速差，所以在电磁感应作用下，转子绕组中感应电动势，产生电流，进而产生电磁力和电磁转矩，带动转子旋转，实现电能到机械能的转换。电动机负载运行时，同时满足磁通势平衡、电动势平衡、功率平衡和转矩平衡关系，这些平衡关系概括了异步电动机运行的基本电磁关系。

从电磁感应本质看，异步电动机与变压器极为相似。因此可以用分析变压器的方法来分析异步电动机。由于异步电动机的转子旋转，而变压器的二次绕组静止，因此需进行频率折算，将旋转的转子转化为静止的转子，再进行绕组折算就可推导出异步电动机的基本方程式和等效电路。异步电动机的等效电路与变压器极为相似，但异步电动机等效电路中的负载是代表电动机总机械功率的纯电阻$\frac{1-s}{s}R'_2$。在工程上，常用等效电路计算异步电动机的运行状态和特性，而等效电路中的参数可以由空载实验和短路实验求取。

由于异步电动机的转子是旋转的，转子电路的频率与定子电路不同，但不论转子的旋转速度和旋转方向如何，定子、转子电流产生的磁场总是相对静止的。定子、转子绕组磁极数一样，绕线式电动机是通过转子绕组的连接实现，笼型电动机转子磁极数自动等于定子磁极数。

利用等效电路可简单推导出异步电动机功率和转矩关系，其中电磁转矩与电磁功率及机械功率之间的关系特别重要。

异步电动机的工作特性是其重要的运行性能。从工作特性可知，随着负载的变化，异步电动机的转速变化很小，定子电流和电磁转矩随着负载的变化几乎成线性变化，在一定的负载范围，负载越大，功率因数越高，效率越高。

1. 异步电动机的基本工作原理是什么？为什么异步电动机转子的转速只能低于同步转速？

2. 简述三相异步电动机的主要部件的作用。

3. 什么叫转差率？三相异步电动机的额定转差率约为多少？为什么讲转差率是异步电动机的重要参数？

4. 为什么异步电动机在整个圆周上的气隙都必须设计得很小，而直流电动机在磁极之间的气隙可以设计得较大？

5. 什么是电角度？电角度与机械角度之间有何关系？

6. 为什么交流绕组产生的气隙磁通势既是空间函数又是时间函数？

7. 试比较单相、三相交流绕组所产生的磁通势的主要区别，它们与直流绕组产生的磁通势又有什么区别？

8. 一台电源频率为50Hz的三相异步电动机，若施加60Hz的三相对称交流电，当电流有效值不变时，则基波旋转磁通势的幅值、极对数、旋转速度、旋转方向是否有变化？有何变化？

9. 一台三相交流异步电动机的定子绕组：①星形接法；②三角形接法。当任意把三个引出端中的两个端子的电源对调一下，电动机的旋转方向各有什么变化？

10. 若把三相异步电动机的转子抽掉，而在定子绕组加三相额定电压，会产生什么样的后果？电动机中的气隙能产生旋转磁通势吗？

11. 异步电动机的三相对称定子绕组通以三相对称交流电后会不会产生3的倍数的谐波磁通势？会有5次、7次谐波吗？若有，如何减弱？

12. 若把异步电动机定子绕组的每相匝数减少，则气隙中每极磁通及磁密数值怎样变化？

13. 异步电动机绕组感应电动势的频率与旋转磁场的极数和转速有何关系？在异步电动

机中，为什么旋转磁通势切割定子绕组的感应电动势的频率总是等于电源频率？

14. 为什么异步电动机从空载到满载变化时，主磁通变化不大？为什么当转子的输出转矩增大时，与转子绕组没有电路直接联系的定子绕组的电流和输入功率会自动增大？

15. 异步电动机等效电路中的 R_1，$X_{\sigma1}$，R_m，X_m，R_2'，$X_{\sigma2}'$及（$1-s$）R_2'/s 等参数各代表什么含义？

16. 设有一台三相异步电动机铭牌标有：额定电压 $U_N=380/220V$，定子绕组接法：Yd。使用时若有：①定子绕组接成三角形，电源接 380V；②定子绕组接成 Y 形，电源接 220V。则两种接法是否都允许？是否能带负载运行？会有严重后果吗？为什么？

17. 为什么异步电动机的功率因数总是滞后的？

18. 对比三相异步电动机与变压器的 T 形等效电路，找出差别，转子电路中$\frac{1-s}{s}R_2'$表示什么意思？

19. 三相异步电动机空载运行时，转子侧功率因数 $\cos\varphi_2$ 很高，为什么定子侧功率因数 $\cos\varphi_1$ 却很低？额定负载运行时定子侧功率因数 $\cos\varphi_1$ 为什么又较高？

20. 一台额定频率为 60Hz 的三相异步电动机接在 50Hz 的电源上，其他参数不变，电动机的空载电流如何变化？若电动机拖动额定负载运行，因频率降低会出现什么问题？

21. 单相绕组通以单相交流电，将在气隙中产生什么样的磁场？三相对称绕组通以三相对称交流电将在气隙中产生什么样的磁场？两者之间有什么关联？

22. 异步电动机的额定功率 P_N是输入功率还是输出功率？是电功率还是机械功率？

23. 为什么三相异步电动机要进行频率折算？为什么要进行绕组折算？折算应遵循什么原则？

24. 一台三相异步电动机，额定运行时转速 $n=950r/min$，问此时传递到转子的电磁功率有百分之几消耗在转子电阻上？有百分之几转化为机械功率？

25. 设一台三相异步电动机的铭牌标明额定频率 $f_N=50Hz$，额定转速 $n_N=1450r/min$，此电动机的极对数和额定转差率为多少？若另一台三相异步电动机的 $f_N=50Hz$，额定转速 $n_N=960r/min$，其极对数和额定转差率又各为多少？

26. 设一台三相异步电动机的 $P_N=50kW$，$U_N=380V$，$\cos\varphi_N=0.85$，$\eta_N=89.4\%$，试求此电动机的额定电流 I_N。

27. 设一台三相异步电动机的 $P_N=75kW$，$U_N=380V$，$\cos\varphi_N=0.87$，$I_N=140A$，试求此电动机的额定效率 η_N。

28. 设一台三相四极绕线式电动机的额定频率 $f_N=50Hz$，额定转速 $n_N=1450r/min$，转子堵转时的参数 $R_2=0.1\Omega$，$X_{\sigma2}=0.5\Omega$。当定子绕组加额定电压，而转子绕组开路，测得转子的每相绕组感应电动势为 110V，试求：

（1）额定运行时转子电动势 E_{2s}；

（2）额定运行时转子电流 I_{2s}；

（3）额定运行时转子电流频率 f_{N2}。

29. 一台六极的三相异步电动机额定数据为：$P_N=28kW$，$U_N=380V$，$f_N=50Hz$，$\cos\varphi_N=0.88$，$n_N=950r/min$，并已知定子铜耗及铁耗共为 2.2kW，$P_m=1.1kW$，忽略附加损耗。试计算额定负载时的下列各值：

（1）额定运行时的转差率 s_N；

（2）转子铜耗 P_{Cu2}；

（3）效率 η_N；

（4）定子电流 I_{N1}；

（5）转子电流频率 f_{N2}。

30. 一台三相四极异步电动机的额定数据为：$P_N=70kW$，$U_N=380V$，$f_N=50Hz$，$n_N=1480r/min$，定子绕组三角形接法，且已知 $R_1=0.088\Omega$，$X_{\sigma1}=0.404\Omega$，$R_2'=0.073\Omega$，$X_{\sigma2}'=0.77\Omega$，$R_m=2.75\Omega$，$X_m=26\Omega$，机械损耗和附加损耗之和 $P_m+P_{ad}=1.1kW$。试求：

（1）额定转差率 s_N；

（2）作 Γ 形等效电路计算 I_1、I_2'和 I_0；

（3）额定电磁转矩 T_{em}；

（4）功率因数 $\cos\varphi_N$和效率 η_N。

第五章　三相异步电动机的电力拖动运行

本章主要介绍三相异步电动机的机械特性，起动、制动与调速的原理与方法。其最重要的内容是三相异步电动机的机械特性，掌握好固有机械特性和人为机械特性，对分析起动、制动与调速的原理及方法有很大的帮助，因此一定要重视机械特性的内容。机械特性方程有物理意义表达式、参数表达式及实用表达式。原理分析时一般利用物理表达式，精确计算时采用参数表达式，工程计算时一般采用实用表达式。起动、制动及调试的原理与概念与直流电动机的拖动内容有一定的联系，在学习本章内容时，复习一下直流电动机的拖动内容，找到直流拖动与交流拖动的异同，可以更好地掌握电力拖动的知识。在交流调速中，变频调速是最常用的方法，一定要掌握变频调速的原理与方法。

三相异步电动机电力拖动就是将电动机与负载结合在一起分析，其主要内容是电动机的机械特性、起动、调速和制动等各种运行状态。在交流传动发展以后，电力机车、轧钢机、大型机床、矿井卷扬机等场合都被交流电动机所代替。为顺应汽车向节能环保“绿色”主题方向的发展，电动汽车已经成为研究的热点，用于电动汽车驱动的电动机也有三相异步电动机，因此异步电动机的应用非常广泛。第二章我们已经分析了负载的转矩特性。异步电动机的负载与直流电动机的负载相同。在这里我们首先研究三相异步电动机的机械特性，然后再将其与负载配合起来分析起动、制动及调速等各种运行状态的原理与方法。

第一节　三相异步电动机的机械特性

三相异步电动机的机械特性同其他电动机一样，也是指在电压与频率一定的条件下，电动机转速与其电磁转矩之间的函数关系 $n=f(T_{em})$。但是由于异步电动机转差率 s 是相对于同步转速 n_1 的转速差的相对值，当用 s 代替转速 n 时，能更清楚地表示其与电磁转矩 T_{em} 的函数关系，所以一般多采用 $T_{em}=f(s)$ 的形式。第四章得出的电磁转矩参数表达式即是这样一种机械特性形式，通常把 $T_{em}=f(s)$ 称为 T-s 曲线。

一、机械特性表达式

三相异步电动机机械特性 T_{em} 与 s 之间的关系不是线性关系，比直流电动机要复杂。其机械特性可以有不同表达形式，下面分别介绍三种常用的三相异步电动机的机械特性表达式，即物理表达式、参数表达式和实用表达式。

（一）机械特性的物理表达式

三相异步电动机机械特性的物理表达式即是第四章导出的电磁转矩的物理表达式，为

$$T_{em}=C_T\Phi_m I'_2\cos\varphi_2 \tag{5-1}$$

$$C_T = \frac{3pN_1k_{w1}}{\sqrt{2}}$$

式中　C_T——异步电动机的电磁转矩系数；

Φ_m——异步电动机的每极磁通；

I'_2——转子相电流折算值；

$\cos\varphi_2$——转子电路的功率因数。

式（5-1）并没有直接表达 T_{em} 与 s 的关系，但由于 I'_2 和 $\cos\varphi_2$ 都与 s 有关，则有

$$I'_2 = \frac{E'_2}{\sqrt{(R'_2/s)^2 + X'^2_{\sigma 2}}} \tag{5-2}$$

$$\cos\varphi_2 = \frac{R'_2/s}{\sqrt{(R'_2/s)^2 + X'^2_{\sigma 2}}} \tag{5-3}$$

根据式（5-2）和式（5-3），可画出 $I'_2=f(s)$ 及 $\cos\varphi_2=f(s)$ 的关系曲线，如图 5-1 的曲线 1 和曲线 2 所示。在不同 s 时取曲线 1 和曲线 2 的值，根据式（5-1）把这两曲线对应值相乘，然后再乘以常数 $C_T\Phi_m$（设转速变化时，每极磁通 Φ_m 保持不变），就可得到各点的电磁转矩 T_{em}，由此画成的曲线 3 即为 $T_{em}=f(s)$ 曲线。比较曲线 3 与曲线 1，可看出下列关系。

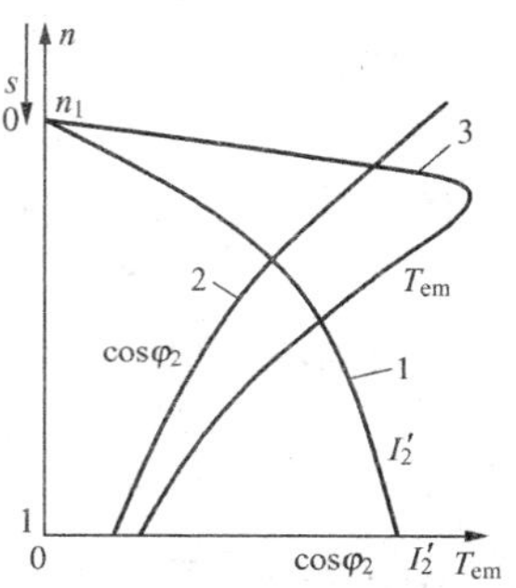

图 5-1　用 I'_2 和 $\cos\varphi_2$ 乘积求 T-s 曲线

1. 电磁转矩 T_{em} 与转子电流 I'_2 两者的关系

电磁转矩 T_{em} 与转子电流 I'_2 不成正比关系，T_{em} 仅与 $I'_2\cos\varphi_2$ 成正比。当 $s=1$ 时转速 $n=0$，这时 I'_2 虽然很大，但由于功率因数 $\cos\varphi_2$ 低，则 T_{em} 较小；当转速从 $n=0$ 上升时，I'_2 减小很慢，而 $\cos\varphi_2$ 增大较快，则 T_{em} 随转速 n 上升而增大；而当 n 接近于同步转速 n_1 时，s 接近于 0，$\cos\varphi_2$ 接近于 1，T_{em} 随 I'_2 的迅速增大而从 0 开始迅速增大。

2. 最大转矩 T_m

从上面讨论的 T_{em} 随 n 变化两种情况的趋势可知，转速 n 从 0 到 n_1 之间变化时，电磁转矩 T_{em} 一定会出现一个最大值，这个转矩即是异步电动机的最大转矩 T_m。这个 T_m 值可由下面的机械特性参数表达式计算得到。

式（5-1）反映了不同转差率下的 T_{em} 与转子电流的有功分量 $I'_2\cos\varphi_2$ 及每极磁通 Φ_m 间的关系，形式上与直流电动机的 $T_{em}=C_T\Phi I_a$ 相似，且 T_{em}、Φ_m、$I'_2\cos\varphi_2$ 三个物理量必须相互垂直，方向遵循"左手定则"，所以把这一表达式称为物理表达式。它能在物理概念上分析异步电动机在各种运转状态下，转矩 T_{em} 与磁通 Φ_m 及 $I'_2\cos\varphi_2$ 间的关系。

（二）机械特性的参数表达式

第四章推导出电磁转矩的参数表达式为

$$T_{em} = \frac{p}{2\pi f_1}\frac{3U_1^2R'_2/s}{(R_1+R'_2/s)^2+(X_1+X'_{\sigma 2})^2} \tag{5-4}$$

式（5-4）直接表达了 T_{em} 与转差率 s 的函数关系。其中 R_1、R'_2、$X_{\sigma 1}$、$X'_{\sigma 2}$、磁极对数 p 等都是电动机参数，因此也称为三相异步电动机机械特性的参数表达式。当电源电压 U_1 给定，且把确定的电动机参数代入式（5-4）后，即可作出异步电动机的机械特性如图5-2所示。

从图 5-2 中看出，异步电动机的机械特性曲线是非线性的，特性曲线跨三个象限（当同步转速为 n_1 时，曲线跨Ⅰ、Ⅱ及Ⅳ象限)。下面就异步电动机的 T_{em}-s 曲线进行分析：

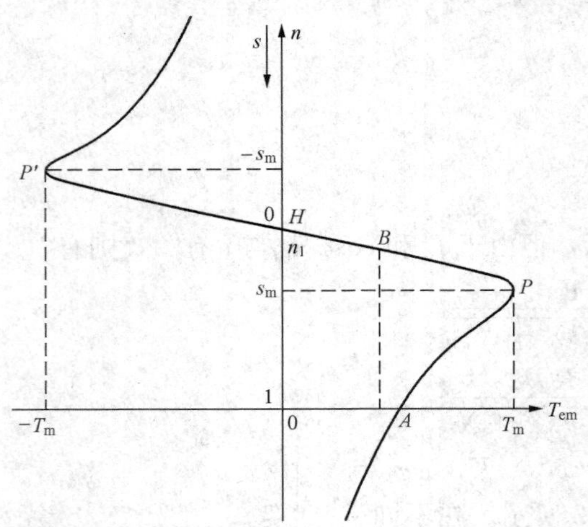

图 5-2 异步电动机的机械特性 $T_{em}=f(s)$

1. 同步转速点 H

此点转速是理想空载状态下的转速，即同步转速。其特点是 $n=n_1(s=0)$，电磁转矩 $T_{em}=0$，转子电流 $I_2=0$，定子电流 $I_1=I_0$。

2. 最大转矩点 P

其特点是对应的电磁转矩为最大值 T_m，称为最大转矩，对应的转差率 s_m 为临界转差率。因为式（5-4）是一个二次方程式，则对 s 求导，并令 $dT_{em}/ds=0$ 即可求出 $T_{em}=T_m$ 时的转差率 s_m 为

$$s_m=\pm\frac{R'_2}{\sqrt{R_1^2+(X_{\sigma1}+X'_{\sigma2})^2}} \tag{5-5}$$

s_m 仅与电动机的电路参数有关，将 s_m 代入式（5-4）中，即可求得最大电磁转矩 T_m，有

$$T_m=\pm\frac{3pU_1^2}{4\pi f_1\left[\pm R_1+\sqrt{R_1^2+(X_{\sigma1}+X'_{\sigma2})^2}\right]} \tag{5-6}$$

式（5-6）取正号时，对应于图 5-2 中的 P 点是电动运行状态时的最大转矩 T_m；取负号时，则对应图中的 P' 点是发电运行状态时的最大转矩 $-T_m$。由于式（5-6）中有 R_1，T_m 与 $-T_m$ 的绝对值并不相等，即 $|T_m|<|-T_m|$，当忽略 R_1 时，机械特性是以 H 点（$s=0$，$T_{em}=0$）为对称原点的。由式（5-5）和式（5-6）可知：

（1）异步电动机的临界转差率 s_m 仅与电动机本身的参数有关，而与电源电压 U_1 及电源频率 f_1 无关。s_m 与转子回路的电阻 R'_2 成正比，因此改变转子回路电阻，可以改变产生最大转矩时的转差率。当绕线式异步电动机转子回路串入电阻时，s_m 将变大，当 $s_m=1$ 时，起动转矩 $T_{st}=T_m$ 达到最大。

（2）异步电动机的最大转矩 T_m 与电源电压 U_1^2 成正比，与电源频率 f_1 成反比，与转子电阻 R'_2 无关。当转子回路串电阻时，虽然 s_m 变大，但 T_m 保持不变。

（3）过载能力 K_T。T_m 是异步电动机可产生的最大电磁转矩，如果电动机所带负载转矩 $T_L>T_m$，拖动系统就会减速而停转。为保证不会因短期过载而停转，异步电动机应有一定的过载能力。过载能力 K_T 用最大转矩 T_m 与额定转矩 T_N 之比表示，即

$$K_T=\frac{T_m}{T_N} \tag{5-7}$$

3. 起动点 A

其特点是 $n=0$，$s=1$，对应的电磁转矩 $T_{em}=T_{st}$，T_{st} 称为起动转矩。将 $s=1$ 代入式（5-4），得到异步电动机的起动转矩，则有

$$T_{st}=\frac{p}{2\pi f_1}\frac{3U_1^2R'_2}{(R_1+R'_2)^2+(X_{\sigma1}+X'_{\sigma2})^2} \tag{5-8}$$

由式（5-8）可知：

（1）当电源频率 f_1 和电动机的参数为常数时，起动转矩与定子相电压的平方成正比。所以电源电压较低时，起动转矩明显降低，甚至使起动转矩小于负载转矩，导致电动机不能起动。

（2）起动转矩 T_{st} 与转子电阻 R'_2 有关，在一定范围内增加转子回路的电阻 R'_2，可以增加起动转矩 T_{st}。当 $R'_2 \approx X_{\sigma 1}+X'_{\sigma 2}$ 时，起动转矩 T_{st} 为最大，等于最大转矩 T_m。

起动转矩 T_{st} 的大小常用起动转矩倍数 K_{st} 来表示，有

$$K_{st}=\frac{T_{st}}{T_N}$$

K_{st} 反映了电动机的起动能力，是笼型异步电动机的一个重要技术参数，可在产品目录中查得。起动时，只有当起动转矩 T_{st} 大于负载转矩 T_L 时，拖动系统才能起动。如果电动机带额定负载时，$K_{st}>1$ 的异步电动机才能起动。

4. 额定工作点 B

异步电动机工作在额定点（电动机的各项参数均为额定值）时，其 $n=n_N$（$s=s_N$），$T_{em}=T_N$，$I_1=I_{N1}$（或 I_N）。

5. 稳定运行区域

异步电动机的机械特性分为以下两个区域。

（1）转差率 $0 \sim s_m$ 区域。在此区域内，T_{em} 与 s 近似成正比关系，s 增大时，T_{em} 也随着增加，根据电力拖动稳定运行的条件判断，该区域是异步电动机的稳定区域。只要负载转矩小于电动机的最大转矩，电动机就可以在该区域内稳定运行。

（2）转差率 $s_m \sim 1$ 区域。在此区域内，T_{em} 近似与 s 成反比关系，即 s 增大时，T_{em} 反而减小，与 $0 \sim s_m$ 区域的结论相反，该区域为异步电动机的不稳定区域（个别负载如通风机负载等也可以在此区域稳定运行）。

6. 异步电动机的三种运行状态

（1）在 $0<s<1$ 的范围内，电磁转矩 T_{em}、n 都为正，转子旋转方向与旋转磁场的旋转方向一致，此时 $0<n<n_1$，电动机处于电动运行状态。

（2）在 $s<0$ 的范围内，电磁转矩 T_{em} 为负，转速 n 为正，转子的旋转方向与旋转磁场的旋转方向一致，此时 $n>n_1$，电动机处于发电运行状态，也是一种制动状态。

（3）在 $s>1$ 的范围内，电磁转矩 T_{em} 为正，转子转速 n 为负，转子的旋转方向与旋转磁场的旋转方向相反，电动机运行于制动状态。

（三）机械特性的实用表达式

上述参数表达式，对于分析异步电动机的电磁转矩、转差率与电动机参数间的关系，进行某些理论计算是非常有用的，但是实际应用时，异步电动机的这些参数都是设计数据，很难直接求得。机械特性的实用表达式是利用电动机产品目录中给出的技术数据和额定数据，得到电磁转矩 T_{em} 与转差率 s 的关系式，所以具体绘制给定电动机的机械特性要方便得多。虽然实用表达式计算结果精确度要差些，但一般可满足工程应用需要。下面对实用表达式进行推导。将式（5-4）和式（5-6）中的 R_1 略去不计，得到

$$T_{em}=\frac{3pU_1^2}{2\pi f_1}\frac{R'_2/s}{(R'_2/s)^2+(X_1+X'_{\sigma 2})^2} \tag{5-9}$$

$$T_m=\pm\frac{3pU_1^2}{4\pi f_1}\frac{1}{X_{\sigma 1}+X'_{\sigma 2}} \tag{5-10}$$

将式（5-9）和式（5-10）相除得

$$\frac{T_{em}}{T_m}=\frac{2}{\dfrac{R'_2/s}{X_{\sigma1}+X'_{\sigma2}}+\dfrac{X_{\sigma1}+X'_{\sigma2}}{R'_2/s}}=\frac{2}{\dfrac{s}{s_m}+\dfrac{s_m}{s}} \tag{5-11}$$

式（5-11）就是机械特性的实用表达式，也可写成

$$T_{em}=\frac{2T_m}{\dfrac{s}{s_m}+\dfrac{s_m}{s}} \tag{5-12}$$

式（5-12）中的T_m和s_m均可用电机产品目录中查到的数据求得，使用起来很方便。使用实用表达式应先在产品样本上查到该电动机的额定功率P_N，额定转速n_N及过载倍数K_T。

因为

$$T_N=9550\frac{P_N}{n_N}$$

式中 P_N——额定功率，kW；

n_N——额定转速，r/min；

T_N——额定转矩，N·m。

由式（5-7）可得$T_m=K_TT_N$，又由n_N可计算出s_N。当$s=s_N$时，$T_{em}=T_N$，代入式(5-11)得

$$\frac{T_N}{T_m}=\frac{2}{\dfrac{s}{s_m}+\dfrac{s_m}{s}}=\frac{1}{K_T}$$

可得

$$s_m=s_N(K_T+\sqrt{K_T^2-1})$$

把上面已算好的T_m和s_m再代入式（5-12），即得所求异步电动机的机械特性表达式。

当异步电动机所带的负载在额定转矩范围之内时，式（5-11）还可进一步简化，因为额定转差率s_N很小，一般仅为0.02～0.06，当负载转矩不大于异步电动机的额定转矩时，$\frac{s}{s_m}<\frac{s_m}{s}$，从而使$\frac{s_m}{s}+\frac{s}{s_m}\approx\frac{s_m}{s}$，式（5-12）变成了如下机械特性的简化实用表达式，有

$$T_{em}=\frac{2T_m}{s_m}s \tag{5-13}$$

经过简化的异步电动机的机械特性完全成了线性关系，应用时要方便得多，但必须注意的是，式（5-13）中s_m的计算应采用的公式如下

$$s_m=2K_Ts_N$$

使用机械特性简化实用表达式必须注意如下两点：

(1) 必须能确定运行点处于机械特性的直线段，或$s\ll s_m$，否则只能用实用表达式。

(2) 式（5-13）不能用于计算起动转矩，否则误差很大。

【例5-1】 一台三相六极笼型异步电动机，已知额定功率$P_N=7.5$kW，额定电压$U_{N1}=380$V，额定频率$f_{N1}=50$Hz，额定转速$n_N=950$r/min，过载能力$K_T=2$。求：

(1) 该电动机在$s=0.03$时电磁转矩T_{em}；

(2) 如不采用其他措施，能否带动$T_L=60$N·m的负载转矩？

解　(1) 同步转速为

$$n_1 = \frac{60f_1}{p} = \frac{60\times 50}{3} = 1000(\text{r/min})$$

$$s_N = \frac{n_1 - n_N}{n_1} = \frac{1000-950}{1000} = 0.05$$

$$s_m = s_N(K_T + \sqrt{K_T^2 - 1}) = 0.05\times(2+\sqrt{2^2-1}) = 0.19$$

额定转矩为

$$T_N = 9550\times P_N/n_N = 9550\times 7.5/950 = 75.4(\text{N}\cdot\text{m})$$

最大转矩为

$$T_m = K_T T_N = 2\times 75.4 = 150.8(\text{N}\cdot\text{m})$$

可得 s=0.03 时的电磁转矩

$$T_{em} = \frac{2T_m}{\frac{s}{s_m}+\frac{s_m}{s}} = \frac{2\times 150.8}{\frac{0.03}{0.19}+\frac{0.19}{0.03}} = 46.5(\text{N}\cdot\text{m})$$

(2) 因从机械特性可看出异步电动机的起动转矩 T_{st} 是起动过程中最小的电磁转矩，只有当 $T_{st}>T_L$ 时，才能带动负载转起来。

起动时，s=1，可得

$$T_{st} = \frac{2T_m}{\frac{s}{s_m}+\frac{s_m}{s}} = \frac{2\times 150.8}{\frac{1}{0.19}+\frac{0.19}{1}} = 55.3(\text{N}\cdot\text{m})$$

由于 $T_{st}<T_L$，故如不采用其他措施，该电动机不能带动 T_L=60N·m 的负载运转起来。

二、固有机械特性

三相异步电动机的固有机械特性，指的是电动机工作在额定状态下时的机械特性曲线 $T_{em}=f(s)$。从式 (5-4) 中的机械特性的参数表达式可知，所谓额定状况是指 $U_1=U_{N1}$，$f_1=f_{N1}$，定子绕组按规定方式接线，不经任何阻抗，转子电路也不外接任何阻抗而直接短接，这样固有机械特性的参数表达式即为

$$T_{em} = \frac{p}{2\pi f_1}\frac{3U_1^2R'_2/s}{(R_1+R'_2/s)^2+(X_{\sigma1}+X'_{\sigma2})^2}$$

根据上式绘制的固有机械特性如图 5-3 所示。一般讲，对于任一异步电动机，固有的机械特性曲线只有一条。当改变式中任一参数时，就变为一条人为机械特性曲线了。

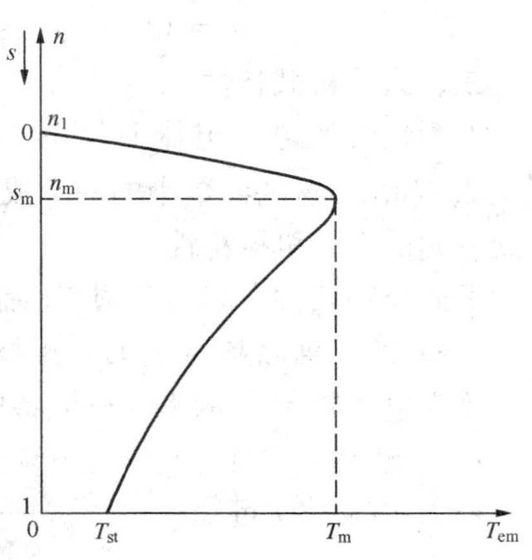

图 5-3　三相异步电动机的固有机械特性曲线

【例 5-2】　某三相四极绕线式异步电动机，额定功率 P_N=150kW，额定电压 U_{N1}=380V，额定频率 f_{N1}=50Hz，额定转速 n_N=1460r/min，过载能力 K_T=2。试求：

(1) 固有机械特性表达式；

(2) 起动转矩；

(3) 当负载转矩 $T_L=755\text{N}\cdot\text{m}$ 时的转速。

解 (1) $n_1=\dfrac{60f_1}{p}=\dfrac{60\times 50}{2}=1500(\text{r/min})$

$$s_N=\frac{n_1-n_N}{n_1}=\frac{1500-1460}{1500}=0.027$$

$$s_m=s_N(K_T+\sqrt{K_T^2-1})=0.027\times(2+\sqrt{2^2-1})=0.1$$

$$T_N=9550\frac{P_N}{n_N}=9550\times\frac{150}{1460}=981.2(\text{N}\cdot\text{m})$$

$$T_m=K_T T_N=2\times 981.2=1962.4(\text{N}\cdot\text{m})$$

则得固有机械特性表达式为

$$T_{em}=\frac{2T_m}{\dfrac{s}{s_m}+\dfrac{s_m}{s}}=\frac{2\times 1962.4}{\dfrac{s}{0.1}+\dfrac{0.1}{s}}=\frac{392.48s}{s^2+0.01}$$

(2) 将 $s=1$ 代入固有特性表达式，得到起动转矩为

$$T_{st}=\frac{392.48\times 1}{1+0.01}=388.6(\text{N}\cdot\text{m})$$

(3) 在固有机械表达式中令 $T_{em}=T_L=755\text{N}\cdot\text{m}$，即

$$755=\frac{392.48s}{s^2+0.01}$$

得

$$s=\frac{0.5198\pm\sqrt{0.5198^2-4\times 1\times 0.01}}{2\times 1}$$

$$s_1=0.02$$

$$s_2=0.5>s_m,\text{舍去}$$

$$n=(1-s)n_1=(1-0.02)\times 1500=1470(\text{r/min})$$

三、人为机械特性

人为地改变电源电压 U_1，电源频率 f_1，定子极对数 p，定、转子电路中的阻抗 R_1、R'_2，$X_{\sigma1}$ 和 $X'_{\sigma2}$ 这些参数中的一个或两个数据时，异步电动机的机械特性就发生变化，从而得到不同的人为机械特性。

下面介绍几种在起动、调速、制动等运行过程中常用的人为机械特性。

(一) 改变电源频率 f_1 的人为机械特性

改变电源频率 f_1 的人为机械特性分两种情况讨论：

1. 电源频率从额定频率向下调节

根据式(4-19)可知： $U_1\approx E_1=4.44f_1N_1k_{w1}\Phi_m$

则

$$\Phi_m=\frac{E_1}{4.44f_1N_1k_{w1}}\approx\frac{U_1}{4.44f_1N_1k_{w1}} \tag{5-14}$$

式 (5-14) 说明，当 f_1 减小时，Φ_m 将增大。但在电机设计时电动机的额定磁通接近磁路饱和值，如果 Φ_m 增大，电动机的磁路将过饱和，导致励磁电流急剧增加，功率因数变小，铁芯损耗增加，电动机过热，电动机的使用寿命将大大缩短。因此，在减小频率的同时也需减小电源电压，使磁通 Φ_m 基本恒定。此时，其人为机械特性曲线如图 5-4 所示。

因为频率改变时，对应最大转矩 T_m 时的转速降为

$$\Delta n_m = n_1 - n_m = s_m n_1 \approx \frac{R'_2}{X_{\sigma1} + X'_{\sigma2}} \frac{60 f_1}{p}$$

$$= \frac{R'_2}{2\pi(L_{\sigma1} + L'_{\sigma2})} \frac{60}{p} = \text{常数}$$

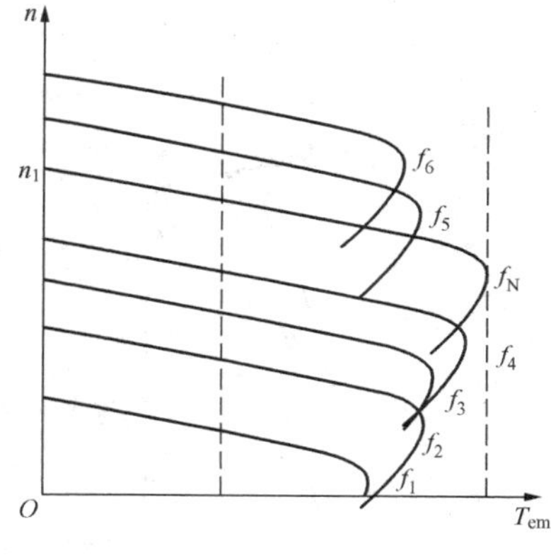

图 5-4　异步电动机变频人为机械特性

所以机械特性的硬度是近似不变的，即变频时的人为机械特性曲线与固有机械特性曲线是平行的。同时，因为有

$$T_m = \frac{3pU_1^2}{4\pi f_1 [\pm R_1 + \sqrt{R_1^2 + (X_{\sigma1} + X'_{\sigma2})^2}]}$$

当忽略 R_1 时，则

$$T_m = \frac{3pU_1^2}{4\pi f_1} \frac{1}{X_{\sigma1} + X'_{\sigma2}} = \frac{3p}{8\pi^2 (L_{\sigma1} + L'_{\sigma2})} \left(\frac{U_1}{f_1}\right)^2 \propto \left(\frac{U_1}{f_1}\right)^2$$

所以，当 U_1/f_1 为常数时，T_m 也为常数。这个结论只适合频率较高时，当频率 f_1 较低时，电源电压 U_1 也很低，此时定子电阻 R_1 的电压降 I_1R_1 已不能再忽略，上述结论就不正确了。因此，变频时 T_m 要减小，即电动机的过载能力 K_T 要降低。事实上，根据式（4-19）可知，E_1/f_1 = 常数时，Φ_m 才能严格保持恒定。

2. 电源频率从额定频率向上调节

此时如果仍要保持磁通 Φ_m 不变，维持 U_1/f_1 为常数，则当频率 f_1 增加时，电源电压 U_1 也必然要增大，而使电源电压超过额定电压，是不允许的。因此，频率从额定频率向上调节时，必须保持电源电压 $U_1 = U_{N1}$ 不变，根据式（5-14）可知，Φ_m 将随之减小，最大转矩为

$$T_m = \frac{3p}{8\pi^2 (L_{\sigma1} + L'_{\sigma2})} \frac{U_{N1}^2}{f_1^2}$$

也随频率 f_1 的增加而减小。频率调高时的人为机械特性曲线如图 5-4 的 f_5、f_6 所示。从特性曲线中可看出改变频率的人为机械特性的特点如下：

（1）理想空载转速 $n_1 \propto f_1$，机械特性曲线斜率不变。

（2）频率小于额定频率且接近于额定频率时，最大转矩 T_m 保持不变；但频率太低或超过额定频率时，最大转矩 T_m 减小。

（二）降低定子电压 U_1 的人为机械特性

保持电动机的其他条件不变，仅降低定子相电压所得到的人为机械特性曲线，称为降低定子电压的人为机械特性。对式（5-4）的参数表达式分析可知，降低定子电压时的人为特性的特点如下：

（1）降压后同步转速 $n_1 = \frac{60 f_1}{p}$ 保持不变，即不同电压 U_1 的人为机械特性都通过理想空载点。

（2）异步电动机的电磁转矩 T_{em} 与定子绕组上的电压平方 U_1^2 成正比。降低电压 U_1 后，对应同一转速的电磁转矩将按 U_1^2 成正比下降，而产生最大转矩的临界转差率 s_m 与电压 U_1 无关保持不变，减低定子电压 U_1 的人为机械特性如图 5-5 所示。

（3）异步电动机的起动转矩 T_{st} 也与电压平方 U_1^2 成正比，降低电压 U_1 后，起动转矩也按 U_1^2 成正比下降。

由图 5-5 可知，当定子电压降低时，异步电动机的最大转矩 T_m 急剧减小，若负载转矩

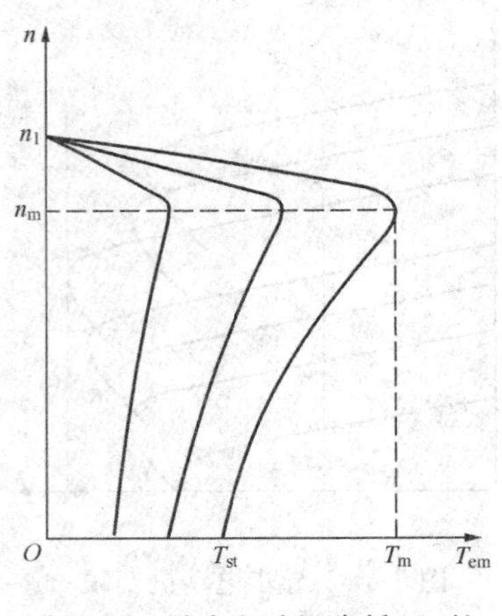

图 5-5　异步电动机降低 U_1 的人为机械特性

保持额定转矩不变，电动机就不能连续长期运行，否则可能缩短电动机寿命，甚至烧坏电动机。其原因为当电源电压 U_1 降低时，在电压降低瞬间，电动机的运行速度不变，机械特性变化，电动机将平移到新的特性曲线上运行，电动机的电流 I_1、I'_2 将下降，电磁转矩 T_{em} 减小，电动机减速运行（$T_{em}<T_L$），转差率 s 增大，转子电流也随 sE_2 增大而上升，在 T_{em} 回升到 $T_{em}=T_L$ 以前，电动机继续减速，一直降到 n_x（转差率由 s 上升到 s_x）为止，此时 $T_{em}=T_L$，系统达到新的平衡。由于电源电压下降前后，负载转矩保持不变，按式（4-53），$T_{em}\propto I'^2_2\frac{1}{s}$，得

$$I'^2_2\frac{1}{s}=I'^2_{2x}\frac{1}{s_x} \tag{5-15}$$

式中　I'_{2x}——U_1 降低后转子电流的折算值。

在式（5-15）中，由于 $s_x>s$，$I'_{2x}>I'_2$，最终使定子电流 I_1 上升，大于额定电流，电动机的温升提高，长期运行会使电动机超过额定温升。如果电源电压下降过多，或者负载转矩较大，都有可能使 $T_m<T_L$，这种情况下，拖动系统将被迫停下来，电动机出现堵转现象，如不及时切断电源，将立即烧毁电动机。

（三）转子回路串三相对称电阻时的人为机械特性

对于绕线式异步电动机，如保持其他条件不变，仅在转子回路串接三相对称电阻，所得到的人为机械特性称为转子串电阻的人为特性。根据本节前面的分析可知，当在转子回路内串入不同大小的对称电阻时，其特点如下：

（1）同步转速 n_1 保持不变，所有不同转子电阻的人为特性都通过理想空载转速点。

（2）最大电磁转矩 T_m 也保持不变，而临界转差率 s_m 将随着转子回路总电阻 R_2+R_{ad} 的增大而成正比增大。

（3）随 R_{ad} 变化，起动转矩 T_{st} 变化。当 $s_m<1$ 时，R_{ad} 增加，起动转矩 T_{st} 增加；当 $s_m=1$ 时，起动转矩最大 $T_{st}=T_m$；当 $s_m>1$ 时，随着转子电阻的增加，起动转矩 T_{st} 减小。其变化规律如图 5-6 所示。

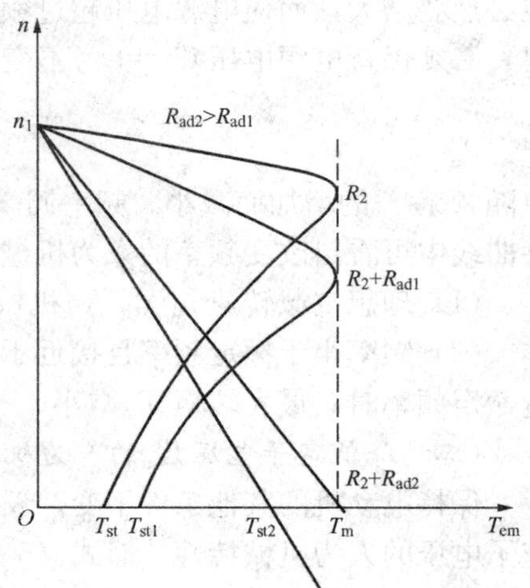

图 5-6　转子串对称电阻的人为机械特性

第二节　三相异步电动机的起动原理与方法

异步电动机拖动系统在起动过程中对电动机的要求与直流电动机一样。一是要求异步电动机要有足够大的起动转矩 T_{st}，使拖动系统具有较大的加速转矩，尽快达到正常运行状态；二是要求起动电流 I_{st} 不能太大，以免对电网冲击太大，引起电源电压下降，而影响其他电

气设备的正常工作。所以对异步电动机起动性能的要求以及相应起动方式的选择，应根据其所在的供电电网的容量，以及所带负载的不同而进行不同处理。下面分别介绍笼型异步电动机的起动方法及绕线式异步电动机的起动方法。

一、三相笼型异步电动机的起动

三相笼型异步电动机由于不能在转子回路串电阻，仅有全压起动和减压起动两种方法。

（一）全压起动

全压起动的方法就是将额定电源电压直接接到笼型异步电动机的定子绕组上，所以也称作直接起动。这种起动方法操作最简单，也不需要另外的起动设备，而且起动转矩 T_{st} 比减压起动时大，但缺点是起动电流大。

对于一般笼型异步电动机则有：

起动电流倍数
$$K_I=\frac{I_{st}}{I_{N1}}=5\sim 7 \tag{5-16}$$

起动转矩倍数
$$K_{st}=\frac{T_{st}}{T_N}=0.9\sim 1.3 \tag{5-17}$$

由式（5-16）、式（5-17）可见，与他励直流电动机相比，异步电动机的起动电流虽然很大，但起动转矩 T_{st} 却不很大。其原因是异步电动机的电磁转矩公式为 $T_{em}=C_T\Phi_m I'_2\cos\varphi_2$，起动时电流有功分量 $I'_2\cos\varphi_2$ 和每极磁通 Φ_m 都较小。而 $I'_2\cos\varphi_2$ 较小是因为起动时，$n=0$，$f_2=f_1$，$\varphi_2=\arctan$（$X_{\sigma2}/R_2$）较大，功率因数 $\cos\varphi_2$ 很低，使转子电流的有功分量 $I'_2\cos\varphi_2$ 较小；Φ_m 较小是因为起动电流 I_{st} 很大引起定子漏阻抗压降 $I_{st}Z_1$ 变大，定子感应电动势 E_1 变小，从而使 Φ_m 变小。这两个因素使得 T_{st} 不像直流他励电动机的起动转矩那样大。有时满载起动，还得设法加大 T_{st} 来满足起动要求。

除了负载因素外，异步电动机能否全压起动主要取决于供电电网容量的大小。一般全压起动只能在几千瓦以下的小功率电动机中使用。当电动机功率较大时，可用下面经验公式计算起动电流倍数是否满足要求。则有

$$\frac{I_{st}}{I_{N1}}\leqslant\frac{1}{4}\left[3+\frac{\text{电源总容量(kVA)}}{\text{起动电机功率(kW)}}\right] \tag{5-18}$$

当电网容量足够大，异步电动机的起动电流不致引起超过10%～15%的线路电压降时，应优先采用全压起动。

【例5-3】 某三相笼型异步电动机，$P_N=30\text{kW}$，$U_N=380\text{V}$，$I_N=59.3\text{A}$，$n_N=952\text{r/min}$，$K_T=2.5$，$K_I=6.5$，供电电源容量 $S_N=850\text{kVA}$。试问该电动机能否带动额定负载直接起动？

解　由式(5-18)得
$$\frac{1}{4}\left[3+\frac{\text{电源总容量(kVA)}}{\text{起动电机功率(kW)}}\right]$$
$$=\frac{1}{4}\times\left(3+\frac{850}{30}\right)=7.83>K_I=6.5$$

所以，就起动电流而言，供电电网允许该电动机直接起动。但能否带动额定负载起动，还需校验起动转矩。额定转差率为

$$s_N=\frac{n_1-n_N}{n_1}=\frac{1000-952}{1000}=0.048$$

$$s_m = s_N(K_T + \sqrt{K_T^2 - 1}) = 0.048 \times (2.5 + \sqrt{2.5^2 - 1}) = 0.23$$

在固有特性实用表达式中令 $s=1$ 可得直接起动转矩

$$T_{st} = \frac{2T_m}{\frac{s}{s_m} + \frac{s_m}{s}} = \frac{2 \times 2.5T_N}{\frac{1}{0.23} + \frac{0.23}{1}} = 1.09T_N > T_N$$

故该电动机可以带动额定负载直接起动。

（二）减压起动

当笼型异步电动机功率较大而起动负载转矩较小时，可以进行减压起动。通过减压起动减小起动电流 I_{st}。根据三相异步电动机简化等效电路，当 $s=1$ 时，忽略励磁电流 I_0 可得

$$I_{st} = \frac{U_1}{\sqrt{(R_1 + R'_2)^2 + (X_{\sigma1} + X'_{\sigma2})^2}} \tag{5-19}$$

可见起动电流（相电流）I_{st} 与定子绕组电压 U_1（相电压）成正比。当起动时降低电压 U_1，起动电流 I_{st} 也成正比减小。当转速升高到一定值后，再恢复到额定电压 U_{N1}，使整个起动过程中，起动电流都不超过一个确定的电流。

起动时机械特性可用 $s=1$ 代入式（5-4）得到

$$T_{st} = \frac{p}{2\pi f_1} \frac{3U_1^2 R'_2}{(R_1 + R'_2)^2 + (X_1 + X'_{\sigma2})^2}$$

可见起动转矩在减压起动时也减小，而且以 ${U_1}^2$ 的关系迅速减小。所以，对于一个具体的拖动系统，一定要考虑到减压起动时是否有足够大的起动转矩。

常用的减压起动方法有：①定子串电阻或串电抗减压起动；②串自耦变压器减压起动；③星-三角（Y-△）减压起动。

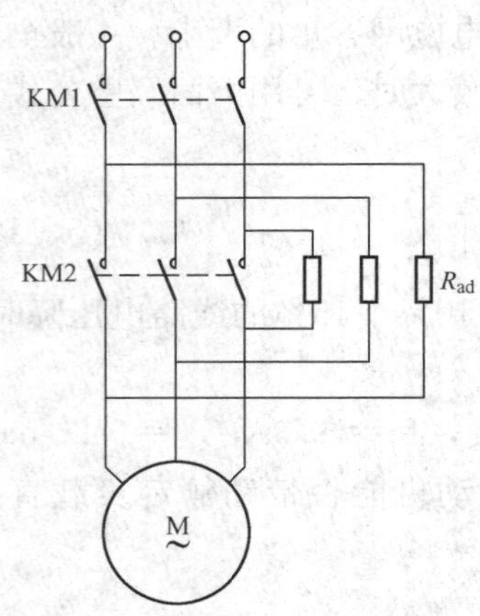

图 5-7 笼型异步电动机串电阻减压起动原理接线图

下面具体分析每种起动方法：

1. 定子串电阻或串电抗减压起动

定子串电阻、串电抗减压起动效果都一样，都能减小起动电流，但大型电动机串电阻起动能耗太大，多采用串电抗进行减压起动。定子串电阻减压起动原理接线如图 5-7 所示。电动机起动时，接通接触器 KM1 的主触头，断开 KM2 的主触头，则定子绕组串入电阻 R_{ad} 后接到电源上去，降低了加在定子绕组上的电压，减少了起动电流 I_{st}。起动结束后，接通 KM2 的主触头，将电阻 R_{ad} 短接。

设电动机全压起动时起动电流为 I_{st}，起动转矩为 T_{st}，当串入电阻后，加在定子绕组上的电压 $U_1 = kU_N$，其中 $k < 1$。根据式（5-19）、式（5-8）可知，异步电动机定子串电阻减压起动时起动电流 I_{stR} 和起动转矩 T_{stR} 分别为

$$I_{stR} = \frac{U_1}{\sqrt{(R_1 + R'_2)^2 + (X_{\sigma1} + X'_{\sigma2})^2}}$$

$$= \frac{kU_N}{\sqrt{(R_1 + R'_2)^2 + (X_{\sigma1} + X'_{\sigma2})^2}} = kI_{st} \tag{5-20}$$

$$T_{\mathrm{stR}}=\frac{p}{2\pi f_1}\frac{3U_1^2R'_2}{(R_1+R'_2)^2+(X_1+X'_{\sigma 2})^2}$$
$$=\frac{p}{2\pi f_1}\frac{3k^2U_{\mathrm{N}}^2R'_2}{(R_1+R'_2)^2+(X_1+X'_{\sigma 2})^2}=k^2T_{\mathrm{st}} \tag{5-21}$$

由式（5－20）、式（5－21）可知，在电动机的定子回路串电阻或电抗起动时，起动电流下降到kI_{st}，但起动转矩却下降到k^2T_{st}，所以，该方法只适用于轻载起动。

2. 串自耦变压器减压起动

异步电动机串自耦变压器减压起动原理接线如图 5－8 所示。三相星形连接的自耦变压器 TA 作起动补偿器。电动机容量较大时，起动补偿器由三相自耦变压器和接触器加上适当的控制线路组成。起动时，先使接触器 KM2 和 KM3 的主触点闭合，使自耦变压器的一次侧绕组 N_1加全电压U_1，减压后的二次侧电压U_2加到电动机的定子绕组上。当转速上升到一定值后，将 KM2 和 KM3 断开，使 KM 1闭合，则异步电动机在全压下运行，自耦变压器一、二次侧均脱离电源。

图 5－9 画出了自耦变压器 TA 一相绕组，设 TA 的变比有

$$k_{\mathrm{a}}=\frac{N_1}{N_2}=\frac{U_1}{U_2}=\frac{I_2}{I_1}=\sqrt{3}$$

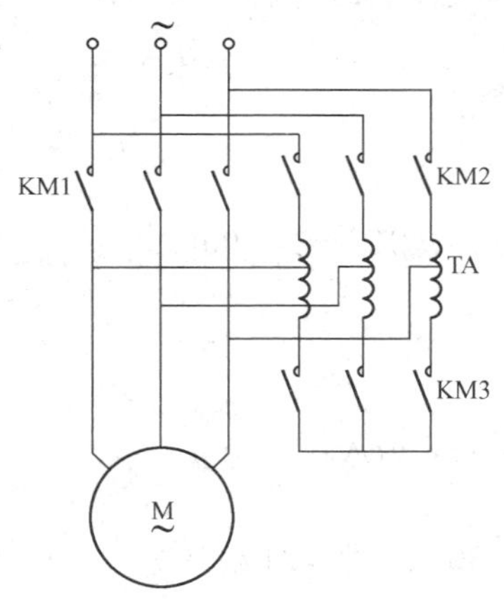

图 5－8　异步电动机串自耦变压器减压起动原理接线图

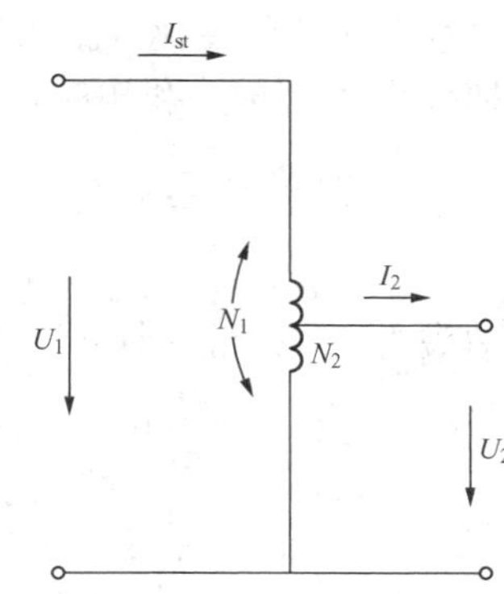

图 5－9　自耦变压器的电压、电流关系

这里，U_1和I_1分别是电源相电压U_{N1}和电源提供的起动电流I'_{st}；U_2和I_2分别是自耦变压器二次绕组的相电压（即加到三相电动机定子绕组的相电压）U'_1及电动机减压起动电流。设全压起动时起动电流为I_{st}，不考虑 TA 内阻抗的影响，根据式（5－19），I_{st}、I_2应该与起动时加在电动机上的相电压成正比，即

$$\frac{I_{\mathrm{st}}}{I_2}=\frac{U_{\mathrm{N1}}}{U_2}=k_{\mathrm{a}}$$

$$I_2=\frac{I_{\mathrm{st}}}{k_{\mathrm{a}}}$$

经过自耦变压器减压后，电动机从电源取的电流是I_1而不是I_2，而$I_1=I'_{\mathrm{st}}$，所以自耦变压器减压起动时从电源取得的电流（即起动电流）为

$$I'_{st}=I_1=\frac{I_2}{k_a}=\frac{I_{st}}{k_a^2}=\frac{I_{st}}{3}$$

起动转矩可由式（5-8）直接求出

$$\frac{T'_{st}}{T_{st}}=\frac{U_1'^2}{U_{N1}^2}=\frac{1}{k_a^2}$$

即
$$T'_{st}=\frac{T_{st}}{k_a^2}=\frac{T_{st}}{3}$$

这里 T_{st} 为全压起动时的起动转矩。

由此可见，串自耦变压器减压起动时，起动转矩和起动电流按相同比例减小。与串电阻减压相比，当减小相同起动电流时，串自耦变压器减压起动方法的起动转矩要大得多，这是它的一个突出优点。而且可将自耦变压器做成不同变比的抽头，一般产品电压 U_2 分别是电源电压的 40%、60%和 80%，以适应不同的起动转矩的要求，而不像串电阻那样只适合轻载起动，这也是一大优点。

【例 5-4】 有一三相笼型异步电动机，其额定功率 $P_N=60\text{kW}$，额定电压 $U_N=380\text{V}$，定子星形连接，额定电流 $I_N=136\text{A}$，起动电流与额定电流之比 $K_I=6.5$，起动转矩与额定转矩之比 $K_{st}=1.1$，但因供电变压器的限制，允许该电动机的最大起动电流 500A。若拖动负载转矩 $T_L=0.3T_N$（要求 $T'_{st}=1.1T_L$），用串有抽头 80%、60%、40%的自耦变压器起动，问用哪种抽头才能满足起动要求？

解 自耦变压器的变比为抽头比的倒数。

（1）抽头为 80%时，供电变压器流过的起动电流为

$$I_{st1}=\frac{1}{k_a^2}I_{st}=0.8^2\times6.5\times136=565.8(\text{A})>500(\text{A})$$

不能采用。

（2）抽头为 60%时，则：

起动电流
$$I_{st1}=\frac{1}{k_a^2}I_{st}=0.6^2\times6.5\times136=318.2(\text{A})<500(\text{A})$$

起动转矩
$$T_{st1}=\frac{1}{k_a^2}T_{st}=0.6^2\times1.1T_N=0.396T_N>1.1T_L$$

可以正常起动。

（3）抽头为 40%时，则

起动电流
$$I_{st1}=\frac{1}{k_a^2}I_{st}=0.4^2\times6.5\times136=141.4(\text{A})<500(\text{A})$$

起动转矩
$$T_{st1}=\frac{1}{k_a^2}T_{st}=0.4^2\times1.1T_N=0.176T_N<1.1T_L$$

不能正常起动。

3. 星-三角（Y-△）减压起动

星-三角减压起动，是利用三相定子绕组的不同连接实现减压起动的一种方法。对于正常运行时接成△形的电动机，起动时改接成 Y 形，则定子每相绕组上所加的电压只有 $U_{N1}/\sqrt{3}$，所以不需增加额外的减压设备就可实现减压起动。图 5-10 是这种星-三角起动控制原理接线图。电动机三相定子绕组的六个出线端 A1、A2、B1、B2、C1、C2 全部接出来。起动时，使 KM1 和 KM3的主触点闭合，定子绕组被接成 Y 形，该电动机的定子绕组电压在

$U_{N1}/\sqrt{3}$下起动，当转速上升至稳定后，断开KM3的主触点，合上KM2的主触点，定子绕组被接成△形，每相绕组电压为U_{N1}，电动机在全压下正常工作。要注意定子绕组六个出线端的接法，应使Y形接法与△形接法时定子绕组中电流相序不变，以保证起动、运行两状态时电动机同方向旋转。

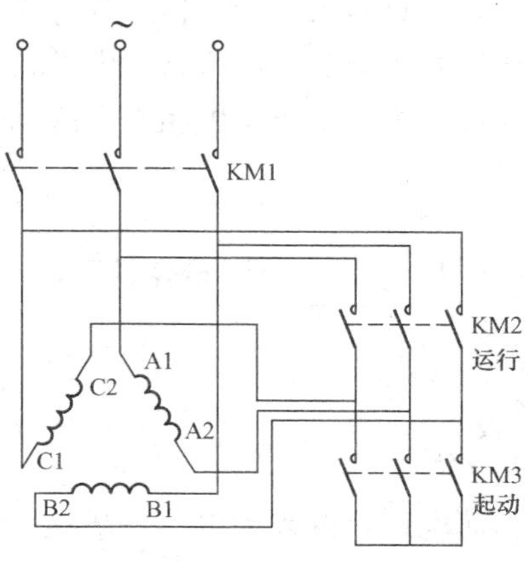

图5-10 笼型异步电动机星-三角起动原理接线图

根据式（5-19），起动电流（相电流）与定子每相绕组电压成正比。设△形接法全压起动电流（线电流）为$I_{st\triangle}$，Y形接法减压起动电流（线电流）为I_{stY}。则△形接法全压起动时的相电流为$I_{st\triangle}/\sqrt{3}$，Y形接法减压起动时相电流（即线电流）I_{stY}为$1/\sqrt{3}$的△形接法全压起动相电流，故

$$I_{stY}=\frac{1}{\sqrt{3}}\times\frac{I_{st\triangle}}{\sqrt{3}}=\frac{1}{3}I_{st\triangle}$$

由此可见，星-三角起动时，电源供给的起动电流仅为△形接法全压起动的1/3。

起动转矩与相电压的平方成正比，故有

$$\frac{T_{stY}}{T_{st\triangle}}=\frac{(U_{N1}/\sqrt{3})^2}{U_{N1}^2}=\frac{1}{3}$$

即星-三角起动时的起动转矩仅为三角形接法直接起动的1/3。

上述各种减压起动方法中，星-三角起动设备最简单。故Y系列中，4kW以上的三相笼型异步电动机，定子绕组额定电压都设计成用△形接法，以便采用星-三角起动（4kW以下的电动机一般没有采用减压起动的必要）。

【例5-5】 例5-4中的电动机能否采用Y-△起动法来起动？

解 Y-△起动电流为

$$I_{stY}=\frac{1}{3}I_{st}=\frac{1}{3}\times 6.5\times 136=294.7(\text{A})<500(\text{A})$$

此时的起动转矩

$$T_{stY}=\frac{1}{3}T_{st}=\frac{1}{3}\times 1.1T_N=0.367T_N>T_L$$

故能采用Y-△起动。

【例5-6】 某三相笼型异步电动机P_N=40kW，U_{N1}=380V。n_N=1470r/min，$\cos\varphi_N$=0.89，η_N=91%，定子绕组为三角形接法，起动电流倍数K_I=6.5，起动转矩倍数K_{st}=1.2，过载能力K_T=2.0，电网配电变压器容量为800kVA。试问当负载转矩$T_L=0.95T_N$时，可采用什么方法起动？

解 （1）试用全压起动方法：电动机定子的额定电流

$$I_{N1}=\frac{P_N}{\sqrt{3}U_{N1}\cos\varphi_N\eta_N}=\frac{40\times 10^3}{\sqrt{3}\times 380\times 0.89\times 0.91}=75(\text{A})$$

用经验公式，即式（5-18）

$$\frac{I_{st}}{I_{N1}}\leqslant\frac{1}{4}\left[3+\frac{电源总容量(\text{kVA})}{起动电机功率(\text{kW})}\right]$$

计算电源总容量（变压器）要等于 920kVA，才能满足全压起动时的起动电流倍数要求，现变压器容量只有 800kVA，故不能全压直接起动。

(2) 试用定子串电阻减压起动：根据式（5 - 18）可得

$$\frac{I_{st,max}}{I_{N1}} \leqslant \frac{1}{4}\left[3+\frac{电源总容量(kVA)}{起动电机功率(kW)}\right]$$

式中，$I_{st,max}$为现变压器容量下，其允许的最大起动电流

$$I_{st,max}=\frac{I_{N1}}{4}\left[3+\frac{电源总容量(kVA)}{起动电机功率(kW)}\right]$$

$$=\frac{75}{4}\times\left(3+\frac{800}{40}\right)=431(A)$$

而电动机的起动电流

$$I_{st}=K_I I_{N1}=6.5\times 75=487.5(A)$$

当串电阻减压起动时，其减压系数为

$$k=\frac{I_{st,max}}{I_{st}}=\frac{431}{487.5}=0.884$$

电动机的额定转矩

$$T_N=9550\frac{P_N}{n_N}=9550\times\frac{40}{1470}=260(N\cdot m)$$

电动机的起动转矩

$$T_{st}=K_{st}T_N=1.2\times 260=312(N\cdot m)$$

减压起动时电动机的最大起动转矩

$$T'_{st}=k^2T_{st}=0.884^2\times 312=243.8(N\cdot m)$$

而负载的起动转矩

$$T_L=0.95T_N=0.95\times 260=247(N\cdot m)>T'_{st}$$

故不能通过定子串电阻的方法进行减压起动。

(3) 试用星-三角减压起动：当星-三角起动时，电动机的最大起动转矩

$$T'_{st}=\frac{1}{3}T_{st}=\frac{1}{3}\times 314=104(N\cdot m)$$

故不能通过星-三角起动的方法进行减压起动。

(4) 试用自耦变压器减压起动：自耦变压器的变比 k_a应使电源的供给电流限制在现变压器允许的最大起动电流 431A 以下，故

$$k_a=\sqrt{\frac{I_{st}}{I_{st,max}}}=\sqrt{\frac{487.5}{431}}=1.06$$

这里取自耦变压器的抽头为 0.9，则变比

$$k_a=\frac{1}{0.9}=1.11$$

这种情况下，电动机的起动转矩

$$T'_{st}=\frac{1}{k_a^2}T_{st}=\frac{1}{1.11^2}\times 312=253(N\cdot m)>T_L$$

所以当用抽头为 90%的自耦变压器减压起动时，能起动 $T_L=0.95T_N$的负载。

（三）软起动

软起动器是 20 世纪 80 年代发展起来的高性能、智能化的电动机起动设备。它是一种减压起动器，是继 Y－△起动、自耦减压起动之后，目前最先进、最流行的起动器。它可以实现笼型异步电动机在负载要求的起动特性下无级平滑起动，方便地调节起动电流和起动时间，降低起动电流对电网的冲击，还能直接与计算机实现通信，为智能控制打下了良好的基础。

1. 软起动器工作原理

软起动器的工作原理如图 5－11 所示。软起动器的主电路通常由三对反并联的晶闸管组成，串接于三相电源和电动机的定子电路上。利用晶闸管的控制原理，通过计算机的控制改变晶闸管的开关时间，使电动机的定子电压按需要逐渐上升。起动时，旁路接触器 KM 断开，接入软起动器，按照预先设定的模式，通过驱动电路控制晶闸管的导通角，调节电动机的定子电压，控制电动机的起动过程。起动结束，接通旁路接触器 KM，切除软起动器，电动机直接与电源电压相接，保证软起动器只在起动时工作，避免了软起动器长期工作产生不必要的损耗及软起动器产生的谐波对电网的影响。

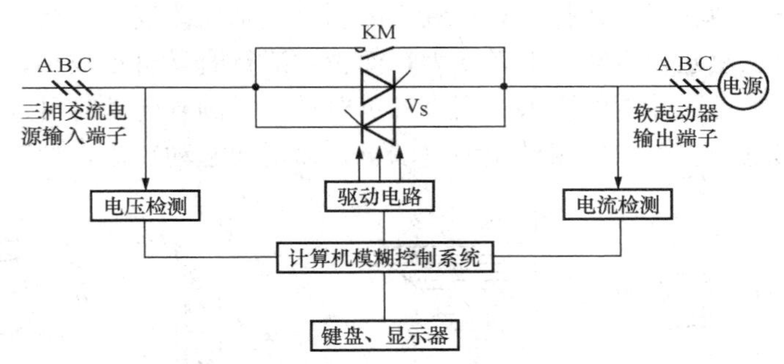

图 5－11　软起动器的工作原理

2. 软起动器的分类

目前软起动器有以下几种起动方法：

（1）限流起动。该方式起动电动机时，软起动器的输出电压迅速增加，直到输出电流达到限定的电流 I_m，并保持不变，逐渐升高电压，使电动机加速。当达到额定电压、稳定转速时，起动结束。起动过程如图 5－12 所示。其特点是起动电流小，可以按需要调整，对电网的影响小；但起动转矩不能保持最大，起动时间长，适合轻载起动。

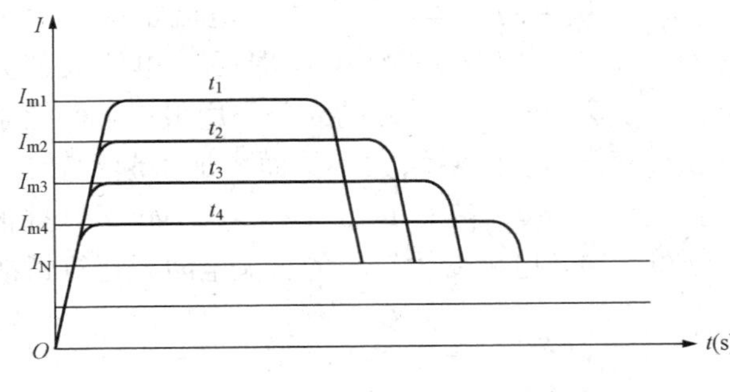

图 5－12　限流软起动特性

（2）电压斜坡起动。该方式起动电动机时，软起动器的电压快速升至加速电压 U_1，然后在设定的时间内逐渐上升，随着电压的升高，电动机加速，直到电压达到额定值，转速稳定，起动结束。起动过程如图 5－13 所示。其特点是起动电流较大，起动时间短，适合重载起动。

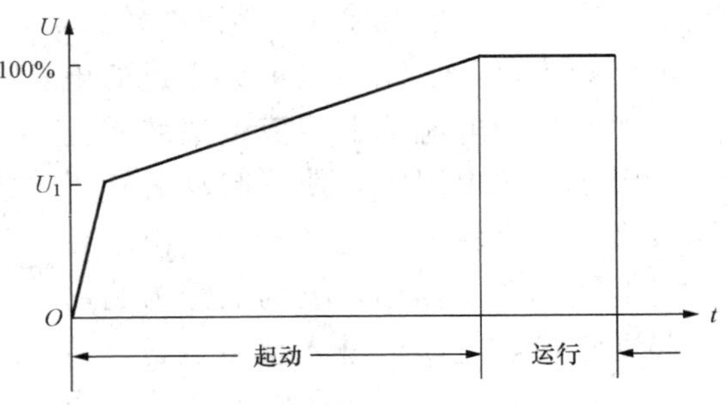

图 5－13　电压斜坡起动特性

实际使用软起动器时，不但可以用于起动电动机，还可以用于停车。

二、高起动性能的三相笼型异步电动机

笼型异步电动机上述起动方法，各有优缺点。采用全压起动，起动电流很大，采用减压起动，减小了起动电流，但起动转矩也相应地减小。为此又出现了两类既可减小起动电流，又能增大起动转矩的笼型异步电动机，即深槽式及双笼型异步电动机。两者原理基本一样，都是在普通笼型异步电动机的基础上，根据起动和正常运行时转子频率的明显差别，改变转子槽形结构，利用不同频率电流的集肤效应，使起动时转子电阻变大，而正常运行时又自动减小，从而达到同时满足异步电动机的起动和运行性能的要求。当小容量电动机需满载起动时可选用这两类电动机。例如数控机床主轴电动机就采用深槽笼型电动机，以增大起动转矩，加速起动过程。

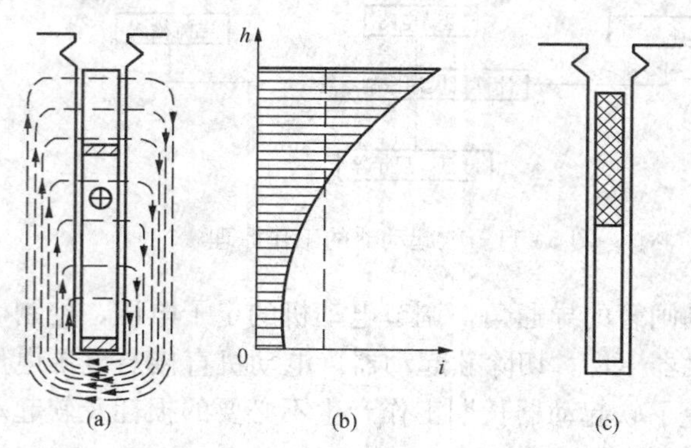

图 5 - 14 深槽转子导条中沿槽高方向电流的分布
(a) 转子槽漏磁；(b) 电流密度的分布；(c) 导条的有效截面

1. 深槽式异步电动机

这种电动机转子的槽窄而深，槽深 h 与槽宽 b 之比 $h/b=10\sim12$，而普通电动机的$h/b<5$。图 5 - 14（a）中的导条可看作为由若干扁导线组成，由图 5 - 14（a）中槽漏磁通的分布可见，槽底导条所匝链的漏磁通比槽口的导条匝链的漏磁通多得多，因此槽底的漏电抗比槽口大。电动机起动时 $s=1$，转子频率 $f_2=f_1$最高，漏电抗最大，漏电抗成为漏阻抗中的主体，导条中的电流密度上大下小，如图 5 - 14（b）所示。电流大部分集中到槽口，这种现象称为电流的集肤效应。由于这一效应，槽底的导条作用很小，使导条的有效面积缩小，如图 5 - 14（c）所示，相应使转子电阻 R_2增大，从而增加了起动转矩，减小了起动电流。当转速上升，转差率 s 减小，到 $n=n_N$，转子 $f_2=1\sim3\text{Hz}$，转子电抗很小，集肤效应基本消失，导条中的电流均匀分布，导条电阻变为较小的直流电阻，运行性能基本不受影响。

2. 双笼型异步电动机

这种异步电动机的转子上有两套导条，分别安放在上笼 1 和下笼 2 中，如图 5 - 15 所示。两笼间由狭长的缝隙隔开，上笼导条用电阻系数较大的黄铜或铝青铜制成，且导条截面较小故电阻较大；下笼导条用电阻系数较小的紫铜制成，且导条截面较大，故电阻较小。根据集肤效应原理，起动时由于转差率较大，转子电路频率高，下笼漏电抗大流过的电流少，大部分的电流从上笼流过集肤效应明显。由于上笼电阻大，使得起动时转子电阻较大，产生较大的起动转矩。由于在起动时上笼起主要作用，故称上笼为起动笼。起动结束，电动机进入正常运行，转子频率很小，漏电抗很小，电流的分配由电阻决定，电流大部分流过电阻较小的下

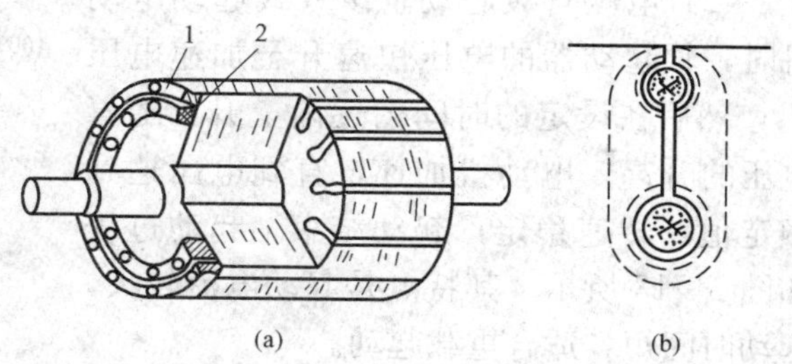

图 5 - 15 双笼型转子的结构与漏磁通
(a) 双笼型转子的结构；(b) 双笼型转子的漏磁通分布

笼。正常运行时下笼起主要作用，故称下笼为运行笼。

图 5 - 16 中，T_1为起动笼（上笼）的机械特性，T_2为运行笼（下笼）的机械特性，将两条机械特性叠加，即得双笼型转子异步电动机的机械特性 T_{em}。由特性曲线可见，双笼型转子异步电动机具有较好的起动特性。

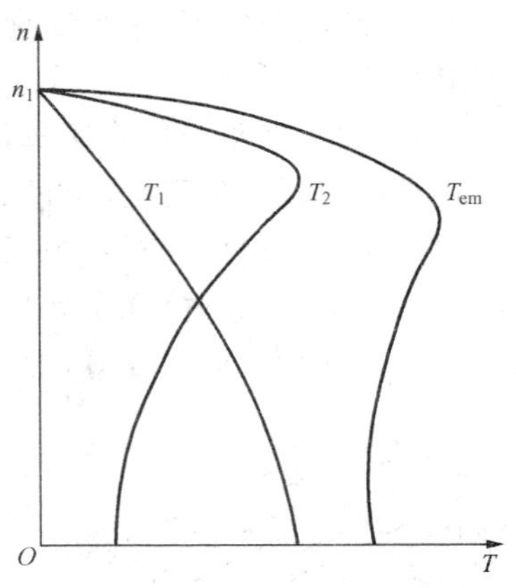

图 5 - 16　双笼型转子异步电动机的机械特性

上述两种改善起动性能的异步电动机，与普通笼型异步电动机相比，转子漏抗大，定子功率因数及最大转矩较低，且耗材多，制造工艺复杂，价格较贵，一般用于要求起动转矩较大的生产机械。

三、三相绕线式异步电动机的起动

对于大、中容量电动机满载起动时，既要减小起动电流，又要增加起动转矩，笼型异步电动机就无法满足要求，应采用绕线型异步电动机。在绕线型异步电动机的转子回路串接电阻或频敏变阻器，可以改善起动性能，不但可以减小起动电流，还可以增加起动转矩。

（一）转子串电阻起动

在上一节分析转子串电阻的人为机械特性时已指出，如转子串入的电阻 R_{ad}合适，既可提高电动机的起动转矩，又能减小它的起动电流。如果要求起动转矩等于最大转矩，则

$$s_m = \frac{R'_2 + R'_{ad}}{\sqrt{R_1^2 + (X_{\sigma1} + X'_{\sigma2})^2}} = 1$$

所以转子电路串入的起动电阻的折算值为

$$R'_{ad} = \sqrt{R_1^2 + (X_{\sigma1} + X'_{\sigma2})^2} - R'_2 \approx (X_{\sigma1} + X'_{\sigma2}) - R'_2$$

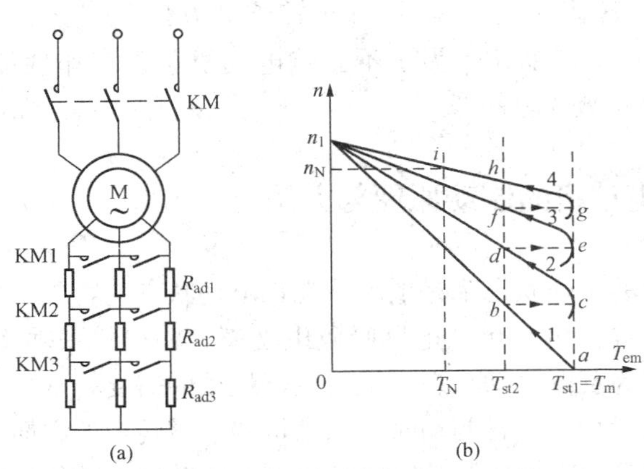

图 5 - 17　绕丝转子电动机串电阻多级起动接线图及其起动特性图

（a）原理接线图；（b）三级起动特性

为使整个起动过程中拖动系统均有较大的加速度，并减小冲击的强度，可采用与直流他励电动机一样的起动方法，实行多级起动。在起动过程中逐级切除所串电阻，最后将起动电阻全部切除，使电动机稳定运行在固有机械上，如图 5 - 17所示。

图 5 - 17（a）是转子回路串三级电阻起动原理接线图，其中 KM、KM1、KM2、KM3 为控制定、转子电路用的接触器。工作时先闭合 KM 的主触点以接通定子绕组的电源。KM1～KM3 供三级起动时分别短接外接电阻 R_{ad1}～R_{ad3}。起动开始时，接触器 KM1～KM3 的主触点都断开，电动机转子串入全部外接电阻 R_{ad1}～R_{ad3}起动，电动机的转速从图 5 - 17（b）的 a 点沿特性曲线 1 上升，当转速升到 b 点时，使接触器 KM3 的主触点闭合，将转子回路串接的三相电阻 R_{ad3}同时短接，电动机立即切换到特性曲线 2 的 c 点运行，转速又迅速上升，当转速升到 n_d时，切除电阻 R_{ad2}。这样电阻逐段切

除，电动机逐段加速，直到在固有特性上的 i 点稳定运行（假定负载转矩为额定转矩，即 $T_L=T_N$）。

为了保证起动过程平稳快速，一般使起动转矩的最大值 T_{st1} 取为（1.5～2）T_N，起动转矩的最小值 T_{st2} 取为（1.1～1.2）T_N。

（二）转子回路串频敏变阻器起动

转子串多级电阻起动，可以增大起动转矩，但如要在起动过程中始终保持变化不大的较大转矩，使起动过程平稳，就还要增加起动级数，导致起动设备更复杂。为了克服这个缺点，对于容量较大的绕线型异步电动机，常采用频敏变阻器来替代起动电阻。其基本原理是随着转速在起动过程中上升，其电阻自动减小。

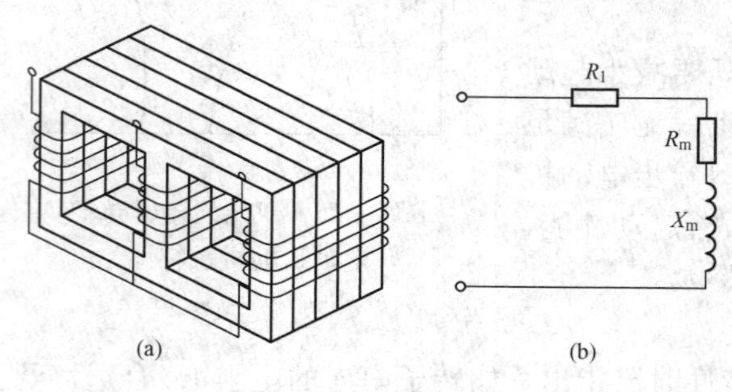

图 5-18 频敏变阻器
(a) 结构示意图；(b) 一相等效电路

频敏变阻器实际上是一个铁耗很大的电抗器，其结构如图 5-18（a）所示，它是一个没有二次绕组的三相心式变压器。所不同的是其铁芯是采用比普通变压器硅钢片厚约 100 倍的钢板或铁板叠成，因而当线圈中电流频繁变化时，涡流损耗将随之急剧增大。其等效电路与变压器空载时的等效电路一样，由一个电阻和一个电抗串联。如图 5-18（b）中所示，R_1 为线圈电阻，X_m 为带铁芯线圈的电抗，R_m 为铁芯涡流损耗的等效电阻，涡流损耗与频率的平方成正比。

当把频敏变阻器接入电动机转子绕组回路，起动绕线式异步电动机，起动开始，转子电流频率最大 $f_2=f_1$，频敏变阻器的铁耗最大，其等效电阻 R_m 也最大，所以可以有效地限制起动电流，提高起动转矩。起动过程中随着转速的上升，s 下降，转子电流频率 f_2 逐渐下降，R_m 自动逐渐减小。起动电流和起动转矩平滑变化。为了不影响电动机正常工作性能，起动结束后，应将转子绕组直接短接，切除频敏变阻器。

第三节 三相异步电动机的制动原理与方法

上一节所讨论的异步电动机起动过程中的工作状态都是电动状态，电动状态的特点是电动机产生的电磁转矩的方向与转速的方向相同。电动机从电网吸收电功率，输出机械功率，其机械特性位于第一和第二象限，第三象限为反向电动状态。根据生产机械的需要，常要求拖动系统中的异步电动机处于电磁制动状态运行。电磁制动时，电动机的电磁转矩的方向与转速的方向相反，机械特性位于第二和第四象限。电磁制动时电动机将吸收转轴上的机械能转变为电能。与直流电动机一样，异步电动机的电磁制动状态也可分为能耗制动、反接制动和回馈制动三种。

一、能耗制动

异步电动机在电动运行状态时，若要采用能耗制动，在切除定子绕组交流电源的同时，在定子绕组上要立即加上直流电源，以此在电动机气隙中建立一个恒定磁场，这一点与直流电动机不一样。图 5-19（a）是异步电动机能耗制动原理接线图。当电动机运行于正向电动状态时，接触器 KM1 的主触点闭合，接触器 KM2 的主触点断开，此时电磁转矩 T_{em} 的方向与转速 n 的方向相同（设为逆时针方向）。能耗制动时，首先断开接触器 KM1 主触点，切断交流电源，接通 KM2 的主触点，将直流电源接入定子绕组，直流电流流过定子绕组，在电动机的气隙产生一恒定磁场。在电动机的电源切换瞬间，由于机械惯性作用，转子的旋转速度不能突变，继续维持原逆时针方向旋转。于是正在转动的转子导体在恒定磁场作用下，感应电动势 E_{2s} 的方向改变，转子电流 I_{2s} 的方向改变，这样由转子导体电流与恒定磁场的相互作用产生的电磁转矩 T_{em} 必定与转速 n 的方向相反，起制动作用，如图5 - 19（b）所示。

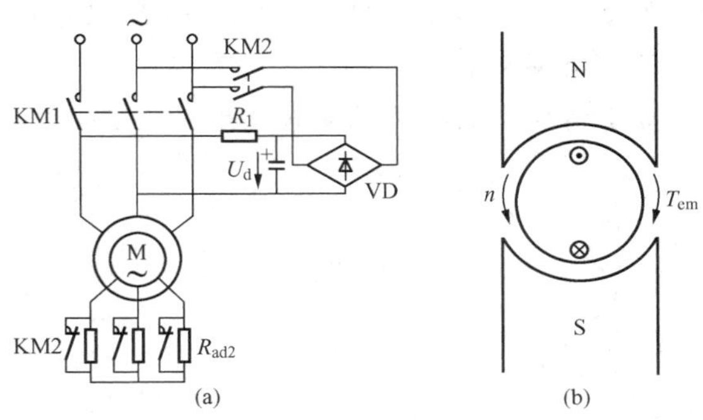

图 5 - 19　三相异步电动机能耗制动原理图

（a）接线原理图；（b）制动原理

如果电动机拖动的是反抗性恒转矩负载，则在电磁转矩 T_{em} 和负载转矩 T_L 的制动作用下，使电动机减速运行，转速迅速下降，当 $n=0$ 时，转子电动势 E_{2s}、转子电流 I_{2s} 及转矩 T_{em} 都为零，制动过程结束。在上述制动过程中，拖动系统的动能变成电能最后消耗在转子电阻上，故称能耗制动。

处于能耗制动状态的异步电动机，实质上变成了一台交流发电机，它输入的是电动机所储存的机械能，它的负载是转子电路中的电阻，其电压和频率随着转子转速的降低而降低。因此能耗制动时的机械特性与发电机运行状态一样，处于第二象限。由于 $n=0$，$T_{em}=0$，因此能耗制动的机械特性是一条经过原点、形状与发电机状态特性曲线相似的曲线，如图 5 - 20 所示，具体推导过程详见《电机与拖动》的有关参考书。从能耗制动特性曲线可以看出，当电动机的旋转速度下降到零，制动转矩也为零，因此能耗制动可用于反抗性负载准确停车。由图 5 - 20 还可看出，能耗制动机械特性可延伸到第四象限，用于位能性负载低速稳定下放重物。

根据前面对异步电动机机械特性的分析可知，保持直流励磁电流不变，增加转子电阻时，最大转矩保持不变，但产生最大转矩时的转速增加，如图 5 - 20 曲线 3 所示。改变定子直流励磁电流的大小，保持转子绕组回路电阻不变，则最大转矩增加，但产生最大转矩时的转速不变，如图 5 - 20 曲线 2 所示。显然，转子电阻或直流励磁电流较小时，电动机高速运行时制动转矩较小。因此对于笼型异步电动机，为了增加高速时的制动转矩，就必须增大直流励磁电流；而对绕线式异步电动机，则采用转子串电阻的方法增大制动转矩。

绕线式异步电动机用能耗制动实现迅速停车时，根据最大制动转矩为（1.25～2.2）T_N 的要求，计算定子直流励磁电流 I_f 和转子串联电阻 R_{ad2} 的公式为

$$I_f=(2\sim 3)I_0$$

$$R_{ad2}=(0.2\sim 0.4)\frac{E_{N2}}{\sqrt{3}I_{N2}}-R_2$$

式中　I_0——异步电动机的空载电流；

E_{N2}——转子不动时的转子开路额定线电动势；

I_{N2}——转子额定电流。

要在异步电动机的定子绕组中通入直流电流来建立恒定磁场，必须将三相定子绕组作适

当的改接。定子三相绕组常用的几种接法如图 5 - 21 所示。

二、反接制动

异步电动机的反接制动有反相序反接制动和倒拉反接制动两种。

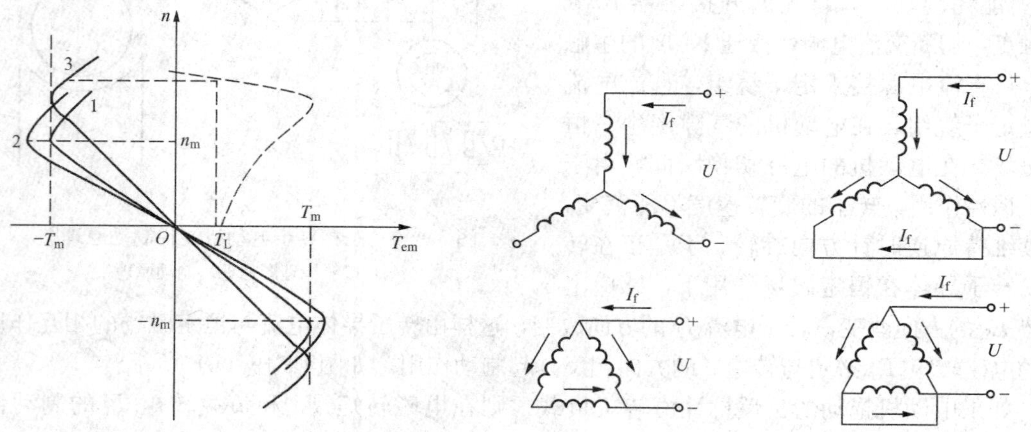

图 5 - 20 三相异步电动机能耗制动机械特性

图 5 - 21 三相异步电动机能耗制动时定子绕组的接法

(一) 反相序反接制动

当异步电动机带动负载稳定运行在电动状态时，为了迅速减速、停车或反向，可把定子两相电源对调，使定子绕组中电流相序相反，旋转磁场的方向也相反，电动机运行在同步转速与原转速相反（$-n_1$）的新机械特性曲线上，对拖动系统进行制动。对于绕线式异步电动机，为了减小反接制动时过大的制动电流冲击，在电源相序反接的同时在转子回路中串入电阻，对于笼型异步电动机，可在定子回路中串入电阻。

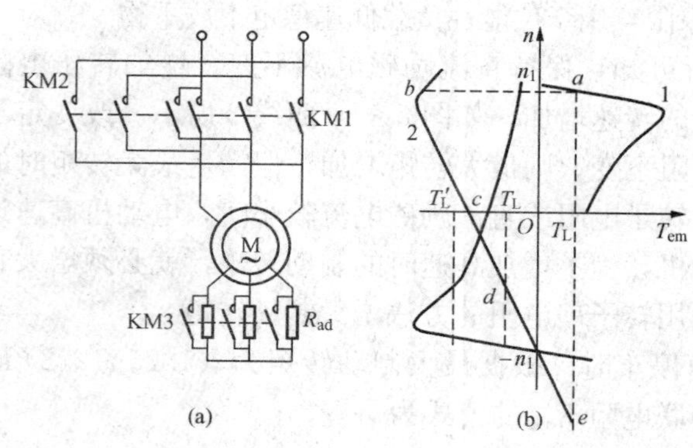

图 5 - 22 异步电动机反相序反接制动运行原理

(a) 原理接线图；(b) 机械特性

图 5 - 22 为绕线式异步电动机反相序反接制动原理图，其中图 5 - 22 (a) 是原理接线图，制动时将外接电阻串入转子回路，图 5 - 22 (b) 是制动过程的机械特性。电动机定子回路由接触器 KM1 和 KM2 控制。当 KM1 主触点接通时，电动机在机械特性曲线 1 的 a 点作稳定电动运行，如要快速停车可先将 KM1 断开，然后立即使 KM2 闭合、KM3 打开。KM2 闭合，使定子的两相电源线对调，电源相序相反；KM3 打开，把外接制动电阻 R_{ad} 串入转子回路，这样电动机的机械特性就变成图 5 - 22 (b) 所示曲线 2。电动机从机械特性曲线 1 的 a 点平移到机械特性曲线 2 的 b 点，电动机的电磁转矩改变方向，为 $-T_{em}$。在 $-T_{em}$ 与负载转矩共同作用下，电动机的转速很快下降，从 b 点沿着曲线 2 降到 c 时转速为零。此时切断电源，拖动系统就停止运行（对于反抗性负载），如不及时切断电源，电动机反向起动并沿 2 加速到 d 点。由于负

载转矩与电磁转矩大小相等、方向相反（反抗性负载），拖动系统将在 d 点稳定反向运行。如果是位能性负载，由于负载转矩方向保持不变，电磁转矩和这个负载转矩同方向使拖动系统继续沿 2 反向加速越过 $-n_1$ 点一直加速到 e 点。e 点电磁转矩与负载转矩大小相等、方向相反，故电动机在 e 点高速反向稳定运行。这最后一段从 $-n_1$ 点到 e 点的运行属于下面将要讨论的回馈制动状态。从 b 点到 e 点的整个运行过程中，只有 bc 段是反接制动状态，处于这种状态电动机的转差率为

$$s=\frac{-n_1-n}{-n_1}=\frac{n_1+n}{n_1}>1$$

如要改变制动转矩的大小，可通过改变转子外接电阻 R_{ad} 来实现。

反相序反接制动的优点是制动速度快，缺点是能量损耗大，停转难以控制，如要精确停转还须用速度继电器等传感器及时切断电源。

【例 5-7】 一台三相绕线式异步电动机的铭牌数据为：$P_N=22\text{kW}$，$n_N=723\text{r/min}$，$E_{N2}=197\text{V}$，$I_{N2}=70.5\text{A}$，$K_T=3$。电动机运行在固有机械特性曲线的额定工作点上，现采用电源反相序的反接制动，要求制动开始时的最大制动转矩为 $2T_N$。求制动时转子每相绕组串入的电阻值 R_{ad}。

解 根据题意，可画出电源反相序反接制动的机械特性如图 5-23 中曲线 2、3 所示。

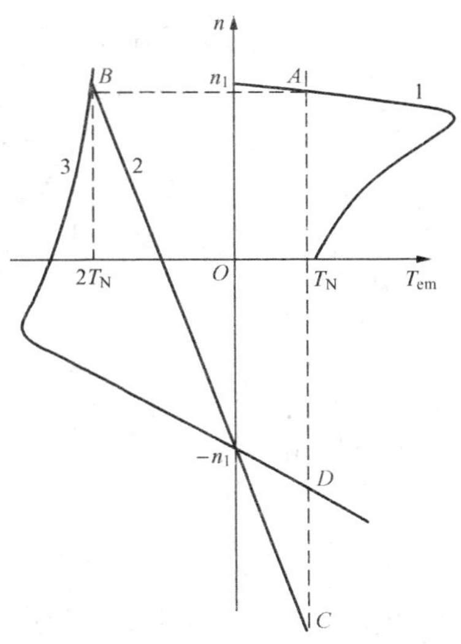

图 5-23　电源反相序反接制动的机械特性

(1) 额定转差率

$$s_N=\frac{n_1-n_N}{n_1}=\frac{750-723}{750}=0.036$$

(2) 转子绕组每相电阻

$$R_2=\frac{E_{N2}s_N}{\sqrt{3}I_{N2}}=\frac{197\times0.036}{\sqrt{3}\times70.5}=0.058(\Omega)$$

(3) 固有机械特性的临界转差率

$$s_m=s_N(K_T+\sqrt{K_T^2-1})$$
$$=0.036\times(3+\sqrt{3^2-1})=0.209$$

(4) 反接制动机械特性上开始制动时（B 点）的转差率

$$s_B=2-s_N=2-0.036=1.964$$

(5) 反接制动机械特性的临界转差率：根据式 (5-11) 所表示的实用机械特性表达式

$$\frac{T_{em}}{T_m}=\frac{2}{\dfrac{s}{s_m}+\dfrac{s_m}{s}}$$

把 B 点的 $s=s_B$ 及 $T=T_N$ 代入上式得

$$\frac{2T_N}{T_m}=\frac{2}{\dfrac{s_B}{s'_m}+\dfrac{s'_m}{s_B}}=\frac{2}{K_T}$$

化简可得

$$s_m'^2-K_Ts_Bs'_m+s_B^2=0$$

$$s'^2_m - 3\times 1.964 s'_m + 1.964^2 = 0$$

解得

$$s'_{m1} = 5.142, s'_{m2} = 0.75$$

(6) 转子每相外接制动电阻：根据式 (5-5)，可知当 R_1，$X_{\sigma1}$，$X'_{\sigma2}$ 不变时，临界转差率与转子回路的总电阻成正比，故

$$\frac{s_m}{s'_m} = \frac{R'_2}{R'_2 + R'_{ad}} = \frac{R_2}{R_2 + R_{ad}}$$

由此可得

$$R_{ad} = \left(\frac{s'_m}{s_m} - 1\right) R_2$$

把已求得的 s'_{m1} 和 s'_{m2} 分别代入上式即可求出

$$R_{ad1} = \left(\frac{s'_{m1}}{s_m} - 1\right) R_2 = \left(\frac{5.142}{0.209} - 1\right) \times 0.058 = 1.369(\Omega)$$

$$R_{ad2} = \left(\frac{s'_{m2}}{s_m} - 1\right) R_2 = \left(\frac{0.75}{0.209} - 1\right) \times 0.058 = 0.150(\Omega)$$

串入 R_{ad1} 或 R_{ad2} 后的机械特性，即图 5-23 中的曲线 2 或曲线 3。这两条机械特性均可满足题意所要求的反接制动的条件。

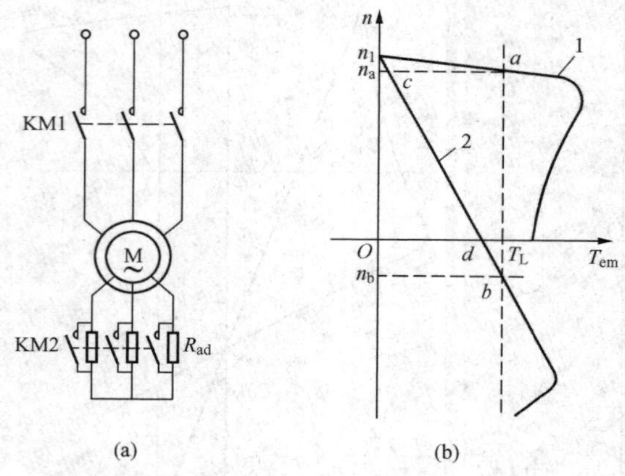

图 5-24 异步电动机倒拉反接制动原理

(a) 原理接线图；(b) 机械特性

(二) 倒拉反接制动

异步电动机要进入倒拉反接制动状态必须满足两个条件，其一是电动机的负载为位能性负载，其二是异步电动机转子回路要串足够大的电阻，这种状态与直流电动机非常相似。图 5-24 中，如果图5-24 (a)中的接触器 KM2 的主触点保持闭合，R_{ad}不串入转子回路，那么电动机将带动重物以 n 的速度稳定上升，运行在图5-24 (b)中曲线 1 的 a 点上。如别的条件均不改变，只将 KM2 的主触点断开，使电阻 R_{ad}串入转子回路，则电动机的机械特性变为曲线 2，电动机将从特性 1 的 a 点跳到特性 2 的 c 点，由于此时电磁转矩小于负载转矩，拖动系统将减速运行。当到 d 点 $n=0$ 时电磁转矩仍小于负载转矩，在负载转矩的作用下电动机将沿特性曲线 2 作反向加速运行一直到 b 点电磁转矩等于负载转矩为止，在这一点上稳速下放重物。在 db 段，电动机转速为$-n$，所以转差率为

$$s = \frac{n_1 - (-n)}{n_1} = \frac{n_1 + n}{n_1} > 1$$

由此可见，$s>1$ 是反接制动（包括反相序反接制动和倒拉反接制动）的特点。

当改变外接电阻 R_{ad}的数值时，可以获得不同的下放速度。这种不改变定子电流相序，由负载把转子拉向反转产生制动，称为倒拉反接制动。

反接制动时，异步电动机发出的电磁功率为

$$P_{em}=3I_2'^2\frac{R'_2+R'_{ad}}{s}$$

而电动机发出的机械功率为

$$P_\Sigma=\frac{3I_2'^2(R'_2+R'_{ad})}{s}\times(1-s)<0\qquad(因为\ s>1)$$

P_Σ为负，说明异步电动机不但没有向外输出机械功率，而且从负载吸收机械功率，所以转子铜耗为

$$P_{Cu2}=3I_2'^2R'_2=P_{em}-P_\Sigma=P_{em}+|P_\Sigma|$$

由此可见，反接制动（包括反相序反接制动和倒拉反接制动）时，异步电动机从电源吸取的传递到转子的电磁功率和从转轴上吸收的机械功率均转变为转子回路（包括外接电阻R_{ad}）的铜耗，所以反接制动的能耗很大。

三、回馈制动

在外界因素作用下，异步电动机转子的转速超过同步转速n_1，使异步电动机运行在第二象限（正向相序）或第四象限（逆向相序）的机械特性上，电磁转矩反向，从驱动转矩变为制动转矩。

回馈制动一般有两种情况。一是上面介绍的位能性负载在反相序反接制动时，如不及时切断电源，电动机会反向起动，最后超过$-n_1$，在第四象限某一点稳定高速下放重物，如图5-22（b）所示。在第四象限高速下放重物时，电动机电磁转矩的方向与转速方向相反，电动机进入回馈制动状态，转子回路串入电阻越大，其稳定下放转速越高，因此一般这种回馈制动下放重物时不串入电阻，以免转速过高不易控制。二是调频调速的异步电动机在电源频率降低时将会出现过渡状态的回馈制动，如图5-25所示。设异步电动机原在额定电源频率下工作，带动负载T_L在特性曲线1的a点上以电动状态稳定运行，现将电源频率降低，则电动机的机械特性变为特性曲线2，电动机的工作点从特性曲线1的a点平移到特性曲线2的c点，这样电动机的电磁转矩方向改变了，在电磁转矩和负载转矩的共同作用下，系统将沿着曲线2减速到n'_1，在转速为n'_1点（即d点）时，由于电磁转矩为0，而负载转矩不变，在负载转矩的作用下，电动机沿着特性曲线2继续减速一直到b点，b点电磁转矩等于负载转矩，且两者方向相反，故电动机在这一点重新稳定运行。在整个调频过程中电动机在cd段运行时，电磁转矩反向，电磁转矩的方向与电动机旋转方向相反，且电动机的转速大于同步转速n'_1，所以处于回馈制动状态。

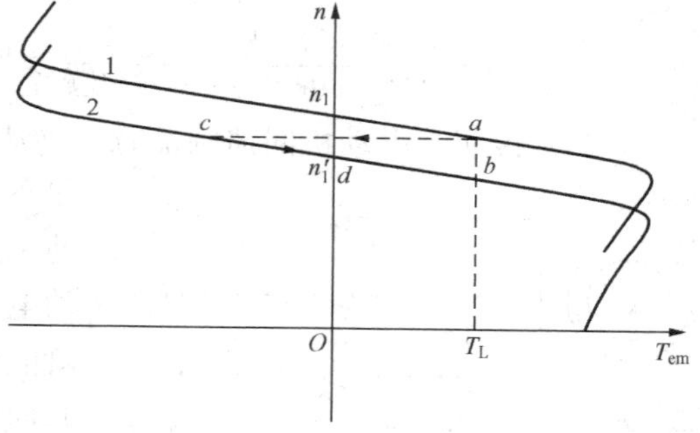

图5-25　异步电动机变频调速时的回馈制动

在回馈制动过程中，始终有$n>n_1$，因此回馈制动状态的转差率为

$$s=\frac{-n_1-(-n)}{-n_1}=\frac{n_1-n}{n_1}<0$$

从异步电动机的等值电路可以看出，电动机的电磁功率为

$$P_{em}=3I_2'^2\frac{R'_2+R'_{ad}}{s}<0$$

电动机的机械功率为

$$P_m = \frac{3I_2'^2(R_2'+R_{ad}')}{s}\times(1-s)<0$$

从电磁功率 $P_{em}<0$ 和机械功率 $P_m<0$ 可知，电动机处于回馈制动状态时，负载向电动机输送功率，电磁功率不是由定子向转子输送，而是由转子向定子输送。由于电动机转子电流的有功分量为

$$I_{2a}' = I_2'\cos\varphi_2 = \frac{E_2'}{\sqrt{[(R_2'+R_{ad}')/s]^2+X_{\sigma2}'^2}}\frac{(R_2'+R_{ad}')/s}{\sqrt{[(R_2'+R_{ad}')/s]^2+X_{\sigma2}'^2}}$$

$$= \frac{E_2'(R_2'+R_{ad}')/s}{[(R_2'+R_{ad}')/s]^2+X_{\sigma2}'^2}<0$$

忽略励磁电流 I_0时，定子电流的有功分量 $I_{1a}=I_{2a}'<0$，则电动机输入功率 P_1为

$$P_1 = 3U_1I_1\cos\varphi_1 = 3U_1I_{1p}<0 \tag{5-22}$$

式（5-22）说明，异步电动机回馈制动时，电动机不是从电源吸取电功率，而是向电源输送有功功率，电动机向电源回馈的电能是由拖动系统的机械能转换而成的。电动机转子电流的无功分量为

$$I_{2r}' = I_2'\sin\varphi_2 = \frac{E_2'}{\sqrt{[(R_2'+R_{ad}')/s]^2+X_{\sigma2}'^2}}\frac{X_{\sigma2}'}{\sqrt{[(R_2'+R_{ad}')/s]^2+X_{\sigma2}'^2}}$$

$$= \frac{E_2'X_{\sigma2}'}{[(R_2'+R_{ad}')/s]^2+X_{\sigma2}'^2}>0 \tag{5-23}$$

式（5-23）说明，电动机回馈制动时，仍从电网吸取励磁电流，建立磁场，与电动机工作状态一样。由以上分析可知，如果把一三相异步电动机定子绕组接入电网以建立磁场，另用原动机带动电动机转动，使转速高于同步转速，这样电动机就能将原动机输入的机械功率转换成电功率输出，此即异步发电机工作原理。

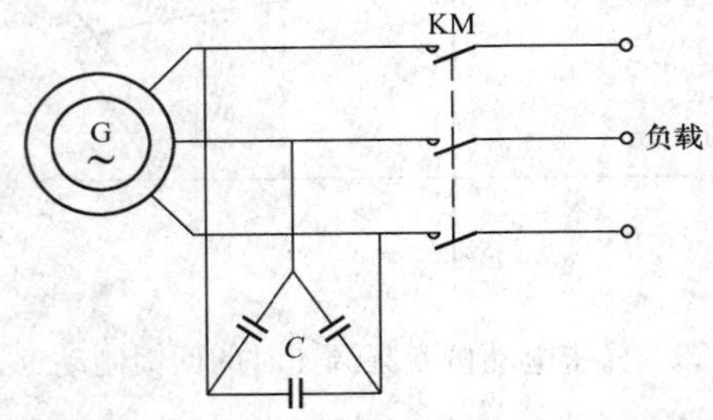

图 5-26　异步发电机发电原理接线图

如果要脱离电网发电，则可在定子绕组上并接一组三角形或星形的三相电容器组 C，如图 5-26 所示。这样异步发电机所需的无功功率可由电容器组提供，电容器组的无功电流作为供给建立磁场所需要的励磁电流。每相电容的容量在三相电容△形连接时，有

$$X_C = \frac{1}{2\pi f_1 C} = \frac{U_{N\phi}}{I_{0\phi}} = \frac{\sqrt{3}U_N}{I_0}$$

$$C = \frac{I_0\times10^6}{2\pi f_1\sqrt{3}U_N}$$

三相电容 Y 形连接时，有

$$X_C = \frac{1}{2\pi f_1 C} = \frac{U_{N\phi}}{I_{0\phi}} = \frac{U_N}{\sqrt{3}I_0}$$

$$C = \frac{\sqrt{3}I_0\times10^6}{2\pi f_1 U_N}$$

因此一般电容都接成△形。

由于转子铁芯还是有很小的剩磁，这样当原动机（如柴油机、水轮机）带动异步发电机以高于其同步转速旋转时，定子绕组的导体切削转子剩磁而感应电动势，虽然这个电动势相当小，它加在电容器组 C 上将产生领先于电动势的电容电流，这个电流又在定子绕组产生磁场使电动机的磁场增强，从而使定子电动势、电流又进一步增大，这与直流并励发电机自励过程相似，如电容器选得合适，发电机可达到额定空载电压。一般异步发电机起动时，接触器 KM 的主触点应断开，让发电机在空载下自励，建立正常电压后再合上 KM 接上负载。

【例 5-8】 如例 5-7 中的绕线式异步电动机保持其各参数不变，使其拖动的负载为位能性负载，则电动机在反相序反接制动后，将会稳定运行在什么状态下？求其稳定转速。

解 从图 5-23 可知，由于电动机带动的是位能性负载，故在反接制动结束进入第三象限进行反向起动，再进入第四象限继续反向加速，在这个象限内运行时，由于转速始终高于同步转速，所以一直处于回馈制动状态。最后当 $T_L = T_N$ 时，电动机将稳定运行在 c 点（串 R_{ad1}）或 d 点（串 R_{ad2}）。

由于稳定运行时

$$T'_{em} = T_L = T_N$$

根据

$$s_m = s_N(K_T + \sqrt{K_T^2 - 1})$$

由于稳定运行在第四象限，其转差率小于零，有

$$s'_N = \frac{s'_m}{K_T + \sqrt{K_T^2 - 1}}$$

以例 5-7 中已求出的 s'_{m1} 和 s'_{m2} 代入上式，可得 c、d 两点的转差率

$$s'_{N1} = -0.88, s'_{N2} = -0.129$$

从而得到 c 点转速

$$n'_{N1} = -n_1(1 + s'_{N1}) = -1418(\text{r/min})$$

d 点转速

$$n'_{N2} = -n_1(1 + s'_{N2}) = -847(\text{r/min})$$

通过以上分析可知，当异步电动机带位能性负载以回馈制动方式下放重物时，转子回路所串电阻越大，其稳定运行转速就越高，且大大高于同步转速。例如例 5-7 中的 c 点，其转速接近于同步转速的 2 倍，为了避免过高的下降速度引起危险，回馈制动时应把转子回路所串的电阻短接。

【例 5-9】 某三相绕线式异步电动机的额定数据为：$P_N = 60\text{kW}$，$U_{N1} = 380\text{V}$，$I_{N1} = 133\text{A}$，$n_N = 577\text{r/min}$，$E_{N2} = 253\text{V}$，$I_{N2} = 160\text{A}$，$K_T = 2.5$，定、转子绕组都为 Y 形连接。现采用回馈制动，并在转子回路中串入 $R_{ad2} = 0.05\Omega$ 的电阻，而使位能性负载 $T_L = 0.8T_N$ 稳速下放，试求下放转速。

解 电动机额定运行时

$$s_N = \frac{n_1 - n_N}{n_1} = \frac{600 - 577}{600} = 0.0383$$

$$R_2 = \frac{s_N E_{N2}}{\sqrt{3} I_{N2}} = \frac{0.0383 \times 253}{\sqrt{3} \times 160} = 0.035(\Omega)$$

$$s_m = s_N(K_T + \sqrt{K_T^2 - 1}) = 0.0383 \times (2.5 + \sqrt{2.5^2 - 1}) = 0.183$$

由于采用转子回路串电阻，回馈制动下放重物，所以其人为机械特性为

$$T_{em}=\frac{2T_m}{\frac{s'}{s'_m}+\frac{s'_m}{s'}}$$

$$\frac{R_2}{s_m}=\frac{R_2+R_{ad2}}{s'_m}$$

$$s'_m=\frac{R_2+R_{ad2}}{R_2}s_m=\frac{0.035+0.05}{0.035}\times 0.183=0.444$$

将 s'_m 和 $T_L=0.8T_N$ 代入上式得

$$0.8T_N=\frac{-2\times 2.5T_N}{\frac{s'}{0.444}+\frac{0.444}{s'}}$$

解得

$$s'_1=-0.073 \qquad s'_2=-2.7$$

因为 $s'_2=-2.7$ 处于不稳定运行区，舍去，则

$$n=(1-s'_1)n_1=(1+0.073)\times(-600)=-644(\text{r/min})$$

式中负号表示转子反转下放重物。

如用线性表达式，则

$$s_m=2K_T s_N=2\times 2.5\times 0.0383=0.192$$

$$s'_m=\frac{R_2+R_{ad2}}{R_2}s_m=\frac{0.035+0.05}{0.035}\times 0.192=0.466$$

$$0.8T_N=\frac{-2\times 2.5T_m}{0.466}s'$$

$$s'=-0.0746$$

$$n=(1-s)n_1=(1+0.0746)\times(-600)=-645(\text{r/min})$$

从上面计算结果可知，两种计算非常接近。

第四节 三相异步电动机的调速原理与方法

随着计算机控制技术、电力电子技术和自动控制技术的迅猛发展，交流电动机调速技术日趋完善，大有取代直流调速系统的趋势。而且异步电动机结构简单、价格便宜、没有换向器、维修方便、可用于有爆炸气体及尘埃等恶劣环境。异步电动机之所以能广泛应用于各种控制系统中，不仅因为有多种调速方法，而且与有优良的调速品质分不开。

从异步电动机的转速公式为

$$n=n_1(1-s)=\frac{60f_1}{p}(1-s) \tag{5-24}$$

可得，异步电动机调速可以有以下三种途径。

(1) 变频调速：是通过调节异步电动机的电源频率 f_1 以改变同步转速 n_1 的调速。目前伺服系统一般均采用变频调速。

(2) 变极调速：是通过改变异步电动机的磁极对数 p 来改变电动机的同步转速 n_1 的调速。

(3) 变转差率调速：这个方法是调速过程中保持同步转速 n_1 不变，通过改变转差率 s 来调节转速 n。

下面分别介绍实现上述三个途径调速的主要方法。

一、变频调速

变频调速是改变异步电动机定子电源频率 f_1 而改变同步转速 n_1，从而实现异步电动机调速的一种方法，这种调速方法使异步电动机可获得类似于他励直流电动机的很宽的调速范围、很好的调速平滑性和有足够硬度的机械特性。

变频调速的主要依据是异步电动机的转速公式，有

$$n = \frac{60 f_1}{p}(1-s) = n_1 - \Delta n$$

当异步电动机正常工作时，转差率 s 很小，Δn 变化不大，可近似认为 $n \propto n_1 \propto f_1$，这样转速 n 基本上正比于电源频率 f_1。

(一) 从额定频率向下调速

1. 恒转矩变频调速控制方式

从额定频率往下调时，电动机的同步转速 n_1 减小，因此电动机的转速也随之下降，此方法是从额定转速 n_N 往下调节电动机的旋转速度。从前面分析的变频人为机械特性可知，为了保持电动机的过载能力不变，在调速过程中应保持主磁通不变，即在改变频率的同时改变电源电压，即

$$\Phi_m = k\frac{U_1}{f_1} = k\frac{U'_1}{f'_1} = \text{常数}$$

由异步电动机的电磁转矩物理表达式

$$T_{em} = C_T \Phi_m I'_2 \cos\varphi_2$$

可知，当电动机拖动额定负载时，如忽略空载转矩，则 $T_{em} = T_L = T_N$，因为在变频调速时 Φ_m 保持不变，所以转子电流 I'_2 也将保持不变，转子电流为

$$I'_2 = \frac{E'_2}{\sqrt{\left(\frac{R'_2}{s}\right)^2 + X'^2_{\sigma 2}}} = \frac{k f_1}{\sqrt{\left(\frac{R'_2}{s}\right)^2 + (2\pi f_1 L'_{\sigma 2})^2}} = \frac{k}{\sqrt{\left(\frac{R'_2}{s f_1}\right)^2 + (2\pi L'_{\sigma 2})^2}}$$

而额定频率时

$$I'_{N2} = \frac{E'_{N2}}{\sqrt{\left(\frac{R'_2}{s_N}\right)^2 + (2\pi f_N L'_{\sigma 2})^2}} = \frac{k}{\sqrt{\left(\frac{R'_2}{s_N f_N}\right)^2 + (2\pi L'_{\sigma 2})^2}}$$

因为 $I'_2 = I'_{N2}$，则必有

$$s f_1 = s_N f_N$$

$$s = s_N \frac{f_N}{f_1}$$

$$\Delta n = s n'_1 = s_N \frac{f_N}{f_1} \frac{60 f_1}{p} = s_N \frac{60 f_1}{p} = s_N n_1 = \Delta n_N \qquad (5-25)$$

式 (5-25) 说明了变频后的人为机械特性曲线斜率保持不变。变频以后转子回路功率因数为

$$\cos\varphi_2 = \frac{R_2}{\sqrt{R_2^2 + X_{\sigma 2s}^2}} = \frac{R_2}{\sqrt{R_2^2 + (2\pi s f_1 L_{\sigma 2})^2}}$$

$$=\frac{R_2}{\sqrt{R_2^2+(2\pi s_N f_N L_{\sigma2})^2}}=\cos\varphi_N$$

因为U_1是定子电源电压，为了保持定子绕组可靠的工作，U_1不能超过额定电压U_{N1}，所以恒磁通调频调速只适用于额定电压（额定频率）下降的调速。这种调速方式适用于恒转矩负载的调速。但当电源频率较低时，R_1的影响不但不可忽略，而且会出现$R_1 \gg X_{\sigma1}+X'_{\sigma2}$。这样可以从最大转矩公式

$$T_m=\frac{3pU_1^2}{4\pi f_1\left[\sqrt{R_1^2+(X_{\sigma1}+X'_{\sigma2})^2}+R_1\right]}$$

忽略$X_{\sigma1}+X'_{\sigma2}$，则有

$$T_m=\frac{3pU_1^2}{4\pi f_1\times 2R_1}=\frac{3p}{8\pi R_1}\times\left(\frac{U_1}{f_1}\right)^2 f_1$$

这种情况下如仍保持$U_1/f_1=$常数，则最大电磁转矩T_m将随f_1的减小而减小，并且机械特性曲线的斜率也变大了，如图5－27所示。低频率时，异步电动机出现的这种情况从电磁方面考虑，是因低频低压时由R_1引起的电压降相对影响较大，无法保持电动机气隙磁通为恒值而造成的。如在低频低压下起动电动机，电动机的起动转矩变小了，甚至不能带正常的负载起动。如不对U_1和f_1的关系加以修正，这种调速方法只适用于调速范围不大或转矩随转速下降而减小的负载（如通风机类负载）。对于调速范围大的恒转矩负载，则希望电动机在整个调速范围内保持最大电磁转矩T_m不变。从式（5－14）可知，要确保调速过程中磁通Φ_m恒定不变，应满足$E_1/f_1=$常数，而不是$U_1/f_1=$常数。但由于异步电动机的感应电动势E_1难以测量和控制，所以实际调速过程中，在控制回路加一个函数发生器，以补偿低频时由定子电阻R_1引起的压降影响。图5－28是补偿后的特性曲线，补偿特性经实际应用效果良好，可获得恒定的最大转矩T_m变频调速机械特性。

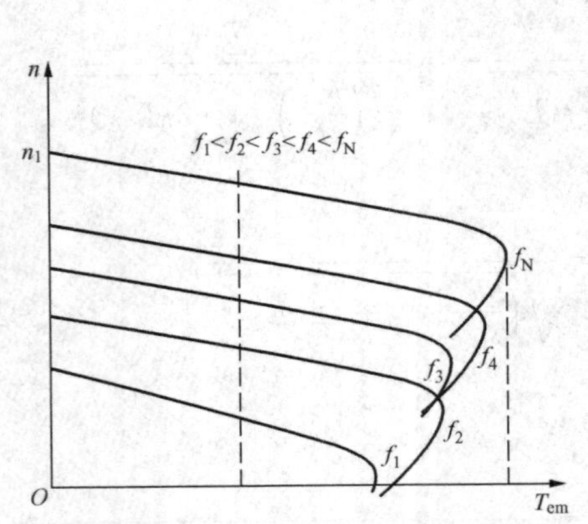

图5－27 $U_1/f_1=$常数时变频调速机械特性

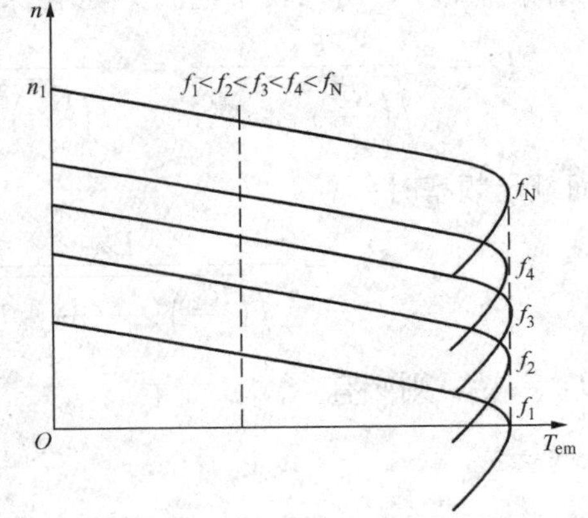

图5－28 恒转矩调速时的补偿特性

2. 恒功率变频调速控制方式

如果要使异步电动机在调速过程中保持功率不变，由电磁功率公式可知

$$P_{em}\approx P_{\Sigma}=T_N\Omega_1=T'_N\Omega'_1$$

可得

$$\frac{T_N}{T'_N}=\frac{\Omega'_1}{\Omega_1}=\frac{f'_1}{f_1} \tag{5-26}$$

要保持过载能力不变即

$$k_T=k'_T=\frac{T_m}{T_N}=\frac{T'_m}{T'_N} \tag{5-27}$$

由最大转矩公式可知，$T_m \propto (U_1/f_1)^2$，故式（5-27）又可写成

$$\frac{C}{T_N}\times\frac{U_1^2}{f_1^2}=\frac{C}{T'_N}\times\frac{U'^2_1}{f'^2_1}$$

即

$$\frac{T'_N}{T_N}=\frac{T'_m}{T_m}=\frac{(U'_1/f'_1)^2}{(U_1/f_1)^2}$$

把式（5-26）代入式（5-27）并化简可得

$$\frac{U'_1}{U_1}=\sqrt{\frac{f'_1}{f_1}}$$

$$\frac{U'_1}{\sqrt{f'_1}}=\frac{U_1}{\sqrt{f_1}} \tag{5-28}$$

由此可见，要真正进行恒功率的变频调速，一定要满足 $U_1/\sqrt{f_1}$＝常数的条件，这样才使调速过程中电动机的过载能力不变。

（二）从额定频率向上调速

由于受到额定电压的制约，当变频调速的转速超过额定转速时，就不能保持气隙磁通 Φ_m 不变，维护 U_1/f_1＝常数。因变频调速对应额定转速（额定转矩）时的频率是 f_{N1}，电压是 U_{N1}，只有频率从 f_{N1} 往上调，转速才能提高，这样必须把电压从 U_{N1} 往上调。由于电动机绕组的绝缘是按额定电压来设计的，因此电源电压必须限制在允许值的范围内，定子电压不能超过额定值，这样通过提高频率 f_1 调速时，气隙磁通必须减弱，导致最大转矩减小。所以 $f_1>f_{N1}$ 的变频调速，随转速 n 的上升，电磁转矩 T_{em} 和最大转矩 T_m 将减小，其过载能力 K_T 也会减小。

由异步电动机电磁功率公式

$$P_{em}=T_{em}\Omega_1=\frac{3pU_1^2}{2\pi f_1}\frac{R'_2/s}{(R_1+R'_2/s)^2+(X_{\sigma1}+X'_{\sigma2})^2}\frac{2\pi f_1}{p}$$

可知，在正常运行时 s 很小，$R'_2/s \gg R_1$ 和 $X_{\sigma1}+X'_{\sigma2}$，因此若忽略 R_1 和 $X_{\sigma1}+X'_{\sigma2}$ 时，则

$$P_{em}\approx\frac{3pU_1^2}{2\pi f_1}\frac{R'_2/s}{(R'_2/s)^2}\frac{2\pi f_1}{p}=\frac{3U_1^2}{R'_2}s$$

异步电动机运行时，若电源电压 U_1 保持不变，s 变化很小，可近似认为不变，因而也可认为电磁功率 P_{em} 近似不变。由此可见，从额定频率向上调速时可近似认为恒功率调速。

在异步电动机拖动负载运行时，为了得到尽可能宽的调速范围，可把恒转矩变频调速和恒功率变频调速结合起来使用。在电动机转速低于额定转速时，采用恒转矩变频调速方法，高频恒功率调速的机械特性曲线如图 5-29 所示。

除了恒转矩和恒功率的变频调速方式外，还有一种常用的变频调速方式，就是恒电流变频调速控制方式。这种方式是在变频调速过程中，保持定子电流 I_1 恒定。这也是一种恒转矩调速方法，不过过载能力比恒转矩调速的要小。这种方法的优点是：由于产生变频电源的变频器的电流被控制在给定的数值上，所以在换流时没有瞬时的冲击电流，使变频器和调速

系统工作安全可靠，特性良好。

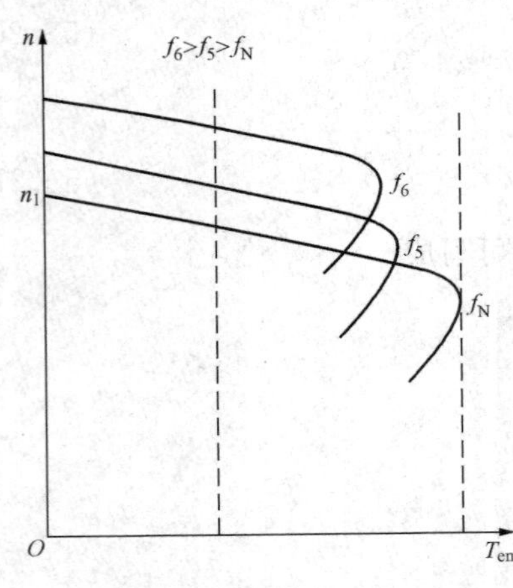

图 5-29 恒功率变频调速的机械特性

（三）变频调速的速度调节及四象限运行

经变频调速控制的异步电动机可在四个象限内运行在各种状态下。正序电源电压时变频调速机械特性如图 5-30 所示，这种情况下，电动机可在第一、二、四象限内运行。在第一象限，电动机运行在电动状态，起动电动机时可利用速度调节，从低频起动，逐步增大频率。因为低频时起动电流小、起动转矩大，有利于缩短起动时间。由于在起动过程中可保持电压、频率的协调控制，使电动机在起动过程中始终保持最大电磁转矩。图 5-30 表示变频调速的低频电压起动且负载转矩为 T_L的系统，转速将依次沿着各特性曲线的箭头方向加速。如频率调到 f_1后不再增加，则电动机沿 f_1特性曲线在 D 点以 n_D稳定运行，如想把速度调上去，可以连续地提高定子电源频率，由 $f_1 \to f_2 \to f_3 \to f_4$，最后到达新的稳定工作点 A。需注意的是，电动机起动过程中，电源频率不能增加得太快，这是由于拖动系统有惯性，转速的变化须一定的时间。例如电动机转速升到 n_E时电源频率增到 f_5，电动机将被迫移到 f_5的机械特性曲线上的 E 点继续运行，由于 E 点电磁转矩 T'_{em}小于负载转矩 T_L，速度不但升不上去，反而会沿着 f_5的特性曲线降速，最终停转。正常情况下，转速随频率 f 上升而上升时，电磁转矩始终在 T_1到 T_2内变化，使电动机的电磁转矩总比负载转矩 T_L大很多，保证过渡过程时间较短。如果电源连续可调，任两相邻机械特性之间的距离将变得非常小，T_1与 T_2将重合在一起，$T_1=T_2=T_m$，使电动机始终在最大转矩 T_m下加速。

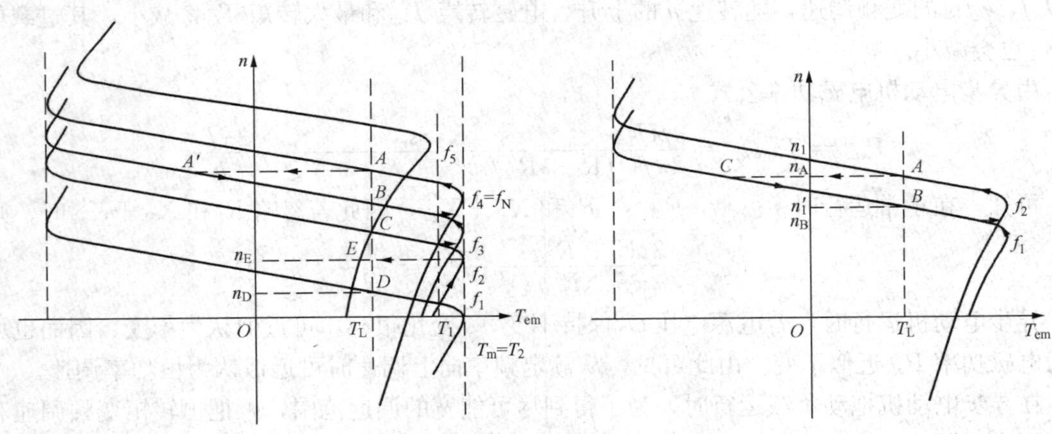

图 5-30 异步电动机变频调速的速度调节　　图 5-31 变频调速减速过程中的回馈制动

当电动机通过降低电源频率来减速时，电动机有可能会工作在回馈制动状态，如图 5-31所示。异步电动机原来在某一频率 f_2下运行，负载转矩为 T_L，工作在 A 点，转速为 n_A，如要使电动机转速从 n_A降到 n_B，可将电源频率从 f_2降到 f_1来实现，若将频率迅速降低，此时转速来不及变化，电动机将从 f_2的 A 点过渡到 f_1的 C 点上运行，由于 n_C高于电源

频率为 f_1时的同步转速 n'_1，电磁转矩反向，所以 C 点在第二象限，电动机进入回馈制动状态迅速减速，此时电能将通过变频器回馈给电网。如在减速过程中，始终保持频率比电动机转速下降得快，那么降速过程中电动机将一直维持回馈制动状态，使电动机很快降到所需的转速。

如果要使电动机反转，只要改变电动机定子电源的相序即可，在反相序电源情况下，电动机运行在第二、三、四三个象限。正、反转控制中也应使用变频调速。如原来正向旋转的电动机要反向运行，应将电源频率和电压均匀下降，先让电动机停止运行，将系统的动能在回馈制动状态中回馈到电网。然后再改变电源相序，进行反向起动。如果不经过降低电源电压和频率过程，直接将定子绕组反接，则电动机在高速时进入反接制动，制动过程中的动能将会消耗在转子电阻上，造成电动机过热和能量损耗过大。

根据上述分析，异步电动机在变频调速过程中，既可以使电动机在正反两个方向作电动机运行，又能作发电机运行，这些运行状态处在机械特性的四个象限中。如果按照一定的规律控制异步电动机的起动、调速、制动和反转，过渡过程时间都可以压缩到最短，使拖动系统具有良好的动态特性。

三相异步电动机变频调速的控制性能完全可以和直流电动机调速媲美，是异步电动机最有发展前途的一种调速方法，三相异步电动机的这种调速系统目前正在逐步取代直流电动机调速系统。当然这种调速方法也有不足之处，例如低速时最大电磁转矩 T_m的减小及机械特性斜率的增大，使带负载的能力减弱，低速运行性能变差。而且异步电动机的非线性因素对其控制性能也有影响，在广范围高精度调速方面不如直流电动机。

【例 5-10】 一台三相 4 极笼型异步电动机的额定数据为：$U_N=380V$，$I_N=30A$，$n_N=1455r/min$，采用变频调速带动 $T_L=0.8T_N$恒转矩负载，要求转速 $n=1000r/min$。已知变频电源输出电压与频率关系为$U_1/f_1=$常数。试求：此时变频电源输出线电压 U_1 和频率 f_1 各为多少？

解　电动机运行在固有机械特性时

$$s_N=\frac{n_1-n_N}{n_1}=\frac{1500-1455}{1500}=0.03$$

$$s=\frac{T_L}{T_N}s_N=0.8\times0.03=0.024$$

$T_L=0.8T_N$时的转速降为

$$\Delta n=sn_1=0.024\times1500=36\ (r/min)$$

电动机变频调速时的人为机械特性斜率不变，即转速降不变，则变频以后的同步转速为

$$n'_1=n+\Delta n=1000+36=1036(r/min)$$

$$f_1=\frac{pn'_1}{60}=\frac{2\times1036}{60}=34.53(Hz)$$

$$U_1=\frac{U_N}{f_N}f_1=\frac{380}{50}\times34.53=262.4(V)$$

二、变极调速

异步电动机正常运行时，转差率 s 都很小，电动机的转速与同步转速 $n_1=60f_1/p$ 接近，若电源频率保持不变，改变磁极对数 p，则同步转速 n_1就有相应变化，从而可达到改变电动

机转速 n 的目的，这种调速方法的特点是只能按极对数的倍数改变转速，不可能是无级调速。

定子极对数的改变通常是通过改变定子绕组的连接方法来实现的，这种方法一般只能用于笼型异步电动机，这样当定子极对数改变时，转子极对数也自动地改变，始终保持 $p_2=p_1$，图 5 - 32 为通过改接定子绕组改变定子磁极对数的原理图。

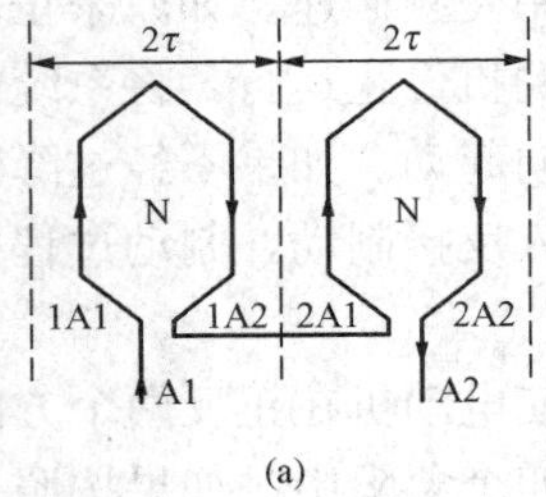

(a)

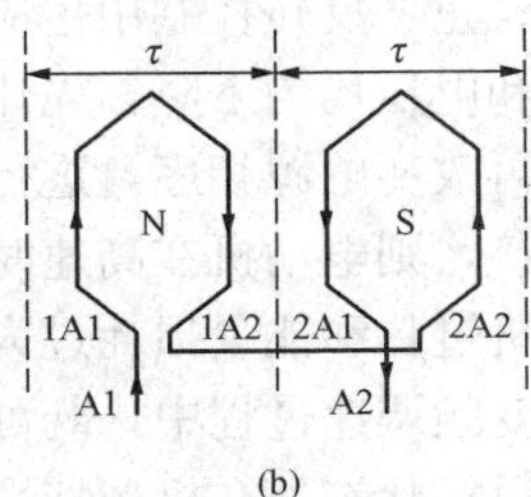

(b)

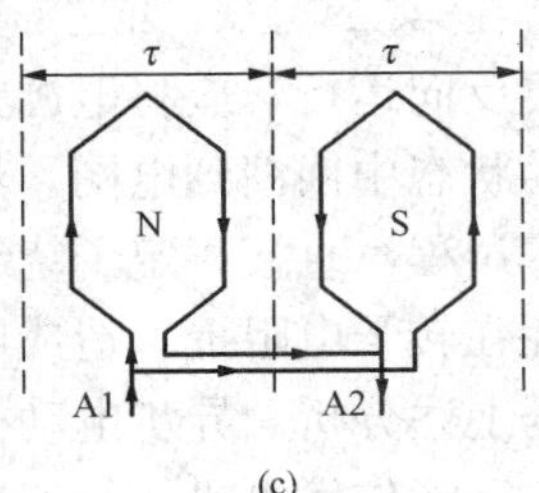

(c)

图 5 - 32 异步电动机变极原理图

(a) $2p=4$；(b) $2p=2$；(c) $2p=2$

图 5 - 32 以只有两个线圈 1A1、1A2 和 2A1、2A2 的 A 相绕组接线方法的改变来使定子极对数发生改变。其中图 5 - 32（a）的 1A1、1A2 和 2A1、2A2 是顺接串联关系，得到的磁场为四极分布磁场。如将线圈 1A1、1A2 的始、末端与 2A1、2A2 反接串联［如图5 - 32（b）所示］或接成图 5 - 32（c）中的反并联接法，即可得到 $2p=2$ 的气隙磁场。比较图 5 - 32所示三图可知，只要将两个半相绕组中的任一半相绕组的电流反向，就可以将极对数增加或减少一半。这就是单相绕组的变极原理。因此，改变定子绕组接法，就可改变气隙磁场的极对数，同步转速也发生相应改变。

由于定子三相绕组在空间是对称的，其他两相改变方法与此相同，只是在空间差 120°电角度。

下面介绍两种常用的变极调速电动机。

（一）Y/YY 变极调速电动机

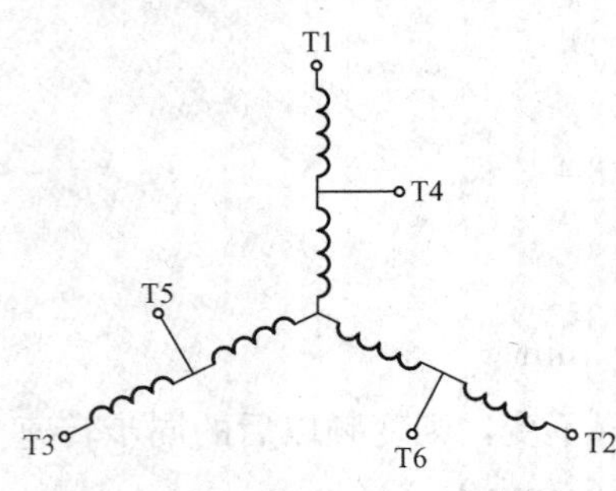

图 5 - 33 Y/YY 接法变极调速

这种电动机的定子绕组内部已接成 Y 形，如图 5 - 33所示。每相绕组由两个半相绕组（半相绕组可由一个或一个以上线圈组成）相串联而成，出线端为 T1、T2 和 T3，两半相绕线连接处分别也有出线端 T4、T5 和 T6 引出。

1. Y 形接法（低速）

出线端 T1、T2 和 T3 分别接三相电源，出线端 T4、T5 和 T6 开路。这时每相两个半相线圈是顺串的，定子绕组接成 Y 形。所以电动机的磁极数 $2p=4$，其同步转速 $n_1=1500\text{r/min}$。

2. YY 形接法（高速）

出线端 T4、T5 和 T6 分别接对应的三相电源，而 T1、T2 和 T3 三端被短接，这样定子绕组就接成两个 Y 形连接的绕组，称双 Y 形绕组，这种情况下，每相的两个半相线圈是反接并联的，所以这时电动机的磁极数 $2p=2$，同步转速 $n_1=3000\text{r/min}$。

下面分析变速前后电动机输出功率和转矩的关系。假定半相绕组的参数为 $R_1/2$、$X_{\sigma1}/2$、

$R'_2/2$、$X'_{\sigma2}/2$，则 Y 接法时，每相两半相绕组顺接串联，其绕组参数为 R_1、$X_{\sigma1}$、R'_2、$X'_{\sigma2}$；而 YY 形接法时，每相两半绕组反并联，其绕组参数为 $R_1/4$、$X_{\sigma1}/4$、$R'_2/4$、$X'_{\sigma2}/4$。Y 形接法和 YY 形接法时，每相电源电压相等，由式（5-5）、式（5-6）和式（5-8）推导可得如下结论

$$T_{mYY}=2T_{mY}$$

$$s_{mYY}=s_{mY}$$

$$T_{stYY}=2T_{stY}$$

其中，下标“YY”表示绕组 YY 形接法时的物理量；下标“Y”表示绕组 Y 形接法时的物理量。

因为输出功率为

$$P_2=\eta P_1=\sqrt{3}U_1I_N\cos\varphi_1\eta$$

设不同极对数下，效率 η 和功率因数 $\cos\varphi_1$ 均保持不变，U_1 为每相绕组相电压，I_N 为允许每条支路流过的额定电流。当接成星形时，相电流等于线电流，此时电动机输出功率为

$$P_Y=\sqrt{3}U_1I_N\cos\varphi_1\eta$$

改为双星形后，如每支路电流不变，则使每相电流为 $2I_N$，电动机输出功率为

$$P_{YY}=\sqrt{3}U_1 2I_N\cos\varphi_1\eta$$

两者的输出功率之比为

$$\frac{P_{YY}}{P_Y}=\frac{\sqrt{3}U_1 2I_N\cos\varphi_1\eta}{\sqrt{3}U_1I_N\cos\varphi_1\eta}=2$$

这个结果说明当由 Y 形接法改接为 YY 形接法后，电动机的输出功率增加了一倍。

根据公式 $T_2=9550\frac{P_2}{n}$ 得到，输出转矩为

$$T_Y=9550\frac{P_Y}{n_Y}\approx9550\frac{P_Y}{n_{1Y}}$$

$$T_{YY}=9550\frac{P_{YY}}{n_{YY}}\approx9550\frac{P_{YY}}{n_{1YY}}=9550\frac{2P_Y}{2n_{1Y}}=T_Y \tag{5-29}$$

从式（5-29）可知，输出转矩 T_2 保持不变，所以 Y/YY 变极调速是属于恒转矩调速方法。其机械特性如图 5-34 所示。

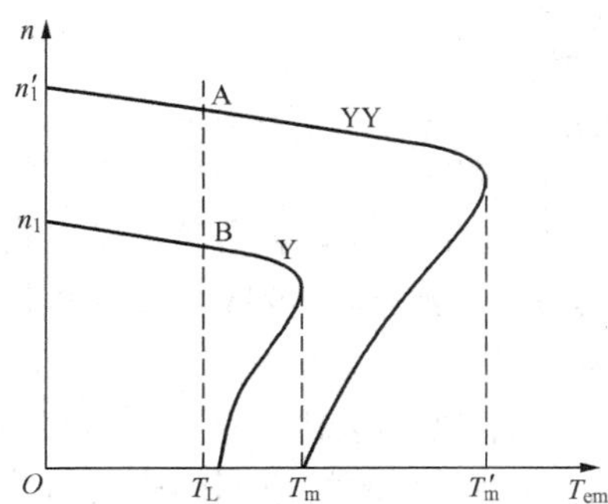

图 5-34　Y/YY 调速机械特性曲线

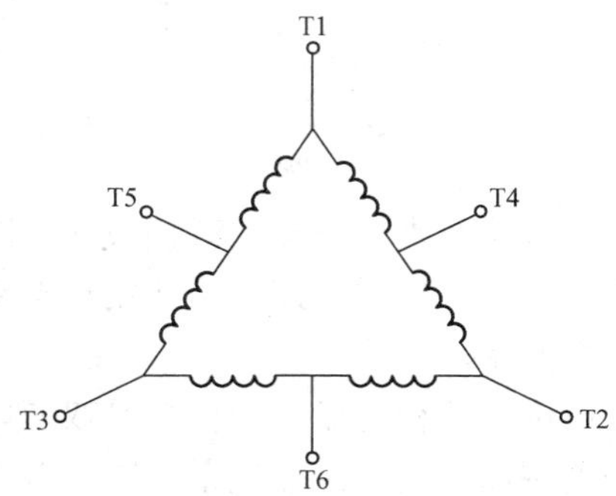

图 5-35　△/YY 变极调速的定子接法

（二）△/YY 变极调速电动机

这种电动机的定子绕组内部已接成△形，如图 5 - 35 所示。每相由两个半相绕组相串而成，出线端为 T1、T2 和 T3，两半相绕组连接处分别有出线端 T4、T5 和 T6 引出。

1. △形接法（低速）

出线端 T1、T2 和 T3 分别接三相电源，而 T4、T5 和 T6 三个出线端悬空。这时每相两个半相线圈是顺接串联，定子绕组接成△形，设这时电动机的磁极数 $2p=4$，同步转速 $n_1=1500\text{r/min}$。

2. YY 形接法（高速）

这种情况下，出线端 T4、T5 和 T6 分别接对应的三相电源。而 T1、T2 和 T3 被短接，使定子绕组接成两个并联的 Y 形连接绕组，即变成双 Y 形绕组了。这种情况下，每相的两个半相绕组也是反接并联的，使电动机的磁极数变为 $2p=2$，同步转速 $n_1=3000\text{r/min}$。

同样假定△形接法每相绕组的参数为 R_1、$X_{\sigma1}$、R'_2、$X'_{\sigma2}$，YY 形接法时，每相两半绕组反并联，其绕组参数为 $R_1/4$、$X_{\sigma1}/4$、$R'_2/4$、$X'_{\sigma2}/4$。又因为△形接法时，相电压等于线电压 $U_{1\triangle}=U_{\text{N}1}$，YY 形接法时相电压为线电压的 $1/\sqrt{3}$，即 $U_{1\text{YY}}=U_{\text{N}1}/\sqrt{3}$。用与 Y/YY 同样的方法推导可得出

$$T_{\text{mYY}}=\frac{2}{3}T_{\text{m}\triangle}$$

$$s_{\text{mYY}}=s_{\text{m}\triangle}$$

$$T_{\text{stYY}}=\frac{2}{3}T_{\text{st}\triangle}$$

△接法时，电动机输出功率（设 I_{N} 为支路额定电流）为

$$P_{\triangle}=3U_1I_{\text{N}}\cos\varphi_1\eta$$

如变极后 $\cos\varphi_1$ 和 η 也保持不变，每支路电流保持 I_{N} 不变。则双 YY 形接法时，电动机的输出功率为

$$P_{\text{YY}}=\sqrt{3}U_1 2I_{\text{N}}\cos\varphi_1\eta$$

$$\frac{P_{\text{YY}}}{P_{\triangle}}=\frac{\sqrt{3}U_1 2I_{\text{N}}\cos\varphi_1\eta}{3U_1I_{\text{N}}\cos\varphi_1\eta}=\frac{2}{\sqrt{3}}=1.15$$

输出转矩为

$$T_{\triangle}=9550\frac{P_{\triangle}}{n_{\triangle}}\approx 9550\frac{P_{\triangle}}{n_{1\triangle}}$$

$$T_{\text{YY}}=9550\frac{P_{\text{YY}}}{n_{\text{YY}}}\approx 9550\frac{P_{\text{YY}}}{n_{1\text{YY}}}=9550\frac{2/\sqrt{3}P_{\triangle}}{2n_{1\triangle}}=\frac{1}{\sqrt{3}}T_{\triangle}=0.577T_{\triangle}$$

以上结果说明当△形接法改接成 YY 形接法后，电动机输出功率基本不变，输出转矩降低为近二分之一。这种调速方法适用于电动机拖动恒功率负载的调速。变级调速的机械特性如图 5 - 36 所示。

上面讨论的两种变极电动机都是双速电动机，定子是一组独立绕组。为了得到两种转速以上的变极调速，还可以在定子上装上两组独立的绕组，可以各自改接成不同磁极对数，两组绕组结合起来，则可得到多于两种转速的变极调速电动机。变极调速电动机一般也称多速异步电动机。

三、改变转差率调速

改变转差率调速的方法较多，这里着重介绍转子回路串电阻调速、改变定子电压调速和串级调速几种方法。这几种调速方法的共同特点是在调速过程中，随着转差率的增大，产生的转差功率 sP_{em} 也增大。除串级调速外，这些功率都消耗在转子回路的电阻上，使转子发热，调速的经济性较差。

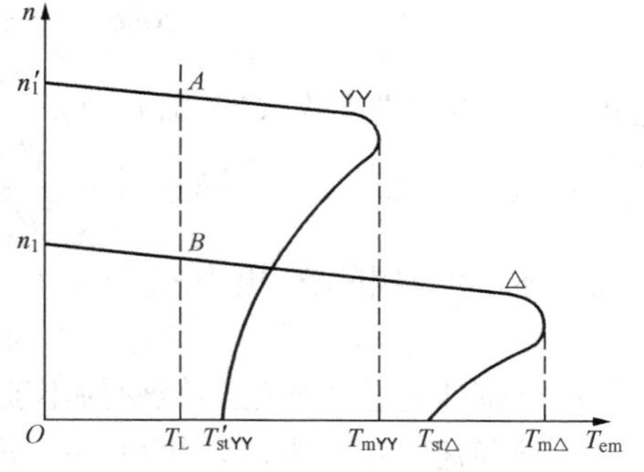

图 5 - 36　△/YY 调速机械特性曲线

（一）转子回路串电阻调速

绕线式异步电动机通过转子串电阻实现调速是一种很常用的方法，在图 5 - 37（a）中，如原先接触器 KM1 触点闭合，外接电阻 R_{ad1}～R_{ad3} 全部被短接，转子回路没有外串电阻，异步电动机工作在固有机械特性 R_2 上的 a 点［图 5 - 37（b）］。而当 KM1 断开，KM2 闭合时，转子回路中串入 R_{ad1}，使转子电流 I_2 减小，电磁转矩 T_{em}（$T_{em}=C_T\Phi_m I'_2\cos\varphi_2$）也减小，使 $T_{em}<T_L$，电动机减速，转差率 $s=(n_1-n)/n_1$ 增大，转子电动势 sE_2 也要相应增加，从而又使 I'_2 和 T_{em} 增加，一直到 $T_{em}=T_L$ 时，拖动系统达到新的平衡状态，电动机带动负载稳速运行在 R_2+R_{ad1} 特性曲线的 b 点上。转子串电阻调速中，串电阻时 s_m 变大，特性变软。串的电阻越大，特性就越软，所以这种调速方法的调速范围主要受到静差率的限制。由于其调速范围的上限是 n_N，当允许静差率为 50% 时，调速范围小于 2。

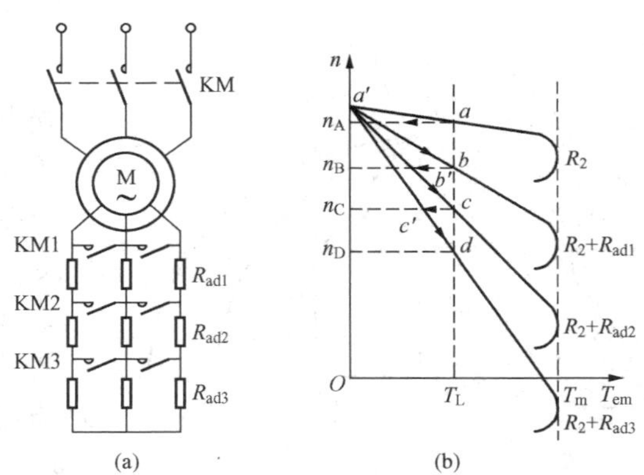

图 5 - 37　绕线转子异步电动机转子串电阻调速原理

（a）原理接线图；（b）机械特性图

转子回路串电阻调速是一种恒转矩调速，分析如下：根据 $T_{em}=C_T\Phi_m I'_2\cos\varphi_2$，由于此种调速时，电源电压保持额定电压值不变，所以气隙磁通 $\Phi_m=\Phi_N$ 保持不变，另根据满载调速时转子电流 $I_2=I_{N2}$ 保持为额定值的原则，可得

$$I_2=I_{N2}=\frac{E_2}{\sqrt{(R_2/s_N)^2+X_{\sigma2}^2}}=\frac{E_2}{\sqrt{[(R_2+R_{ad1})/s_1]^2+X_{\sigma2}^2}}=\text{常数}$$

故有

$$\frac{R_2}{s_N}=\frac{R_2+R_{ad1}}{s_1} \tag{5-30}$$

串电阻 R_{ad1} 后转子回路的功率因数为

$$\cos\varphi_2 = \frac{(R_2 + R_{ad1})/s_1}{\sqrt{[(R_2 + R_{ad1})/s_1]^2 + X_{\sigma 2}^2}} \tag{5-31}$$

把式（5-30）代入式（5-31），得

$$\cos\varphi_2 = \frac{R_2/s_N}{\sqrt{(R_2/s_N)^2 + X_{\sigma 2}^2}} = \cos\varphi_N = 常数$$

综上所述，可得电磁转矩为

$$T_{em} = C_T \Phi_N I'_{N2} \cos\varphi_{N2} = T_N = 常数$$

由于调速过程中电磁转矩保持不变，所以是一种恒转矩调速方法。

这种调速方法，电磁转矩可保持不变，但转子功率损耗却随着串入电阻的增大而增大。

当忽略机械损耗时，输出功率为

$$P_2 \approx P_\Sigma = (1-s)P_{em}$$

其中 P_{em} 为电磁功率。这样转子回路的效率为

$$\eta = P_2/P_{em} = (1-s)P_{em}/P_{em} = 1-s$$

因此当所串电阻增大，转速下降而 s 增大，使 n 下降，转子的功率损耗增大，所以这是一种不很经济的调速方法。

尽管转子串电阻调速方法不很经济，低速特性也很软，稳定性较差，但是由于这种调速方法比较简单易行，起动转矩较大，在拖动起重机等中、小容量的绕线式异步电动机中应用范围广泛。

（二）变压调速

三相异步电动机改变定子端电压 U_1 时，其机械特性如图 5-38（a）所示。可看出，当改变 U_1 时，同步转速 n_1 不变，临界转差率 s_m 不变，根据式（5-4）和式（5-6）可知，电磁转矩和最大转矩分别与定子电压 U_1 的平方成正比，即 $T_{em} \propto U_1^2$、$T_m \propto U_1^2$。

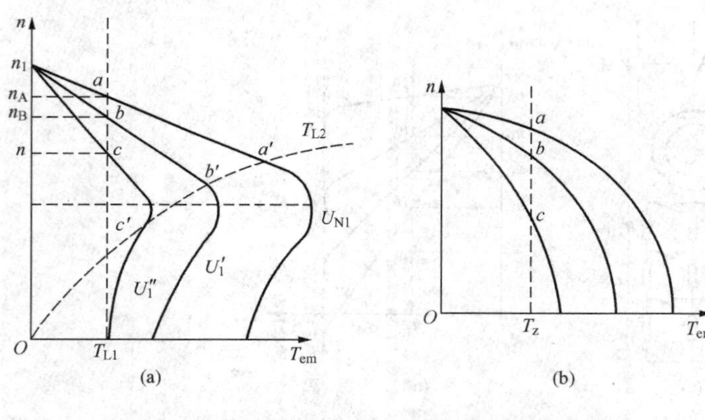

图 5-38　笼型异步电动机调压调速的机械特性

(a) 普通鼠笼型转子；(b) 高转差率笼型转子

对于恒转矩负载，从图 5-38（a）可见，转差率 s 随着电压的降低而增大，达到调速的目的，但随着定子端电压的下降，最大转矩下降很快，使带负载的能力大为下降。另外对于恒转矩负载，电动机不能在 $s > s_m$ 时稳定运行，其最大调速范围只能为 $0 \sim s_m$。而对于一般的笼型异步电动机，s_m 均很小，只有 0.2 左右，所以调速范围很小。但从图5-38（a）也可看到，对于通风机负载，当转差率 $s > s_m$ 时，拖动系统仍能稳定运行，并且由于低速时负载转矩很小，所以可以有很大的调速范围。

对于恒转矩负载，为了获得较宽的调速范围，可将转子绕组设计成具有较大电阻的高转差异步电动机，这样一方面可使调速范围扩大，如图 5-38（b）所示，另一方面，当电动机在低速运行时，可减小转子电流，不至于使转子过热，但其缺点是特性太软，运行稳定性较差。

（三）串级调速

串级调速方法是通过在绕线式异步电动机的转子回路中串接附加电动势来达到调速的目的。这个附加电动势 E_f 必须与转子电动势同频率，其相位与转子电动势反相或同相。

1. 附加电动势与转子电动势反相

图 5 - 39 表示串一个反相电动势 E'_f 的转子电路图。串级调速的原理的简要分析如下：

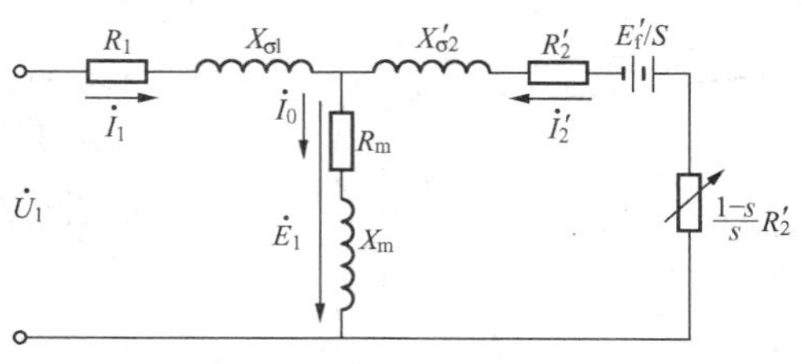

图 5 - 39　绕线电动机转子串接附加电动势的等效电路

设异步电动机带动恒转矩负载调速。当 $E'_f=0$ 时，电动机运行在其固有机械特性上，根据图 5 - 39 可得

$$I'_2=\frac{sE'_2}{\sqrt{R'^2_2+(sX'_{\sigma 2})^2}} \tag{5-32}$$

当转子回路串入的附加电动势 E'_f 相位与转子感应电动势 sE'_2 反相时，将会引起转子电流 I'_2 的减小，则有

$$I'_2=\frac{sE'_2-E'_f}{\sqrt{R'^2_2+(sX'_{\sigma 2})^2}}$$

如附加电动势 E'_f 越大，转子电流 I'_2 就越小，若 $E'_f=sE'_2$，则 $I'_2=0$，因此电磁转矩 $T_{em}=0$，电动机处于理想空载状态。令此时电动机的转差率为 s_0，根据 $s_0E'_2-E'_f=0$，得

$$s_0=E'_f/E'_2$$

对应的理想空载转速为 $(1-s_0)n_1$，其中 n_1 为电动机同步转速。很显然，当 $s_0\neq 0$ 时，串级调速的理想空载转速不等于电动机的同步转速 n_1。串级调速时，电动机的磁极对数和电源频率不变，所以同步转速不会变。但当串接电动势 E'_f 越大，s_0 越大，理想空载转速 $(1-s_0)n_1$ 越低。

由于调速时，电动机需带动恒转矩负载稳定运行，则电磁转矩 $T_{em}=C_T\Phi_m I'_2\cos\varphi_2$ 保持不变，其中由于串接调速时定子电压保持不变，故 Φ_m 也不变，由式（5 - 32）可得转子电流的有功分量 $I'_{a2}=I'_2\cos\varphi_2$ 基本不变，即

$$\begin{aligned}I'_{a2}&=I'_2\cos\varphi_2=\frac{E'_2}{\sqrt{(R'_2/s)^2+X'^2_{\sigma 2}}}\times\frac{R'_2/s}{\sqrt{(R'_2/s)^2+X'^2_{\sigma 2}}}\\&=\frac{sE'_2}{R'_2+s^2X'^2_{\sigma 2}/R'_2}\end{aligned} \tag{5-33}$$

因为正常工作时 $s\ll 1$，且 $R'_2\gg sX'_{\sigma 2}$，所以 $(s^2X'^2_{\sigma 2}/R'_2)$ 较小可略去，这样式（5 - 33）可化简为

$$I'_{a2}\approx sE'_2/R'_2 \tag{5-34}$$

由于 I'_{a2} 在恒转矩调速时不变，所以转子电动势 sE'_2 在调速过程中近似不变，转子串入 E'_f 后，有 $sE'_2=s'E'_2-E'_f$，即 $s=s'-E'_f/E'_2=s'-s_0$。

这样串 E'_f 后的转差率为

$$s'=s_0+s \tag{5-35}$$

其中 s 是未串 E'_f 的转差率。由此可看出串入附加电动势后的机械特性为固有特性平行下移

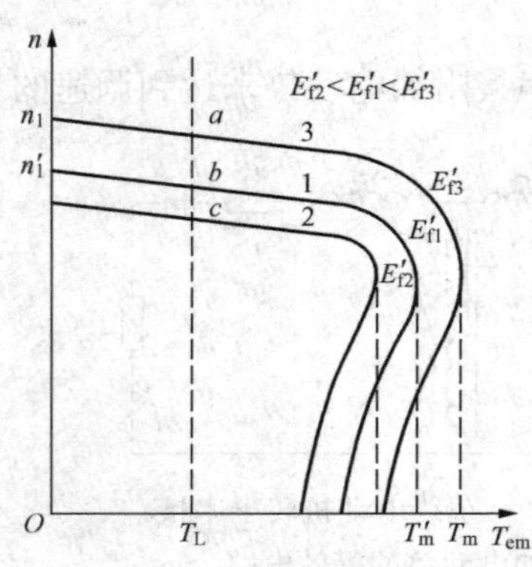

图 5 - 40 串级调速的机械特性

s_0距离的机械特性，如图 5 - 40 中的特性曲线 2 所示。但低速时 s 对 $sX_{\sigma2}$影响较大，使 T_m略有减小，特性曲线的斜率增大。

2. 附加电动势与转子电动势同相

串级调速还可以实现高于同步转速的调速，这只需使串入的附加电动势 E'_f与 sE'_2同相位，即

$$I'_2=\frac{sE'_2+E'_f}{\sqrt{R'_2+(sX'_{\sigma2})^2}} \tag{5 - 36}$$

可使转子电流 I'_2增大，如式（5 - 36）所示。从而产生较大的电磁转矩，使 $T_{em}>T_L$，迫使拖动系统转速 n 上升，直到升到 $T_{em}=T_L$，才在这一点稳定运行。当 $s'=s-s_0<0$，即 $E'_f>sE'_2$时，电动机转速将高于同步转速，这时机械特性如图 5 - 40 的曲线 3 所示。由于转速能调至超过同步转速，称这种调速系统为超同步串级调速系统。这样可使串级调速系统具有宽广的平滑调节范围。

尽管串级调速的性能较好，但是要得到一个频率总是与转子电动势频率相同的附加电动势 E'_f是相当困难的，这是因为转子频率 sf_1是随着转速而变化的，E'_f的频率必须跟着同步变化。长期以来一直没有一种理想的 E'_f，所以串级调速得不到推广，直到近期得到的一种较好的办法是把异步电动机转子电动势通过整流器变成直流，再用一可控的直流电动势与它串接，从而避免随时变频的不必要麻烦，图 5 - 41 为可控硅串级的调速原理接线图，异步电动机 M 的转子电动势经整流器整流后变成直流电压 U_d，再由逆变器将 U_β逆变为交流电，交流电经变压器变压反馈电网。控制逆变角 β，就可改变 U_β的数值，也就改变了附加电动势 E'_f，从而达到调速目的。

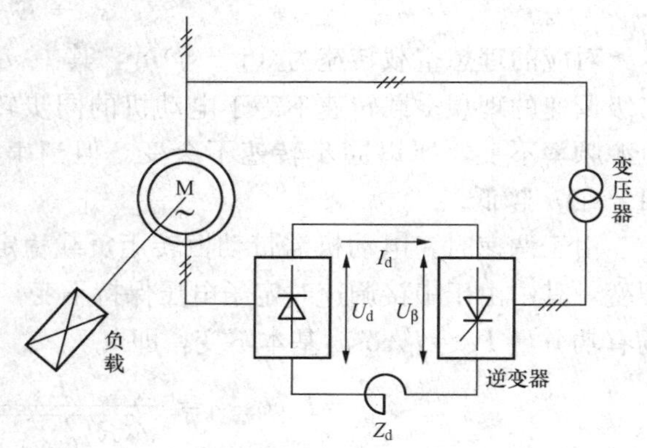

图 5 - 41 晶闸管串级调速原理接线图

【例 5 - 11】 一台三相绕线式异步电动机的额定数据为：$P_N=75kW$，$U_N=380V$，$I_N=148A$，$n_N=720r/min$，$K_T=2.4$，$E_{N2}=213V$，$I_{N2}=220A$，拖动 $T_L=0.85T_N$恒转矩负载，欲使电动机运行在 $n=660r/min$。试求：①采用转子回路串电阻调速，求每相电阻值。②采用减压调速，求电源电压。

解 (1) 转子回路串电阻调速时

$$s_N=\frac{n_1-n_N}{n_1}=\frac{750-720}{750}=0.04$$

$$s_m=s_N(K_T+\sqrt{K_T^2-1})=0.04\times(2.4+\sqrt{2.4^2-1})=0.183$$

转子每相电阻

$$R_2=\frac{s_NE_{N2}}{\sqrt{3}I_{N2}}=\frac{0.04\times213}{\sqrt{3}\times220}=0.022\ 4(\Omega)$$

在 $T_L=0.85T_N$ 且转子回路不串电阻时的转差率为

$$s=\frac{T_L}{T_N}s_N=0.85\times 0.04=0.034$$

在 $T_L=0.85T_N$ 且转子回路串电阻，$n=660\text{r/min}$ 时的转差率为

$$s'=\frac{n_1-n}{n_1}=\frac{750-660}{750}=0.12$$

则

$$\frac{R_2}{s}=\frac{R_2+R_{ad}}{s'}$$

$$R_{ad}=\left(\frac{s'}{s}-1\right)R_2=\left(\frac{0.12}{0.034}-1\right)\times 0.022\,4=0.056\,7(\Omega)$$

即转子回路每相应串入 $0.056\,7\Omega$ 的电阻。

（2）减压调速时由于临界转差率 s_m 不变，$s'<s_m$ 时电动机运行于机械特性线性段，则可以用线性表达式

$$T_{em}=\frac{2T'_m}{s_m}s'=T_L=0.85\frac{2T_m}{s_m}s_N$$

$$\frac{T'_m}{T_m}=\frac{0.85}{s'}s_N=\frac{0.85\times 0.04}{0.12}=0.283$$

$$U=U_N\sqrt{\frac{T'_m}{T_m}}=380\times\sqrt{0.283}=202(\text{V})$$

即减压调速时，电源电压降为 202V。

第五节　变　频　器

从第四节的三相异步电动机的调速讨论中已经知道，变频调速是三相异步电动机的最好的调速方法之一，因此专门用于三相异步电动机调速的控制电路已做成独立的产品，即变频器。早年由于三相异步电动机的变频调速技术无法实现，它的其他调速方法又无法与直流电动机的优良调速和起动性能相比，故高性能调速系统都采用直流电动机；另一方面，约占电气传动总容量 80%的无变速传动则采用异步电动机。20 世纪 70 年代变频器的问世彻底打破了交、直流传动按调速分工的格局，经过近半个世纪的发展，变频器已广泛地应用于异步电动机的调速控制。

变频技术从晶闸管（SCR）发展到大功率晶体管（IGBT，IGCT）和耐高压大功率晶体管（HV-IGBT），控制技术也发展到变频变压控制（VVVF）和矢量控制等多种方式，且已全数字化。由于变频调速的机械特性硬度能满足具有一定硬性负载的调速要求，故变频器已有很好的运行特性，并可作为现场级与自动化级连接在一起，应用灵活，对供电系统也可实现无干扰，应用范围几乎涉及到整个工业领域。

目前的通用型变频器，根据结构可分为普通的开环变频变压控制（VVVF）型和高性能的闭环矢量控制型；根据变频电源的性质，变频器可分为电压源型变频器和电流源型变频器，其主要区别在于中间直流环节采用哪种滤波器，电压源型变频器采用大容量电容滤波（如图 5-42 主电路中的电容 C），直流电压波形比较平直；电流源型变频器采用大电感滤波，直流电流波形比较平直。电压源型变频器比电流源型变频器性能优越，采用电压源型变频器

能使变频器的性能，包括输出波形、功率因数、效率、可靠性及动态性能进一步提高。下面简要介绍开环电压源型 VVVF 变频器基本软硬件原理结构和主要功能及其应用情况。

一、VVVF 变频器的基本原理和结构

VVVF 变频调速是通过同时改变定子三相绕组的电源电压和频率，实现恒转矩调速的一种方法。在交流调速领域中，大量的负载如风机、水泵等，对调速的要求并不高。使用开环型的 VVVF 变频器完全可以满足要求。开环型的变频器是指不带速度反馈的变频器。

由图 5-42 通用电压源型 VVVF 变频器的基本原理结构可看出，变频器的主电路（除电动机外）包括整流环节和逆变环节两部分，它们中间的直流环节采用大电容作储能元件，所以属于电压源型变频器。随着功率电子器件的集成化水平和智能化程度的提高，目前变频器的主回路已经非常简单。整流环节采用六单元的不可控功率桥式模块，逆变环节则一般采用智能功率模块 IPM。智能功率模块 IPM 是近年来出现的并且得到了迅速应用的功率开关器件，IPM 的内部集成了 6 单元的低功耗的 IGBT 元件及其驱动电路，也包括了高效的短路保护电路。TTL 电平的控制信号可以直接驱动 IPM 模块，这样就使得控制电路的硬件非常简单。

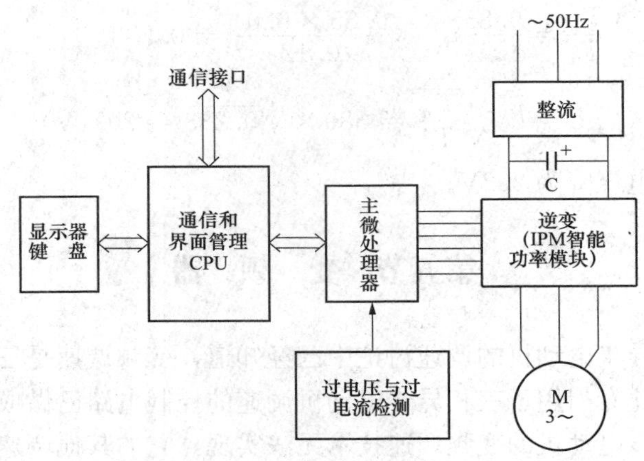

图 5-42 VVVF 变频器的基本结构

控制电路部分一般由两片微处理器构成。其中的一片为主微处理器，主要作用是实时产生 PWM 波形，完成对电动机的实时控制，同时还要实时检测电动机的电流和直流母线电压，完成过/欠电压保护、过电流保护以及过电流失速保护和过电压失速保护等。一般的变频器为了控制上的方便，还采用另外的一片 8 位的单片机，这片单片机主要完成键盘和显示器的管理、系统控制参数的存储、与上位机的通信等工作，有些还具有网络功能。8 位的单片机一般具有非易失性的存储器用以存储系统控制参数，一般采用串行通信的方式和主控微处理器交换信息。

二、变频器的主要控制参数介绍

通用变频器有很多控制参数供使用者设置，这些参数涉及频率指令信号的选择、升降频时间的设定、频率和电压范围的设定、V/F 曲线的选择、电动机停止方式的选择、防止过电压失速功能的设定、防止过电流失速功能的设定、停电后再运行的情况选择等。下面介绍这些参数的意义。

1. 频率指令信号的选择

变频器的频率给定信号的来源一般有三种选择，第一种是由变频器的键盘设定；第二种是频率由外接的 0～5V 模拟信号控制，方向由外接的一位开关信号控制；第三种是频率控制信号由上位机通过串行通信的方式输入。

2. 频率和电压范围的设定

变频器的输出频率和输出电压的范围是可以设定的，设定的内容包括最低输出频率、最高输出频率、最低输出电压、最高输出电压等。

3. V/F 曲线的选择

第四节已介绍过，为了实现恒磁通调速，必须在变频的同时调整电压。对于不同的电动机和负载状况，需要不同规律的 V/F 曲线与之适配，变频器中一般存有数十种不同规律的 V/F 曲线，可以通过设置参数来选择。

4. 电动机停止方式的选择

在变频器控制电动机的运行的情况下，电动机可以两种方式停止，一种是以制动的方式立即停止，另一种是以自由运转的方式停止，前者一般伴随产生较大的泵升电压。这两种停止的方式可以通过设置参数来选择。

5. 防止过电压失速功能的设定

当电动机执行减速时，由于负载惯量的影响，电动机会把负载上的动能转换成为电能储存在变频器的直流母线滤波电容 C 上，造成直流母线电压升高，有可能导致过电压保护的发生，从而造成“失速”，在选择了防止过电压失速功能的情况下，当变频器检测到了直流侧的母线电压过高，但还没有导致过电压保护动作时，变频器会自动暂停减速，输出的频率暂时保持在当前值不变，直到直流母线电压降低后，再继续减速。

6. 防止过电流失速功能的设定

当电动机在加速时，由于加速过快或负载比较重，电动机的电流可能会上升到很大，导致过电流保护动作，造成电动机的“失速”，在选择了防止过电流失速功能的情况下，当变频器检测到了电流过大，但还没有导致过电流保护动作时，变频器会自动暂停加速，输出的频率暂时保持在当前值不变，直到电流降低后，再继续加速。

7. 停电后再运行的情况选择

在停电后，根据不同的负载工况，应该对再来电以后的情况做出不同的选择。通过参数的设定，一般可以选择再来电后继续运行和再来电后停车不运行。

三、变频器的应用

变频器使用 VVVF 等方式可以很方便地实现三相异步电动机的节能调速。这种节能调速目前普遍使用在控制精确度不高、动态性能要求低的通风机负载（见第二章的第二节）上，如风机和水泵。风机和水泵等机械总容量几乎占工业电气传动总容量的一半，是耗能大户，如一个日产 5000t 的水泥厂，其窑尾高温风机可达 2500kW，全部风机的耗电量约占整个厂用电量的 30%；大的水厂水泵容量为 2500kW 的就可有若干台。过去这些交流传动系统都不能调速，风量或水的流量靠挡板和阀门来调节，当要减小流量时，异步电动机因不能调速只能保持转速不变，由于风机和水泵属于通风机负载，负载转矩与转速的平方成正比，当负载转速降低时，若电动机能调速，其转速可相应下降，则电动机的电磁转矩以与转速成平方的比例大幅下降，电动机的功率同样大幅下降。当电动机不降速，而挡板和阀门的关小相当于增加管道的阻力，使大量电能消耗在挡板和阀门上。负载下降又使异步电动机的功率因数降低。如换成变频器，把消耗在挡板和阀门上的能量节省下来，节能效果很可观，平均节能约在20%。

目前变频器已在我国各行各业中得到广泛应用，特别在数控机床、石化、冶金、汽车、造纸、热电、食品、纺织、包装、家用电器等领域。

变频器在应用时应注意以下几点：

(1) 交流变频调速系统对电网会产生谐波干扰，应按GB/T 14549—1993《电能质量 公用电网谐波》的要求加谐波滤波器或电抗器，使其对电网干扰最小。

(2) 为使变频调速器受外界干扰影响最小，在布线时各种电缆间须相互隔离，采用各种屏蔽方法减少受干扰的可能，根据需要还可考虑加隔离变压器和进线电抗器，使其受干扰影响最小。

(3) 在低速运行时，须防止传动轴系的振荡；在高速运行时，须防止系统超速。

本章小结

本章从三相异步电动机的机械特性出发，分析了起动、制动和调速等异步电动机的电力拖动的有关问题。三相异步电动机的机械特性是指转速或转差率与电磁转矩之间的函数关系，即 $n=f(T_{em})$ 或 $T_{em}=f(s)$ 曲线。机械特性有三种不同形式的表达，物理意义表达式、参数表达式及实用表达式。分析机械特性的参数表达式可知，电动机的最大转矩和起动转矩的大小主要取决于电动机的短路阻抗、电源频率和电源电压，而起动转矩还与转子电阻的大小有关。改变电动机的参数，可得到人为机械特性。

异步电动机直接起动时，起动电流将达 $(4\sim7)I_N$。由于起动电流比较大，一般4kW以下的电动机可直接起动，如果供电变压器的容量足够大，大中型异步电动机也可以直接起动。为了克服起动电流过大的缺点，对笼型异步电动机可以采用减压起动的方法，包括定子电路串接电阻电抗起动、自耦减压起动、星—三角减压起动等方法。由于减压起动不但减小了起动电流，同时也减小了起动转矩，只适合空载或轻载起动场合。在需要较大起动转矩的场合，可采用深槽式和双笼型异步电动机，既可增加起动转矩，又可减小起动电流。绕线式异步电动机转子电路串电阻起动时，也具备减小起动电流、增加起动转矩的能力，较好地改善了异步电动机的起动性能。

异步电动机的电磁制动，就是使电磁转矩的方向与电动机的旋转方向相反，制动时主要改变电磁转矩的方向。与直流电动机一样，异步电动机的电磁制动也有三种方法，为：①能耗制动，将定子绕组的交流电源切除加入直流电源，即将旋转磁场变成静止磁场，改变了转子绕组感应电动势的方向，电磁转矩的方向改变，能耗制动只需小容量的直流励磁电源，可适合各种旋转速度的电动机，简单、实用；②反接制动，分反相序反接制动和倒拉反接制动两种，制动效果迅速，其共同的特点是 $s>1$，转子输出功率 $P_2=P_{em}(1-s)<0$，即电动机在制动时，从电网吸收的电能的同时，还从生产机械吸取机械能转变为电能，一起消耗在转子电阻中，能耗特别大，经济性能较差；③回馈制动电动机的转速高于同步转速，$s<0$，转子电流的有功分量小于0，在制动过程中将电能回馈电网，既简单又经济，可靠性高。

三相异步电动机的调速方法有变频调速、变极调速及改变转差率调速三种方法。改变转差率调速又包括转子串电阻、改变定子电压及串级调速等方法。转子回路串电阻调速，能耗大，效率低，调速范围小、平滑性差，但由于实现方法简单、调速控制方便，多用于桥式起重机中。减压调速时调速范围小，且低速运行时电动机的效率和功率因数都很低，电动机易过载，一般不单独使用。串级调速不但可以无级调速，还可把转差功率回馈电网，效率高，经济性能好，适用于大容量的绕线型异步电动机。变频调速范围广，既可降低转速，又可提高转速，可实现无级调速，机械特性的硬度不会改变，可与直流电动机的调速媲美，广泛用于调速要求高的电力拖动系统。变极调速通过改接电动机的接线来实现，方法简单。Y/YY接法，为恒转矩调速；Y/△调速，为近似恒功率调速。但其由于调速范围小，且为有级调速，常用于对调速要求不高的场合。

习　题

1. 根据异步电动机机械特性的物理表达式，说明异步电动机在 $0<s<s_m$ 时电磁转矩 T_{em} 随转差率 s 的增大而增加，而在 $s_m<s<1$ 时 T_{em} 随 s 的增大而减小的原因。

2. 试写出三相异步电动机机械特性的三种表达式，并说明导出这些表达式的假定条件。

3. 什么是三相异步电动机的固有机械特性？什么是人为机械特性？

4. 三相异步电动机的最大转矩 T_m 的大小与转子回路电阻 R_2 的大小是否有关？为什么？

5. 降低三相异步电动机的电源电压，其最大转矩是否变化？临界转差率是否变化？

6. 一台三相笼型异步电动机，原转子鼠笼是铜条制的，后因损坏改为铸铝。如果仍加到额定电压下工作，其最大转差率 s_m 及对应的最大转矩 T_m 是否改变？若有变化，如何变化？

7. 改变三相异步电动机的电源频率，其机械特性怎样变化？

8. 为什么三相异步电动机的起动电流可达额定电流的 4～7 倍，而起动转矩仅为额定转矩的 0.8～1.3 倍？

9. 异步电动机有哪些制动运转状态？

10. 三相笼型异步电动机在何种情况下可直接起动？不能直接起动时，为什么可以采用减压起动方法？减压起动受什么条件限制？

11. 一台三相笼型异步电动机的铭牌上标出：定子绕组接法为 Y/△，额定电压为 380/220V。则当三相交流电源为 380V 时，能否进行 Y-△减压起动？为什么？

12. 绕线式异步电动机串适当的起动电阻后，为什么既能使起动电流减小，又能使起动转矩增大？如把起动电阻改为电抗，起动效果又将如何？

13. 为什么说绕线式异步电动机串接频敏变阻器起动比串电阻起动效果更好？

14. 变频调速中，如三相异步电动机在带恒转矩负载时，保持电源电压不变，而把电源频率升高到 1.5 倍的额定频率来实现高速运行（如机械结构有足够强度），是否可行？为什么？若带恒功率负载，采用同样的调速方法是否可行？

15. 变频调速时，为什么要维持恒磁通控制？试分析实现恒磁通控制的条件并画出对应的机械特性。

16. 恒磁通控制的调频调速时，为什么会出现低频低压下起动转矩变小的现象？如何确保低频时的起动转矩足够大？

17. 一台三相异步电动机，已知 $P_N=100\text{kW}$，$n_N=720\text{r/min}$，$K_T=2.8$。试求它的最大转矩 T_m，最大转矩时的转差率 s_m 和起动转矩 T_{st}。

18. 一台三相绕线式异步电动机，已知 $P_N=75\text{kW}$，$U_{N1}=380\text{V}$，$n_N=720\text{r/min}$，$I_{N1}=148\text{A}$，$\eta_N=90.5\%$，$\cos\varphi_N=0.85$，$K_T=2.4$，$E_{N2}=213\text{V}$，$I_{N2}=220\text{A}$。试求：

(1) 用机械特性的实用式绘制电动机的固有机械特性曲线；

(2) 若转子绕组每相电阻 $R_2=\dfrac{s_N E_{N2}}{\sqrt{3}I_{N2}}$，试求转子串入0.044 8Ω 电阻时的人为机械特性。

19. 设某车间有一台三相笼型异步电动机，额定数据 $P_N=300\text{kW}$，$I_N=527\text{A}$，$n_N=1475\text{r/min}$，起动电流 I_{st} 为 I_N 的 5.6 倍，起动转矩 T_{st} 为 T_N 的 1.2 倍，车间变电站允许最大冲击电流为1600A，生产机械要求起动转矩不得小于1000N·m。试问：

(1) 此电动机能否全压起动?

(2) 若有一抽头为 55%、64%、73%三挡的自耦变压器，能用哪一挡作减压起动满足上述条件?

20. 一台三相四极异步电动机，$P_N=28\text{kW}$，$U_N=380\text{V}$，$\cos\varphi_N=0.88$，$\eta_N=90\%$，定子为△形接法，在额定电压下，起动电流 $I_{st}=6I_N$。试求 Y-△减压起动时的起动电流。

21. 一台三相笼型异步电动机，已知 $U_N=380\text{V}$，$I_N=20\text{A}$，定子△形接法，$\cos\varphi_N=0.87$，$\eta_N=87.5\%$，$n_N=1450\text{r/min}$，$I_{st}/I_N=6$，$T_{st}/T_N=1.2$，$K_T=2$，试求：

(1) 电动机轴上输出的额定转矩 T_N；

(2) 若要保证满载起动，电网电压不能低于多少?

(3) 若采用 Y-△起动，I_{st} 等于多少? 能否半载起动?

22. 一台三相六极绕线式异步电动机。已知 $P_N=40\text{kW}$，$U_N=380\text{V}$，$I_N=73\text{A}$，$f_N=50\text{Hz}$，$n_N=980\text{r/min}$，转子每相电阻 $R_2=0.013\Omega$，过载能力 $K_T=2$。该电动机用于起重机起动重物，试求：

(1) 当负载转矩 $T_L=0.8T_N$，电动机以 500r/min 恒速提升重物时，转子回路每相应串入多大电阻?

(2) 当 $T_L=0.8T_N$，电动机以 500r/min 恒速下放重物时，转子回路每相应串入多大电阻?

23. 某三相笼型异步电动机的额定数据为：$P_N=7.5\text{kW}$，$U_N=380\text{V}$，$I_N=15.1\text{A}$，$f_N=50\text{Hz}$，$n_N=1450\text{r/min}$，过载能力 $K_T=2$，电动机带 $T_L=0.7T_N$ 恒转矩负载运行，现采用 U_1/f_1 为常数的变频调速，要使 $n=900\text{r/min}$，试求：

(1) 频率 f；

(2) 定子线电压 U_1。

*24. 某三相笼型异步电动机的额定数据与习题 23 相同。若电动机原带恒功率负载运行于额定状态，现采用变频调速方法要使 $n=900\text{r/min}$，并且要求调速前后电动机的过载能力不变，试求：

(1) 频率 f；

(2) 定子线电压 U_1。

*第六章　常用同步电动机

学习提示

本章的内容相对前五章而言，电机的种类有点多。但每种电机之间的联系非常紧密。在学习同步电机时，我们要把握住同步电机的基本原理，为学习无刷直流电动机奠定基础。无刷直流电动机实际是普通直流电动机的倒装，由电子开关改变定子绕组的通电方式，使得定子磁场的方向改变，进而带动转子旋转。磁阻电动机与步进电动机的原理与同步电动机类似，只不过其转子是非磁性材料的。步进电动机的学习过程中着重要掌握矩角特性，当通电方式发生变化时，相邻矩角特性的交点会发生变化，步进电动机的负载能力也随之改变。

同步电动机是常用的三大类电动机（直流、异步、同步电动机）中又一类重要的电动机。同步电动机与异步电动机一样，都属于交流电动机。由于同步电动机的转速不随负载转矩的变化而变化，且与定子电流的频率成严格的比例关系，这一特点使它在电力拖动系统中占有越来越重要的地位。随着大功率电力电子器件和微型计算机的迅速发展，三相永磁同步电动机（无刷直流电动机）、步进电动机和磁阻电动机等同步电动机已成为高精度位置伺服系统等自动控制系统中的主要驱动元件之一，应引起我们的足够重视。

第一节　同步电动机的工作原理

同步电动机的工作原理与异步电动机之间既有相同之处又有重要区别。同步电动机类型很多，工作原理各有其特点，但基本原理相同，本节从异步电动机的同步运行着手来分析同步电动机的基本工作原理。

一、三相异步电动机的同步运行

根据第四章异步电动机的工作原理可知，三相异步电动机正常工作时，其转速是不可能等于旋转磁场的同步转速 n_1 的。但我们可采取措施设法使它的转速达到同步转速。图6-1是一转子绕组出线端接有三刀双投开关 QS 的三相绕线转子异步电动机。如开关 QS 投向上面，把转子三相绕组短接，正常运行时，气隙中有转速为 n_1 的旋转磁场，它在转子回路内将感应电动势，产生电流，使转子产生电磁转矩，而使转子以转速 n 旋转，$n<n_1$。如 $n=n_1$，转子中就无感应电动势，即如果运行在同步转速时，异步电动机的转子回路中不存在电流。这种情况下，如向转子绕组通直流电，则会产生什么现象？下面对此作进一步的分析。

如果在此电动机正常运行时，把开关 QS 投向下面，转子的三相绕组被接到了直流电源上，其中 A1 端接“+”极，B1、C1 两端并接到“−”极。这样转子绕组原理接线如图6-2所示。

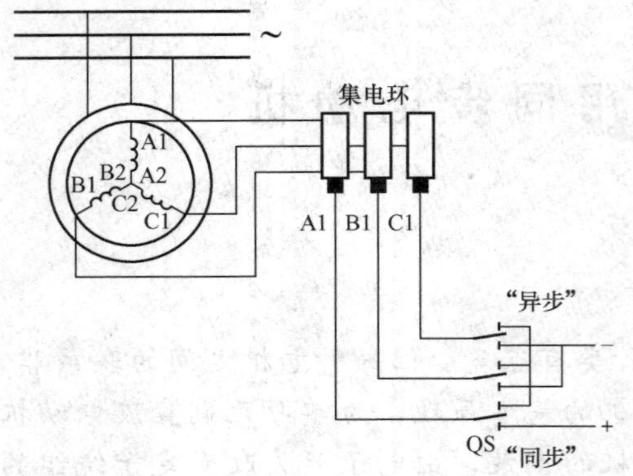

图 6-1 绕线转子异步电动机同步运行原理接线图

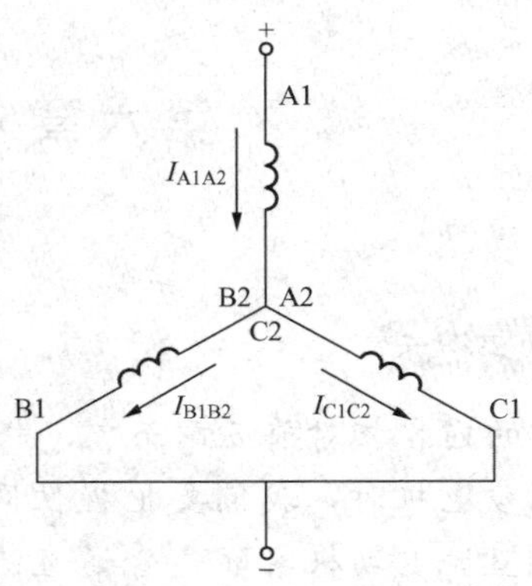

图 6-2 异步电动机同步运行时转子绕组原理接线图

当转子绕组供以直流电以后，转子就会建立磁通势，从而产生磁场。由于转子三相绕组是对称的，每相电阻都相等。显然有

$$\begin{cases} I_{A1A2}=I_{B2B1}+I_{C2C1} \\ I_{B2B1}=I_{C2C1}=-I_{B1B2}=-I_{C1C2} \\ -I_{B1B2}=-I_{C1C2}=I_{A1A2}/2 \end{cases} \tag{6-1}$$

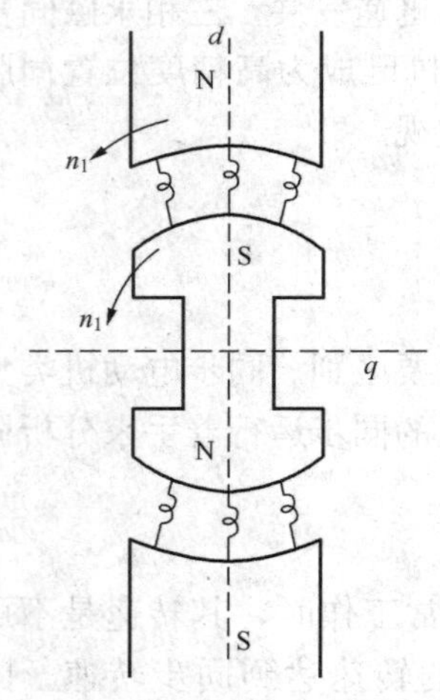

图 6-3 异步电动机同步运行的物理模型

式（6-1）所表示的是三相绕组中的电流关系，该电流流过转子绕组后在气隙中产生的基波磁通势在空间是正弦分布的。由于转子本身以 n_1 的转速在旋转，使这个相对于转子是正弦分布的磁通势在空间又随着转子以 n_1 的同步速旋转。因此可把通入直流电的绕线转子看作一个在空间以转速 n_1 旋转的电磁铁。如果把此电动机定子的转速为 n_1 的旋转磁场用旋转磁极来表示（如图4-1中N、S极所示），那可以把此电动机的电磁关系用图 6-3 所示的物理模型来描述。图中定、转子都是一对磁极，它们都以 n_1 的速度在旋转。根据同性相斥、异性相吸的原则，不管旋转磁极与电磁铁的原始相对位置如何不同，转动过程中电磁铁的 S 和 N 极很快分别被旋转磁极的 N 和 S 极吸住，它们之间产生相应的磁拉力，只要这个磁拉力足够大，旋转磁极将拉着电磁铁以恒定的同步转速一起旋转。这样就可使一台异步电动机实现同步运行。

二、三相同步电动机的工作原理

通过对三相异步电动机作同步运行的分析可知，如果用直流电源按一定规律对转子绕组励磁使它成为一个可旋转的电磁铁，或者改变异步电动机的转子结构使它成为一个永久磁铁的转子，这样的交流电动机就可成为一台同步电动机。三相同步电动机的定子绕组和异步电动机一样都是三相对称交流绕组，用以产生电动机的旋转磁场。这样，同步电动机就是一种定子侧用交流电流励磁以建立旋转磁场，而转子侧用直流电流励磁（或用永久磁铁）所构成旋转磁极的双边励磁（或单边励磁）的交流电动机。同步电动机的工作原理就是旋转磁场以磁拉力拖着旋转磁极（转子）共同以同步速 n_1旋转，如图 6－3 所示。

用永久磁铁做成的转子来代替直流励磁的电磁铁转子的同步电动机，是下一节要讨论的三相永磁同步电动机即直流无刷电动机，由于三相永磁同步电动机的转子不需用直流电流励磁，所以结构更简单，性能更好，是目前使用的主要伺服电动机之一。

三、同步电动机的电磁功率公式

双边励磁的同步电动机常用的结构有两种，一种为凸极式磁极转子，称为凸极式同步电动机；另一种为隐极式磁极转子，称为隐极式同步电动机。这两种电动机的示意图如图6－4所示。两者的主要区别在转子有无明显的磁极。凸极式同步电动机有明显的磁极，气隙非常不均匀，当转子位置不同时，定子磁场磁力线路经的磁阻变化很大。当定、转子处于图6－3所示的相对位置时，气隙最小，磁阻也最小，即磁导最大，对应的电抗也最大，称为直轴同步电抗 X_d。如定子磁极转过 90°电角度，即转到图 6－3 的 q 轴时，气隙最大，磁阻也最大，磁导最小，对应的电抗也最小，称为交轴同步电抗 X_q。

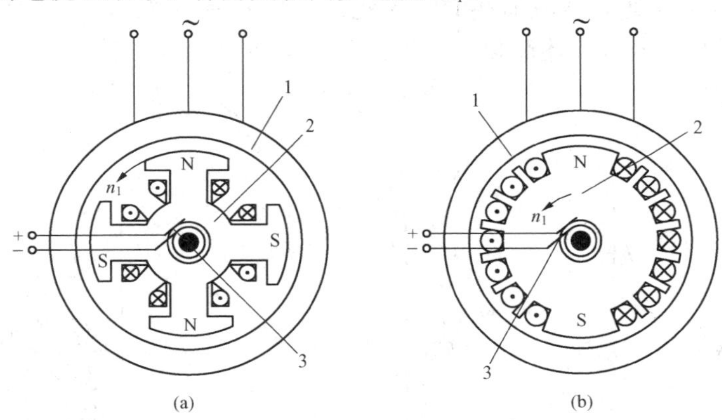

图 6－4 同步电动机的两种常用结构

(a) 凸极式转子；(b) 隐极式转子

1—定子；2—转子；3—集流环

若不计定子绕组电阻压降，按照电动机惯例，同步电动机（凸极式转子）定子每相绕组的电压方程式为

$$\dot{U} = -\dot{E}_0 + \mathrm{j}\dot{I}_{dM}X_d + \mathrm{j}\dot{I}_{qM}X_q \tag{6-2}$$

式中 $\dot{U}$——定子相电压；

$\dot{E}_0$——定子感应的相电动势；

$\dot{I}_{dM}$——定子输入相电流的直轴分量；

$\dot{I}_{qM}$——定子输入相电流的交轴分量；

X_d——直轴同步电抗；

X_q——交轴同步电抗。

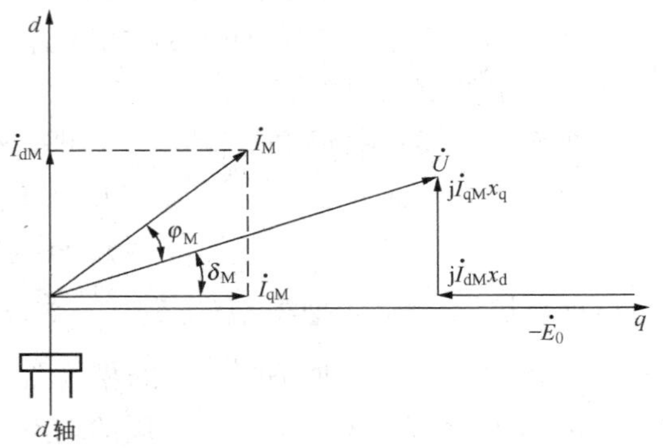

图 6－5 凸极同步电动机的相量图

按式（6－2）可画出图 6－5 所示的凸极同步电动机的相量图。其中 δ_M 是功率角，φ_M是功率因数角。

同步电动机的电磁功率 P_{em}与功率角 δ_M

的关系即电磁功率公式为

$$P_{em}=3\frac{E_0U}{X_d}\sin\delta_M+3\frac{U^2}{2}\left(\frac{1}{X_q}-\frac{1}{X_d}\right)\sin2\delta_M \tag{6-3}$$

式（6-3）除以同步角速度 Ω_1，即可得到同步电动机的电磁转矩公式为

$$T_{em}=3\frac{E_0U}{\Omega_1X_d}\sin\delta_M+3\frac{U^2}{2\Omega_1}\left(\frac{1}{X_q}-\frac{1}{X_d}\right)\sin2\delta_M \tag{6-4}$$

四、同步电动机的 V 形曲线与功率因数的调整

同步电动机的 V 形曲线是指在电网电压、频率和电动机输出功率恒定的情况下，电枢电流（定子输入相电流）I_M和励磁电流 I_f之间的关系曲线 $I_M=f(I_f)$。

图 6-6 表示当输出功率恒定，而改变励磁电流时隐极同步电动机的电动势相量图。由于假定电网是无穷大的，故电压 U 和频率 f 均保持不变。且由于忽略了定子绕组电阻及其有功损耗，可认为输入功率等于电磁功率 P_{em}，故当电动机的输出功率 P_2不变时，如不计改变励磁时定子铁耗和杂散损耗的微弱变化，则 $P_1=3UI_M\cos\varphi_M$不变，电动机的电磁功率 P_{em}也保持不变。经过上述简化，可得同步电动机（隐极式转子）的电磁功率为

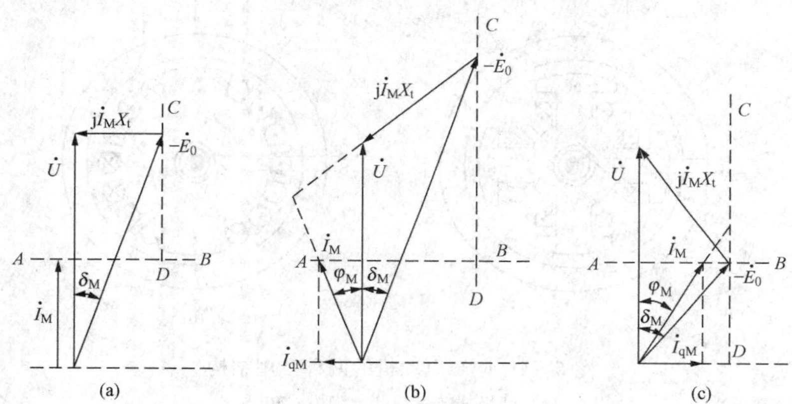

图 6-6　恒功率、变励磁时隐极同步电动机的相量图

（a）正常励磁；（b）过励；（c）欠励

$$P_{em}=3\frac{E_0U}{X_t}\sin\delta_M=3UI_M\cos\varphi_M=\text{常数} \tag{6-5}$$

式中　X_t——隐极同步电动机的同步电抗。

式（6-5）实际上是式（6-3）的特例。这是因为隐极同步电动机的 $X_d=X_q=X_t$，使式（6-3）中的第二项为零。

因在式（6-5）中 U 和 X_t都不变，即可得到

$$E_0\sin\delta_M=\text{常数}$$

$$I_M\cos\varphi_M=\text{常数}$$

根据隐极同步电动机的电压方程式（忽略电阻压降）$\dot{U}=-\dot{E}_0+j\dot{I}_MX_t$ 画相量图，可得图 6-6，图中所示为三种不同 $\dot{I}_f$时的相量图。当改变励磁电流 $\dot{I}_f$时，$\dot{E}_0$ 的端点将在垂直线 CD 上移动，以使 $E_0\sin\delta_M=$常数；I_M的端点将在水平线 AB 上移动，以使 $I_M\cos\varphi_M=$常数。图 6-6（a）表示正常励磁时，电动机的功率因数等于 1，电枢电流 $\dot{I}_M$为有功电流，其无功

分量为零，故 $\dot{I}_M$ 的数值最小。当过励时，即励磁电流大于正常励磁电流时，$\dot{E}_0$ 将增大。根据图 6－6（b）可知，电流 $\dot{I}_M$ 将超前于 $\dot{U}$ 一个 φ_M 角，它除了含有原来的有功电流外，还增加一个超前的无功电流分量 $\dot{I}_{qM}$。这个超前的无功电流分量在电动机过励时，可向电网输送滞后的无功电流和感性的无功功率，能补偿电网感性负载所需的无功功率，提高电网的功率因数。当欠励时，即励磁电流 $\dot{I}_f$ 小于正常励磁电流时，$\dot{E}_0$ 减小，如图 6－6（c）所示，其端点在 CD 上往下移，电流滞后于 $\dot{U}$ 一个 φ_M 角，出现一个滞后的无功电流分量 $\dot{I}_{qM}$。这个滞后的无功电流分量使电动机对电网呈电感性质，自电网吸取滞后的无功电流和感性的无功功率。根据上述分析，改变励磁电流 $\dot{I}_f$，可画出同步电动机电枢电流 $\dot{I}_M$ 随 $\dot{I}_f$ 变化的曲线，此曲线呈 V 形，所以称为同步电动机的 V 形曲线，不同的输出可得到如图 6－7 所示的不同曲线。

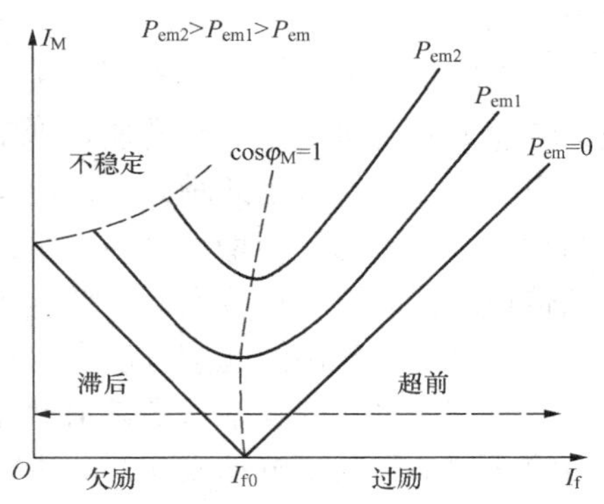

图 6－7　同步电动机的 V 形曲线

图 6－6 中，正常励磁时即 $\cos\varphi_M=1$ 的电枢电流 $\dot{I}_M$ 最小。其右面处于过励状态，功率因数是超前性质的；其左面处于欠励状态，功率因数是滞后性质的。如果 $\dot{I}_f$ 太小，因功率角过大，使电动机的过载能力下降很多，当功率角接近 90°时，将会因为过载能力太小而无法稳定工作。图 6－7 中虚线表示出电动机不稳定区的极限位置。

根据以上讨论可知，调节励磁电流可以改变同步电动机的无功电流和功率因数，这是同步电动机最重要的特点之一。特别是同步电动机过励时向电网提供滞后的无功电流和感性的无功功率的特性很有实用价值。因为电网主要的负载是异步电动机和变压器，它们都要从电网中吸取感性的无功功率。当在电网上运行的同步电动机工作在过励状态时，它们将向电网提供感性的无功功率，就避免了无功功率的远程输送，提高了电网的功率因数。因此为了改善电网的功率因数和提高电动机的过载能力，目前把同步电动机的额定功率因数一般设计为 1～0.8（超前）。同步电动机也可以用来专门供给感性的无功功率，进行功率因数补偿。这种专门提供无功功率的同步电动机称为同步调相机或同步补偿机。

五、同步电动机的起动

在同步电动机运行时，只有当转子磁场和定子磁场同步旋转，亦即两者相对静止，才能产生平均电磁转矩带动负载旋转。但在起动时，如把同步电动机励磁后并直接接入频率固定的电源（如接入电网），由于转子磁场静止不动，则定子旋转磁场以很高的同步转速 $n_1=60f/p$（例如 $n_1=3000\text{r/min}$）相对转子磁场作相对运动。假设定子磁场的旋转方向为逆时针方向，并在某瞬间转到图 6－8（a）所示的位置，由图可见，此瞬间定子磁场和转子磁场相互作用所产生的电磁转矩 T_{em} 也为逆时针方

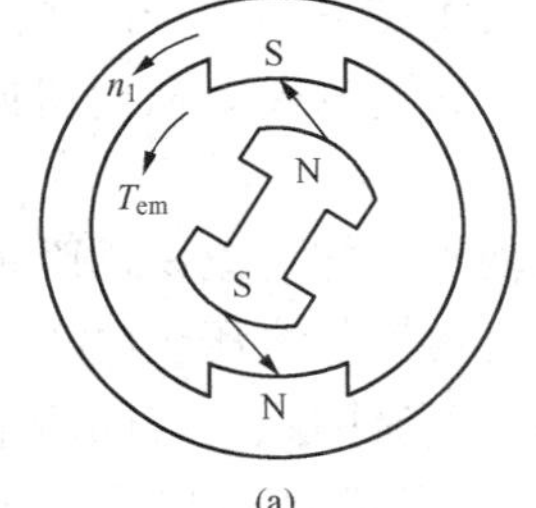

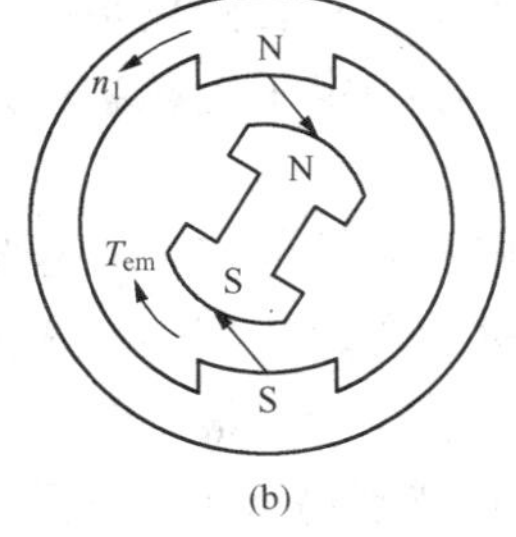

图 6－8　同步电动机起动时定子磁场对转子磁场的作用
（a）相互吸引；（b）相互排斥

向，是推动转子向逆时针方向旋转的。但由于转子初速为零，在此转矩作用下，只能从零开始加速，而不可能立即加速到同步，于是在半个周期以后（即1/100s后），转子才开始起动，而定子磁场已向前转动了一个极距，达到图6-8（b）所示的位置，此时定子磁极对转子磁极间的排斥力将阻止转子向逆时针方向转动。这种情况将不断重复下去。在这种反复变化过程中，转子上受到的平均转矩为零，故同步电动机不能自行起动。因此，要起动同步电动机必须借助于其他方法。

起动同步电动机可以用不同方法。例如可借助辅助电动机用外力拖动其转子起动，而且使其转速上升至接近于同步转速，则定子磁场对转子的相对运动速度趋于零。这时接通转子的励磁电路，给予适当的励磁，以便产生推动转子转动的同步转矩。这样定、转子磁极间改变相对位置所需的时间增长很多，足以使转子很快加速到同步转速。转子被拖入同步以后，电磁转矩的方向就不再改变，电动机进入稳定的同步旋转状态。

同步电动机常用的起动方法有两种，即变频起动法和异步起动法。变频起动是在起动过程中，使电动机电源频率从零逐渐增加，是一种性能很好的同步起动方法，后面两节中将要介绍的三相永磁同步电动机和开关磁阻电动机都使用变频起动方法。本节主要介绍普通同步电动机常用的异步起动法。

异步起动方法即在凸极式同步电动机的转子上装置阻尼绕组而获得起动转矩，是一种常用的异步起动法。阻尼绕组和异步电动机的笼型绕组很相似，只是它装在转子磁极的极靴上，所以有时也把这种阻尼绕组称为起动绕组。

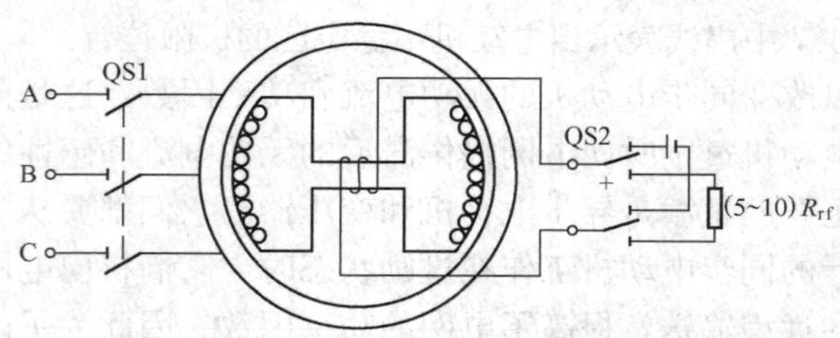

图6-9 异步起动法原理接线图

同步电动机的异步起动与三相异步电动机的起动运行类似。首先按图6-9所示接线，把同步电动机的励磁绕组通过一个电阻短接。因为起动时，励磁绕组开路是很危险的，励磁绕组的匝数很多，定子旋转磁场将在其中感应很高的电压，可能击穿励磁绕组的绝缘。短路电阻的大小约为励磁绕组本身电阻的5～10倍。其次，通过开关QS1将同步电动机的定子绕组接通三相交流电源，这时定子旋转磁场将在阻尼绕组中感应一电流，此电流与定子旋转磁场相互作用而产生异步电磁转矩，同步电动机便作为异步电动机而起动。当同步电动机的转速达到同步转速的95%左右（又称准同步速）时，将双刀双抛开关QS2合向上面，将励磁绕组与直流电源接通，给予直流励磁，在转子上产生恒定磁场。由于这时转差很小，只要磁场足够大，转子磁场与定子磁场之间的相互吸引力便能使转子提高到同步转速，跟着定子旋转磁场以同步转速旋转，从而将同步电动机牵入同步运行。

在进行异步起动时，为了限制同步电动机的起动电流，和异步电动机一样可以采用降低定子电源电压的方法进行降压起动，当电动机的转速达到某一定值后，再恢复全压供电。

同步电动机牵入同步的过程很复杂，一般应在转差很小时才能加入直流励磁，若同步电动机的转差越小，系统惯量越小，牵入同步就越容易。另外也可用加大直流励磁来增大 E_0 即增大同步转矩的办法，来解决牵入同步的困难。目前普通同步电动机常用晶闸管励磁系统，这种系统一般具有同步电动机起动自动化功能。

第二节 三相永磁同步电动机—无刷直流电动机

三相永磁同步电动机是20世纪70年代发展起来的一种新型伺服电动机，常称作无换向器电动机或直流无刷电动机。由于这种电动机既有结构简单、运行可靠、维护方便、无机械换向器等交流电动机的优点，又具有直流电动机的运行效率高、无励磁损耗及调速性能好等诸多优点，作为一种相当理想的伺服电动机，应用越来越广泛。它与变频调速的异步电动机一起，正在逐步取代直流电动机，作为主流的伺服电动机。三相永磁同步电动机广泛应用于定位精度要求很高的机电一体化设备中，如数控机床、工业机器人、航空航天技术、冶金、化工及医疗等高新技术领域。

一、三相永磁同步电动机的基本结构

三相永磁同步电动机是由永磁同步电动机、转子位置传感器（BQ）和电子开关电路等三部分组成的电动机系统，如图6-10所示。

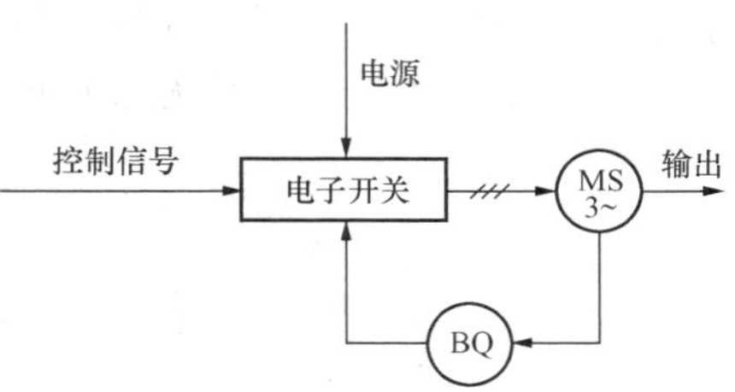

图6-10 三相永磁同步电动机结构原理示意图

（一）永磁同步电动机

一个四极永磁同步电动机的结构示意图如图6-11所示。定子铁芯内装有接成星形或三角形的三相交流绕组，它是电动机的电枢绕组，用以产生同步旋转磁场（四极）。转子是由高磁能积的稀土等磁性材料制成永磁式转子。

按定子三相电枢绕组所加电压波形（也称驱动方式）进行分类，可分为正弦波驱动和方波驱动两种基本形式。由于方波驱动具有控制线路简单，成本较低等优点，所以目前方波驱动使用较多。这种方法是在定子绕组中按一定相序通以交变的方波电流，为使定子三相绕组合成的气隙磁场类似于跳跃式前进的旋转磁场（见图6-19及其分析），产生相应的电磁转矩使转子转动。正弦波驱动方式中，定子三相绕组中通以可变频的对称的正弦波电流来产生气隙旋转磁场。随着SPWM正弦波脉宽调制技术的成熟，正弦波驱动方式目前也已被广泛使用。

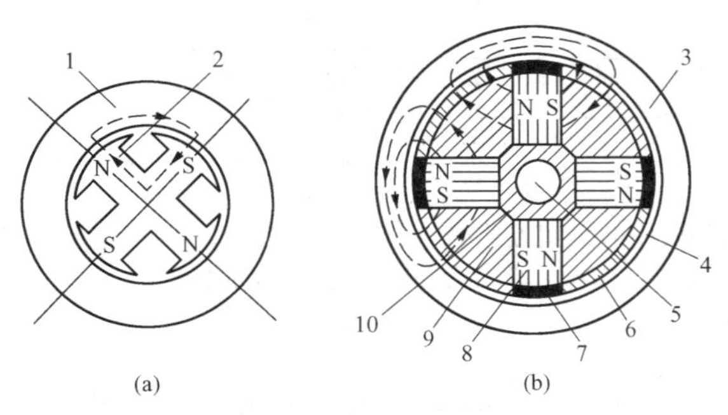

图6-11 永磁同步电动机结构示意图

(a) 定、转子结构（横断面）；(b) 永磁转子结构示意图

1—定子铁芯及定子三相绕组；2—四极永磁转子；3—定子铁芯；4—气隙；5—转轴；6—套环的磁性材料段；7—套环的非磁性材料段；8—永久磁铁；9—软磁极靴；10—非磁性衬套

转子的永磁体是采用20世纪60年代以后新发展起来的具有高矫顽力的稀土永磁材料，如最新一代稀土材料钕铁硼（NdFeB）制成的永磁体，其最大磁能积可达到286kJ/m^3，剩磁密度可高至1.06T，而矫顽力则高达720kA/m。为了提高电动机气隙磁通密度，通常将永磁体横向放置，如图6-11（b）所示，相邻极面为同极性。这样转子磁场的磁通路为：永磁体N极→软铁极靴→套环的磁性材料段→气隙→定子铁芯→气隙→套环的磁性材料段→软铁极靴→永磁体S极。每极的软铁极靴中传送从其他两侧的同极性极面所流出（或流入）的磁通。

这样当定子通以交流电（其频率由零逐渐增大）产生旋转磁场时，这个旋转磁场将会拉着永磁体转子以同步转速在确定方向上旋转。

（二）定子电枢绕组的开关控制

三相定子绕组可以接成星形或三角形，每相绕组的交流电流是由电子开关电路中的大功率晶体管或晶闸管提供的，如图 6 - 12 所示。例如图 6 - 12（a）中，当晶体管 V2、V3 和 V5 导通时，电流如图中虚线所示，一路经 V2 管、A 相绕组、B 相绕组和 V3 管，另一路经 V2 管、A 相绕组、C 相绕组和 V5 管。如 V4、V3 和 V5 管导通，则电流从 V4 管经 B 相，再分流到 A 相、C 相。很显然，只要正确控制 V1～V6 这六管，A、B、C 三相绕组就有可能得到所需的交流电流。晶体管或晶闸管的导通与否是由转子位置检测器测量到的转子磁极位置信号进行控制的。所以这种三相永磁同步电动机光靠永磁同步电动机本身而没有电子开关电路和转子位置传感器是无法旋转的。

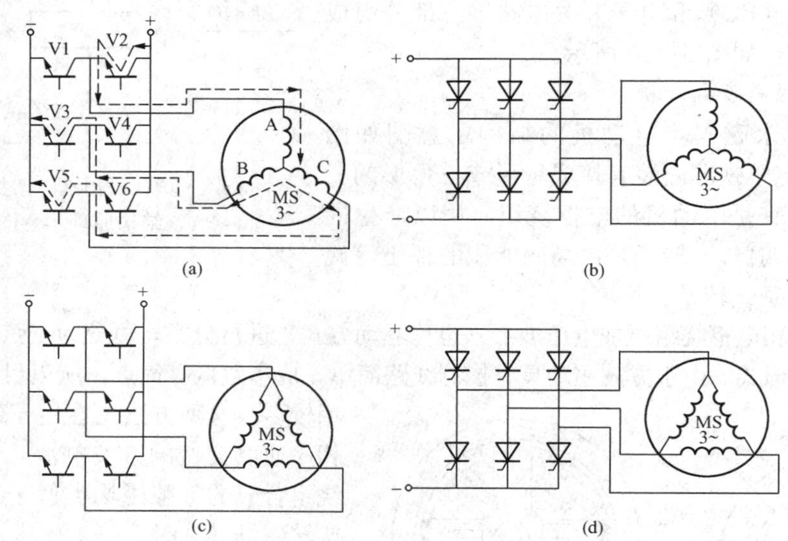

图 6 - 12 三相绕组的控制方式

（a）晶体管星形桥式；（b）晶闸管星形桥式；（c）晶体管三角形桥式；（d）晶闸管三角形桥式

（三）转子位置传感器

转子位置传感器用于检测永磁伺服电动机转子的实际位置。为了提高转子位置检测精度，永磁伺服电动机常用光电编码器或旋转变压器作位置检测器。

1. 光电编码器

光电编码器也称光学编码器或旋转编码器，主要有两种形式，即增量式和绝对码式。

增量式光电编码器结构简单、性能可靠，是目前最常用的一种编码器。它主要由固定的光电耦合开关和旋转的遮光盘组成，由光电管发出与转角位置成正比的电脉冲信号，如图 6 - 13所示。遮光盘上按要求开出光槽（例如2500槽/转），每个光电耦合开关是由相对固定的红外发光管和光电二极管组成。当转子旋转时，光线通过，使光电管导通，输出低电平。而当遮光部分通过时，因无光而使光电管截止，输出高电平，由此产生电脉冲信号。这种电脉冲信号能直接反映转子的转速和角位移，经放大后去控制晶体管等大功率半导体器件，使相应的定子绕组切换电流。增量式光电编码器一般有三个码道信号：A、B 和 R，它们的输出波形如图 6-13（b）所示。A、B 两相的脉冲数能测定转速和转角的大小，而 A、B 两相之间的相位差为 90°。从图 6-13（b）可看出，根据 A、B 两相不同相位关系即能判定电动机的旋转方向。R 信号为每圈一个脉冲，作为基准信号。增量式编码器结构简单，其数字化的脉冲输出可很容易地与计算机接口，是一种使用非常方便的转角位置传感器。

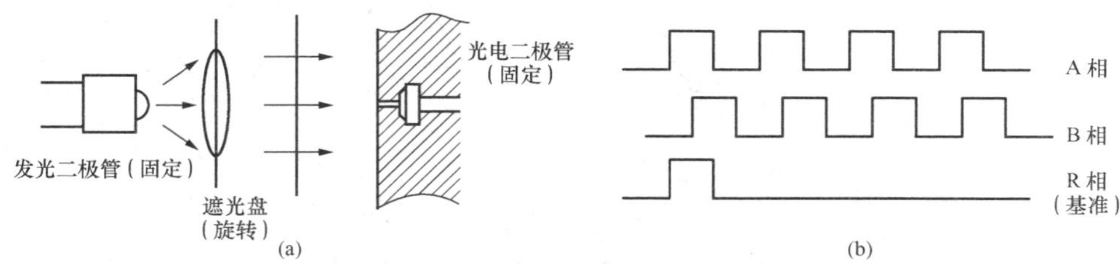

图 6-13 增量式光电编码器

（a）原理图；（b）输出波形图

绝对码式的光电编码器的码道是按二进制读数设计的，一般需 8～12 个码道，才能得到精确的位置信号，图 6-14 所示为 8 码道光电编码器。由于编码器从这种码道读得的值就是转角信号的二进制输出，由此可直接得到转子的绝对位置。电动机每转一圈所得到的脉冲数（在增量式中是 A 码道的脉冲数）称为分辨率，其规格很多（有 10 进制等分的数，如 250、500、1000、2500 等，也有 2 的幂次数即 2^n）。

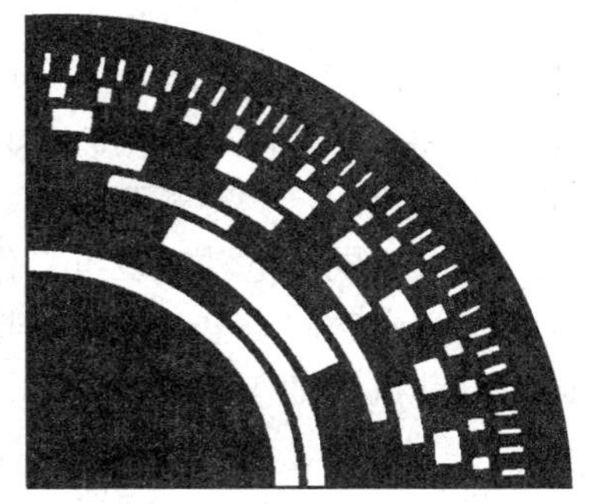

图 6-14 绝对码式光电编码器

2. 旋转变压器

光电编码器的优点是检测位置操作简单，但容易受电气噪声的干扰，这是它的不足之处，但旋转变压器不存在这方面的问题。第三章已介绍过旋转变压器的原理，它是一种定子和转子都装有二相交流绕组的控制电动机，如图 6-15（a）所示，在定子绕组 A 和 B 上分别通以 $U\sin\omega t$ 和 $U\cos\omega t$ 的对称电压，则可在其气隙中产生旋转磁场。当转子从基准位置转过 θ 角时，转子 a 和 b 两绕组中分别感应出 $KU\sin(\omega t+\theta)$ 和 $KU\cos(\omega t+\theta)$ 的电压，如图 6-15（b）所示，其中 K 为比例系数。这些电压通过滑环输出，如果设法测量转子的感应电压和定子基准电压之间的相位差，就可以判断出转子的实际位置。图 6-15（c）示出了这种输入、输出电压波形间的相位关系。

二、三相永磁同步电动机的工作原理

三相永磁同步电动机的工作原理比较复杂，下面从磁场入手分析其工作原理。根据磁场的观点，可把电动机的运动看成是主磁场（励磁磁场）和电枢磁场相互作用的结果。在直流电动机中，主磁场 B_f 在空间是静止的，电枢是旋转的。通过换向器和电刷的换向，把电源的直流电流转换成交流电流送入电枢导体，以保证在旋转过程中转子在同一空间位置的电枢导体的电流方向不变，使电枢磁场 B_a 与主磁场 B_f 在空间的相对位置不变。它们之间的夹角 $\theta=90°$。异步电动机定子磁场与转子磁场在空间的位置也基本不变。因为负载从空载到满载变化，转子的功率因数 $\cos\varphi_2$ 变化不大，且 $\cos\varphi_2\approx1$，故转子电流（即转子磁场）与转子电

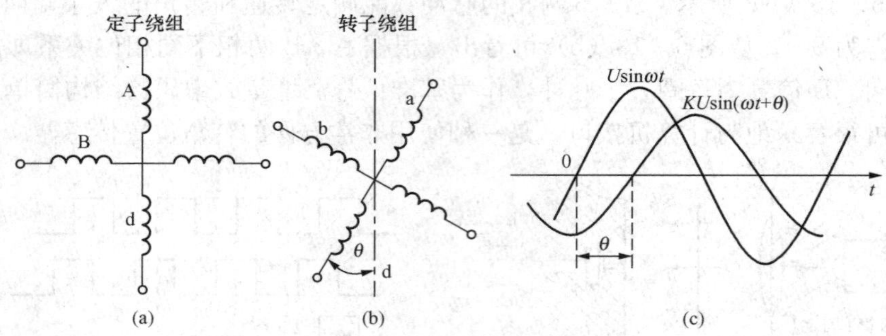

图 6 - 15 旋转变压器测量转角原理

(a) 定子绕组；(b) 转子绕组；(c) 定、转子绕组电压波形

动势基本同相，而转子电动势滞后气隙磁场 90°，所以两磁场的夹角接近 90°。由此可见，直流电动机和异步电动机运行时，θ 并不随负载而变化。而同步电动机在稳定运行时 θ 角随负载转矩而变化。空载时 $\theta=0°$，负载越大 θ 就越大，当 θ 等于 90°时，T_{em} 最大，可带负载转矩为最大；当 θ 为负时，T_{em} 也变负。在高频（即同步转速很大）时起动，由于转子的转速跟不上，θ 将在正、负角度间变化，正、负转矩相互抵消，没有起动转矩。可见，三相永磁同步电动机的定、转子两磁场之间的关系，在很大程度上决定了其运行特性。

三相永磁同步电动机也可看作是一种只有三个换向片的定、转子反装的直流电动机。为了求得三相永磁同步电动机机械特性和调节特性等，下面以反装式直流电动机来说明三相永磁同步电动机的工作原理。

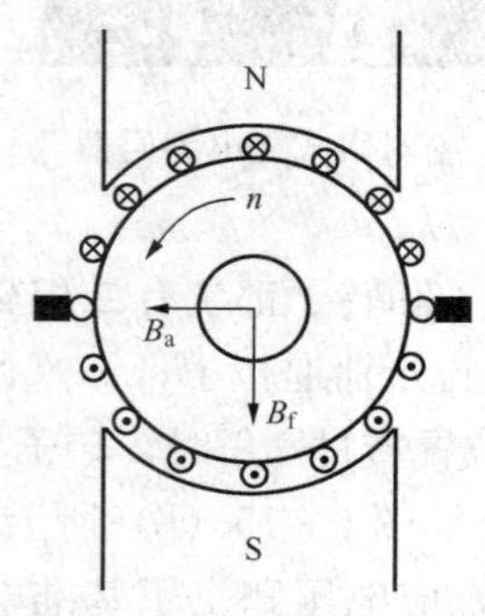

图 6 - 16 直流电动机的工作原理

首先简要回顾一下直流电动机的工作原理，一台永磁式直流电动机的主磁极和电枢绕组导体电流方向如图 6 - 16 所示。根据主磁极的位置，可确定主磁极磁场 B_f 为垂直向下，由左手守则，可确定电动机产生的电磁转矩方向为逆时针方向，转子逆时针方向旋转。由于电刷位于几何中性线上，在换向器的换向作用下，使电枢磁场 B_a 和 B_f 始终互相垂直，不因电动机负载不同而有所改变。从而保证电动机在最大电磁转矩状态下运行。如果设想将电动机的磁极装在转子上，电枢绕组装在定子上，换向器（图 6 - 16 中未画出）也装在定子上，结构示意如图 6 - 17 所示。当磁极磁场 B_f 的方向与电枢磁场 B_a 正交，如图 6 - 17（a）所示，根据电磁力定律，此时电动机电枢绕组产生最大电磁转矩，要使电枢绕组顺时针方向转动，但是由于电枢绕组装在定子上不能转动，则由电磁转矩反作用迫使磁极作逆时针方向旋转。当磁极逆时针方向转过 90°电角度，如图6 - 17（b）所示，此时 B_f 与 B_a 方向一致，电动机无法产生电磁转矩，因而转子会停转。如果将电刷和磁极同方向以同一转速旋转，当磁极逆时针方向转过 90°电角度时，电刷在换向器上也同时转过 90°电角度，使 B_a 和 B_f 仍保持相互垂直，如图 6 - 17（c）所示。这样电动机将始终处于产生最大电磁转矩的状态下，电动机则可继续旋转。这就是反装式直流电动机的工作原理，其电磁过程与传统的直流电动机并无本质上的差别。由于使用机械换向器的这种反装式直流电动机结构更加复杂，所以实际中不会采用这种反装式结构的直流电动机。上述讨论中，要使 B_a 和 B_f 仍保持相互垂直必须满

足一个条件，即换向片数或转子绕组的线圈数足够多，直流电动机一般都可满足这个条件。如果换向片数或转子绕组的线圈数很少（例如只有三个），那么 B_a 和 B_f 间的夹角不会始终保持 90°，而在其附近摆动（如 $60° \leqslant \theta \leqslant 120°$）。

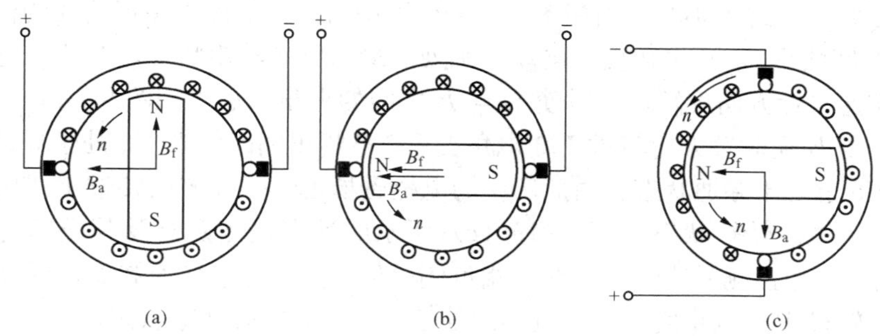

图 6 - 17 反装式直流电动机的示意图

（a）B_a 与 B_f 正交；（b）B_a 与 B_f 同相；（c）B_a 与 B_f 正交

但这种原理对发展三相永磁同步电动机是很有指导意义的。在反装式直流电动机中，如果使电刷与磁极同步旋转，只要 B_a 与 B_f 相对位置保持一定，虽不是相互垂直，电动机也会继续旋转，不过产生的电磁转矩不是最大而已。甚至 B_a 与 B_f 的位置可在一定范围内变化，只要变化的电磁转矩能使电动机产生所需要的平均电磁转矩即可。三相永磁同步电动机的基本原理就是建立在这种反装式直流电动机的基础上的，由晶体管与转子位置检测器代替换向器和电刷这种机械接触部件，在转子的一定位置导通一定的晶体管，使电枢绕组中的电流产生与转子转速相对应的旋转磁场，保证 B_a 与 B_f 间的位置相对稳定（允许在一定范围内变化），从而获得一定的平均电磁转矩而使转子运行。

大功率晶体管、晶闸管可以实现交流—直流、直流—交流（逆变）、交流—交流、直流—直流以及变频等各种电能的变换和大小的控制。在三相永磁同步电动机中，大功率晶体管等可理解为无触点的电子开关。如果设想把反装式直流电动机的换向器和电刷去掉，通过晶体管逆变器将直流电源转换成交流电供给其电枢绕组（直流电动机中是通过换向器把直流电变为电枢绕组中的交流电的）。其方法为：由转子位置检测器检测转子的实际位置，并按 B_a 在空间上超前 B_f 一定电角度的要求，控制逆变器中的相应晶体管导通或截止，使电枢绕组中通过具有与磁场同步变化的交流电流，由此产生所需的旋转磁场，使电动机按要求的速度旋转。下面以大功率晶体管为例说明三相永磁同步电动机及其逆变器的原理。

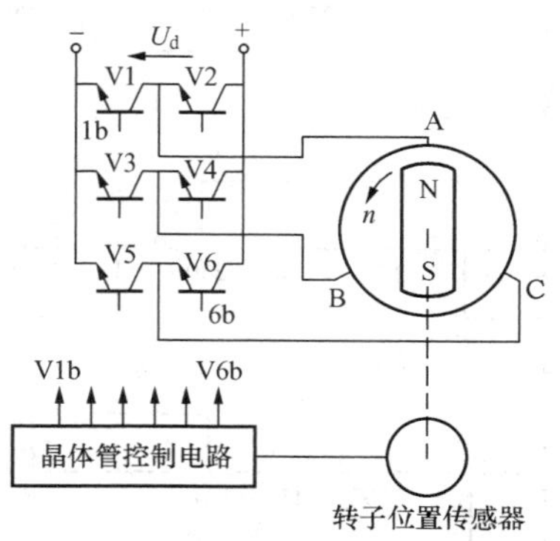

图 6 - 18 三相永磁同步电动机原理接线图

三相永磁同步电动机的三相定子绕组为星形连接，每相绕组的出线端连接一个晶体管的发射极和另一个晶体管的集电极。前一个晶体管称为正侧晶体管，例如图6 - 18 中的 V2、V4、V6；后一个晶体管称为负侧晶体管，例如图 6 - 18 中的 V1、V3、V5。三相永磁同步电动机的工作原理可以用图 6 - 18 说明。为了具体了解各相晶体管的导通及定、转子情况，特选定图 6 - 19 所示几个瞬时来分析。

图 6 - 19（a）所示为 A 相正侧晶体管 V2 及 B 相负侧晶体管 V3 处于导通状态，其他四个晶体管处于截止状态，则电流从 B 相流入，从 A 相流出，如图 6 - 19（a）中箭头所示。将 A 相磁场 B_A与 B 相磁场 B_B的方向表示成与电流方向一致，两者的合成磁场 B_a即为此时电动机电枢磁场。B_a的大小及方向如图6 - 19（a）中所示。如此时磁极所在的位置刚好使磁极磁场 B_f在空间滞后 B_a90°电角度，电动机则处于最大电磁转矩状态，在这个电磁转矩作用下，转子将作逆时针方向旋转，同时使 B_a与 B_f之间的夹角减小。如图 6 - 19（b）所示，当磁极及磁极磁场 B_f逆时针方向转过 120°电角度后，B 相正侧晶体管 V4 处于导通状态，C 相负侧晶体管 V5 也处于导通状态，由此产生的电枢磁场也逆时针方向转过 120°电角度，使电动机又处于最大电磁转矩状态。图6 - 19（c）所示的状态是当磁极及其磁场再逆时针转过 120°电角度后，C 相正侧晶体管 V6 和 A 相负侧晶体管 V1 处于导通状态，同样可得出电枢磁场又逆时针转过 120°电角度，电动机再次处于产生最大电磁转矩状态。

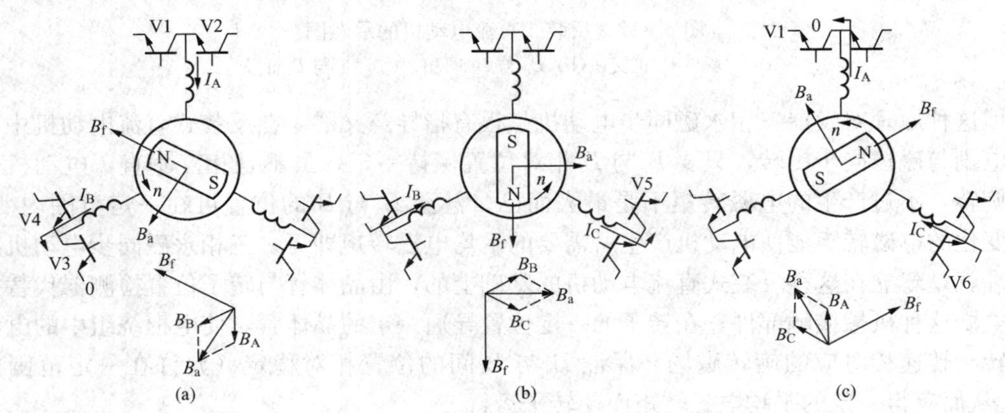

图 6 - 19　各相晶体管轮流导通瞬时电流与相应磁场相量图

（a）电流从 A 相流入 B 相流出；（b）电流从 B 相流入 C 相流出；（c）电流从 C 相流入 A 相流出

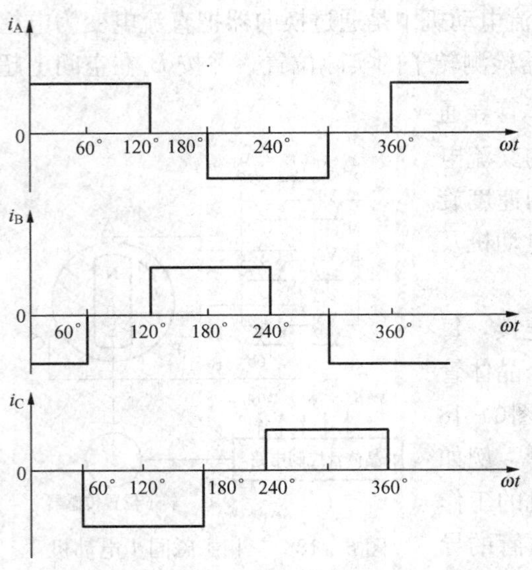

图 6 - 20　电枢三相绕组的电流波形图

因此只要根据磁极不同位置，以恰当的顺序去导通和截止各相出线端所连接的晶体管，保持磁极磁场 B_f滞后电枢磁场 B_a一定电角度的位置关系，类似于创造产生直流电动机电磁转矩的条件，便可使三相永磁同步电动机产生一定的电磁转矩而稳定运行。实际上各相晶体管在 360°电角度内导通顺序如表 6 - 1 所示。各相电流的波形如图 6 - 20 所示，可见，定子三相绕组中的电流确实是交变电流。电枢旋转磁场就是由这三相交流电流合成产生的。

为了保证定子三相交变电流产生的电枢磁场 B_a与磁极磁场 B_f同步旋转，且两者之间始终保持一定的相对位置关系，使电动机有一定的平均电磁转矩，由与转子同轴的转子位置传感器按转子实际位置，产生一组与转速成正比的有一定相序和频率的同步信号。这组信号经放大及变换后，按运行要求去触发逆变器（或变频器）中相应的大功率晶体管（或晶闸管）将直流电源（或工频的交流电源）转换为频率与转速同步的交流电源，对三相永磁同步电动机的电枢绕组供电。

表 6 - 1　　三相永磁同步电动机的晶体管导通顺序

<table>
<tr><td>转子位置（电角度）</td><td colspan="6">0°　～　60°　～　120°　～　180°　～　240°　～　300°　～　360°</td></tr>
<tr><td>电枢绕组电流方向</td><td>A→B</td><td>A→C</td><td>B→C</td><td>B→A</td><td>C→A</td><td>C→B</td></tr>
<tr><td>正侧导通的晶体管</td><td colspan="2">A（V2）</td><td colspan="2">B（V4）</td><td colspan="2">C（V6）</td></tr>
<tr><td>负侧导通的晶体管</td><td>B（V3）</td><td colspan="2">C（V5）</td><td colspan="2">A（V1）</td><td>B（V3）</td></tr>
</table>

三、三相永磁同步电动机的调速方法及运行特性

（一）转速公式及调速方法

为了求得三相永磁同步电动机的转速公式，应先求得电枢绕组上电压与电动势的关系。图 6 - 21 是三相永磁同步电动机定子电枢绕组的主电路及电枢绕组波形图。其中整流器和逆变器均采用晶闸管桥式电路。图中各参数规定如下：

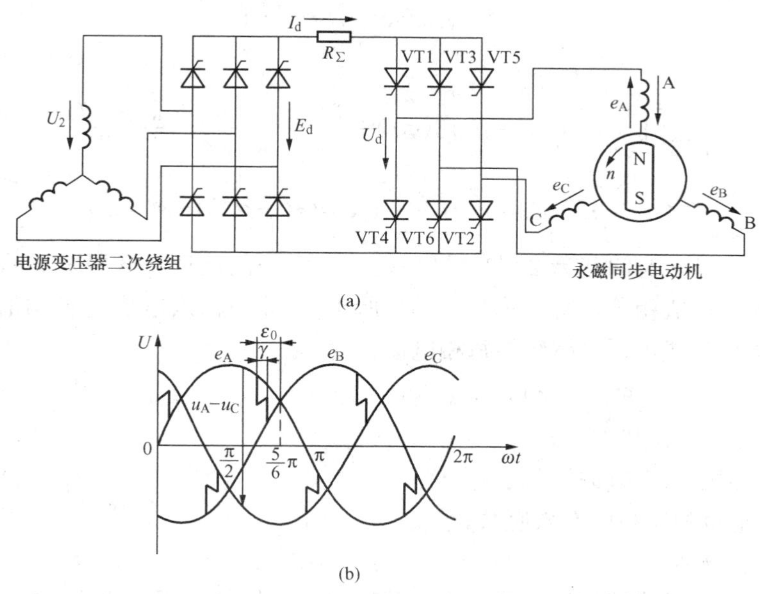

图 6 - 21　三相永磁同步电动机主电路及电枢绕组电压波形

（a）定子电枢绕组主电路图；（b）电枢绕组电压波形

R_Σ——主电路等效电阻，包括平波电抗器的电阻、电枢绕组两相的电阻以及晶闸管正向压降的等效电阻；

E_d——直流电源电动势或整流晶闸管空载输出电压的平均值；

U_d、I_d——分别为逆变器直流输入电压及电流的平均值；

U——电动机定子绕组相电压的有效值；

u_A、u_B、u_C——电动机定子电枢绕组 A、B 和 C 相电压的瞬时值；

ε_0——晶闸管逆变器的换流超前角；

γ——重叠角，表示不同相晶闸管同时导通的重叠时间；

U_2——三相变压器二次绕组相电压有效值（整流器的交流电源）；

e_A、e_B、e_C——电动机定子电枢绕组 A、B 和 C 相的反电动势瞬时值，当不考虑绕组的阻抗时，e_A、e_B、e_C分别等于 u_A、u_B、u_C。

当考虑到逆变器的换流超前角 ε_0 和重叠角 γ 以后，电动机的相电压为图 6－21（b）所示的波形。设忽略晶闸管正向压降，换流前晶闸管 VT1、VT2 导通，直流侧电压 U_d与电动机电压u_A-u_C相平衡，换流后，VT2、VT3 导通，直流侧电压 U_d与 u_B-u_C相平衡。在换流过程中，由于换向的两路电流同时作用，即 VT1、VT2、VT3 三管同时导通，此时电动机端电压为换流前后两种状态平均值，即 $U_d=[(u_A-u_C)+(u_B-u_C)]/2$，因此在 $\pi/2\sim5\pi/6$ 这段时间内的逆变器输入电压平均值，可由此区间中的三段时间对应的不同函数关系积分求得。设三相电压瞬时值为

$$u_A=\sqrt{2}U\sin\omega t$$

$$u_B=\sqrt{2}U\sin\left(\omega t-\frac{2\pi}{3}\right)$$

$$u_C=\sqrt{2}U\sin\left(\omega t-\frac{4\pi}{3}\right)$$

则有

$$U_d=\frac{1}{5\pi/6-\pi/2}\left[\int_{\pi/2}^{5\pi/6-\varepsilon_0}(u_A-u_C)\mathrm{d}(\omega t)+\int_{5\pi/6-\varepsilon_0}^{5\pi/6-\varepsilon_0+\gamma}\frac{(u_A-u_C)+(u_B-u_C)}{2}\mathrm{d}(\omega t)\right.$$
$$\left.+\int_{5\pi/6-\varepsilon_0+\gamma}^{5\pi/6}(u_B-u_C)\mathrm{d}(\omega t)\right]=\frac{3\sqrt{6}}{\pi}U\cos(\varepsilon_0-\gamma/2)\cos(\gamma/2) \tag{6-6}$$

由于每相连续导通时间共为 $2\pi/3$，另一段 $\pi/3$ 时间的波形与此段 $\pi/3$ 时间内的电压波形对称，各自的平均值相等，所以式（6－6）所求 U_d即为输入电压的平均值。根据第四章交流绕组的电动势公式可得电枢绕组每相电动势为

$$E=4.44f_1N_1k_{w1}\Phi=\sqrt{2}\pi(pn/60)N_1k_{w1}\Phi$$

式中 p——电动机的磁极对数；

n——电动机的同步转速；

N_1k_{w1}——电枢每相绕组的有效匝数；

Φ——每极磁通。

若不计电动机定子绕组的漏电抗压降，并把定子绕组的电阻并入 R_Σ 内，则电动机定子绕组每相反电动势应与定子绕组相电压 U 相平衡。因此有

$$U=E=\sqrt{2}\pi(pn/60)N_1k_{w1}\Phi \tag{6-7}$$

将式（6－7）代入式（6－6）可得

$$U_d=(\sqrt{3}pn/10)N_1k_{w1}\Phi\cos(\varepsilon_0-\gamma/2)\cos(\gamma/2) \tag{6-8}$$

根据图 6－21（a）的主电路，整流晶闸管输出直流电压（电动势）为

$$E_d=2.34U_2\cos\alpha=U_d+I_dR_\Sigma \tag{6-9}$$

将式（6－9）代入式（6－8），则得电动机的转速为

$$n=\frac{10U_d}{(\sqrt{3}pN_1k_{w1})\Phi\cos(\varepsilon_0-\gamma/2)\cos(\gamma/2)}$$

$$= \frac{E_d - I_d R_{\Sigma}}{C_{es}\Phi\cos(\varepsilon_0 - \gamma/2)\cos(\gamma/2)} \qquad (6-10)$$

其中，C_{es}为三相永磁同步电动机的电动势常数，$C_{es}=(\sqrt{3}/10)pN_1k_{w1}$。

式（6－10）即为三相永磁同步电动机的转速公式。它与直流电动机转速公式$n=\frac{U-I_aR_a}{C_e\Phi}$极为相似。根据这个转速公式可得到三相永磁同步电动机的主要调速方法是通过改变晶闸管导通控制角α来实现的。这种方式的本质是改变整流电压U_d来实现调速，相当于他励直流电动机改变电枢电压的调速方法。改变换流超前角ε_0也可进行调速，但调速性能不佳，所以这种调速方法较少采用。另外由于采用了永磁转子，磁通Φ不能改变，无法进行调磁调速。

（二）运行特性

三相永磁同步电动机的运行特性主要是指其转矩特性、调速特性及机械特性。

1. 转矩特性

三相永磁同步电动机的平均转矩在忽略轴上的机械损耗时，可由传输到电动机转子的功率P_2及角速度Ω求出，即

$$T_{em} = \frac{P_2}{\Omega} = \frac{(E_d - I_dR_{\Sigma})I_d}{2\pi n/60} \qquad (6-11)$$

将式（6－8）和式（6－10）代入式（6－11）得

$$\begin{aligned} T_{em} &= \frac{3\sqrt{3}}{\pi}N_1k_{w1}p\Phi I_d\cos(\varepsilon_0 - \gamma/2)\cos(\gamma/2) \\ &= C_{Ts}\Phi I_d\cos(\varepsilon_0 - \gamma/2)\cos(\gamma/2) \end{aligned} \qquad (6-12)$$

其中，$C_{Ts}=(3\sqrt{3}/\pi)N_1k_{w1}p$为三相永磁同步电动机的转矩常数。

式（6－12）即为三相永磁同步电动机的转矩公式，显然它与直流电动机的转矩公式$T_{em}=C_T\Phi I_a$也是很相似的。根据式（6－12）可画出图6－22所示的转矩特性。三相永磁同步电动机的电磁转矩T_{em}与电枢电流I_d为线性关系，仅在负载较大即I_d较大时，由于受重叠角γ的影响，特性曲线出现上翘现象。由于这种线性关系，所以可通过调节电流来控制电磁转矩的大小。

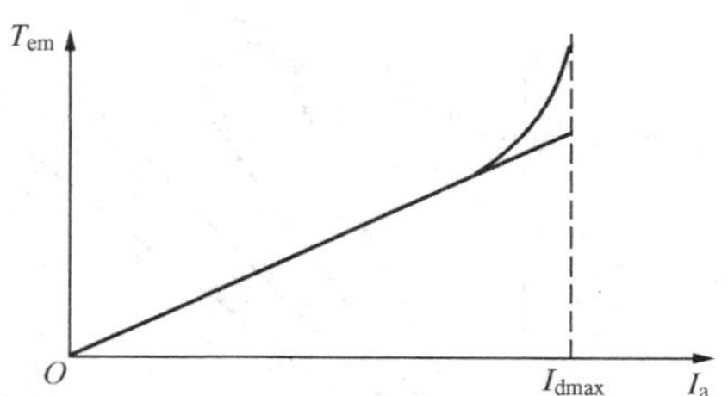

图6－22　三相永磁同步电动机的转矩特性

实际上，三相永磁同步电动机每相绕组不是始终通着交流电，都只有部分时间通电。例如三相非桥式星形逆变电路中只在1/3周期内通电，相应地也只在1/3周期内产生转矩，且在这1/3周期内，转子和电枢绕组旋转磁场之间的夹角不断变化，因此三相永磁同步电动机产生的电磁转矩是脉动的。转矩的脉动情况与开始通电时电枢绕组与转子的相对位置有关。例如在图6－23（a）所示的位置触发晶闸管使绕组通电，并产生自左向右的电枢磁场（如B_a方向所示），而磁极正好处于比较强的磁场范围内，产生的转矩平均值较大，脉动比较小。习惯上把这一位置所对应的波形上的点定为晶闸管触发角的起点，即$\varepsilon_0=0°$。在$\varepsilon_0=0°$的情况下，电动机三相绕组所产生的总转矩如图6－23（b）所示。而在ε_0超前或滞后情况下触发晶闸管，则平均转矩减小，脉动增加。在三相非桥式星形逆变器中，当$\varepsilon_0 \geqslant 30°$（超

前）时，电动机电磁转矩过零点，这会在电动机起动时出现死点，如图 6-23（c）所示。因此在三相非桥式星形接法中，ε_0通常小于 30°。

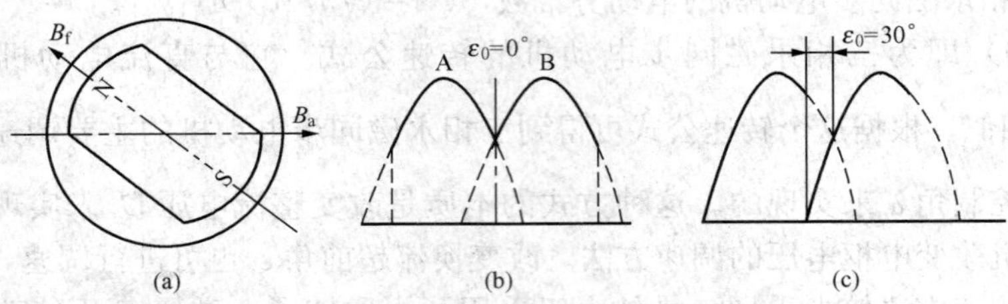

图 6-23　三相非桥式星形逆变电路转矩的脉动

（a）转矩的产生；（b）$\varepsilon_0=0°$；（c）$\varepsilon_0=30°$

2. 调速特性

对三相永磁同步电动机，当磁通恒定时，根据转速公式

$$n=\frac{E_d-I_dR_\Sigma}{C_{es}\Phi\cos(\varepsilon_0-\gamma/2)\cos(\gamma/2)}$$

以换流超前角 ε_0为参数时，可画出转速随外加直流电压 E_d变化的曲线 $n=f(E_d)$，称为三相永磁同步电动机的空载调压调速特性，如图 6-24 所示。如若忽略换向重叠角 γ，则近似为直线。由于这种线性特性使调速控制非常方便，故一般采用调节直流电源电压的办法进行调速。当 $\varepsilon_0\neq0$ 时，由转速公式可见，$\cos(\varepsilon_0-\gamma/2)\cos(\gamma/2)<1$，其作用反映了负载电流对气隙磁通的去磁作用，以及超前换流使电压幅值升高的作用，因此，在同一电源电压下 $\varepsilon_0\neq0$ 时较 $\varepsilon_0=0$ 时转速要高。

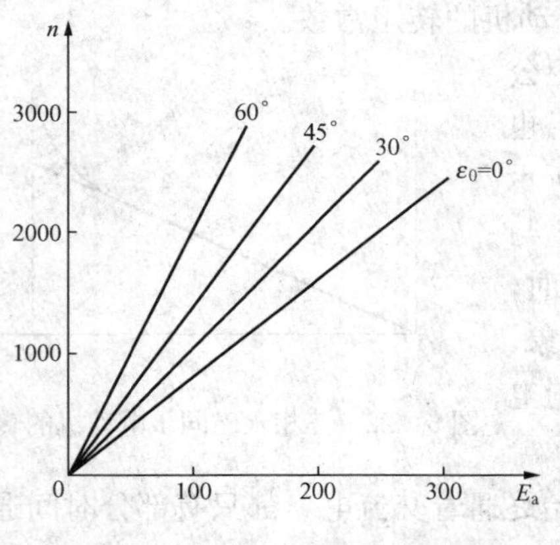

图 6-24　空载调压调速特性

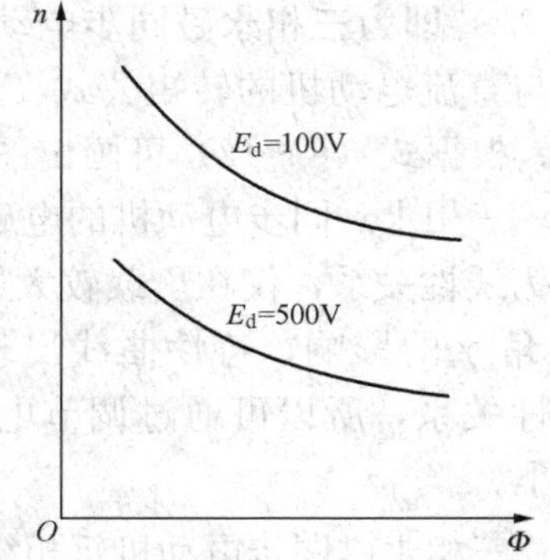

图 6-25　空载调励磁的调速特性

同样，当 E_d保持一定时，以换流超前角 ε_0为参数，也可画出一组调节励磁的调速特性 $n=f(I_m)$ 或 $n=f(\Phi)$，如图 6-25 所示。由于转速与磁通成反比，故它近似为一簇双曲线。由于采用了永磁转子，磁通 Φ 不能改变，三相永磁同步电动机无法进行调磁调速。如转子改由电磁铁组成，可以通过调节励磁电流来改变磁通 Φ 进行调速。

3. 机械特性

三相永磁同步电动机带上负载后，其转矩和转速之间的关系称为三相永磁同步电动机的机械特性，即 $n=f(T_{em})$。三相永磁同步电动机的机械特性可由其转速公式及转矩公式求

得。将式（6－12）代入到式（6－10），可得

$$n=\frac{E_d}{C_{es}\Phi\cos(\varepsilon_0-\gamma/2)\cos(\gamma/2)}-\frac{R_\Sigma}{C_{es}C_{Ts}\Phi^2\cos^2(\varepsilon_0-\gamma/2)\cos^2(\gamma/2)}T_{em} \quad (6-13)$$

可见它与直流伺服电动机的机械特性方程式非常相似。直流伺服电动机的机械特性方程式为

$$n=\frac{U_a}{C_e\Phi}-\frac{R_a}{C_eC_T\Phi^2}T_{em}$$

根据三相永磁同步电动机的机械特性方程式可知，当励磁磁通 Φ 保持一定时，调节电枢电压，可以作出一簇平行的机械特性曲线如图 6－26 所示。它们与直流伺服电动机的机械特性曲线一样，特性很硬，可以在很低转速下稳定运行，具有较宽的调速范围。一般三相永磁同步电动机的调速范围可达 $D=20$。

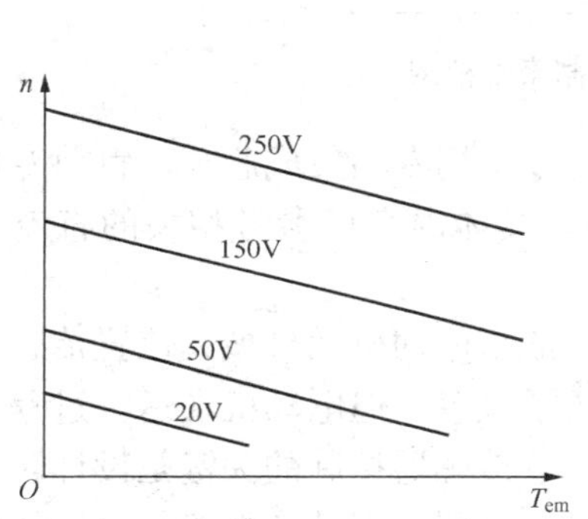

图 6－26　电枢调压调速时的机械特性

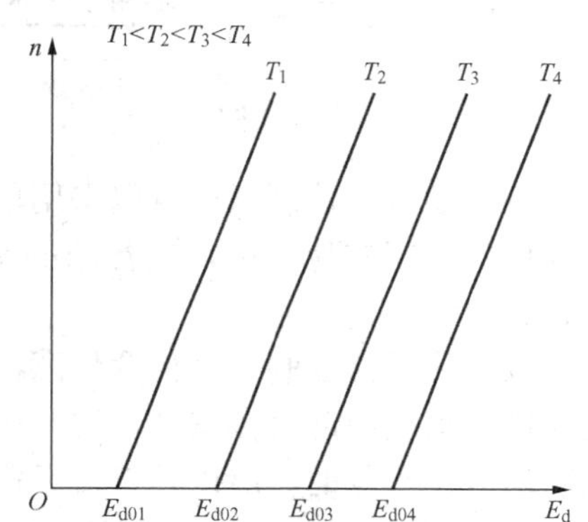

图 6－27　三相永磁同步电动机的调节特性

4. 调节特性

根据机械特性曲线在同一转矩下不同电压对应的各点转速，可绘出三相永磁同步电动机的调节特性如图 6－27 所示。其中，调节特性的始动电压 E_{d0} 及斜率 k 均可从式（6－13）求得

$$E_{d0}=\frac{R_\Sigma T_{em}}{C_{Ts}\Phi\cos(\varepsilon_0-\gamma/2)\cos(\gamma/2)} \quad (6-14)$$

$$K=\frac{1}{C_{es}\Phi\cos(\varepsilon_0-\gamma/2)\cos(\gamma/2)} \quad (6-15)$$

四、三相永磁同步电动机的应用

直流无刷电动机具有调速范围广，快速性好，低速性能好，寿命长，维护简单等主要特点。因为这种电动机采用无刷结构，既无换向器、电刷，也无集流环等机械接触易损部件，而且控制电路无触点，不需维护，使用寿命长，所以适合易燃易爆的场合。总的说来，直流无刷电动机是一种相当理想的新型电动机，过去由于控制电路复杂，其成本比直流电动机高许多，一直无法普及。近年来随着大功率半导体器件、稀土材料和微型计算机的发展，致使直流无刷电动机组成的伺服系统与直流伺服系统的价格基本一致，所以在机器人、数控机床、化纤、造纸、印刷、轧钢、家用电器、办公自动化及国防等各部门得到越来越广泛的运用。

1. 直流无刷电动机的控制方法

永磁直流无刷电动机的控制方法，按有无位置传感器，分为有位置传感器控制和无位置

传感器控制两种。

（1）有位置传感器控制。图 6 - 28 所示为直流无刷电动机的控制系统框图。由图可见，永磁电动机本体、转子位置传感器和功率电子开关电路是最基本的组成部分。转子位置传感器产生的位置信号经过控制电路的译码和放大，去控制相应的功率管，使其导通或关断，从而使相应的绕组按照一定的顺序接通或断开，确保电枢产生的磁场方向随着转子位置而变化。

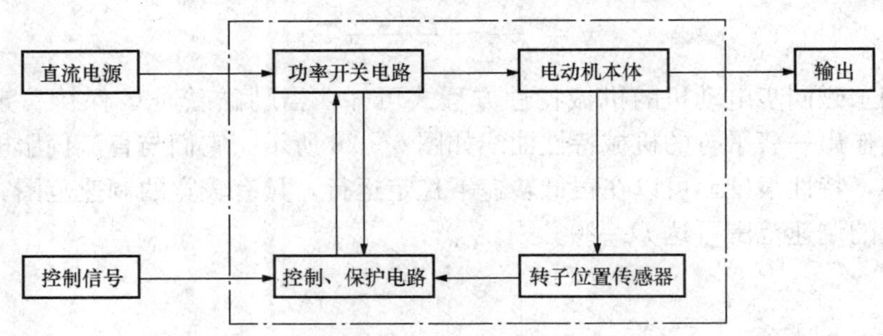

图 6 - 28　直流无刷电动机控制系统框图

直流无刷电动机的控制系统可以采用单片机，也可以采用专用集成芯片，目前专用的直流无刷电动机的控制芯片很多，较常用的有 MC33035，具体内容可参考相关的直流无刷电动机的教材。

（2）无位置传感器控制。无位置传感器控制方式一般指电动机无机械式位置传感器，即不在直流无刷电动机内部直接安装位置传感器来检测转子位置。但电动机在运行过程中，转子位置换向信号是必需的。所以，直流无刷电动机无位置传感器控制的关键是设计转子位置检测电路，从硬件和软件两方面间接获取转子位置信号。检测得到转子位置信号后的电动机的控制方法，与有位置传感器的控制方法相同。目前，大多是利用定子电压、电流等物理量进行转子位置的估算。其中较为成熟的方法有反电动势过零检测法和锁相环技术法等。

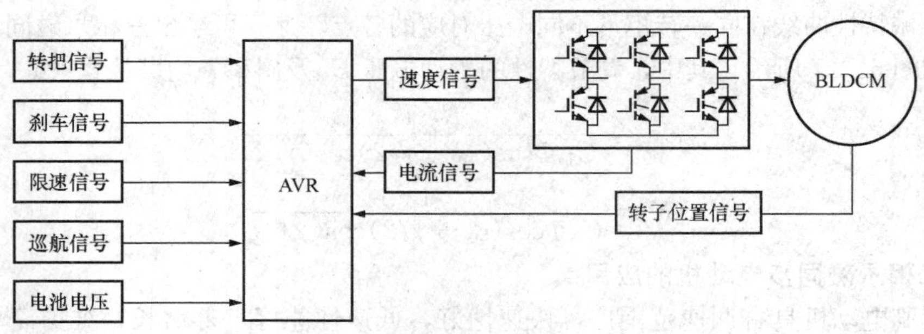

图 6 - 29　单片机控制电动助力车直流无刷电动机原理图

2. 直流无刷电动机的应用举例

随着经济的发展，传统燃油车的耗油量急剧增加，能源危机问题变得日益严峻。电动助力车作为一种绿色交通工具，既保留了非机动车的轻便，又融入机动车的方便，而且车身占用车位小，大大提高了非机动车道的通行效率，非常适合城市内短程出行，具有其他交通工具无法比拟的优势，所以电动助力车作为一种环保交通工具越来越受到人们的青睐。今天很多的电动助力车的驱动电动机选择了直流无刷电动机。图 6 - 29 所示为单片机控制的电动助力车直流无刷电动机原理图。AVR 单片机根据外部的给定信号、位置传感器的检测信号和电流检测信号，经过软件的运行、计算，确定功率电子开关管的导通、关断，使电动机运行在相应的工作状态，从而使电动助力车按照要求运行。

无刷直流电机在服务机器人底盘驱动电机中有很广泛的应用。如现代物流的快速分拣机器人 Kiva，如图 6 - 30 所示。

图 6 - 30　无刷直流电动机在移动机器人中的应用

亚马逊（Amazon）“Kiva” 移动机器人，在亚马逊位于美国加利福尼亚州特雷西的占地 120 万平方英尺的大型仓库中，由 3000 多台 Kiva 智能移动机器人在货架中穿梭，完成搬动与分拣。Kiva 机器人核心是两台无刷直流电机进行差速驱动。可以实现快速移动，原地转弯等运行。

第三节　磁阻电动机

上述的三相永磁同步电动机的转子是由永磁体组成的，这种转子性能很好，但成本也高。为此小功率同步电动机有的采用了非永磁体的铁磁性转子，而这种转子又不必像电磁铁那样需要装置励磁绕组，整个转子只有铁芯，没有励磁绕组。本节的磁阻电动机和下一节的反应式步进电动机都采用这种既非永磁体又非电磁铁的转子。

一、工作原理

磁阻电动机又称反应式同步电动机。这种电动机的转子本身没有磁性，仅仅依靠转子上 d 轴和 q 轴两个正交方向的磁路不对称，使磁阻不等，而产生磁阻转矩使转子旋转。这种磁阻转矩一般也称为反应转矩（下一节中的反应式步进电动机中的“反应式”由此而得名）。图6 - 31所示的凸极转子就是这种正交两个方向磁阻不等的转子，而图 6 - 31 的圆柱形隐极转子各方向的磁阻都相等。

下面以图 6 - 31 为例来说明磁阻电动机的工作原理。外圈的 N、S 极表示同步电动机定子绕组产生的旋转磁场，它们以同步转速 n_1 逆时针方向旋转。中间是一个凸极转子，转子凸极方向上的轴线称为直轴，即 d 轴；与 d 轴正交的轴线称为交轴，即 q 轴。当旋转磁场的

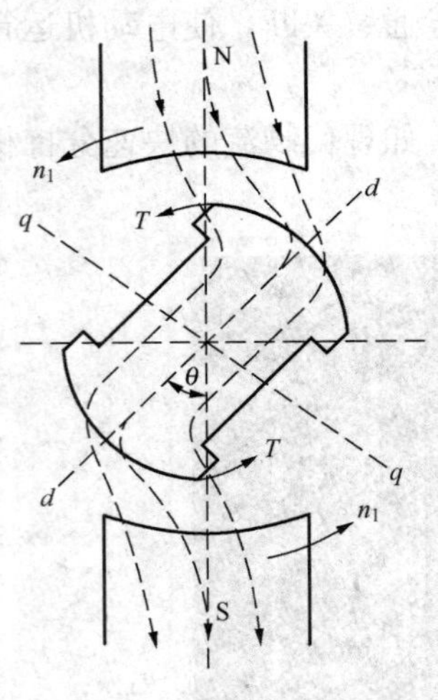

图 6－31　磁阻电动机的工作原理

轴线与转子 d 轴方向一致时，磁通所通过路径的磁阻最小；与转子 q 轴方向一致时，磁通所通过的路径的磁阻最大；而当转子与定子磁场处于其他相对位置时，磁阻在两者之间变化。

设在某种情况下，转子轴上带有一定负载，使旋转磁场的轴线与转子 d 轴的轴线相差 θ 角，这样使磁通经过的路径如图 6－31所示。这种情况下，磁力线被扭曲了。由于磁力线类似于弹簧或橡皮筋，有尽量把磁力线收缩到最短、使磁通所经过的路径的磁阻为最小的特性，因此磁力线收缩，力图使转子 d 轴与定子磁极的轴线一致，到达磁阻最小的位置。由于磁力线收缩，转子就受到转矩的作用，迫使转子跟着旋转磁场以同步转速 n_1 向逆时针方向旋转，所以磁阻电动机的转速也总等于同步速，即

$$n = n_1 = \frac{60 f_1}{p}$$

当加在转轴上的负载转矩增大时，定子旋转磁场的轴线与转子 d 轴方向的夹角 θ 也将增大，使磁通的扭曲度增大，磁力线的收缩力也增大，从而使产生的磁阻转矩增大，以便与加在转轴上的负载转矩相平衡。

可以证明，当 $\theta = 45°$ 时，磁阻转矩为最大。只要负载转矩不超过这个最大的磁阻转矩，磁阻电动机转子将始终跟着旋转磁场以同步转速转动。但如果负载转矩超过了这个限度，θ 大于 45°，磁阻转矩反而变小，电动机就会失步，甚至停转。这个最大磁阻转矩也称最大同步转矩。

由此可见，产生磁阻转矩的必要条件是转子上正交的两个方向应具有不同的磁阻，两者磁阻相差越大，最大磁阻转矩也越大，所以凸极转子符合这个条件。而圆柱形的隐极转子各个方向上的磁阻相同，当旋转磁场转动时，磁力线是对称的，合力为零，没有磁阻转矩，所以转子不会转动，如图 6－32 所示。

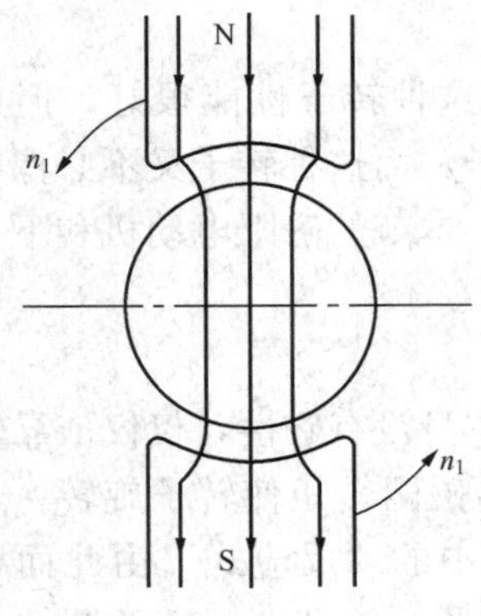

图 6－32　隐极转子无磁阻转矩

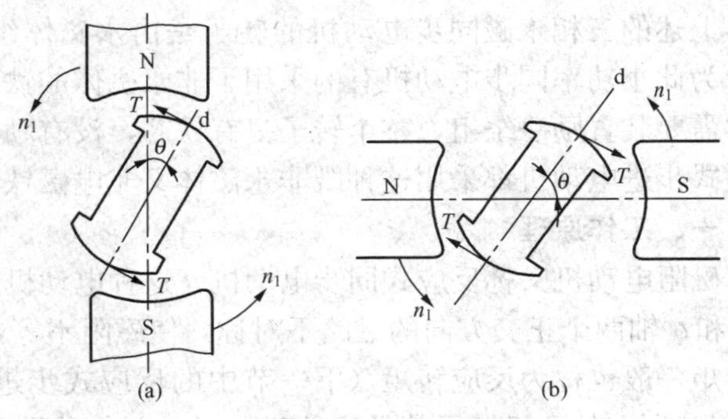

图 6－33　磁阻电动机的起动转矩

(a) 定子旋转磁场与转子同向时；(b) 定子旋转磁场转过 90°时

一般磁阻电动机不能自行起动。这是由于转子具有惯性，起动时受到作用到转子上的磁阻转矩后，转子还来不及转起来，而定子旋转磁场已转过 90°，例如从图 6－33（a）转到图

6－33（b），显然这两种情况下，磁阻转矩方向是相反的，使转子上所受的平均转矩为零。所以一般的磁阻电动机不能自己起动，需要在转子上另外装设起动绕组（通常是采用笼型绕组）才能起动。

二、磁阻电动机的转子结构

为了提高转子正交两个方向磁阻比值以及使磁阻电动机实现异步起动，磁阻电动机的转子常采用钢片和铝、铜等非磁性材料镶嵌的结构，如图6－34所示。这种转子的正交两方向的磁阻比可提高到5左右，因而可使磁阻转矩显著增大。另外转子中铝或铜组成的部分在起动时还可以起到笼型绕组作用，产生异步转矩，自动进行异步起动，当上升到接近同步转速（0.95～0.97）n_1时，依靠磁阻转矩将转子拖入同步运行。

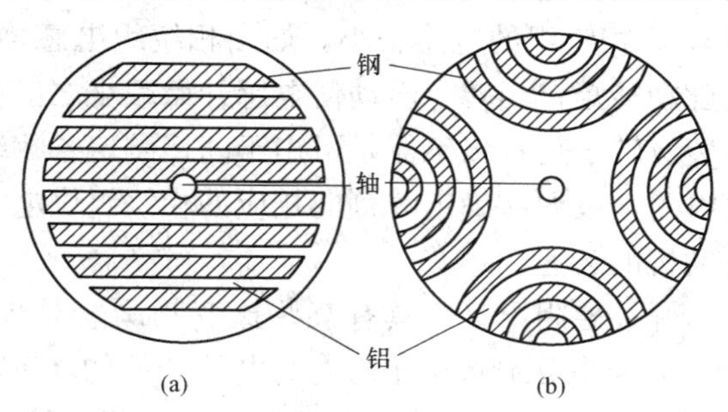

图6－34　磁阻电动机转子结构
（a）二极式；（b）四极式

磁阻电动机由于结构简单、成本低廉、运行可靠，因而在自动控制及遥控装置、同步联络装置、录音传真及钟表工业中获得了广泛的应用，目前单相或三相的磁阻电动机的功率为几瓦到几百瓦。

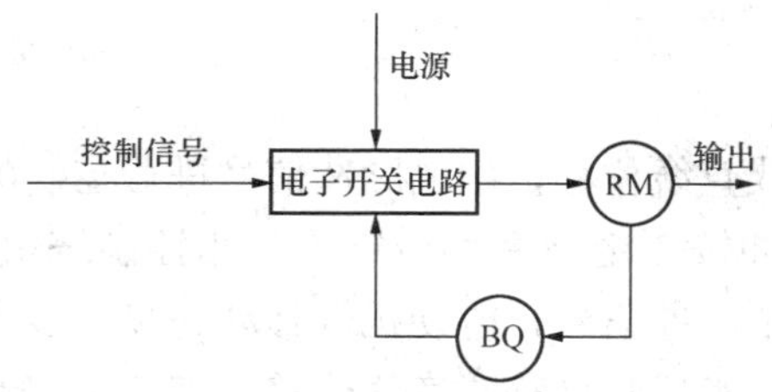

图6－35　开关磁阻电动机结构原理示意图

三、开关磁阻电动机

与三相永磁同步电动机一样，磁阻电动机与转子位置传感器、电子开关线路也可共同组成性能优良的调速电动机，即开关磁阻电动机。这种开关磁阻电动机的结构原理如图6－35所示，与三相永磁同步电动机相似。

开关磁阻电动机简称SRM（switched reluctance motor）或SR，SRM的定、转子均为凸极叠片结构，定子为集中绕组，转子无绕组。根据定、转子齿数的不同可以有各种结构，表6－2列出了几种常见的结构。增加相数可以减小转矩脉动和降低电磁噪声，但功率变换器成本较高，控制也较复杂，目前最常用的是三相和四相磁阻电动机。

表6－2　　SRM电动机的各种结构

相　数	定子磁极数	转子磁极数	步进角
3	6	4	30°
4	8	6	15°
5	10	8	9°
6	12	10	6°
7	14	12	4.28°
8	16	14	3.21°
9	18	16	2°

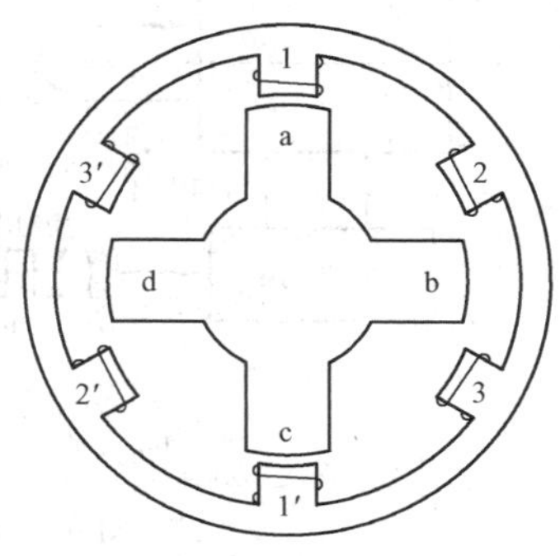

图6－36　三相SRM电动机结构

图 6 - 36 是一个典型的三相 SRM 电动机，它有 6 个定子磁极和 4 个转子极。每个定子磁极上绕有一个线圈，在同一直径上的两线圈可串联或并联构成一相绕组。当这两个线圈通电时，这两个磁极之间的磁通途经的磁阻，随转子磁极与定子磁极轴线间的相对位置不同而改变。因为电感与磁阻成反比，当转子磁极与定子轴线相重合时（如图 6 - 36 中的 a 极与 1 极），1 相绕组的电感最大；当转子磁极与定子磁极轴线不重合时（如图 6 - 36 中的 b 极与 2 极），2 相绕组的电感就小。如当相绕组电感增加时，电流流进这对相绕组就会产生一个正的脉动转矩；当转子转动使电感开始减小之前使电流减小到零，就可避免负转矩。由于转轴上装有转子位置传感器，可用于间接测定各相绕组电感的变化，这样就可控制各相绕组的开关电路，以便在确定时刻向相应的相绕组供电。通过改变相电流脉冲频率，就可以改变磁阻电动机的转速。

开关磁阻电动机具有某些比变频调速异步电动机更优越的性能，不但耐用、廉价、安全，很少需要维修，作为主要电子开关的功率器件数量仅为异步电动机的 1/2～2/3，使成本更低。而且 SRM 所允许的调速范围宽，控制方便，只要适当调整开关导通角就可提供非常灵活的转矩—转速特性。另外，它还可以在四象限运行而无需附加元器件。所以 SRM 是一种很有吸引力的新型调速电动机。

第四节　步 进 电 动 机

一、概述

步进电动机是将电脉冲信号转换为相应的角位移或直线位移，用电脉冲信号进行控制的特殊运行方式的同步电动机，它通过专用电源把电脉冲按一定顺序供给定子各相控制绕组，在气隙中产生类似于旋转磁场的脉冲磁场。每输入一个脉冲信号，电动机就移动一步。步进电动机控制示意图如图 6 - 37 所示。它把电脉冲信号变换成角位移或直线位移，其角位移量 θ 或直线位移量 S 与电脉冲数 K 成正比，其转速 n 或线速度 v 与脉冲频率 f 成正比。步进电动机的这些控制特性分别如图 6 - 38（a）、（b）所示。在额定负载范围内，这些关系不因电源电压、负载大小、环境条件的波动而变化。因而很适合在开环系统中作执行元件，使控制系统成本下降。步进电动机调速范围大，动态性能好，能快速起动、制动、反转。当用微电

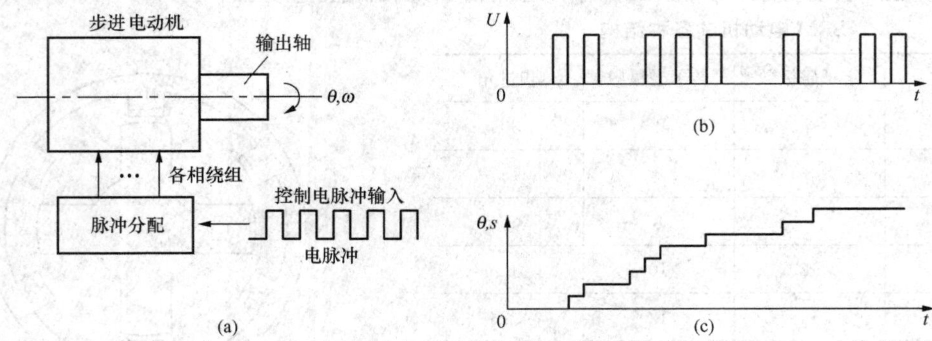

图 6 - 37　步进电动机（旋转式）控制示意图

（a）电脉冲控制步进电动机的输出；（b）控制电脉冲信号；（c）输出角位移

脑进行数字控制时，它不需要进行D/A转换，能直接把数字脉冲信号转换为角位移。由于步进电动机是根据组合电磁铁的理论设计的，力求定子各相绕组间没有互感，定、转子都采用凸极结构，而不考虑空间磁场谐波的有害影响，只尽一切可能去增加定位转矩的幅值和定位精度，把转速控制和调节放在次要地位，故步进电动机主要用于计算机的磁盘驱动器、绘图仪、自动记录仪以及调速性能和定位要求不是非常精确的简易数控机床等的位置控制。图6-39是目前使用较多的经济型数控机床工作示意图，图中只示出了机床中工作台一个进给轴的控制。可见，步进电动机通过传动齿轮带动工作台运动，工作台的运动控制及位置精度全由步进电动机确定。目前，步进电动机的功率做得越来越大，已生产出功率步进电动机，它可以不通过传动齿轮等力矩放大装置，直接由功率步进电动机来带动机床运动，从而简化结构，提高系统精度。

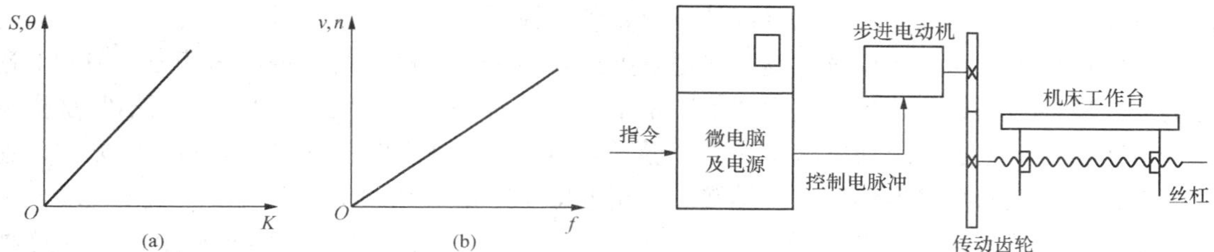

图6-38　步进电动机的控制特性

(a) 角位移量θ、直线位移量S与电脉冲数K的关系曲线；
(b) 转速n、线速度v与脉冲频率f的关系曲线

图6-39　步进电动机控制的经济型数控机床工作示意图

从零件的加工过程看，工作机械对步进电动机的基本要求是：

（1）调速范围宽，尽量提高最高转速以提高劳动生产率；

（2）动态性能好，能迅速起动、正反转、停转；

（3）加工精度较高，即要求一个脉冲对应的位移量小、并要精确、均匀，这就要求步进电动机步距小、步距精度高、不应丢步或越步；

（4）输出转矩大，可直接带动负载。

二、步进电动机的工作原理

图6-40所示是一个三相反应式步进电动机的工作原理图，其定、转子铁芯均由硅钢片叠成。定子上有6个磁极，每两个相对的极绕有一相控制绕组，所以定子共有三相绕组（图6-40中未画出绕组）。转子是4个均匀分布的齿，齿宽等于定子磁极靴的宽度，转子上没有绕组。

工作时，各相绕组按一定顺序先后通电。当A相定子绕组通电时，B相和C相都不通电，由于磁通具有走磁阻最小路径的特点，所以转子1齿和3齿与定子磁极A、A′对齐（负载转矩为零时），如图6-40（a）所示；当A相断电，B相通电时，则转子将逆时针转过30°，使转子2齿和4齿的轴线与定子磁极B和B′轴线对齐，如图6-40（b）所示；当B相断电，接通C相绕组时，转子再逆时针转过30°，转子1齿和3齿的轴线与C和C′极轴线对齐，如图6-40（c）所示。如此循环往复按A—B—C—A的顺序通电，气隙中产生脉冲式旋转磁场，转子就会一步一步的按逆时针方向转动。电动机的转速决定于定子绕组与电源接通、断开的频率，即输入的电脉冲频率，电动机的旋转方向则取决于定子绕组轮流通电的顺

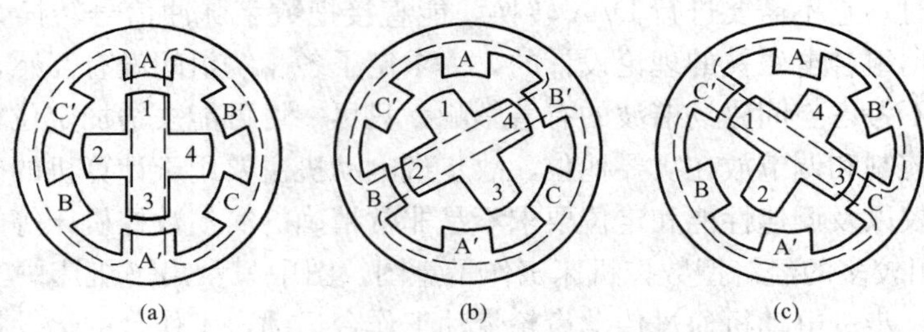

图 6 - 40　三相反应式步进电动机的工作原理图

（a）A 相绕组通电；（b）B 相绕组通电；（c）C 相绕组通电

序，若电动机通电顺序改为A－C－B－A，则电动机为顺时针方向旋转。定子绕组与电源的接通或断开，一般由数字逻辑电路或计算机软件来控制。

通电过程中，定子绕组每改变一次通电方式，步进电动机就走一步，称其为一拍。上述通电方式也称为三相单三拍。其中“单”是指每次只有一相定子绕组通电；“三拍”是指每经过三次切换，定子绕组通电状态为一个循环，再下一拍通电时就重复第一拍通电方式。这种工作方式的三相步进电动机每一拍转过的角度即步距角 $\theta_s = 30°$。

除了单三拍通电方式外，这种三相步进电动机还可工作在单、双六拍通电方式。这种方式的通电顺序为 A－AB－B－BC－C－CA－A，或为 A－AC－C－CB－B－BA－A。按前一种顺序通电，即先接通 A 相定子绕组；接着使 A、B 两相定子绕组同时通电；断开 A 相，使 B 相绕组单独通电；再使 B、C 两相定子绕组同时通电；C 相单独通电；C、A 两相同时通电，并依次循环。这种工作方式下，定子三相绕组需经过六次切换才能完成一个循环，故称为“六拍”，而“单、双六拍”则是因为单相绕组与两相绕组交替接通的通电方式。

拍数不同使这种通电方式的步距角也与单三拍的不同。三相单、双六拍时电动机运行情况如图 6 - 41 所示。当 A 相定子绕组通电时，和单三拍运行的情况相同，转子 1 齿和 3 齿的轴线与 A 极轴线对齐，如图 6 - 41（a）所示。当 A、B 相定子绕组同时通电时，转子 2 齿和 4 齿又将在定子磁极 B 和 B′的吸引下，使转子沿逆时针方向转动，直至转子 1 齿和 3 齿和定子磁极 A 和 A′之间的作用力，被转子 2 齿和 4 齿与定子磁极 B 和 B′之间的作用力所平衡为止，如图 6 - 41（b）所示。当断开 A 相定子绕组而由 B 相定子绕组单独通电时，转子将继续沿逆时针方向转过一个角度使转子 2 齿和 4 齿轴线和定子 B，B′的轴线对齐，如图 6 - 41（c)所示，转子转过的角度与相应的单三拍运行时 B 相绕组通电时转过的角度相等。

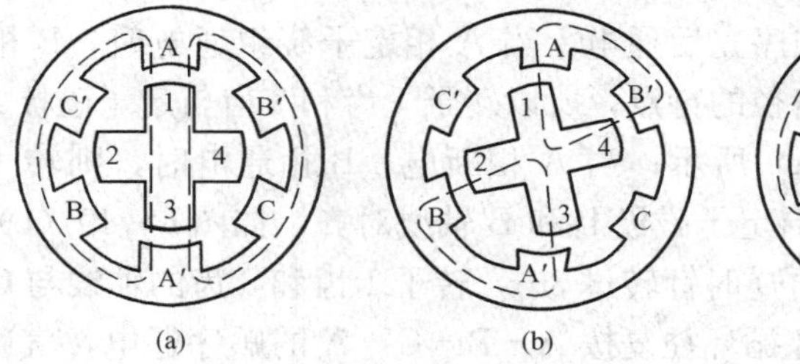

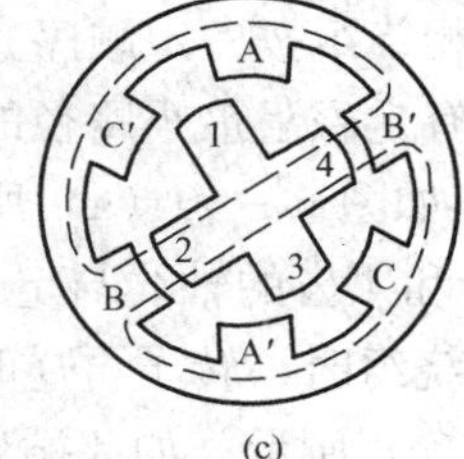

图 6 - 41　单、双六拍运行的三相步进电动机

（a）A 相绕组通电；（b）AB 两相绕组通电；（c）B 相绕组通电

若继续按BC—C—CA—A的顺序通电，那么步进电动机就按逆时针方向连续转动。如通电顺序改为A—AC—C—CB—B—BA—A时，电动机将按顺时针方向转动。在单三拍运行方式时，每经过一拍，转子转过的步距角 θ 为 $30°$。采用单、双六拍通电方式后，在由A相定子绕组通电到B相绕组单独通电，中间还要经过A和B两相绕组同时通电这一状态，也就是说要经过二拍转子才转过 $30°$。所以，单、双六拍运行方式时，三相步进电动机的步距角 $\theta_s=30°/2$。由此可见同一个步进电动机，因通电方式不同，运行时的步距角也是可以不同的，采用单、双拍运行时，步距角要比单拍运行时减小一半。

实际工作中，还常用按AB—BC—CA—AB的通电顺序或AC—CB—BA—AC的通电顺序运行的“双三拍”通电方式。这种通电方式比单三拍的好，因为单三拍在切换时出现一相定子绕组断电的同时，另一相定子绕组开始通电的状态容易造成失步，而且由于单一定子绕组通电吸引转子，也易使转子在平衡位置附近产生振荡。而双三拍运行时，每个通电状态均为两个定子绕组同时通电，通电方式改变时保证其中一相电流不变（另一相切换），使运行可靠、稳定。以双三拍工作的步进电动机其通电方式改变时的转子位置，与单、双六拍通电方式时两个定子绕组同时通电时的情况相同。这样，双三拍运行方式的步距角也为 $30°$，与单三拍运行方式相同。

由于这种步进电动机的步距角较大，如用于精度要求很高的数控机床等控制系统，会严重影响到加工工件的精度。这种结构只在分析原理时采用，实际使用的步进电动机都是小步距角的。图6-42所示的结构是最常见的一种小步距角的三相反应式步进电动机。

在图6-42中，三相反应式步进电动机定子上有6个极，极上有定子绕组，两个相对极由一相绕组控制，共有A、B、C三相定子绕组。转子圆周上均匀分布为数众多的小齿，定子每个磁极的极靴上也均匀分布若干小齿。根据步进电动机的工作要求，定、转子的齿宽、齿距必须相等，定、转子齿数要适当配合。即要求在A—A′相一对极下，定子齿与转子齿一一对齐时，下一相（B相）所在一对极下的定子齿与转子齿错开一个齿距 t 的 m（相数）分之一，即为 t/m；再下一相（C相）的一对极下定子、转子齿错开 $2t/m$，并依次类推。

以转子齿数 $Z_r=40$，相数 $m=3$，每相绕组有两个极，三相单三拍运行方式为例。

每一齿距的空间角为

$$\theta_z=\frac{360°}{Z_r}=\frac{360°}{40}=9°$$

每一极距的空间角为

$$\theta_\tau=\frac{360°}{2m}=\frac{360°}{2\times 3}=60°$$

每一极距所占的齿数为

$$\frac{Z_r}{2m}=\frac{40}{2\times 3}=6\frac{2}{3}$$

由于每一极距所占的齿数不是整数，因此当A相定子绕组通电时，电动机产生沿A极轴线方向的磁场，因磁通要按磁阻最小的路径闭合，就使转子受到反应转矩的作用而转动，直到A—A′极下的定、转子齿对齐时，定子B—B′极的齿和转子齿必然错开1/3齿距，即错开 $3°$，如图6-43所示。由此可见，当定子的相邻极为相邻相时，在某一极下若定、转子齿对齐时，则要求在相邻极下的定、转子齿之间错开转子齿距的 $1/m$ 倍，即它们之间在空间位置上错开 $360°/mZ_r$ 角度。由此可得出这时转子齿数 Z_r 应符合以下条件，即

$$Z_r=2p(K\pm 1/m) \tag{6-16}$$

式中 K——正整数；

$2p$——反应式步进电动机的定子磁极数；

m——定子相数。

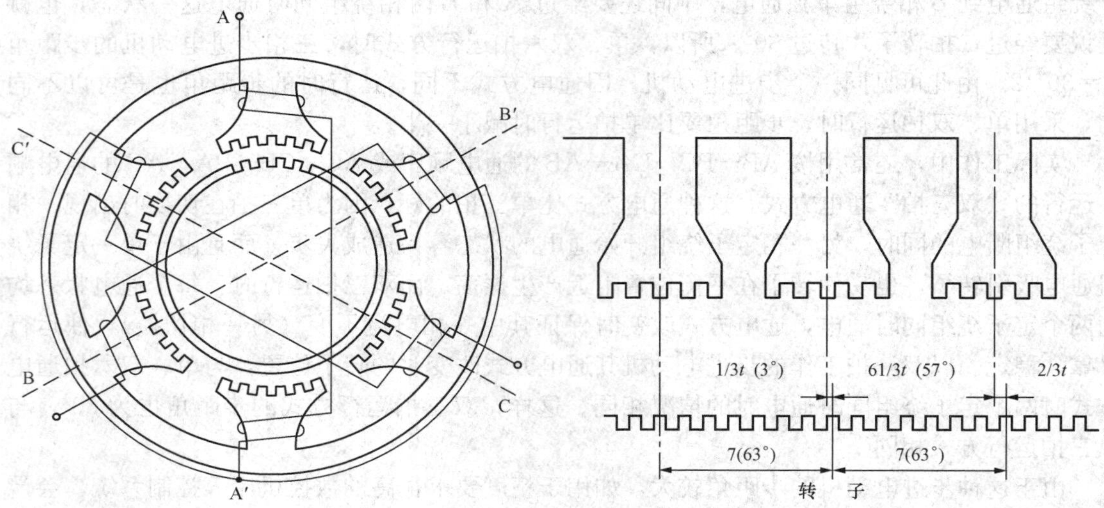

图 6-42 小步距角的三相反应式步进电动机　　图 6-43 小步距角的三相反应式步进电动机的展开图

例如式（6-16）中，由于 $2p=6$，可选 $K=7$，则得 $Z_r=40$。

从图 6-42 可见，若断开 A 相定子绕组而接通 B 相定子绕组，这时电动机中产生沿 B 极轴线方向的磁场，在反应转矩的作用下，转子按逆时针方向转过 3°，使定子 B—B′极下的齿和转子齿对齐。此时 A—A′极和 C—C′极下的齿又分别与转子齿相互错开 1/3 的齿距。这样当定子绕组按 A—B—C—A 顺序循环通电时，转子就沿逆时针方向以每一脉冲走 3°的规律进行转动。若改变通电顺序，即按 A—C—B—A 顺序循环通电时，则转子沿顺时针以每一拍 3°的规律转动。以上为单三拍运行。若按 A—AB—B—BC—C—CA—A 顺序循环通电，即按三相单、双六拍运行，步距角为 1.5°，是单三拍的一半。

根据以上讨论可得出步进电动机的步距角公式，即步距角 θ_s 与转子的齿数 Z_r、定子绕组的相数 m 和通电方式之间的关系为

$$\theta_s=\frac{360°}{mZ_rC} \tag{6-17}$$

式中 C——状态系数，当采用单三拍或双三拍方式，$C=1$，采用单、双六拍方式时 $C=2$。

由式（6-17）则可求得步进电动机的转速为

$$n=\frac{60f}{mZ_rC} \tag{6-18}$$

式中 f——步进电动机的脉冲频率，拍/秒或脉冲数/秒。

以上讨论的步进电动机都是三相的，也有其他多相步进电动机。由式（6-17）可知，步进电动机的相数越多，则步距角越小。又从式（6-18）可知，一定的脉冲频率下相数越多，转速越低。但是相数越多，电源就越复杂，成本也要提高。因此目前步进电动机一般最多做到六相。

三、步进电动机的运行特性

为了正确使用步进电动机，必须进一步了解步进电动机的运行特性。下面仍以反应式步进电动机为代表来分析它的主要运行特性。

（一）静态运行状态

步进电动机不改变通电方式的工作状态称为静态运行状态。这种状态下，电动机产生的转矩是随着转子位置的变化而变化的。

1. 步距角与静态步距角误差

如前所述，步距角是指步进电动机在一个电源脉冲作用下，转子所转过的角位移。步距角 θ_s 的大小与定子绕组的相数、转子的齿数及通电方式有关，步距角可在 0.375°～90°变化，根据不同定位精度的要求，可选相应步距角的步进电动机。理论上每发一个脉冲信号，转子应转过同样的步距角。实际上由于制造原因出现定、转子的齿距分度不均匀，定、转子间的气隙不同等现象，都会使实际步距角与理论步距角之间存在偏差，此即静态步距角误差。这个误差将直接影响到位置控制时的位置（角度）误差，也影响到速度控制时的角度误差及转子瞬时转速的稳定性，因此为提高精度和稳定性，要设法减小这一误差。

2. 稳定平衡位置

稳定平衡位置是指步进电动机在空载情况下，某些定子绕组通以恒定不变的直流电时，转子的最后稳定位置。在这个位置上，电动机产生的电磁转矩为零（空载时）。当出现一个较小的扰动时，如转子偏离此位置，磁拉力也能把转子拉回来，实现步进电动机的自锁。这种自锁功能可通过使步进电动机定子绕组通电的方法，达到停止转动时转子定位的目的。

3. 失调角 θ

步进电动机的转子偏离稳定平衡位置的电角度称为失调角，即单相通电状态下，通电相定子齿轴线与转子齿轴线间所夹的电角度 θ。转子一个齿距所对应的电角度为 2π。

4. 矩角特性

静态运行状态下，步进电动机静转矩 T 与失调角 θ 之间的函数关系，称矩角特性。矩角特性 $T=f(\theta)$ 是步进电动机的一个重要的基本特性。

当步进电动机的某一相绕组通电时，通电相定子、转子齿轴线对齐时，失调角 $\theta=0°$，如图 6-44（a）所示，电动机转子无切向磁拉力作用，不产生转矩，即 $T=0$。如在转轴上加一顺时针方向（向右）的负载转矩，使转子齿轴线向右偏离定子齿轴线一个 θ 角度，则会出现切向磁拉力，产生转矩 T，其方向与转子齿偏离的方向相反，故 T 为负值。当 $0<\theta<90°$时，θ 越大，转矩 T 越大，如图 6-44（b）所示。当 $\theta=90°$时，转子所受切向磁拉力最

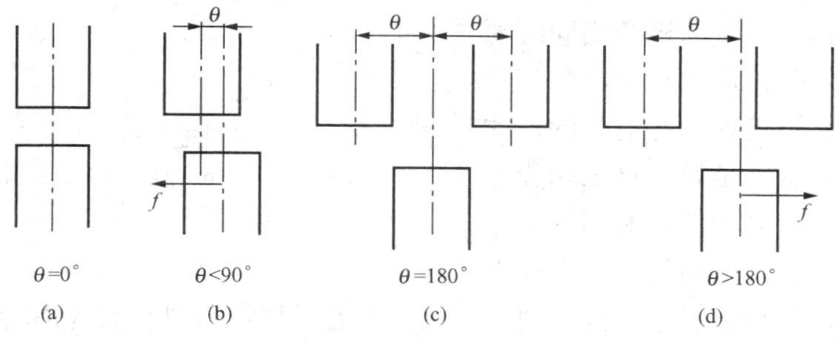

图 6-44　步进电动机转矩与失调角的关系

（a）$\theta=0°$；（b）$\theta<90°$；（c）$\theta=180°$；（d）$\theta>180°$

大，转矩$T=T_{sm}$最大。当$\theta>90°$时，由于磁阻显著增大，定子、转子齿轴线之间磁力线的数目显著减少，切向磁拉力和转矩 T 显著减小。当 $\theta=180°$时，转子齿处于两个定子齿的正中间，两个定子齿作用与转子齿的切向磁拉力互相抵消，转矩 T 又等于 0，如图 6-44（c）所示。当 $\theta>180°$时，转子齿受到另一边定子齿的磁拉力的作用，出现与$\theta<180°$时相反方向的转矩，T 为正值，如图 6-44（d）所示。同理，当$-180°<\theta<0°$时，T 为正，当$\theta=-180°$时 $T=0$。根据以上分析所得 T 与θ 的关系，画成曲线即为矩角特性，如图 6-45 所示，近似为正弦曲线。

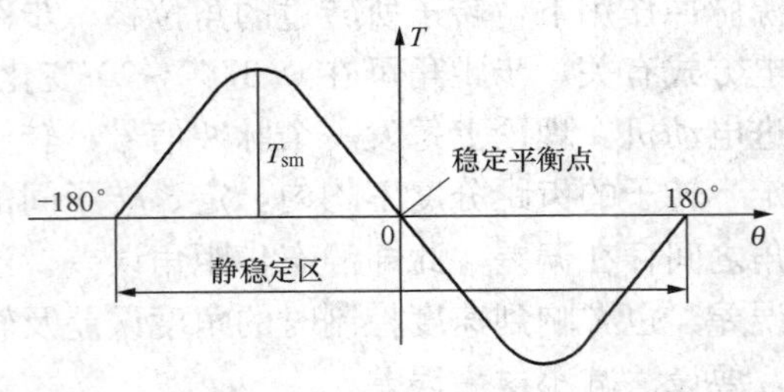

图 6-45　反应式步进电动机的矩角特性图

为了增大转矩，步进电动机常用多相定子绕组同时通电。当多相同时通电时，矩角特性和最大静态转矩与单相通电时不同，多相通电时的矩角特性可以近似地由每相通电时的矩角特性叠加求得。先以三相步进电动机为例。三相步进电动机可以单相通电，也可两相同时通电，下面推导三相步进电动机两相同时通电时（如 A、B 两相）的矩角特性。

从步进电动机的工作原理可知，若 A 相通电时，A 相的定子齿轴线与转子齿轴线重合，失调角 $\theta=0$，那么 A 相通电时的矩角特性是一条通过零点的正弦曲线，可表示为

$$T_A=-T_{sm}\sin\theta$$

此时，B 相定子齿轴线与转子齿轴线错开 1/3 齿距，即 360°/3＝120°电角度，也就是说，B 相矩角特性滞后 A 相矩角特性 120°。其矩角特性可表示为

$$T_B=-T_{sm}\sin(\theta-120°)$$

当 A、B 两相同时通电时的合成矩角特性应为 A、B 两相分别通电时的矩角特性的叠加，即

$$\begin{aligned}T_{AB}&=T_A+T_B=-T_{sm}\sin\theta-T_{sm}\sin(\theta-120°)\\&=-T_{sm}\sin(\theta-60°)\end{aligned}\tag{6-19}$$

从式（6-19）可见，三相步进电动机两相同时通电时，矩角特性的幅值不变，相位滞后于 A 相 60°，超前 B 相 60°，如图 6-46（a）所示。步进电动机多相通电时的矩角特性除了可以用波形图表示，还可用相量图表示，如图 6-46（b）所示。

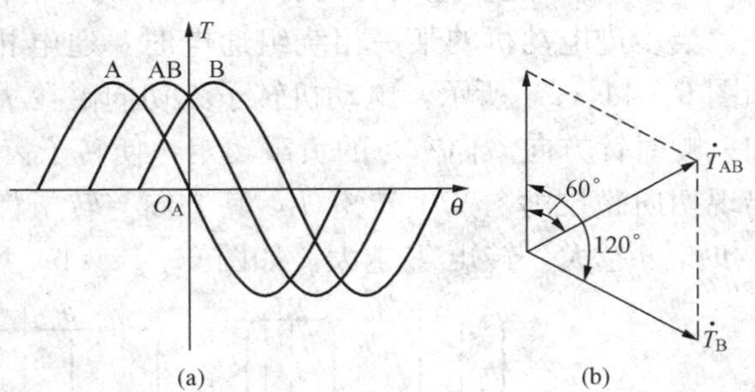

图 6-46　三相步进电动机单相、两相通电时的转矩
（a）矩角特性；（b）转矩相量图

从上面对三相步进电动机两相同时通电时的矩角特性的分析可以看出，两相通电时的最大静态转矩与单相通电时的最大静态转矩值相等。也就是说，对三相步进电动机来说，不能依靠增加通电相数来提高转矩，这是三相步进电动机的一个很大的缺点。

若不是三相，而是更多相步进电动机，就可以通过增加通电相数提高转矩。与三相步进电动机的分析方法一样，也可以作出四相步进电动机两相同时通电时的矩角特性的波形图和相量图，如图 6-47（a）、（b）所示。A、B 两相的矩角特性相差 360°/4＝90°电角度，AB

两相同时通电时的矩角特性滞后 A 相矩角特性 45°电角度。对 m 相步进电动机 n 相通电的分析，可参照上面的方法。

（二）步进运行状态

步进电动机的步进运行状态是指电脉冲频率很低，加一个脉冲，转子走完一步，达到新的平衡位置以后，再加第二个脉冲，走第二步，以此类推，这种运行状态称为步进运行状态。如图 6 - 39 所示，当步进电动机空载、其 A 相绕组通电时，转子 1 齿和 3 齿便对准定子磁极 A 和 A′。而当 A 相断电，B 相绕组通电后，转子按逆时针方向转动，在转子 2 齿和 4 齿转到对准定子磁极 B、B′的瞬时，电动机的反应转矩为零。但因为这时电动机的转速并不为零，由于转子惯性的影响，它将继续向逆时针方向转动。当转子 2 齿和 4 齿越过 B 和 B′极的平衡位置后，就受到反向转矩的作用而减速，随着失调角增大，反向转矩也随之增大，转子不断减速直至停转。但此时转子仍受到反向反应转矩的作用，于是开始向顺时针方向转动，当转子 2 齿和 4 齿再经过 B 和 B′极的稳定平衡位置时，又因转子惯性影响同样不会停止，而朝顺时针方向继续转动，如此来回运动会产生振荡。由于摩擦及其他阻尼力矩的影响，振荡是减幅的，最终将使转子 2 齿和 4 齿停止在与定子 B 和 B′极对准的稳定平衡位置上。上述振荡过程如图 6 - 48 所示。由此可见，当电脉冲由 A 相绕组切换到 B 相绕组时，转子将转过一个步矩角 θ_s，但整个过程将是一个振荡过程。一般说来，这一振荡过程是不断衰减的。只有当阻尼作用足够强时，才不至于出现振荡现象。

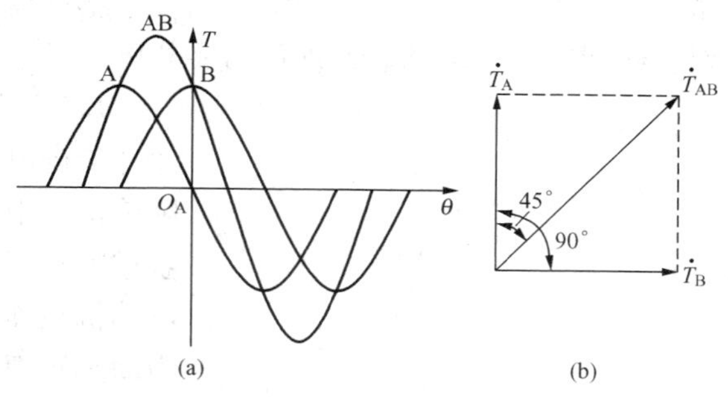

图 6 - 47　四相步进电动机单相、两相通电时的转矩

(a) 矩角特性；(b) 转矩相量图

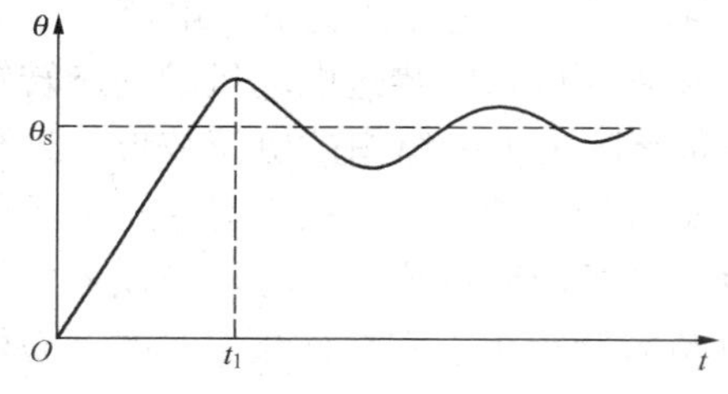

图 6 - 48　步进电动机转子的振荡过程

实际上步进电动机转子由于轴、空气摩擦等原因，不可能作无阻尼的等幅振荡，最后可停在稳定平衡位置。为了使转子振荡衰减加快乃至消除振荡现象，通常在功率步进电动机的转子上都装有如机械摩擦阻尼器等特殊的阻尼器。

（三）连续脉冲运行状态

随着定子绕组中电流脉冲频率的增高，转动时步与步之间的时间间隔也相应减小，以至于会出现这个时间间隔小于电动机机电过渡过程所需时间的这种连续脉冲运行状态。这种情况仍用图 6 - 40 为例，当步进电动机空载、A 相绕组通电时，转子 1 齿和 3 齿便对准定子磁极 A 和 A′，但其脉冲的时间间隔小于图 6 - 48 中的时间 t_1。当脉冲由定子绕组 A 相切换到 B 相，再切换到 C 相过程中，由于转子齿从定子 A 极的起始位置转到定子 B 极，但还来不及向顺时针方向作回转时，C 相已经通电，这样转子将继续按逆时针方向转动形成连续脉冲运行状态。实际上，步进电动机大都是在连续脉冲运行状态下工作的。步进电动机正常工作时，常需要进行起动、制动、正转、反转等运行，其基本要求是电动机的步数与脉冲数严格相等，做到既不丢步也不越步，而且运动平稳。但要同时满足这些条件是困难的。例如保证不丢步就相当困难。步进电动机的动态性能不好或使用不当都会造成运行中的丢步，这样，由步进电动机的“步进”所确定的同步性能及其所保证的系统精度就失去了意义，所以有必要对连续运行状态的动态特性作简要分析。

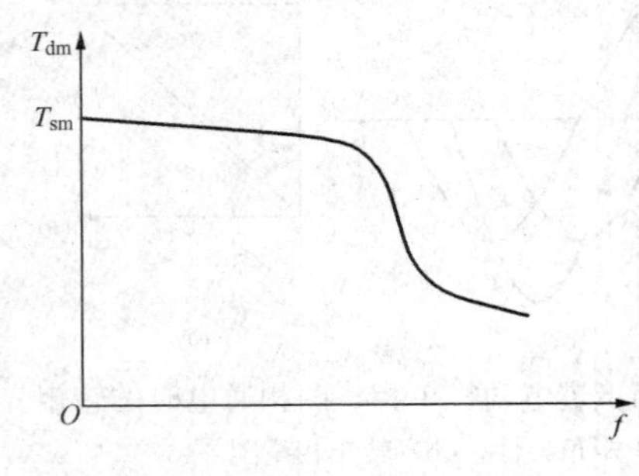

图 6 - 49　步进电动机的矩频特性

1. 矩频特性

步进电动机在步进运行时的最大静转矩为 T_{sm}，但随着定子脉冲频率逐步提高，电动机转速逐步上升，步进电动机所能带动的最大负载转矩却会逐步下降。电动机在连续脉冲运行状态下产生的最大输出转矩称为动态转矩。动态转矩 T_{dm}是随着脉冲频率 f 的上升而减小的。动态转矩 T_{dm}与脉冲频率 f 的关系，即 $T_{dm}=f(f)$ 称为矩频特性，如图 6 - 49 所示。

从图 6 - 49 中可看出，步进电动机的动态转矩 T_{dm}将小于最大静转矩 T_{sm}，并随着脉冲频率的增高而降低。

定子绕组中电感的存在是使脉冲频率升高后步进电动机的负载能力下降的主要原因。因为有电感就相应地有一定的电气时间常数，使定子绕组中的电流增长也有一个过渡过程。当脉冲频率较低时，其定子绕组的电流波形如图 6 - 49（a）所示。这种情况下，电流可达到稳定值。步进电动机的转矩与定子绕组电流的平方成正比，所以这时步进电动机的动态转矩 T_{dm}接近于最大静转矩。图 6 - 50（b）表示当脉冲频率很高时定子绕组中的电流波形。这种情况下，定子绕组的电流不能达到稳态值，故电动机的最大动态转矩小于最大静转矩，且脉冲频率 f 越高，动态转矩 T_{dm}也就越小。因此在用步进电动机带动负载运行时，必须考虑转速与负载转矩之间的关系。对应于某一频率，只有当其负载转矩小于它在该频率时的动态转矩 T_{dm}，系统才能正常运行。

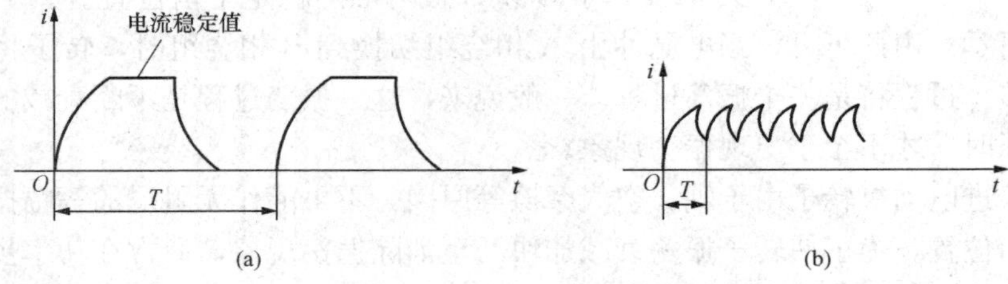

图 6 - 50　步进电动机控制绕组中的电流波形

（a）低频时；（b）高频时

为了使高频时步进电动机的动态转矩尽可能大一些，就必须设法减小定子绕组的电气时间常数，为此应尽量减小它的电感，相应的定子绕组的匝数也要减少，所以步进电动机定子绕组的电流一般都比较大。有时在定子绕组的回路中再串接一个较大的附加电阻，以降低回路的电气时间常数，但这样做却增加了附加电阻上的功率损耗，导致步进电动机的效率降低。

目前采用的一种更为有效的办法是用双电源供电，即在定子绕组电流的上升阶段由高压电源供电，以缩短达到预定的稳定电流值的时间，而后再改为低电压电源供电以维持其电流值。这样就大大提高了高频时的最大动态转矩。

2. 静稳定区与动稳定区

引入稳定区的概念对用矩角特性分析步进电动机是很有用的。当 A 相绕组通电使转子处于静止状态时，矩角特性如图 6-51（a）的曲线 A 所示。如步进电动机为空载，则稳定平衡点是坐标原点。如果在外力矩作用下使转子离开这个平衡点，那么只要其失调角在 $-\pi<\theta<+\pi$ 范围内变化，则在去掉外力矩后，在电磁转矩作用下转子仍能回到原来的平衡位置上来。反之，如超出这个范围，转子将趋于前一齿或后一齿的平衡点而停止。因此把 $-\pi<\theta<+\pi$ 这个范围称作静稳定区，这时的步进电动机稳定区为 $-\pi<\theta<+\pi$。

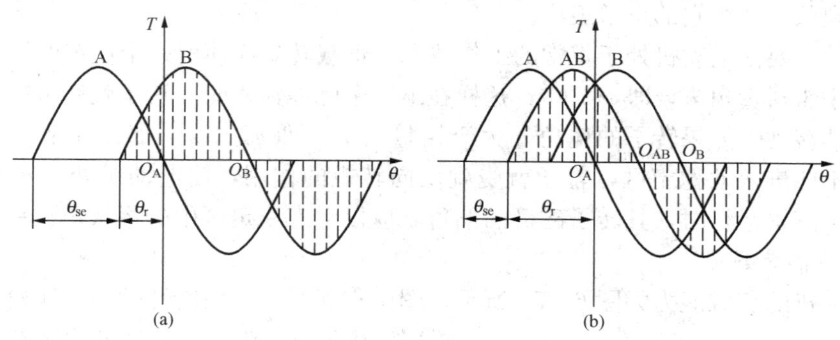

图 6-51　三相步进电动机的动稳定区概念

（a）单三拍；（b）单、双六拍

动稳定区是指步进电动机从一种通电状态切换到另一种通电状态时，不致引起失步的区域。在图 6-51（a）中，当定子绕组通电状态从 A 相切换到 B 相时，其矩角特性向前移动了一个步距角 θ_{se}，如曲线 B 所示，新的稳定平衡点为 O_B，其对应的静稳定区为 $(-\pi+\theta_{se})<\theta<(\pi+\theta_{se})$，其中 θ_{se} 为用电角度表示的步距角大小。在通电状态切换的瞬间，只要对应转子齿轴线的位置在这个区域内，转子就能转到新的稳定平衡点，因此动稳定区为 $(-\pi+\theta_{se})<\theta<(\pi+\theta_{se})$ 区域。由此可见，拍数越多，步距角 θ_{se} 越小，动稳定区就越接近静稳定区。例如图 6-51（a）表示三相单三拍运行方式下，其 $\theta_{se}=2\pi/3$；图 6-51（b）表示三相步进电动机在单、双六拍运行方式下，其 $\theta_{se}=\pi/3$。显然，后者在拍数较多运行方式下，其动稳定区就更接近于静稳定区，反映动稳定性的裕量角 θ_r 也越大，运行中也就越不易失步。

在动稳定区和裕量角 θ_r 都不变的情况下，不同的负载转矩对步进电动机能否进入动稳定区并稳定运行关系很大。例如在图 6-52 中，三相单三拍运行的步进电动机，其转子仅为两个极，故其步距角 $\theta_s=60°$，裕量角 $\theta_r=30°$。在图 6-52（a）中，如负载转矩相当大，当步进电动机的 A 相定子绕组通电时，使转子磁极不能与 A 相绕组对齐。它们之间将保持一定的失调角 $\theta=\varphi$，φ 角即为转子的偏转角（转子偏向转子转动的反方向）。如果 φ 角刚好为裕量角，即 $\varphi=\theta_r=30°$，从静稳定区的概念来看，转子是位于 A 相磁极的静稳定区内。当从 A 相定子绕组通电切换到 C 相定子绕组通电时，转子磁极 1 和定子 C 相绕组 C′之间的夹角为 $\varphi+\theta_s=90°$，相应的失调角 $\theta=Z_r\times90°=180°$。从矩角特性可知，这时电动机的电磁转矩

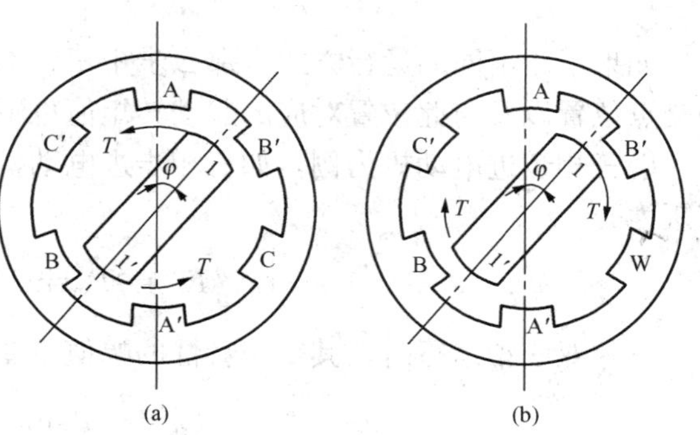

图 6-52　步进电动机不稳定运行示意图

（a）$\varphi=\theta_r=30°$；（b）$\varphi>\theta_r$

为零，它小于负载转矩，转子不可能逆时针旋转。假如更大的负载转矩使当A相定子绕组通电时的转子磁极的偏角φ超过了裕量角θ_r，即大于30°，那么再由A相定子绕组切换到C相定子绕组通电时，转子磁极1和定子C相绕组C′之间的夹角就超过90°，出了动稳定区的范围，相应的失调角θ也会超过180°。从矩角特性可知，这时电动机中将产生反向转矩，转子将随之反向转动，如图6-52（b）所示。故以上这两种情况都将会使步进电动机在运行时产生失步现象，破坏它的正常工作。

由此可见，要使电动机处于正常的工作状态，负载转矩应使前一个位置的转子磁极的偏角φ至少要小于裕量角θ_r，即$\varphi<30°$，这样在下一个脉冲输入时，转子就有可能保持原来的转动方向继续转动。如果转子的偏角φ大于裕量角θ_r，即$\varphi>30°$，那么在下一个脉冲输入时，电动机不能进入动稳定区，转子就受到反向转矩的作用，使电动机处于不正常工作状态。所以在单三拍运行时，其转子磁极的偏角φ应以动态稳定区中的裕量角$\theta_r=30°$为界。

3. 电动机的负载能力

步进电动机的负载能力如图6-53所示，图中相邻两条矩角特性的交点所对应的电磁转矩用T_{st}表示。当电动机所带负载的转矩$T_L<T_{st}$时，如果开始A相通电，转子位于失调角为θ_m的平衡点m点，那么当脉冲切换到B相通电时，矩角特性跃变为曲线B，这时对应角θ_m的电磁转矩大于负载转矩，电动机在电磁转矩的作用下转过一个步矩角到达新的平衡位置n。但如果负载转矩$T'_L>T_{st}$，开始转子位于失调角为θ'_m的平衡点m′点。当脉冲切换后，对应角θ'_m的电磁转矩小于负载转矩，电动机就不能继续运行。所以各相矩角特性的交点所对应的转矩T_{st}，就是电动机连续运行时所能带动的极限负载，也称为起动转矩。实际电动机所带的负载T_L必须小于T_{st}，电动机才能运行，即

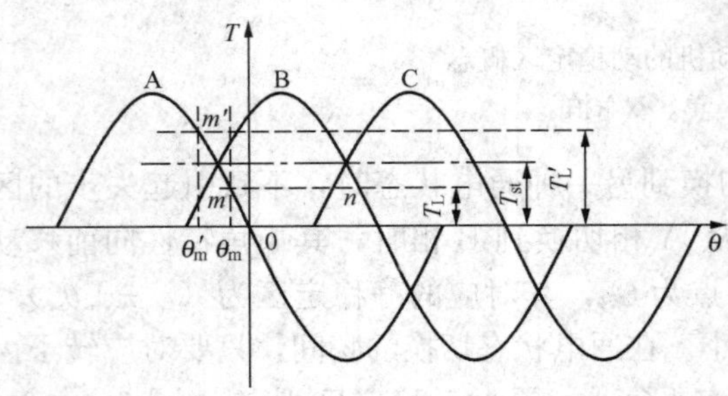

图6-53 步进电动机最大负载能力的确定

$$T_L<T_{st}$$

如果采用不同的运行方式，那么步矩角就不同，矩角特性的幅值也不同，因而矩角特性的交点位置以及与此位置对应的起动转矩值也不同。

以三相步进电动机为例，如三相步进电动机三相单三拍运行时，其交点为$\theta=30°$，起动转矩为

$$T_{st}=T_{sn}\sin30°=\frac{1}{2}T_{sm}$$

三相双三拍运行时，其矩角特性的幅值不变，矩角特性的交点仍为30°，故起动转矩为

$$T_{st}=T_{sn}\sin30°=\frac{1}{2}T_{sm}$$

三相六拍运行时，矩角特性幅值不变，而步矩角小了一半，矩角特性的交点为$\theta=60°$，故其起动转矩为

$$T_{st}=T_{sn}\sin60°=\frac{\sqrt{3}}{2}T_{sm}$$

三相步进电动机的运行拍数增加后，由于步矩角减小，起动转矩增加，负载能力增强。

三相步进电动机多相通电时，由于矩角特性幅值不变，矩角特性的交点转矩也不变，因而负载能力不变。但多于三相的多相步进电动机，由于矩角特性的幅值增加，也能使交点上升，从而提高起动转矩。详细分析可参见《电机学》的有关章节。

4. 运行频率

前述已说明当电源的脉冲频率提高时，动态转矩就变小。如果电动机的动态转矩小于系统的负载转矩，则步进电动机就不能正常运行。步进电动机的运行频率是指电动机按照指令的要求进行正常运行的电源的最高脉冲频率。所谓正常运行就是说步进电动机不失步的工作，即电源发出一个脉冲就前进一个步距角。失步现象包括丢步和越步两种情况。丢步时转子运行的步数小于脉冲数；越步时转子运行的步数大于脉冲数。每次丢步和越步数应为运行拍数的整数倍。严重丢步将使转子停转或围绕一点振动。

在步进电动机的技术数据中，步进电动机运行频率主要是指起动频率和连续运行频率。起动频率比连续运行频率要低得多，所以起动频率是衡量步进电动机快速性能的重要指标。对于相同的负载转矩，正、反向的起动频率和制动频率都是一样的，所以一般只给出起动频率而不另给出制动频率。

在一定的负载转矩作用下，电动机能不失步起动的最高脉冲频率（拍/秒或脉冲数/秒）称作步进电动机的起动频率 f_{st}。若步进电动机原来静止于某一相的平衡位置上，当一定频率的控制脉冲送入时，电动机开始转动，其速度经过一个过渡过程逐渐上升，最后达到稳定值，这就是起动过程。

在一定负载转矩下，电动机起动频率要比连续运行频率低得多。这主要是因为电动机刚起动时转速等于零。在起动过程中，电磁转矩除了克服负载转矩外，还要克服转动部分的惯性矩 $J\mathrm{d}^2\theta/\mathrm{d}t^2$（其中 J 是包括电动机和负载在内的系统的总惯量）。所以起动时转子的角加速度 $\mathrm{d}^2\theta/\mathrm{d}t^2$ 将受到电磁转矩的限制。如果起动时脉冲频率过高，则转速相当低的转子就跟不上磁场旋转的速度，以致第一步走完后转子的位置落后平衡位置较远。以后各步中转子速度增加不多，而定子磁场仍然以正比于脉冲频率的速度向前转动。因此转子位置与平衡位置之间的距离会越来越大，最后因转子位置落后到动稳定区以外而出现丢步或振荡现象，从而使电动机不能正常起动。所以为了保证正常起动，起动频率不能过高。电动机起动以后，可逐渐升高脉冲频率，由于这时转子角加速度 $\mathrm{d}^2\theta/\mathrm{d}t^2$ 较小，惯性不大，因此电动机照样能升速。连续运行时由于转子角加速度 $\mathrm{d}^2\theta/\mathrm{d}t^2$ 为零，显然连续运行频率要比起动频率高得多。

由此可知，起动频率的高低与负载转矩和系统的转动惯量有关。当电动机带动一定的负载转矩起动时，作用在电动机转子上的加速转矩为电磁转矩与负载转矩之差。负载转矩越大，加速转矩就越小，电动机就越不易起动。只有当每步有较长的加速时间（即较低的脉冲频率）时，电动机才可能起动。所以随着负载转矩的增加，其起动频率是下降的。起动频率 f_{st} 随着负载转矩 T_L 下降的关系如图 6-54 的 $f_{st}=f(T_L)$ 曲线所示。另外随着系统转动部分惯量的增大，在一定的脉冲周期内，转子速度上升变慢，因而难于趋于平衡位置。而要电动机起动，则需要较长的脉冲周期使电动机加速，即要求降低脉冲频率。所

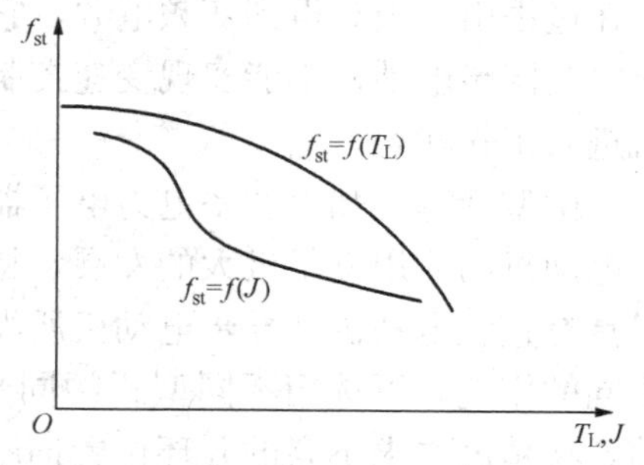

图 6-54　起动频率 f_{st} 随负载转矩 T_L 和转动惯量下降的关系曲线

以，随着电动机轴上转动惯量的增加，起动频率也是下降的。起动频率随转动惯量下降的关系如图 6-54 的 $f_{st}=f(J)$ 曲线所示。

因此要提高起动频率，可采取如下三方面措施：①设计大电磁转矩的电动机；②减小系统（包括电动机和传动机构）的转动惯量；③增加电动机运行的拍数，使裕量角 θ_r 增大。

四、步进电动机的驱动电源

步进电动机每相绕组不是恒定地通电，而是按照一定的规律轮流通电，为此，应由专用的驱动电源来供电，由驱动电源和步进电动机组成一套伺服装置来驱动负载工作。步进电动机的驱动电源，主要包括变频信号源、脉冲分配器和脉冲放大器等三个部分，如图 6-55 所示。

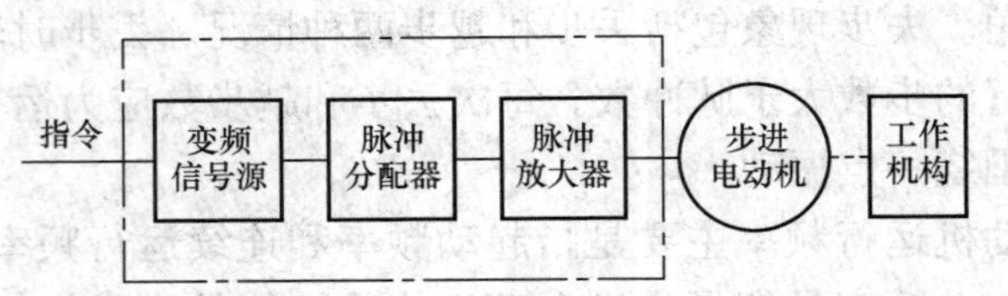

图 6-55　步进电动机驱动电源的方框图

变频信号源是一个频率从几十赫兹到几十千赫兹的可连续变化的信号发生器。变频信号源可以采用多种线路。最常见的有多谐振荡器和单结晶体管构成的弛张振荡器两种。它们都是通过调节电阻和电容的大小来改变电容充放电的时间常数，以达到选取脉冲信号频率的目的。脉冲分配器是由门电路和双稳态触发器组成的逻辑电路，它根据指令把脉冲信号按一定的逻辑关系加到放大器上，使步进电动机按一定的运行方式旋转。

目前，随着微型计算机特别是单片机的发展，变频信号源和脉冲分配器的任务均可由单片计算机来承担，这样不但使工作更可靠，而且性能更好。

从脉冲分配器输出的电流只有几个毫安，不能直接驱动步进电动机，因为步进电动机的驱动电流可达几安到几十安。因此在脉冲分配器后面都有功率放大电路作为脉冲放大器，经功率放大后的电脉冲信号可直接输出到定子各相绕组去控制步进电动机工作。

本章小结

同步电动机由于其转子转速与气隙旋转磁场的转速严格同步，即电动机的转速始终是同步转速而命名的。由于其转速与定子绕组电流的频率成正比，使其转速很稳定，不随负载转矩的变化而改变。与直流电动机和异步电动机相比，同步电动机的这一优点是很明显的。但是在过去由于很难得到变频电源，它也成了同步电动机推广应用的主要障碍。当电源频率固定时，同步电动机不能实现变速控制；而在不采用其他起动方法时，无法自行起动而使电动机进入工作状态。

微型计算机和大功率电力电子器件的迅速发展为我们提供了高性价比的变频电源，使同步电动机的应用有了极大的发展，特别是在控制精度要求很高的位置伺服系统中，同步电动机具有直流电动机和异步电动机所没有的优点，成了占有统治地位的电动机。为了适应各种不同的用途，可选用不同型式的同步电动机。不同类型的同步电动机的性能差异很大。目前，在精度要求不高的开环位置伺服系统中，常使用步进电动机作伺服电动机，在高精度的闭环控制位置伺服系统中，常采用三相永磁同步电动机作伺服电动机。开关磁阻电动机是一种新型的伺服电动机，其转子无励磁，转子的旋转是通过直轴和交轴的磁阻不等所形成的磁阻转矩产生的。由于它的结构简单、运行可靠、成本较低、调速性能良好，是一种很有发展前途的同步电动机。

习 题

1. 同步电动机的工作原理是什么？它与异步电动机有何不同？

2. 试比较同步电动机与异步电动机的优缺点。

3. 什么叫三相永磁同步电动机？它有什么特点？

4. 简述三相永磁同步电动机的工作原理。

5. 试确定图 6-11（b）中永磁转子的四个磁极的具体位置，并标出各极的极性。

6. 在三相永磁同步电动机中，位置检测器（BQ）的作用是什么？

7. 三相永磁同步电动机与他励直流电动机相比，有哪些相同点，有哪些不同点？

8. 三相永磁同步电动机能否用频率固定的电源，例如用 50Hz 的三相交流电向其定子三相电枢绕组供电（包括起动）？为什么？

9. 三相永磁同步电动机是如何起动的？

10. 三相永磁同步电动机有几种调速方法？各自调速的原理是什么？

11. 三相永磁同步电动机产生的电磁转矩为什么是脉动的？采用什么措施能减小转矩脉动？

12. 磁阻电动机的转矩是怎样产生的？为什么普通隐极转子不会产生这种转矩？

13. 为什么开关磁阻电动机转子可用凸极叠片结构，而普通磁阻电动机转子要用钢片和非磁性材料镶嵌结构？

14. 开关磁阻电动机与普通磁阻电动机各有什么优缺点？

15. 在步进电动机运行方式中，分别解释运行方式：

（1）三相单三拍运行；

（2）三相双三拍运行；

（3）三相单、双六拍运行。

它们各有什么特点？

16. 试简要说明反应式步进电动机的工作原理。为什么说步进电动机也可算作同步电动机？

17. 简要说明步进电动机的静稳定区和动稳定区的区别。

18. 当一台步进电动机的负载转矩或转动部分的惯量增大时，其起动频率有何变化？

19. 步进电动机的连续运行频率为什么会比起动频率高出许多？

20. 设有一台三相永磁式同步电动机，其换流超前角 $\varepsilon_0=60°$。重叠角 γ 可忽略，即 $\gamma=0°$，$C_{es}\Phi=0.15\text{V}/(\text{r/min})$，$R_L=3\Omega$，求下列两种输入情况下的转速：

（1）$E_d=300\text{V}$，$I_d=25\text{A}$；

（2）$E_d=100\text{V}$，$I_d=(25/3)\text{A}$。

21. 习题 20 中的电动机数据不变，试求下列两种输入情况下的平均转矩：

（1）$I_d=25\text{A}$；

（2）$I_d=25/3\text{A}$。

22. 反应式步进电动机的步距角的大小和哪些因素有关？若有一台五相反应式步进电动

机，其步距角为 1.5°/0.75°，试问转子的齿数 Z_r应为多少？

23. 一台四相步进电动机，若单相通电时矩角特性为正弦波，其转矩幅值为 T_{sm}。

(1) 写出四相单、双八拍运行方式时一个循环的通电顺序，并画出各相绕组控制电压波形图；

(2) 求两相同时通电时的最大静态转矩。

24. 一台五相十拍运行的步进电动机，转子齿数 $Z_r=48$，电源频率为2000Hz。求：

(1) 电动机的步距角；

(2) 电动机的转速；

(3) 设单相通电时矩角特性为正弦波，其幅值为 3N·m，求三相同时通电时的最大转矩 $T_{sm(ABC)}$。

第七章　其　他　电　机

学习提示

单相异步电动机只要将磁场的分解、合成方法理解清楚，其余就完全和三相异步电动机的分析结果一致了，理解起来也不叫容易。无论是直流还是交流测速发电机，在理论学习上没有太大的难度，注意应用时的注意事项就可以了。

由于交流电网的普及，使异步电机的电源很容易得到，因此各种异步电机应运而生，并得到广泛的应用。除了三相异步电动机外，目前在使用的异步电机还有单相异步电动机、两相交流伺服电动机、异步测速发电机、直线异步电动机、交流换向器电动机、电磁调速异步电动机等。本章介绍其中常用的单相异步电动机、直流及异步测速发电机、直线电动机。掌握了这几种电机的原理，其他电机的工作原理也就不难理解了。

第一节　单相异步电动机

单相异步电动机也称单相感应电动机，是用单相交流电源供电的电动机。它结构简单、价格低廉、噪声小、维护方便，只使用单相交流电源。因此，在小型机械、家用电器、医疗器械、仪器仪表等方面广泛应用。如电风扇、电冰箱、洗衣机、电动工具、小水泵等。但单相异步电动机与同容量的三相异步电动机相比较，其体积较大，运行性能较差。通常单相异步电动机只做成小容量的，功率只有几瓦到几百瓦。

从构造上讲，单相异步电动机的结构也由定子和转子两部分组成。常用的单相分相式异步电动机的结构与三相异步电动机相类似，转子也是普通的笼型转子，定子有交流励磁绕组。所不同的是单相异步电动机的定子绕组只是单相交流绕组（集中绕组），而不是三相分布式绕组。单相异步电动机的运行原理与三相异步电动机类似，当定子绕组接单相交流电源时，在电机气隙中产生磁场，使转子绕组产生感应电动势和电流，从而产生电磁转矩。本节介绍单相异步电动机的工作原理、起动方法及其应用。

一、单相异步电动机的工作原理

单相异步电动机的工作绕组和起动绕组通常是按相差 90°空间电角度分布的两个绕组。当电动机转速达到同步转速的 75%～80%时，起动绕组可以从电源上脱离，运行时只有一个绕组接在电源上。下面分析只有一个绕组通电及两个绕组都通电时单相异步电动机的工作原理。

1. 只有一个定子绕组通电时的机械特性

由第四章可知，工作绕组通入单相交流电时，将在空间产生正弦分布的脉振磁通势 $\dot{F}$，一个脉振磁通势可分解成两个大小相等、转速相同、转向相反的两个圆形旋转磁通势，一个

正转磁通势 $\dot{F}_+$，一个反转磁通势 $\dot{F}_-$，则 $F_+=F_-=\frac{1}{2}F$。在 $\dot{F}_+$ 和 $\dot{F}_-$ 作用下，转子绕组中产生感应电流并形成电磁转矩，正向电磁转矩 T_+ 和反向电磁转矩 T_-。如果电动机在其他外力作用下旋转，转差率为 s。正、反向电磁转矩与转差率的关系 $T_+=f_+(s)$ 和 $T_-=f_-(s)$ 所形成的转矩特性曲线是关于原点对称的。而单相异步电动机电磁转矩 $T=T_++T_-=f(s)$ 是这两条曲线的合成，从而构成只有一个绕组通电时的机械特性曲线，如图 7-1（a）所示。由机械特性曲线可以得出以下结论：

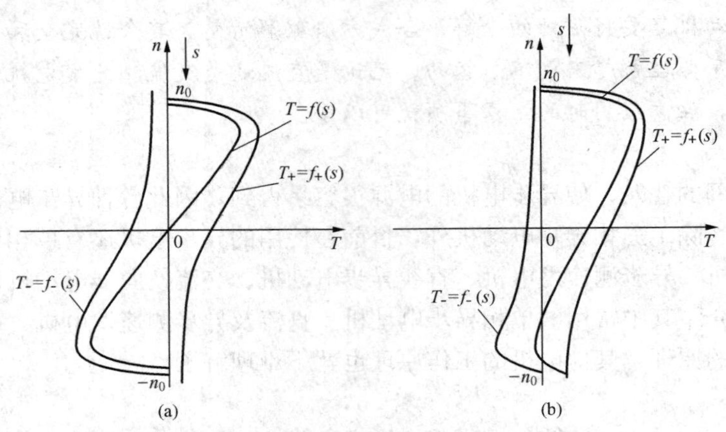

图 7-1　单相异步电动机的机械特性
（a）工作绕组一相通电；（b）两绕组通电

（1）当转速 $n=0$ 时，起动转矩 $T_{st}=0$。因为在转子停转时，即使电源加到定子绕组上，对应的电磁转矩 $T_{em}=T_++T_-=0$，单相异步电动机不能自行起动，所以必须采用其他措施进行起动。

（2）当电机运转时，电磁转矩的方向与转向有关，$n>0$ 时 $T>0$，$n<0$ 时 $T<0$，故电磁转矩是拖动性转矩，可以拖动负载运行，但没有固定转向。

（3）由于同时存在正、反向电磁转矩，使电动机总转矩减小，最大转矩也减小，因而单相交流电动机输出功率减小，效率较低。

（4）理想空载转速小于同步转速，单相电机比三相电机额定转差率略大些。

综上所述，单相异步电动机定子绕组如果只有一个工作绕组，则无起动转矩，运行特性也较差，所以至少在起动时单相异步电动机定子上两个绕组都要通电。

2. 两个绕组都通电时的机械特性

当单相异步电动机工作绕组和起动绕组同时接入相位不同的两相电流时，气隙中一般可以产生椭圆形旋转磁通势 $\dot{F}$，一个椭圆旋转磁通势同样可以分解成两个旋转磁通势，一个是正转磁通势 $\dot{F}_+$，另一个是反转磁通势 $\dot{F}_-$，且 $F_+\neq F_-$。电机转子在这两个磁通势作用下所形成的电磁转矩分别为 T_+ 和 T_-，$T_+=f_+(s)$ 为正向转矩特性，$T_-=f_-(s)$ 是反向转矩特性，$T=T_++T_-=f(s)$ 为电动机的机械特性。图 7-1（b）画出了当 $F_+>F_-$ 时这三条特性曲线。

从机械特性曲线可以看出，当 $F_+>F_-$ 的情况下，$n=0$ 时 $T>0$，电动机有起动转矩，能正向起动。$n>0$ 时 $T>0$，说明正向起动后，可以继续维持正向电动运行。

当 $F_+<F_-$时，为反向运行，在此不再赘述。

当定子对称的两个绕组通入的两相电流且相位相差 90°时，则 $\dot{F}_-$（或 $\dot{F}_+$）$=0$，将在空间产生圆形旋转磁通势。那么单相异步电动机机械特性与三相异步电动机机械特性的情况就一样了，它所形成的起动转矩和最大转矩比椭圆形磁通势的情况要大。

通过以上分析看出，单相异步电动机的关键是起动，而能自行起动必须满足定子按空间不同电角度分布两个绕组。两个绕组中通入时间上不同相位的两相交流电流。但单相异步电动机使用的是单相交流电源，如何把工作绕组和起动绕组中的电流相位分开，即分相问题，这是单相异步电动机主要问题。按不同的分相方法，单相异步电动机有不同的类型和起动方法。

二、单相异步电动机的分类和起动方法

由于单相异步电动机的起动转矩 $T_{st}=0$，所以需用其他途径产生起动转矩。根据三相异步电动机运行原理，为了使单相异步电动机具有起动转矩，关键是如何使起动时在电机气隙中产生一个旋转磁通势（圆形的或椭圆形的）。根据定子绕组的分相起动方法和运行方式的不同，单相异步电动机分为以下几种类型。

（1）单相电阻分相起动异步电动机。

（2）单相电容分相起动异步电动机。

（3）单相电容运转异步电动机。

（4）单相电容起动与运转异步电动机。

（5）单相罩极式异步电动机。

下面分别介绍各类单相异步电动机的起动及运行特性。

1. 单相电阻分相起动异步电动机

单相电阻分相起动异步电动机的两个绕组，即起动绕组和工作绕组在空间上按 90°电角度分布，并联在单相交流电源上，如图 7 - 2（a）所示。为使两个绕组电流之间有相位差，通常起动绕组导线的截面积比工作绕组小，或采用电阻率较大的导线，而匝数却比工作绕组少。这样起动绕组比工作绕组的电阻大而电抗小，接入同一电源时，起动绕组的电流比工作绕组要超前，从而产生起动转矩，如图 7 - 2（b）所示。

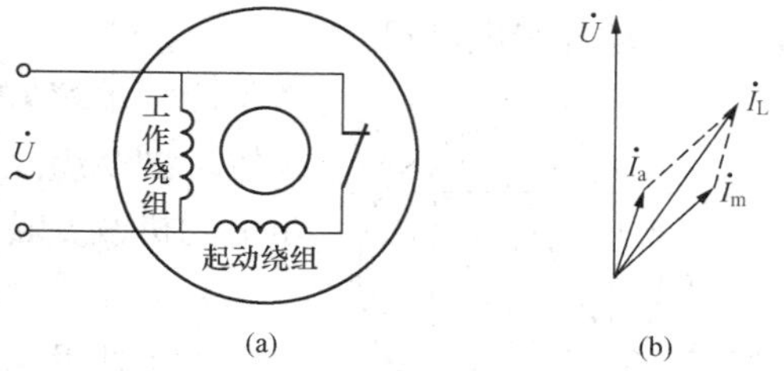

图 7 - 2 单相电阻分相起动异步电动机

（a）原理接线图；（b）相量图

在图 7 - 2（a）中，起动绕组与一个起动开关串接。起动开关的作用是当电机转速上升到同步转速的 75%～80%时，断开起动绕组，使电动机正常运行时只有一个绕组工作。后面各类单相电动机起动开关的作用完全相同，不再说明。

此外，只要把两个绕组中任意一个接电源的两出线端对调，就可改变气隙磁通势的旋转方向，达到改变电动机转向的目的。

2. 单相电容分相起动异步电动机

单相电容分相起动异步电动机原理接线如图 7 - 3（a）所示，起动绕组回路串联了一个

电容器和一个起动开关，然后和工作绕组并接到电源上，电容器的作用是使起动回路的阻抗呈电容性，从而使电流超前电压一个相位角，如图 7-3（b）所示。如果电容量选择合适，使起动绕组电流 $\dot{I}_a$ 超前工作绕组电流 $\dot{I}_m$ 近 90°，起动时能产生一个接近圆形的旋转磁通势，形成较大的起动转矩，而 $\dot{I}_a$ 和 $\dot{I}_m$ 的相位差较大，电动机起动电流 $\dot{I}$ 相对较小。

单相电容分相起动异步电动机，改变转向的方法和电阻分相电动机一样。

3. 单相电容运转异步电动机

将图 7-3（a）中起动开关短接，就形成单相电容运转异步电动机，如图 7-4 所示。副绕组不仅起动时起作用，电动机运转时也处于长期工作状态，单相电容运转异步电动机相当于一个两相电动机。运行时电动机气隙中旋转磁通势较强，因此具有较好的运行特性。其功率因数、效率、过载能力都比运行时单绕组通电的异步电动机要好。

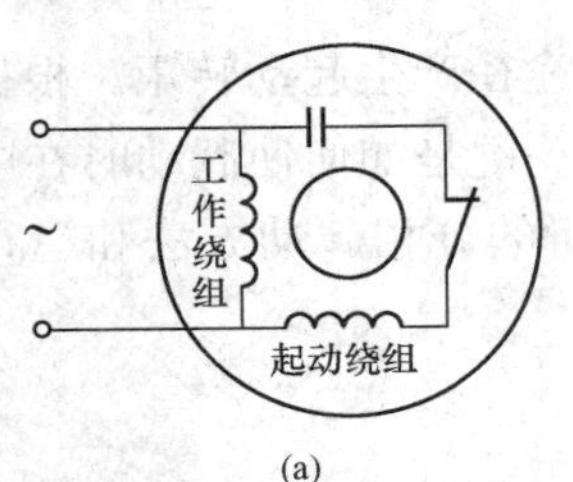

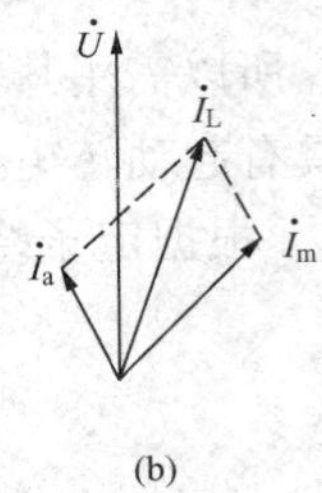

图 7-3　单相电容分相起动异步电动机

（a）原理接线图；（b）相量图

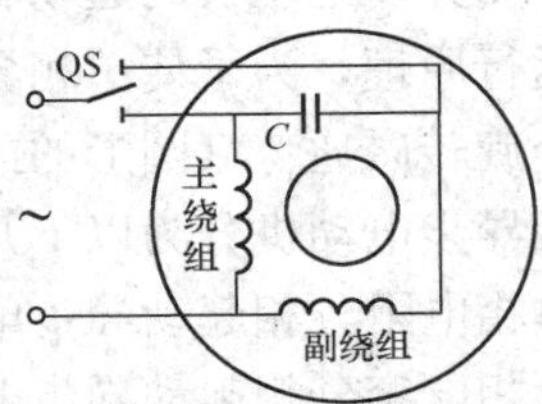

图 7-4　单相电容运转异步电动机

由于副绕组要长期工作，其构造、参数与主绕组完全一样。电容器的选择也要考虑其长期工作的情况。电容运转电动机电容量的选配是要使电机运行时形成接近圆形旋转磁通势，提高电动机运行性能。异步电动机绕组阻抗随转速变化而变化，电容的容抗不变，这就使起动时的磁通势，仍为椭圆形磁通势。所以其起动电流较大，起动转矩较小，起动性能不如电容分相起动异步电动机。

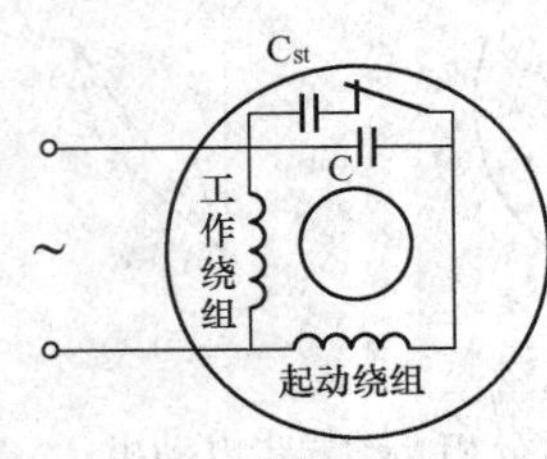

图 7-5　单相电容起动与运转异步电动机

改变单相电容运转异步电动机的转向，可通过开关将电容器在主、副绕组之间的切换来实现，也可以同单相电阻分相起动异步电动机改变转向的方法一样。

4. 单相电容起动与运转异步电动机

为了使电动机既有较好的起动性能，又有较好的运行性能，在副绕组中连接两个相互并联的电容器 C 和 C_{st}，如图 7-5 所示。C_{st} 只在起动时起作用，电动机运转后被起动开关 S 断开，电容 C 长期运行。

单相电容起动与运转异步电动机，起动转矩较大，过载能力较强，功率因数和效率较高，噪声较小，是比较理想的单相异步电动机。

5. 单相罩极式异步电动机

单相罩极式异步电动机按定子结构有凸极式和隐极式两种，凸极式结构较为简单，应用更多些。图 7-6（a）是凸极式单相罩极式异步电动机结构示意图。其转子是普通笼型结构，定子有凸起的磁极。在每个磁极上，装有集中的工作绕组，即主绕组。在每个极靴约 1/3 处开一小槽，套入一个短路铜环 K 称为短路环，把部分磁极罩起来，故称罩极式。

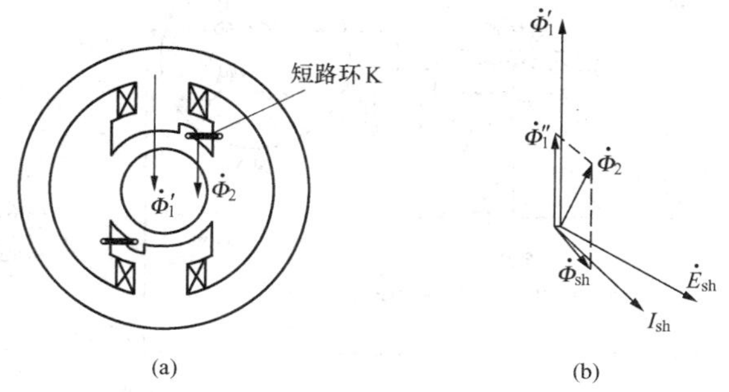

图 7-6 单相罩极式异步电动机

(a) 结构示意图；(b) 相量图

当工作绕组接在交流电源上，产生脉振的磁通 $\dot{\Phi}_1$，其中 $\dot{\Phi}'_1$ 是通过未被罩部分磁极的磁通，$\dot{\Phi}''_1$ 则通过被罩部分的磁通，即 $\dot{\Phi}_1=\dot{\Phi}'_1+\dot{\Phi}''_1$。由于 $\dot{\Phi}''_1$ 随时间交变，在短路环中产生感应电动势 $\dot{E}_{sh}$和电流 $\dot{I}_{sh}$。忽略铁耗时，交变的 $\dot{I}_{sh}$ 产生同相位的磁通 $\dot{\Phi}_{sh}$，则被罩部分的合成磁通 $\dot{\Phi}_2=\dot{\Phi}''_1+\dot{\Phi}_{sh}$，图 7-6（b）为各相量及相互关系。由图 7-6（b）可以看出 $\dot{\Phi}'_1$ 与 $\dot{\Phi}_2$ 在时间上相差一个相位角，而在空间也有一个角度差，这样 $\dot{\Phi}'_1$ 和 $\dot{\Phi}_2$ 的合成将是一个旋转的椭圆磁场。$\dot{\Phi}'_1$ 超前 $\dot{\Phi}_2$，旋转方向按图 7-6（a）将是顺时针方向的。

由于定子磁极所罩部分是固定的，即 $\dot{\Phi}'_1$ 总是超前 $\dot{\Phi}_2$，故电动机的转向总不变。

罩极电动机的起动转矩小，效率和功率因数都较低，但由于结构简单、价格低廉，应用较广泛。

三、单相异步电动机的应用

单相异步电动机在家用电器、电动工具、医疗器械等方面有着广泛的应用，现以单相电动机在家用电器方面的应用予以介绍。

1. 单相异步电动机用于家用风扇

家用风扇拖动用电动机由于风扇启动转矩较小，单方向运转，故多采用单相电容式或罩极式异步电动机拖动。电容式电动机具有起动性能好、运转可靠、效率高、运转噪声低等优点，但结构比罩极式稍复杂。罩极式电动机具有结构简单、经济耐用的优点，但起动转矩很小，耗电量较大。例如 250mm 台式电扇，风量基本相同，电容式电扇耗电为 32W，而罩极式耗电约 45W。

家用风扇的调速方法分为电抗器法和抽头法，电抗器法应用较广泛。电抗器法就是通过电抗器的不同抽头与调速开关相接，用改变电动机端电压的方法来达到调速的目的。其原理接线如图 7-7 所示。

2. 波轮式洗衣机中的应用

电动机拖动洗衣机波轮、滚筒、脱水筒等部件按规定工作方式旋转，由于洗衣机波轮需正、反向运转，故多采用单相电容运转异步电动机来驱动，其电控原理接线图如图 7-8 所示。机械定时器的主触头 QS11、转换开关 QS2 控制强洗或弱洗，副触头 QS12 和 QS13 有不同的正反向通、断时间转换。a 点正转，b 点反转，o 点停转。

此外，家用冰箱压缩机、空调器、电吹风机、吸尘器等家用电器，以及手电钻、电刨、电锯等电动工具，医用牙钻等医疗器械，工矿企业中的一些电动仪表、电力设备的某些操动机构等，也都广泛应用单相异步电动机作为驱动部件。

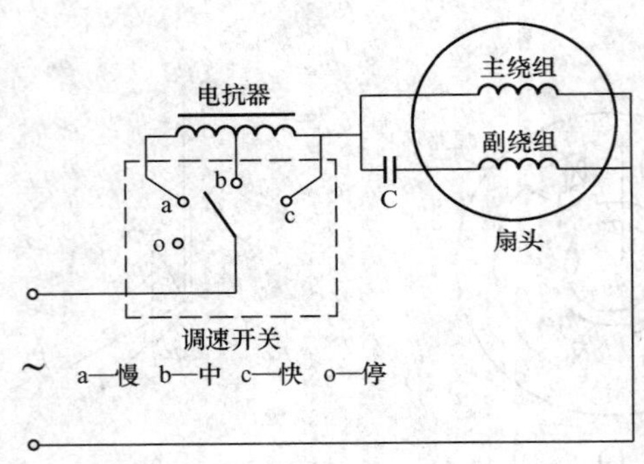

图 7-7　家用风扇原理接线

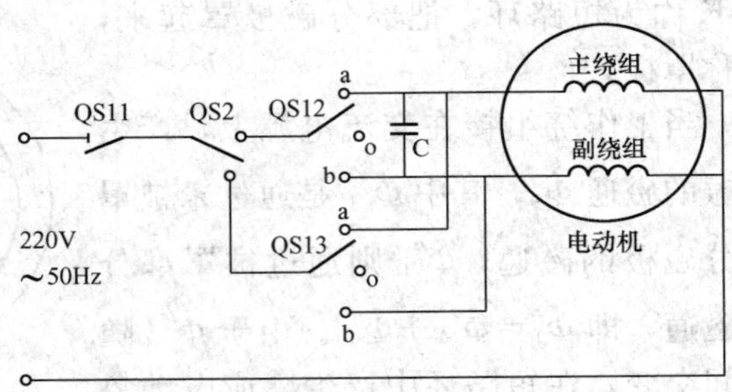

图 7-8　波轮式洗衣机电控原理接线图

四、单相异步电动机常见故障及解决方法

1. 单相异步电动机能运转但不能自行起动

这种现象出现在电机正常接通电源的情况下，这时转子并不转，而在用手帮助起动后又能正常旋转。这说明定子主绕组是能正常工作的，问题在于起动绕组回路或短路环。

对于分相式电动机，出现这种情况，原因可能是分相电容损坏、或是离心开关损坏、或是起动绕组断路。这些都可用万用表测量，找出毛病所在处进行更换即可。

对于罩极式电动机，这种现象的出现一般来说是短路环断路引起的，拆开电动机把短路环修好即可。

2. 单相异步电动机既不能自行起动也不能在手工助动后运转

这种现象出现在电动机正常接通电源的情况下转子不转，在用手帮助起动后也不能正常旋转。这说明定子主绕组断路，或者主绕组断路再加上起动绕组回路断路。

首先切断电源，并断开主绕组和起动绕组回路间的连接，然后测量主绕组的阻值，证明是主绕组断路后把它修好即可连线通电，一般情况下电动机均应正常工作。若电动机能运转但仍不能自行起动，可参照分相式电动机的方法修复起动绕组回路即可。

3. 吊扇电动机转速变慢

当吊扇电动机出现起动转矩变小、转速变低、风量很小时，一般是电动机内部绕组出现故障，可用万用表测量定子绕组电压的办法查出故障位置。

（1）定子绕组匝间短路检查方法：抽出电动机的转子后，把定子绕组接头上的绝缘套管拆掉，再将定子绕组通入 70V 左右的电源电压，用万用表的交流电压挡测量定子绕组的每一个线圈，如果每只线圈的电压都相等，说明定子绕组匝间没有短路。如有的线圈电压低了，说明定子绕组有短路，引起转速变低，应更换之。

（2）转子笼形绕组断条检查方法：在排除了定子绕组匝间短路故障后，如转速还是低，可进一步检查转子笼形绕组。具体方法为装进转子，使其不能转动，定子绕组接线同上，但所通电源电压为 220V（只能短时通电），再用万用表的交流电压挡测量定子绕组的各个线圈。如测出某个线圈的电压升高了，说明该处转子绕组的铜条内层已经脱焊或断条。切断电源后，只需把脱焊处重焊即可使转速恢复正常。

第二节　直流测速发电机

直流测速发电机是一种微型直流发电机，其作用是把拖动系统的旋转角速度转变为电压信号。广泛用于自动控制、测量技术和计算技术。直流测速发电机的结构与直流伺服电动机基本相同。若按定子磁极的励磁方式来分，直流测速发电机有电磁式和永磁式两种。永磁式直流测速发电机具有结构简单，不需励磁电源，使用方便，温度对磁场影响小等优点，因此应用广泛。直流测速发电机的电枢也与伺服电动机基本一致，有普通有槽电枢、无槽电枢、圆盘电枢等。

一、直流测速发电机的输出特性

直流测速发电机的工作原理与一般直流发电机相同。图 7 - 9 所示为直流测速发电机工作原理图。在恒定磁场中，电枢绕组随被测机构一起旋转时，切割磁力线而产生感应电动势，并由电刷两端引出，电枢电动势的大小为

$$E_a = C_e\Phi n = K_e n \tag{7-1}$$

式（7 - 1）表明，电枢感应电动势正比于转速。在空载时，由于电枢电流 $I_a=0$，则电枢两端电压等于电枢电动势，因此，电枢电压与转速成正比。

直流测速发电机的输出特性是指在励磁磁通 Φ 和负载电阻 R_L 为常数时，输出电压随电枢转速 n 变化的关系，即 $U_a=f(n)$。

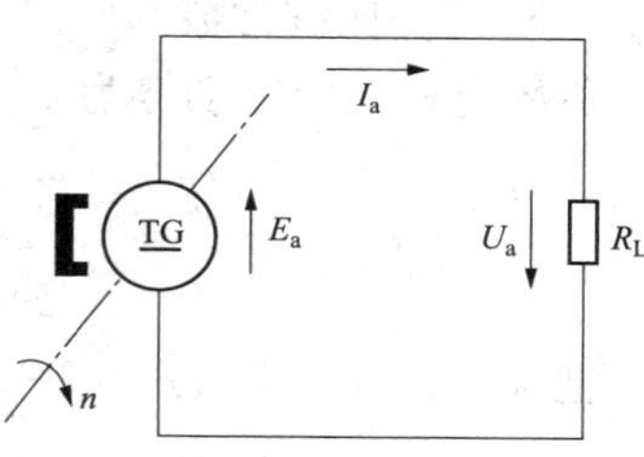

图 7 - 9　永磁式直流测速发电机原理图

当发电机接负载时，就有了负载电流 I_a，必定在电枢电阻 R_a 上产生电压降，使输出电压不等于电枢电动势，输出电压变为

$$U_a = E_a - I_a R_a \tag{7-2}$$

式中　R_a——电枢电路总电阻，包括电枢绕组、电刷换向器之间的接触电阻。

电枢电阻 R_a 越大，负载电流越大，输出电压越低。负载电流为

$$I_a = \frac{U_a}{R_L}$$

代入式（7 - 2）可得

$$U_a = E_a - \frac{U_a}{R_L}R_a$$

经变换可得

$$U_a = \frac{E_a}{1+\frac{R_a}{R_L}} = \frac{C_e\Phi}{1+\frac{R_a}{R_L}}n = Cn \tag{7-3}$$

式中　C——测速发电机输出特性的斜率。

当 Φ、R_a 及负载电阻 R_L 不变时，输出电压 U_a 与电枢转速 n 成正比。

当负载电阻 R_L 不同时，直流测速发电机的输出特性的斜率也不同，它随着负载电阻的减小而变小，理想的输出特性是一组直线，如图 7 - 10 所示。

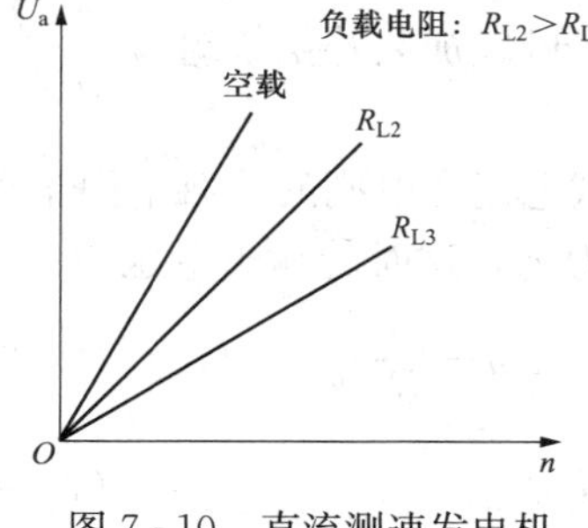

图 7 - 10　直流测速发电机的理想输出特性

二、直流测速发电机的误差及其减小方法

在工作中，我们要求直流测速发电机具有线性的输出特性；输出特性斜率大，灵敏度高；输出特性受温度影响小；

输出电压平稳，波动小，正、反两方面的输出特性一致性好。实际上，直流测速发电机的输出电压与转速之间并不能严格保持正比关系，存在非线性误差，产生原因主要为：

（一）电枢反应

当测速发电机的转速较高时，输出电压 U_a 较大，即使电枢电阻 R_a 不变，但由于电枢电流增大，电枢磁场增强而产生电枢反应，使主磁场削弱，Φ 减小，Φ 随电枢电流的大小而变化，电流越大，Φ 越小。负载时的磁通可以看作

$$\Phi = \Phi_0 - \Phi_a$$

式中 Φ_0——空载时电机的气隙磁通；

Φ_a——电枢反应的去磁磁通。

Φ_a 与电枢电流 I_a 基本成正比，即

$$\Phi_a = K_I I_a = K_I \frac{U_a}{R_L}$$

式中 K_I——比例常数。

负载电枢感应电动势为

$$E_a = C_e \Phi n = C_e n(\Phi_0 - \Phi_a) = K_e n - C_e n K_I \frac{U_a}{R_L} \tag{7-4}$$

$$K_e = C_e \Phi_0$$

把式（7-4）代入式（7-3），经整理可得

$$U_a = \frac{Cn}{1+\dfrac{C_e K_I n}{\left(1+\dfrac{R_a}{R_L}\right)R_L}} = \frac{Cn}{1+\dfrac{Kn}{R_L}} \tag{7-5}$$

$$K = \frac{C_e K_I}{1+\dfrac{R_a}{R_L}}$$

由式（7-5）可知，此时 U_a 已不再与 n 成正比，随着 n 的上升，U_a 的上升变得缓慢，实际输出特性向下弯曲，如图 7-11 中的虚线所示。

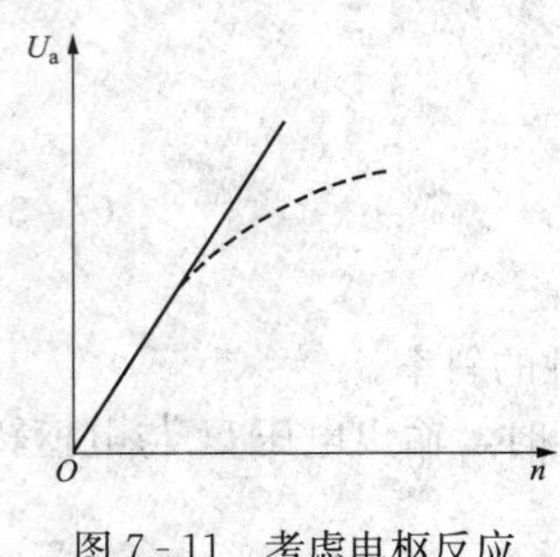

图 7-11　考虑电枢反应的输出特性

为了减小电枢反应的去磁作用，改善输出特性的线性，应尽量使电动机的气隙磁通保持不变。通常可以采取以下措施：

（1）设计测速发电机时，适当增大电动机的气隙；

（2）使用时，测速发电机的负载电阻不小于规定值，转速不得超过最大转速；

（3）对于电磁式测速发电机，可以加装补偿绕组。

（二）电刷换向器接触电阻

测速发电机负载运行时，负载电流在电刷的接触电阻上产生电压降 ΔU_b，设电枢绕组电阻为 r_a，这时的输出电压为

$$U_a = E_a - I_a r_a - \Delta U_b = K_e n - \frac{U_a}{R_L} r_a - \Delta U_b \tag{7-6}$$

即

$$U_a = \frac{K_e n}{1+\dfrac{r_a}{R_L}} n - \frac{\Delta U_b}{1+\dfrac{r_a}{R_L}} = Cn - \frac{C}{K_e}\Delta U_b \tag{7-7}$$

式（7-7）表明：输出特性将平行下移。但是由于电刷的接触电阻具有非线性，当转速较高时，电枢电流较大，电刷的接触压降可认为是常数。而电动机的转速较低时，电枢电动势低，电枢电流也较小，电刷的接触电阻较大，使输出电压相对变得很小。考虑电刷接触电阻压降的影响时，直流测速发电机的输出特性变为如图7-12所示。在电动机转速较低时，输出特性上出现一个不灵敏的区域，在这一区域内，测速发电机虽有转速信号输入，但输出电压即很小。

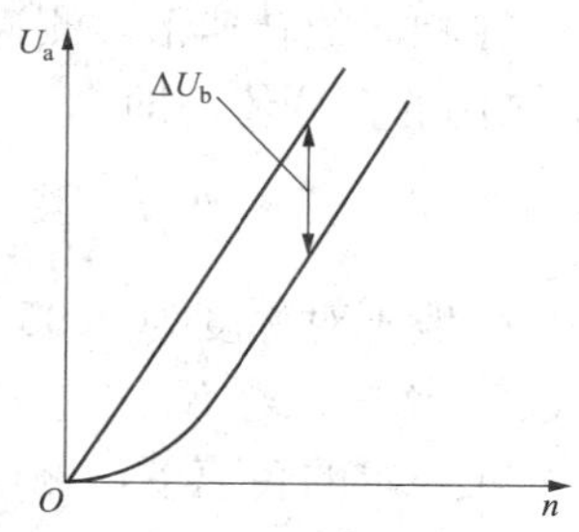

图7-12 考虑电刷接触电压的输出特性

在直流测速发电机中，为了减小电刷接触电阻的影响，常采用接触压降较小的金属电刷，如银或铜——石墨电刷。在高精度的直流测速发电机中还要采用铜电刷，并在电刷与换向器相接触的表面上镀有银层。

（三）温度的影响

在电磁式直流测速发电机中，当环境温度发生变化以及发电机本身发热，将会引起发电机绕组参数的变化。当温度升高时，励磁绕组电阻增大，电压降低。当温度下降时，输出电压又会升高。以铜绕组为例，温度增加25%时，其阻值将增加10%。

要减小温度对直流测速发电机的输出特性的影响，可采取以下措施：

（1）设计测速发电机磁路时，使其正常工作时接近饱和状态，以减小励磁电流变化引起的磁通变化。

（2）使用测速发电机时，在励磁回路中串联一个阻值比励磁绕组电阻大几倍的附加电阻，附加电阻选用温度系数小的合金材料，如锰镍铜或镍铜合金，还可选用具有负温度系数的电阻，这样，在温度变化时，整个励磁回路的总电阻变化不大，甚至不变。

（3）要求测速精度很高时，可采用恒流源励磁。

三、直流测速发电机的应用

（一）性能指标

1. 线性误差 $\Delta U\%$

在测速发电机工作转速范围内，实际输出特性曲线与理想输出特性之间的最大误差值 ΔU_m 与最大理想输出电压 U_m 之比的百分值，称线性误差。即

$$\Delta U\% = \frac{\Delta U_m}{U_m} \times 100\%$$

ΔU_m 和 U_m 如图7-13所示。一般要求 $\Delta U\% = 1\% \sim 2\%$，较精密系统要求 $0.1\% \sim 0.2\%$。

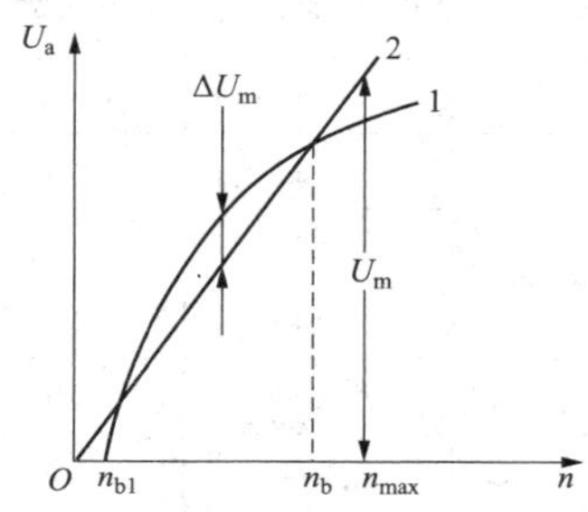

图7-13 线性误差及最大线性工作转速

1—实际输出特性；2—理想输出特性

2. 最大线性工作转速 n_{max}

在允许线性误差范围内的电枢最高转速，即测速发电机的额定转速。

3. 负载电阻 R_L

保证输出特性不超过允许的误差范围的最小负载电阻值。在使用时，接到测速发电机电枢两端的电阻不应小于此值（见表7-1）。

4. 不灵敏区 n_{bl}

在 $n<n_{bl}$ 时，测速发电机的输出电压几乎为零。

5. 输出电压的不对称度 K_{ub}

在相同的转速下，测速发电机正反向旋转时，输出电压绝对值之差 ΔU 与两者平均值 U_{av} 之比的百分值。即

$$K_{ab}=\frac{\Delta U}{U_{av}}\times 100\%$$

一般不对称度为 0.35%～2%。

6. 纹波系数 K_u

在一定的转速下，测速发电机输出电压交流分量的有效值与输出电压的直流分量之比。一般小于 1%。

7. 输出斜率 K

在额定励磁条件下，单位转速（kr/min）时所产生的输出电压。一般测速发电机空载时可达 10～20V/（kr/min），特殊结构可达 40～50V/（kr/min）。输出斜率越大越好，负载电阻 R_L 越大，输出斜率越大。

除以上性能参数外，还有变温输出误差，输出电压温度系数等。

直流测速发电机有两种系列，电磁式为 ZCF 系列，永磁式为 CYD 系列。以 ZCF221A 为例，其型号含义如图 7-14 所示。

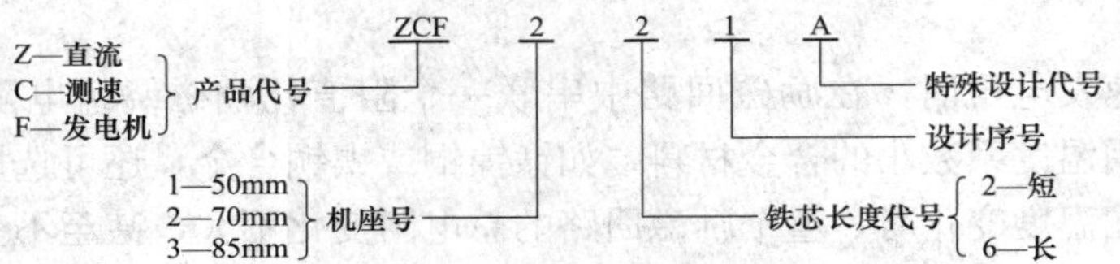

图 7-14　ZCF221A 型号含义

ZCF 系列直流测速发电机的技术数据见表 7-1。

表 7-1　　ZCF 系列直流测速发电机的技术数据

型号	励磁电流 A	励磁电压 V	电枢电压 V	负载电阻 Ω	转速 r/min	输出电压不对称度（%）不大于	输出电压线性误差（%）不大于	质量 kg 不大于
ZCF121	0.09		50±2.5	2000	3000	1	±1	0.44
ZCF121A	0.09		50±2.5	2000	3000	1	±1	0.44
ZCF221	0.3		51±2.5	2000	2400	1	±1	0.9
ZCF221A	0.3		51±2.5	2000	2400	1	±1	0.9
ZCF221C	0.3		51±2.5	2000	2400	1	±1	0.9
ZCF222	0.06		74±3.7	2500	3500	2	±3	0.9
ZCF321		110	100^{+10}_{-5}	1000	1500	3	±3	1.7
ZCF361	0.3		106±5	10000	1100	1	±1	2.0
ZCF361C	0.3		174±8.7	9000	1100	1	±1	2.0

表 7-1 中励磁电流是指他励绕组中的电流。电枢电压是指在额定励磁电流、额定转速下，接上所规定的负载电阻时的电枢端电压。

此外，CYD 系列为高灵敏度直流测速发电机，具有输出电压斜率大，低速精度高，能直接与低速伺服电动机耦合，适用于作低速伺服系统中的速度检测。

（二）直流测速发电机的应用

直流测速发电机是一种重要的机电元件，广泛用于自动控制系统、随动系统和计算单元。这里简要介绍它的基本应用。

直流测速发电机作控制系统中的测速元件应用很普遍，能直接测出拖动电动机和执行机构的转速，以便进行速度控制和速度显示。测速发电机用于恒速控制系统的原理如图 7-15 所示。

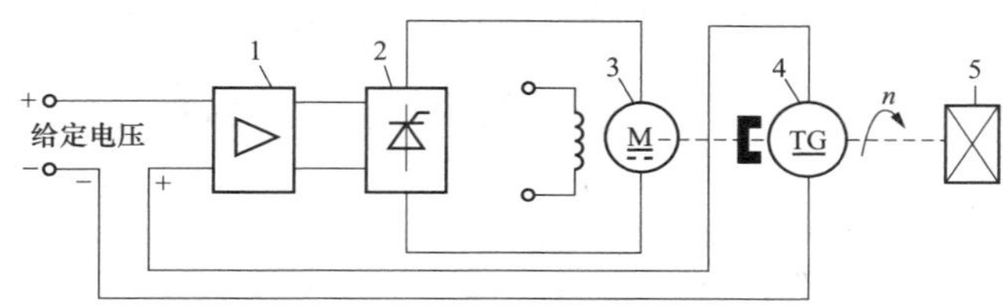

图 7-15 恒速控制系统原理图

1—放大器；2—可控整流电路；3—他励直流电动机；4—测速发电机；5—负载

系统中，直流电动机直接拖动生产机械旋转，由电动机的机械特性可知，在某一机械特性上，生产机械的负载转矩增大，电动机的转速将下降，生产机械的负载转矩减小时，电动机的转速将升高，即转速随负载转矩的波动而变化。为了稳定拖动系统的转速，这里在电动机和生产机械的同一轴上安装了一台测速发电机，并将测速发动机的输出电压送至系统输入控制端，与给定电压相减后，差值电压再加入到放大器，经放大后控制晶闸管整流电路的输出电压，以调整直流电动机的转速。当负载转矩由于某种因素影响而减小时，电动机的转速升高，测速发电机的输出电压也随之升高，使给定电压与测速发电机的输出电压之差减小，经放大后控制可整流电路，使整流输出电压降低，则直流电动机的转速下降，以抵消负载引起的转速上升。反之，若负载转矩增大，使电动机转速下降，测速发电机的输出电压随之减小，给定电压与测速发电机的差值增大，经放大后控制整流输出电压升高，则电动机的转速上升。因此，不论负载转矩如何波动，在本系统中由于具有自动调节作用，生产机械的转速变化很小，接近于恒速。要人为改变生产机械的转速，只需改变给定电压的大小即可，系统中给定电压要求很稳定，必须取自稳压电源。

*第三节 交流测速发电机

在自动控制系统中，为了检测被控制对象的运动状态，往往需要把机械旋转速度或角度变为对应的电信号。实现这种要求的控制电机为测速发电机。

测速发电机通常分为两大类，一类是直流测速发电机，另一类是交流测速发电机。而交流测速发电机又分为同步和异步测速发电机两种。同步测速发电机，由于输出电压频率随转速而改变，不适用于自动控制系统，通常交流测速发电机就是指异步测速发电机。本节介绍应用日益广泛的空心杯转子交流异步测速发电机。

一、交流测速发电机的结构和工作原理

1. 基本结构

空心杯转子交流测速发电机定子上有两相互相垂直的分布绕组，其中一相为励磁绕组，另一相为输出绕组。转子为空心杯结构，用高电阻率的硅锰青铜或铝锌青铜制成，是非磁性材料，壁厚 0.2～0.3mm。杯子里还有一个由硅钢片叠制而成的定子，称为内定子，起导磁作用，减小磁路的磁阻。图 7 - 16 为空心杯转子交流测速发电机结构示意图。

2. 基本原理

设测速发电机励磁绕组轴线为 d 轴，输出绕组的轴线为 q 轴。工作时，励磁绕组接单相交流电源，电压为 $\dot{U}_1$、频率为 f，在 d 轴方向将产生脉振磁场，如图 7 - 17 所示。

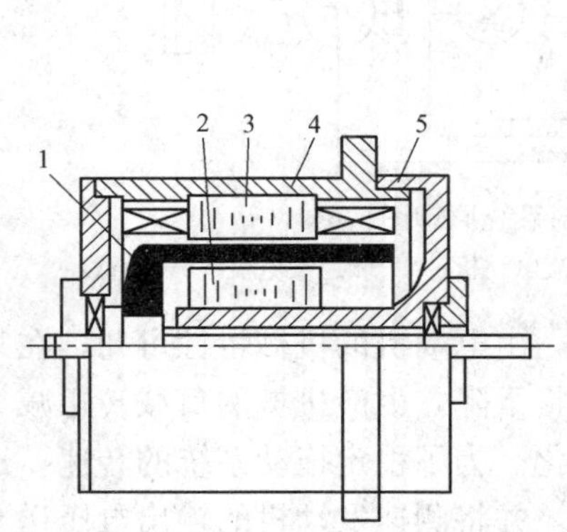

图 7 - 16　空心杯转子异步测速发电机结构示意图
1—空心杯转子；2—内定子；3—定子；
4—机壳；5—端盖

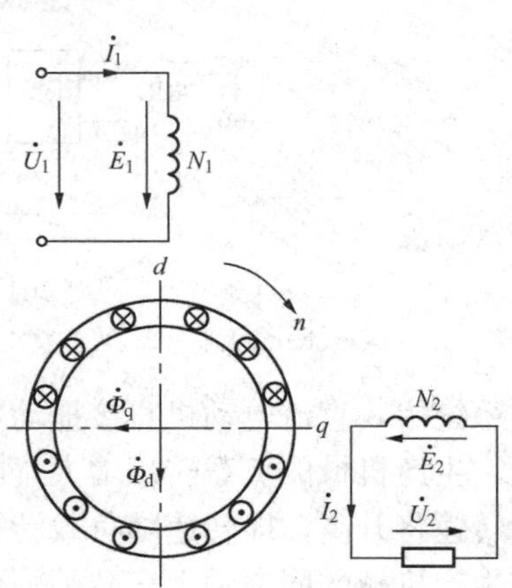

图 7 - 17　空心杯转子异步测速发电机原理接线图

当转子不动时，d 轴脉振磁通在转子中产生感应电动势称为变压器电动势。空心杯转子是闭合的回路，将形成转子电流，此电流所产生的磁场也是 d 轴方向，与励磁绕组的磁场合成为 d 轴的磁通 $\dot{\Phi}_d$。q 轴和 d 轴相互垂直，此时 q 轴磁场为零，输出绕组感应电动势为零。即转子转速为零，输出电压也为零。

当转子旋转时，即转速 $n \neq 0$ 且逆时针旋转，转子切割 d 轴磁通 $\dot{\Phi}_d$ 产生感应电动势称为切割电动势 $\dot{E}_V$，按右手定则切割电动势的方向如图 7 - 17 所示。空心杯转子可看成无数根并联的导体，轴向长度一定，根据电磁感应定律推出

$$E_V \propto \Phi_d n \tag{7 - 8}$$

忽略励磁绕组漏阻抗时，若 U_1 不变，Φ_d 为一常数，则

$$E_V \propto n$$

在 $\dot{E}_V$ 的作用下，转子将产生电流 $\dot{I}_q$。由于空心杯转子材料具有高电阻率，可忽略其漏抗，$\dot{I}_q$ 与 $\dot{E}_V$ 近似同相位、同方向。在 q 轴方向形成磁通势，并产生 q 轴交变磁通 $\dot{\Phi}_q$，该磁

通与输出绕组交链，产生感应电动势 $\dot{E}_2$，且有

$$E_2 \propto \Phi_q \propto I_q \propto E_V \propto n$$

当磁路不饱和且忽略输出绕组漏阻抗时，输出电压

$$U_2 \approx E_2 \propto n \tag{7-9}$$

又由于磁场感应电动势、电流的交变频率都与励磁绕组所接电源的频率 f 相同，故测速发电机转子旋转时，其定子输出电压 U_2 是与交流电源同频率、大小与转子转速 n 成正比的交流电压。转子反转时，输出电压相位也相反。

二、交流测速发电机的输出特性及主要技术指标

（一）输出特性

交流测速发电机的输出特性是指当励磁电压额定的条件下，输出电压 U_2 与转子转速 n 之间的关系。测速发电机在正常运行过程中，要求其输出电压与转速具有线性比例关系，如图 7-18 中曲线 1 所示为理想输出特性曲线。但实际测速发电机的输出特性会受到以下几方面因素的影响。

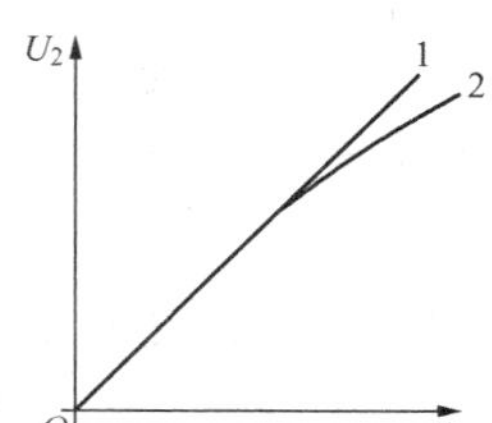

图 7-18　交流测速发电机输出特性图
1—理想特性；2—非线性特性

1. 负载变化的影响

测速发电机在正常工作时，希望输出电压仅是转速的函数，不受负载变化的影响，但由于励磁绕组和输出绕组存在漏阻抗，当负载变化时，漏阻抗压降变化，引起输出电压大小和相位的变化。同时由式（7-8）可知，输出电压与转速成线性关系必须是 Φ_d 为一恒定值时。实际上 Φ_d 是由励磁电流和转子电流共同产生的，即使励磁电压 U_1＝常数，Φ_d 也会随负载的变化略有变化，则输出电压与转速之间就不是严格的线性关系，从而产生线性误差，如图 7-18 中曲线 2 所示。

2. 剩余电压的影响

测速发电机运行时，要求零转速，零输出。但实际上，在额定励磁电压条件下，当转速为零时，输出电压并不为零，而有微小的电压，这个电压值称为剩余电压。形成剩余电压主要有两个原因。一是励磁绕组和输出绕组轴线不绝对垂直，或磁路不对称、气隙不均匀等原因，即使转速为零，输出绕组中也由于变压器作用而存在感应电动势；另一个原因是加工不精，使内外定子铁芯呈椭圆形或转子杯形不规则、材料不均匀，从而气隙磁场扭斜，励磁绕组和输出绕组间有电磁耦合而产生变压器电动势。此外，磁路饱和引起高次谐波感应等也是造成剩余电压的原因。

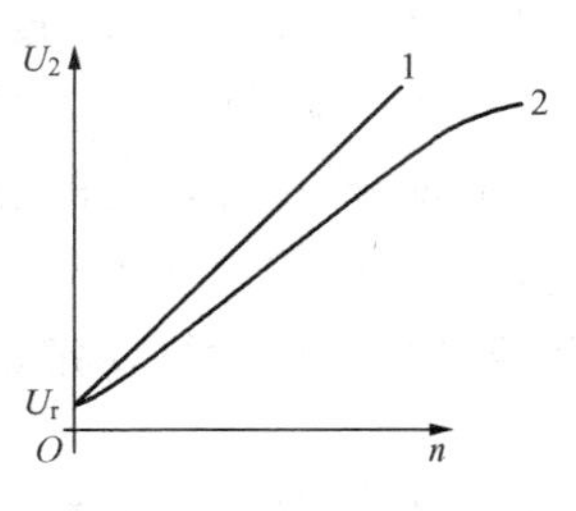

图 7-19　剩余电压对交流测速发电机输出特性的影响

考虑负载影响及剩余电压的影响，交流测速发电机的输出特性曲线如图 7-19 所示。

（二）主要技术指标

在自动控制系统中，为了体现交流测速发电机的精度及运行特性，其主要技术指标有线性误差 $\Delta\delta_x\%$、相位误差 $\Delta\varphi$、输出斜率和剩余电压等。

1. 线性误差 $\Delta\delta_x\%$ 和相位误差 $\Delta\varphi$

线性误差是指实际输出电压与线性输出电压的最大差值对最

大线性输出电压的比值。

测速发电机按线性误差大致可分两大类。$\Delta\delta_x\%>2\%$的一般用作自动控制系统的校正元件，而$\Delta\delta_x\%$较小的用作计算元件。目前高精度的异步测速发电机$\Delta\delta_x\%<0.05\%$。

相位误差是指在规定的工作转速范围内，输出电压和励磁电压之间最大超前和滞后的相位差的绝对值之和。

负载大小及性质不同，引起的误差也不同。为了减小误差，可设法减小定子漏阻抗，增大转子电阻。一般采用增加转子电阻的办法，即采用高阻材料制成空心杯形转子。同时增大负载阻抗，一般交流测速机的负载阻抗不小于100kΩ，提高电源频率，以增加同步转速，减小相对转速，励磁电源频率大多采用400Hz。

2. 剩余电压和输出斜率

前面已经定义了剩余电压，剩余电压越小，精度越高。交流测速发电机的剩余电压，一般为几十毫伏左右。精密的Ⅰ级品要求剩余电压小于25mV，Ⅱ级品则要求小于75mV。选用均匀的导磁材料，提高加工精度，不使磁路饱和是降低剩余电压的主要办法。

输出斜率，又称灵敏度，也是测速发电机的一个技术指标。它是指在额定励磁电压条件下，单位转速所产生的输出电压，单位是伏/(千转/分)。

三、交流测速发电机的应用

交流测速发电机主要有两方面的应用。一是在自动控制系统中作检测元件，起校正的作用，以提高系统的精度和稳定性，实现自动调节；二是在计算装置作计算元件，进行微分或积分运算。

作计算元件用时，应着重考虑线性误差要小、精度要高的测速发电机。线性误差一般要求不大于0.05%～0.1%。而作检测和校正元件时，则考虑其输出斜率要大，即灵敏度要高，对线性误差不宜提出过高的要求。

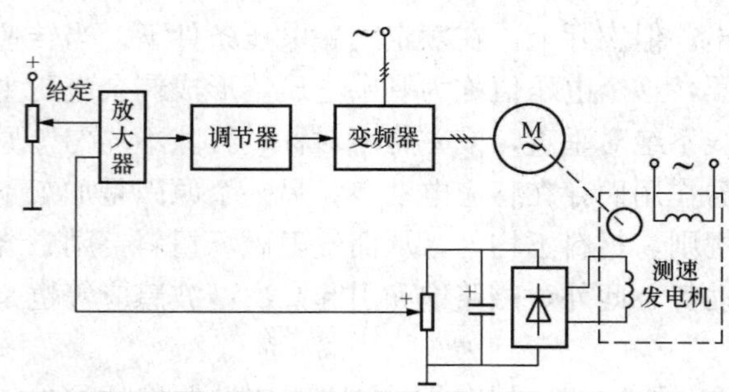

图7-20 交流调速反馈控制系统原理接线图

（一）在自动控制系统中的应用

图7-20所示为交流调速反馈控制系统原理接线图。图中执行电动机为三相交流异步电动机，采用变频调速方式，交流测速发电机与电动机同轴相连，将转速信号变为电压信号，其输出电压经整流、滤波及分压后反馈到系统输入端，与反映电动机转速的给定电压相比较，两者之差即偏差经放大、调节后作为变频器的控制信号，实现异步电动机的变频调速。若由于负载变化等因素的影响而使电动机转速降低，则测速发电机输出电压也随之降低，与给定电压偏差增大，变频器控制电压升高，最终使电动机转速升高，而达到稳定转速的目的。测速发电机在此起检测系统转速的作用。

此外，在位置控制系统中，测速发电机作校正元件，由于其转速是角度的微分，把输出电压作为速度信号，反馈到放大器形成微分负反馈，起增大阻尼的作用，以提高位置控制系统的动态品质。

（二）在计算装置中作计算元件

图 7 - 21 所示为交流测速发电机用作积分运算的原理接线图，图中执行电动机与测速发电机同轴连接，并通过减速装置带动电位器转动。设 U_1 为输入电压，U_2 为电位器的输出电压且与转角 θ 成正比，则有如下关系

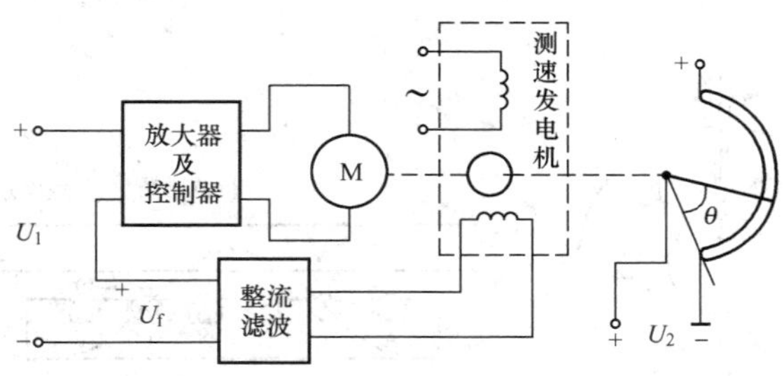

图 7 - 21 交流测速发电机作积分运算的原理接线图

$$U_2 = K_1\theta$$

$$\theta = K_2\int n\mathrm{d}t$$

$$U_f = K_3 n$$

其中 K_1、K_2、K_3 均为比例系数。故有

$$U_2 = K_1K_2\int n\mathrm{d}t = \frac{K_1K_2}{K_3}\int U_f\mathrm{d}t$$

若放大器的增益足够大，其输入偏差信号很小，可忽略不计。则有

$$U_1 \approx U_f$$

$$U_2 = \frac{K_1K_2}{K_3}\int U_1\mathrm{d}t$$

即输出电压与输入电压为积分关系。为保证计算精度，测速发电机的线性误差要小。

*第四节 直 线 电 动 机

直线电动机是指做直线运动的电动机。通常见到的电动机大多是旋转电动机，如果被拖动的生产机械作直线运动，一般是通过齿轮与齿条、滚珠丝杆螺母副等传动装置相互啮合，将旋转运动变为直线运动。中间传动装置往往使整个拖动系统体积增大，效率降低，甚至精度变差。在某些特殊场合，采用直线电动机可大大简化运动机构，提高拖动性能。目前直线电机应用范围也在逐步扩大。

直线电动机有多种类型和结构，现以直线异步电动机为例介绍工作原理。

一、直线电动机的工作原理

图 7 - 15（a）为普通笼型三相异步电动机示意图，定子三相绕组中通入对称三相交流电流，形成旋转磁场，同步转速为 n_0，转子导条产生感应电动势及电流，在磁场中受到电磁转矩的作用沿磁场方向以转速 n 旋转。

如果将电动机的定、转子展开成平面，如图 7 - 22（b）所示。旋转电动机的定子和转子，在直线电动机中称为一次侧（初级）和二次侧（次级），原来的旋转磁通势，变为按相序做直线运动的磁通势，所建立的磁场称为行波磁场或移动磁场，其同步线速度为

$$v_0 = 2p\tau \times \frac{n_0}{60} = 2p\tau \times \frac{1}{60} \times \frac{60f}{p} = 2\tau f \tag{7-10}$$

式中 p——极对数；

τ——极距；

f——电源频率。

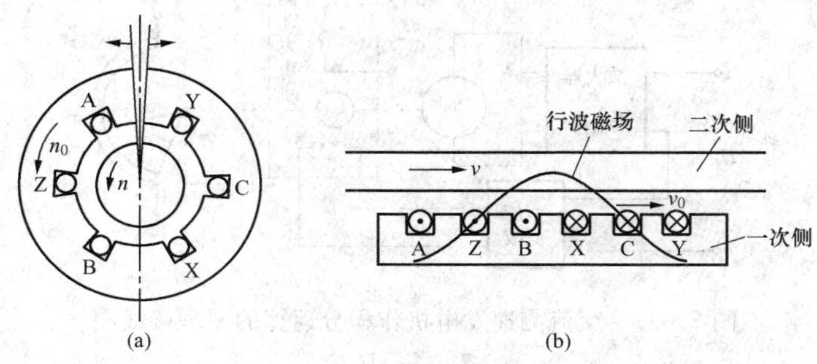

图 7-22 直线异步电动机原理

(a) 普通笼型三相异步电动机示意图；(b) 直线异步电动机原理

行波磁场切割电动机二次侧产生感应电动势和电流，在行波磁场的电磁力作用下，二次侧以速度 v 运行，且 $v<v_0$ 与旋转电动机相似，其滑差率为

$$s = \frac{v_0 - v}{v_0} \tag{7-11}$$

直线异步电动机的二次侧可以做成实心结构，即为一整块均匀的金属材料，制造工艺简单，成本较低，可以做得较长。而一次侧装有绕组，为降低成本，长度较短。由于直线电动机一次侧不像旋转电动机定子那样为圆周闭合结构，前者两端是断开的纵向边缘，两端散漏的磁场经空气隙闭合，出现边缘磁场，这将对电动机的性能产生一定的影响。

由式（7-10）和式（7-11）可知，直线异步电动机的运动速度与其同步速度有关，而同步速度又与极距及电源频率成正比。极距的大小决定其运动速度变化范围。但极距太小，槽的利用率下降，漏抗增大，而使电动机的效率和功率因数降低。极距太大，必然增加一次侧铁芯的纵向长度或减少电动机的磁极数。一次侧铁芯的纵向长度受到电动机输出功率的限制，而为了减小纵向边缘效应，电动机的磁极数不能太少，因此极距不可能太大。对于工业用直线电动机，通常选择极距 3cm$<\tau<$30cm，则在工频供电时，电动机同步速度为 3～30m/s。直线异步电动机的滑差率较大，其运动速度为 1～25m/s。直线异步电动机的调速可通过变频来实现。

二、直线电动机的分类和结构

直线异步电动机按结构分类，可分为平板形、管形、弧形和盘形。

1. 平板形直线异步电动机

平板形直线异步电动机一、二次侧结构示意图如图 7-23 所示，它可看成是由旋转电动机展开演变而来。平板形结构的一、二次侧也有不同的形式，图 7-23（a）和图 7-23（b）为单边结构，但两者二次侧结构不同。图 7-23（a）二次侧中嵌入导条，与笼型旋转电动机转子相似；图 7-23（b）二次侧上装设电阻率小的铜（或铝）板。图 7-23（c）为双边结构，主要目的是使两侧磁吸力可以互相抵消。

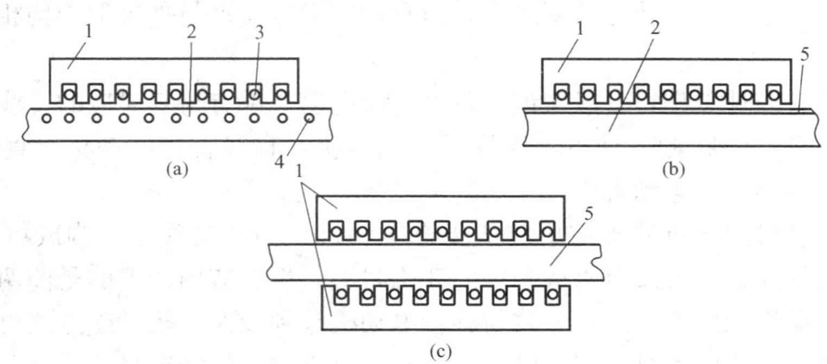

图 7-23 平板形直线异步电动机一、二次侧结构示意图

(a) 单边型；(b) 单边型；(c) 双边型

1—一次侧；2—二次侧；3—一次绕组；4—导条；5—金属板

2. 管形直线异步电动机

管形直线异步电动机结构示意图如图 7-24 所示。四极旋转电动机定子经展开，再沿与磁场移动垂直的方向卷成圆筒形一次侧。管形直线异步电动机的二次侧就是在管中被输送的液态金属。因此这种结构用于流体金属的电磁泵。

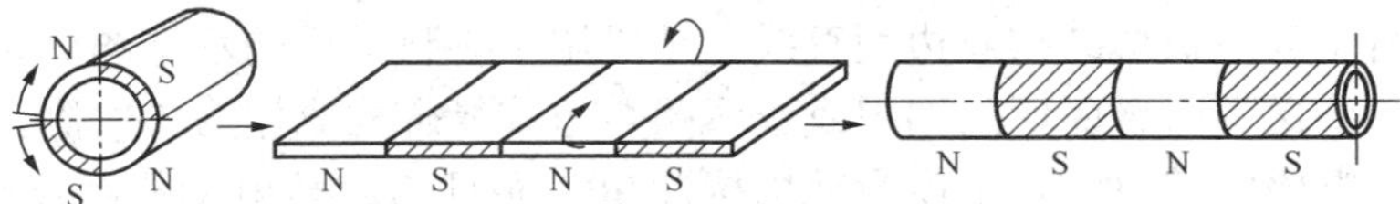

图 7-24 管形直线异步电动机结构示意图

3. 圆盘形直线异步电动机

在直径很大的圆盘外缘部分，平行于圆盘的转动方向放置一次侧，钢制圆盘则为二次侧。圆盘受电磁力作用而转动如图 7-25 所示。这种结构适用于直径较大、转速较低的盘形或筒形部件的驱动，可省去旋转电动机拖动中的减速装置，使传动机构紧凑。

4. 弧形直线异步电动机

弧形直线异步电动机结构示意图如图 7-26 所示，它是将平板形一次侧沿运动方向改为弧形，并安放在圆柱形二次侧的柱面外侧，可使二次侧做圆周运动。

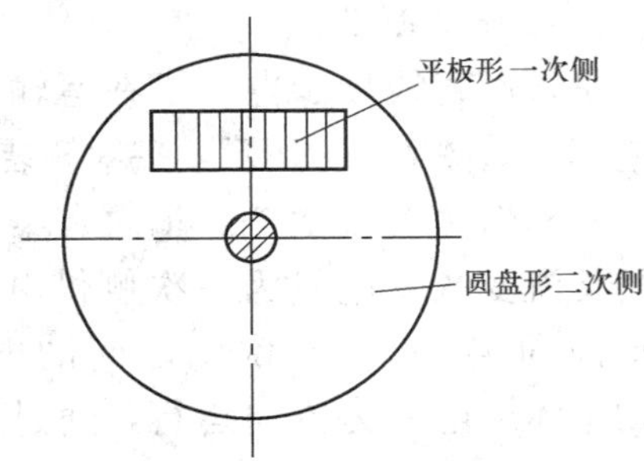

图 7-25 圆盘形直线异步电动机结构示意图

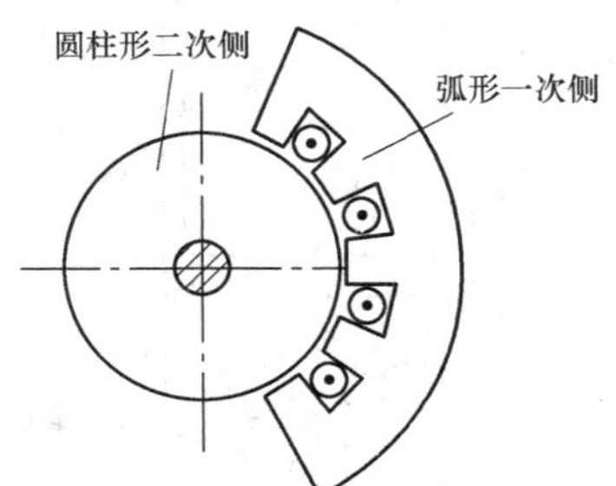

图 7-26 弧形直线异步电动机结构示意图

圆盘形和弧形结构，虽然做圆周运动，但它们的运行原理与平板形结构相同，仍属于直线电动机。

直线电动机有多种类型，一般来说，各种旋转电动机都有与其对应的直线电动机。目前应用较为普遍的有直线脉冲电动机、直线异步电动机、直线直流电动机、直线同步电动机等，此外还有其他类型的电动机。

直线脉冲电动机的运行原理与旋转式步进电动机一样，按磁路的构成可分为永久磁铁型、含永久磁铁的混合型及没有永久磁铁的变磁阻型，现在应用较多的是前两种。

直线直流电动机的结构及运行方式与旋转电动机差别较大，按励磁方式可为电磁式和永磁式，电磁式直线直流电动机有多种结构。永磁式电机的电枢绕组又分为铁芯绕组型和无铁芯型。

直线同步电动机由于成本较高，目前在工业中应用不多，但它的效率较高，适宜于作为高速的水平或垂直运输的推进装置。它分为电磁式，永磁式和磁阻式三种，特别是电子开关控制的永磁式和磁阻式直线同步电动机将有很好的发展前景。

三、直线电动机的应用

随着直线电动机的研发及技术的不断完善，其应用场合也在逐步增多。有许多应用实例，在此主要介绍几种直线异步电动机的典型实例。

1. 传送带的驱动

图 7 - 27 所示为平板形结构双边型直线电动机用于物料运输的示意图。直线异步电动机的一次侧固定，传送带由金属丝网编织或金属网与橡胶复合构成作为二次侧。由于金属传送带直接受到直线电磁力的驱动，不仅拖动机构简单，而且与旋转电动机拖动导轮方案相比，它消除了打滑现象。

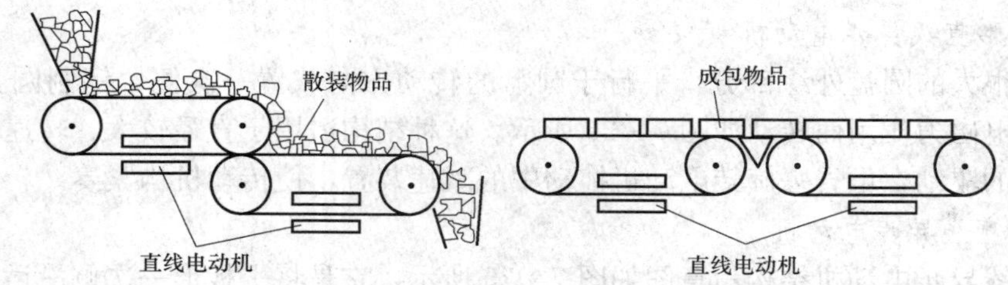

图 7 - 27　直线电动机用于物料运输的示意图

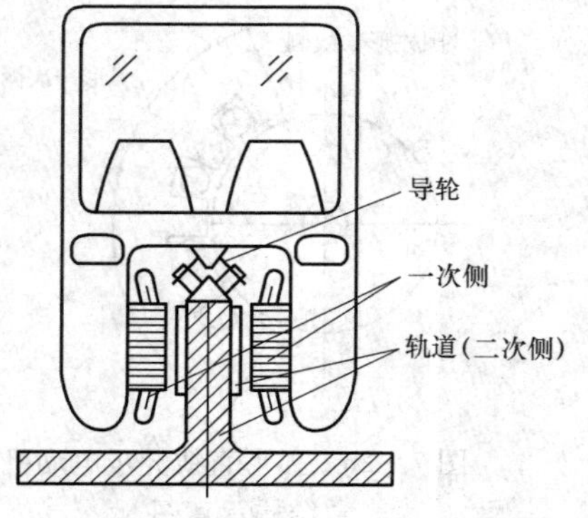

图 7 - 28　直线异步电动机在运输车辆上应用示意图

2. 机车的驱动

平板形直线异步电动机在运输车辆上的应用，如图 7 - 28 所示，一次侧装在机车上，钢制轨道为二次侧。车内有柴油机带动的交流变频发电机为一次侧供电，轨道与地面固定，一、二次侧之间的电磁力，驱动车体反电磁力方向运行，通过变频实现机车的调速，并引入能耗制动和反接制动，与机车的油压制动配合，实现机车的制动停车。车体和轨道间若采用气垫或与磁悬浮技术结合，可制成高速机车。

*第五节　超声波电动机

超声波电动机（Ultrasonic Motor）的原理与本书中所介绍的其他电机都不同。其他电机都是通过电流和磁场的相互作用产生电磁力的电磁作用原理工作的，以此实现电能与机械能的相互转换。而超声波电动机的工作原理是利用压电陶瓷的逆压电（把电信号变成机械压力）效应直接把电能转换成机械能。当超声波电压（电压频率≥20kHz）加到定子（压电陶瓷及与其相连的弹性体）上时，定子产生高频振动，借助于定、转子之间的摩擦把定子双向的机械振动转变为转子单一方向的旋转（或直线电动机中的直线）运动。超声波电动机这个名称来源于其定子高频振动的频率为超声频率。由于超声波电动机的机械振动是通过压电陶瓷产生的，所以又称它为压电马达。

一、超声波电动机的分类

超声波电动机的种类很多，主要有以下几种分类方法。

（1）按产生转子运动的机理，可分为驻波型和行波型。驻波型是利用作固定椭圆运动的定子来推动转子，属于间断驱动方式；行波型利用定子中产生行走的椭圆运动来推动转子，属于连续驱动方式。

（2）按超声波电动机的移动体表面力传递接触方式，可分为接触式和非接触式。

（3）按转子的运动方式，可分为旋转型和直线型。

二、超声波电动机的结构与原理

下面以行波接触型超声波电动机为例，简要说明超声波电动机的原理。行波接触型超声波电动机是靠其定子环背面所粘贴的压电陶瓷起振而带动定子环一起振动，再通过定、转子之间的摩擦力来驱动转子旋转，即利用压电陶瓷的逆压电效应直接把电能转换成机械能。行波接触型超声波电动机的结构如图7-29所示。

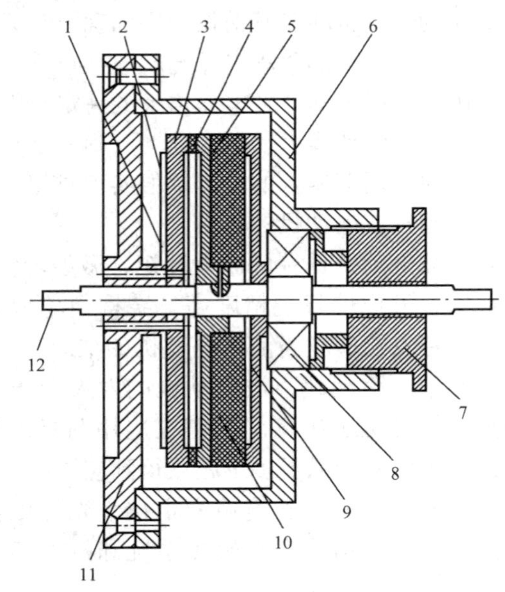

图7-29　行波接触型超声波电动机的结构图

1—检测用压电陶瓷；2—驱动用压电陶瓷；3—定子（铝）；4—摩擦环；5—转子；6—端盖；7—螺母；8—轴承；9—压紧块；10—定子上的弹性材料；11—电动机基座；12—电动机轴

这种电动机的定、转子均为环状结构，两者靠一定的轴向压力紧压在一起。转子的旋转是靠铝质定子环3背面所粘贴的驱动用压电陶瓷2起振而带动定子一起振动，再通过与定子3连接在一起的摩擦环4与转子5之间的摩擦力来驱动转子旋转。

当定子环两背面所粘贴的两片驱动用压电陶瓷2分别通以电压有效值相等、频率相同、相位相差$\pi/2$的两相交流电时，由压电陶瓷具有的逆压电效应，每一相交流电分别在压电体上产生一个振动驻波，而这两驻波在时间上相差$\pi/2$，在空间上相差1/4波长，两者合成为一个振动行波，带动定子环 3 一起振动。在定子振动体传递行波的过程中，其表面（包括摩擦环 4）质点作椭圆运动，依靠摩擦环 4 与转子 5 之间的摩擦力不断地对转子施加作用，使转子连续运转，完成电机的机电能量转换。检测用压电陶瓷 1 可以把振动的机械量转变为电压信号，用于检测定子的实际振动频率实现反馈信号的检测。

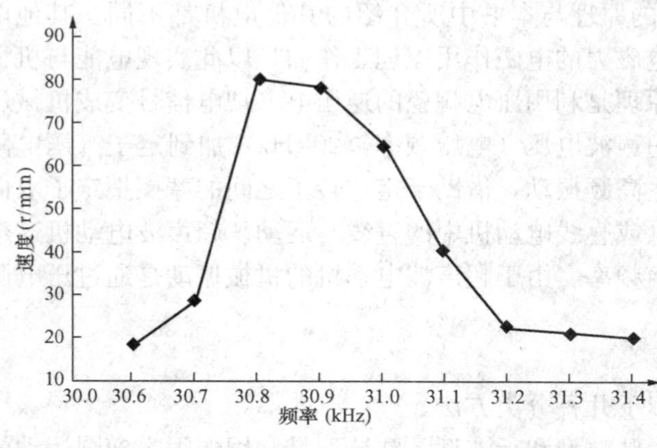

图 7-30 超声波电动机的转速—频率关系曲线

三、超声波电动机的转速控制

超声波电动机的转速主要与驱动电流的频率和电压有关。其转速与驱动电流频率的关系如图 7-30 所示的电动机转速—频率关系曲线。当选用的压电陶瓷的谐振频率为 30.8kHz 时，根据此曲线的变化可以看出，电动机在谐振区域的转速较高，对应定子压电陶瓷的谐振频率的转速的最大值为 81r/min。这种特性表明，超声波电动机利用频率调节转速的调节范围很小，当所选用的压电陶瓷确定后，电压的频率也随着其谐振频率而确定，无法通过调节电压的频率实现调速。

超声波电动机的驱动电压与转速（空载）的关系如图 7-31 所示的电压幅值—转速关系曲线。由此曲线可知，在电压增大的一定范围内，超声波电动机的空载转速随输入电压幅值的增加近似线性地增大。但当它增大到一定转速后，转速反而随电压幅值的增高而下降。因此，可以通过调节输入的电压幅值实现对超声波电动机在一定范围内的速度调节。

四、超声波电动机的应用

超声波电动机具有低速大转矩、微型轻量、运行稳定、可控性好、精度高、结构简单等特点，这些特点能适应当前对电动机的“短、薄、小”的要求。因此超声波电动机的发展历史虽然很短，但已显示出良好的潜在应用前景。目前其已在国内外的以下多个领域得到应用：

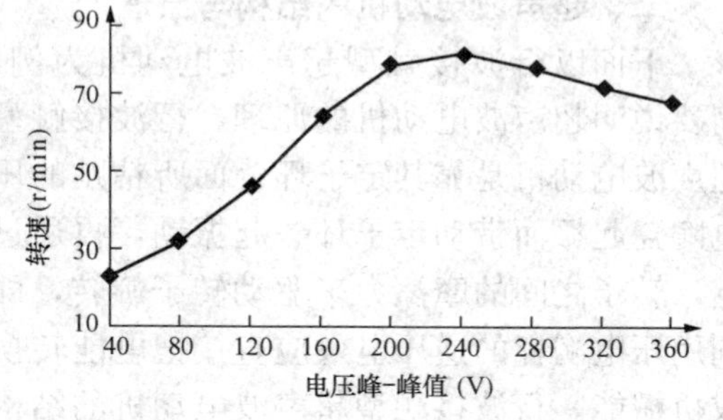

图 7-31 超声波电动机的电压幅值—转速（空载）关系曲线

（1）光学领域：透镜精密定位、光纤维位置校正、照相机镜头自动聚焦系统和隧道扫描显微镜等。

（2）机械领域：机构主动式控制、振动的抑制与产生、工具的精密定位压电夹具、机器人、计算机和医疗设备等。

（3）流体领域：液体测量、液泵、液阀和药注射器等。

（4）电子领域：电子断路器、焊接工具的定位系统等。

本章介绍了在电力拖动及自动化技术中应用的其他四种电动机，说明了它们的结构特

点、工作原理、性能、分类及用途。

一、单相异步电动机

为了能够在气隙中产生一旋转磁场，单相异步电动机定子上有两相绕组，一个工作绕组（主绕组），一个起动绕组（副绕组）。空间互差一定的电角度。起动时两相绕组通入交流电，其电流在时间上有相位差。运行时可一相通电，也可两相通电，而转子是普通笼型转子。

单相异步电动机定子一相通电时，产生的脉振磁通势可分解为幅值相等、转速相同、转向相反的两个旋转磁通势，故没有起动转矩，不能自行起动。但一旦起动后，不论转向如何，都会形成拖动性转矩，维持电机运行。因此，起动问题是单相异步电动机的主要问题。起动时需要两相绕组通电，目的就是产生起动转矩。

单相电源要提供两相不同相位的电流，就需要进行分相。按分相及起动绕组工作方式不同单相异步电动机分为电阻分相起动、电容分相起动、电容运转、电容起动与运转以及罩极式几种类型，除罩极式外，其他几种电动机的分相、运行及转向原理很相似。罩极式单相异步电动机由于定子磁极有一小部分被短路环罩住而分相，形成椭圆形磁通势，使电动机产生起动转矩并运转，但罩极式单相异步电动机不能改变转向。

二、直流测速发电机

直流测速发电机是一种微型直流发电机，是自动控制系统中的一种重要测量转速或转角信号的元件。其输出电压与转速基本保持线性关系。对于直流测速发电机，电枢反应会引起高速时线性误差；电刷换向器的接触压降会造成低速时的不灵敏区；温度变化会引起变温误差，这些因素都会降低测速发电机的精度，使用时应注意其负载电阻不能小于规定值，旋转速度不能高于额定转速。直流测速发电机输出特性斜率大，反应灵敏。在自动控制系统中，直流测速发电机常用于实现恒速控制、积分和微分运算和阻尼元件。

三、交流测速发电机

测速发电机在自动控制系统中作为信号检测及转换元件，可将转速信号变为电信号。本章介绍交流异步测速发电机。

交流测速发电机普遍采用空心杯转子结构。定子有两相绕组，一个励磁绕组，另一个为输出绕组，在空间位置上互差 90°电角度。

励磁绕组接交流电源励磁后，转子将产生变压器电动势，转子不动，输出绕组无感应电动势。转子转动时，其上产生切割电动势，形成转子电流并产生交轴方向的磁通势，在输出绕组上产生感应电动势，该电动势大小与转子转速成正比，频率与励磁电源频率相同。交流测速发电机的主要技术指标有线性误差、相位误差和剩余电压等。

四、直线电机

直线电机在结构上与旋转电机有很大区别，但其电磁原理基本相同。各种旋转电机一般都有与其对应的直线电机。直线异步电动机从结构上分有平板形、圆管形、圆盘形和弧形四种，它们都是由旋转式异步电动机演变而来。目前，在工交运输等领域获得较多的应用。其他类型的直线电机在电子打字机、计算机软盘的驱动等方面也有所应用。

五、超声波电动机

超声波电动机的原理与其他电机都不同。其工作原理是利用压电陶瓷的逆压电（把电信号变成机械压力）效应直接把电能转换成机械能。超声波电动机的种类很多，按产生转子运动的机理，可分为驻波型和行波型。按超声波电动机的移动体表面力传递接触方式，可分为接触式和非接触式。按转子的运动方式可分为旋转型和直线型。

习　题

1. 若不采取其他措施，一般单相异步电动机能否自行起动？为什么？罩极式单相异步电动机如何起动？其旋转方向如何确定？转向可改变吗？

2. Y形连接的三相异步电动机，若在运行过程中有一根电源线松开了，问电动机能否继续运行？停车后能否起动？为什么？

3. 定子为对称两相绕组的单相异步电动机有哪些起动方法？

4. 交流测速发电机在转子不动时，为什么没有电压输出？转动时，为什么输出电压能与转速成正比，而频率却与转速无关？

5. 什么是测速发电机的剩余电压？简要说明剩余电压的产生原因及减小办法。

参 考 答 案

第一章

12. $I_N=90.9$ A； $P_{1N}=20$ W。

13. （1）$P_{1N}=17.6$ kW；（2）$P_N=14.96$ kW；（3）$\sum P=2.64$ kW；（4）$P_{Cua}=640$ W；（5）$P_{Cuf}=545$ W；（6）$P_{ad}=149.6$ W；（7）$P_{Fe}+P_m=1.85$ kW。

14. （1）$T_N=54.1$N·m；（2）$T_{emN}=58.63$N·m；（3）$\eta=86.9\%$；（4）$n_0=3143$r/min。

15. （1）$n=2100$ r/min，$T_{em}=19.1$N·m；（2）$n=1000$r/min，I_a不变。

16. （1）$T_N=1833.5$N·m；（2）$T_{em}=2008$N·m；（3）$n_0=523.2$r/min；（4）$n'=470.3$r/min。

第二章

15. （1）$n_0=1618$ r/min；（2）$n=1534$ r/min；（3）$I=14$ A。

16. （1）$n_0=3235$ r/min；（2）当$I_a=I_N$时，$n=1407$ r/min；（3）$n'_0=1617.5$ r/min，当$I_a=I_N$时，$n'=1382.5$ r/min；（4）当$I_a=I_N$时，$n'_0=4044$ r/min，$n'=3733$ r/min。

17. （1）$I_{st1}=3283.6$ A，$I_{st1}/I_N=15.8$；（2）$R_{ad}=0.64\ \Omega$。

18. （1）$n=1995.7$ r/min，$T_m=2.078$ s；（2）$t_x=1.85$ s。

19. $R_{ad}=0.632\ \Omega$。

20. （1）$n=767$ r/min；（2）$R_{ad}=0.834\ \Omega$。

21. （1）$I'_a=13.5$ A，$T'_{em}=24.9$ N·m；（2）$I_a=54$ A，$n=580$ r/min；（3）$\eta=48.8\%$，$\eta_N=84.17\%$。

22. （1）$I'_a=-34$ A，$T'_{em}=-62.67$ N·m；（2）$I_a=54$ A，$n=772$ r/min；（3）$\eta=81.2\%$。

23. （1）$I'_a=131.2$ A，$T'_{em}=193$ N·m；（2）$I_a=67.5$ A，$n=1\,206$ r/min；（3）$\eta=81.2\%$。

第三章

3. $N_1=420$ 匝，$N_2=122$ 匝。

4. $I_1=12.37$ A，$I_2=41.24$ A。

5. （1）$I'_0=2/3I_0$，$\Phi'_m=\Phi_m$；（2）$I'_0=2I_0$，$\Phi'_m=\Phi_m$。

6. $\Delta U_1=2.52$ V，$E_1=997.5$ V，$\Delta U_1=32$ V，$E_1=970.7$ V。

7. （1）装铁芯前$R_1=0.74\ \Omega$，$X_1=1.63\ \Omega$，$R=44.4\ \Omega$，$X=397.53\ \Omega$。

（2）$\Phi_m=1.37\times10^{-3}$，$\Phi_m=1.5\times10^{-3}$。

8. $R_1=R'_2=1.02\ \Omega$，$X_{\sigma1}=X'_{\sigma2}=3.569\ \Omega$，$R_m=182.5\ \Omega$，$X_m=2\,213\ \Omega$。

9. （1）$R_{sh}=0.872\ \Omega$，$X_{sh}=6.04\ \Omega$，$Z_{sh}=6.1\ \Omega$。

（2）$R^*_{sh}=0.005\,86$，$X^*_{sh}=0.040\,6$，$Z^*_{sh}=0.041$。

（3）$\cos\varphi_2=1$，$\Delta u\%=0.586\%$，$\cos\varphi_2=0.8$（滞后），$\Delta u\%=2.9\%$，$\cos\varphi_2=0.8$（超前），$\Delta u\%=-1.97\%$。

10. （1）$I_1=8.6\ \text{A}$，$I_2=215\ \text{A}$，$U_2=398.5\text{V}$。

（2）$P_1=133.16\ \text{kW}$，$\cos\varphi_1=0.894$（滞后）。

（3）$\Delta u\%=0.375\%$，$\eta=99.975\%$。

11. （1）$I_1=386.8\ \text{A}$，$I_2=5\,802\ \text{A}$，$U_2=390.6\ \text{V}$。

（2）$\eta=98.66\%$，$\eta_{max}=98.7\%$。

12. $I_1=24.69\ \text{A}$，$I_2=42.71\ \text{A}$，$U_2=213.47\ \text{V}$，$\cos\varphi_1=0.80$。

13. a. Yy8，b. Yd5，c. Dy1，d. Dd4。

15. $I_{\text{I}}=90\ \text{A}$，$I_{\text{II}}=60\ \text{A}$。

第四章

25. $p=3$，$s_N=0.04$。

26. $I_N=100\ \text{A}$。

27. $\eta=93.6\%$。

28. （1）$s_N=0.033$，$E_{2s}=3.63\ \text{V}$；（2）$I_{2s}=35.8\ \text{A}$；（3）$f_2=1.65\ \text{Hz}$。

29. （1）$s_N=0.05$；（2）$P_{Cu_2}=1.53\ \text{kW}$；（3）$\eta_N=85.3\%$；（4）$I_{N1}=56.68\ \text{A}$；（5）$f_{N2}=2.5\ \text{Hz}$。

30. （1）$s_N=0.013\,33$；（2）$\dot{I}_1=72.66\angle-22.88°$，$I'_2=66.78\ \text{A}$，$I_0=14.53\ \text{A}$；（3）$T_{em}=458.8\ \text{N}\cdot\text{m}$；（4）$\cos\varphi_{N1}=0.92$，$\eta_N=91.9\%$。

第五章

17. $T_N=1\,326.4\ \text{N}\cdot\text{m}$，$T_m=3\,713.8\ \text{N}\cdot\text{m}$，$s_N=0.04$，$s_m=0.217$，$T_{st}=1539.3\ \text{N}\cdot\text{m}$。

18. （1）$T_N=994.8\ \text{N}\cdot\text{m}$，$T_m=2387.52\ \text{N}\cdot\text{m}$，$s_N=0.04$，$s_m=0.183$，$n_m=612.75\ \text{r/min}$，$T_{st}=845.52\ \text{N}\cdot\text{m}$；（2）$R_2=0.022\,4\ \Omega$，$s_m=0.549$，$n_m=338.25\ \text{r/min}$，$T_{st}=2014.37\ \text{N}\cdot\text{m}$。

19. （1）$I_{st}=2951.2\ \text{A}$，不能；（2）抽头55%，$I_{st}=892.74\ \text{A}$，$T_{st}=750.09\ \text{N}\cdot\text{m}$；抽头64%，$I_{st}=1208.8\ \text{A}$，$T_{st}=954.73\ \text{N}\cdot\text{m}$；抽头73%，$I_{st}=1572.7\ \text{A}$，$T_{st}=1243.12\ \text{N}\cdot\text{m}$。

20. $I_N=53.7\ \text{A}$，$I_{st}=107.4\ \text{A}$。

21. （1）$P_N=10\ \text{kW}$，$T_N=66\ \text{N}\cdot\text{m}$；（2）$U\geqslant347\ \text{V}$；（3）$I_{st}=40\ \text{A}$，$T_{st}=0.4T_N$。

22. （1）$R_{ad}=0.4\ \Omega$；（2）$R_{ad}=1.2\ \Omega$。

23. （1）$f_1=31.17\ \text{Hz}$；（2）$U_1=236.9\ \text{V}$。

24. （1）$f_1=32.68\ \text{Hz}$；（2）$U_1=307.2\ \text{V}$。

第六章

20. （1）$n=3000\ \text{r/min}$；（2）$n=1000\ \text{r/min}$。

21. （1）$T_{em}=17.91\ \text{N}\cdot\text{m}$；（2）$T_{em}=5.97\ \text{N}\cdot\text{m}$。

22. $T_{em}=48$。

23. （2）$T'_{sm}=1.414T_{sm}$。

24. （1）$\theta_s=0.75°$；（2）$n=250\ \text{r/min}$；（3）$T_{sm}=4.616\ \text{N}\cdot\text{m}$。

参 考 文 献

[1] 顾绳谷. 电机及拖动基础 [M]. 4版. 北京：机械工业出版社，2007.
[2] 詹跃东. 电机及拖动基础 [M]. 重庆：重庆大学出版社，2002.
[3] 邵群涛. 电机及拖动基础 [M]. 2版. 北京：机械工业出版社，2008.
[4] 王毓东. 电机学 [M]. 杭州：浙江大学出版社，1990.
[5] 汤蕴璆，等. 电机学 [M]. 3版. 北京：机械工业出版社，2008.
[6] 陈隆昌，等. 控制电机 [M]. 3版. 西安：西安电子科技大学出版社，2011.
[7] 杨渝钦. 控制电机 [M]. 2版. 北京：机械工业出版社，2006.
[8] 姜泓，等. 电力拖动交流调速系统 [M]. 2版. 武汉：华中科技大学出版社，2011.
[9] 秦曾煌. 电工学 [M]. 7版. 北京：高等教育出版社，2011.
[10] 周绍英，等. 电机与拖动 [M]. 北京：中央广播电视大学出版社，2007.
[11] 张连仲. 电机与电气传动基础 [M]. 北京：兵器工业出版社，1997.
[12] 吴浩烈. 电机及电力拖动基础 [M]. 2版. 重庆：重庆大学出版社，2005.
[13] 冯畹芝. 电机与电力拖动 [M]. 北京：中国轻工业出版社，1991.
[14] 彭鸿才. 电机原理及拖动 [M]. 2版. 北京：机械工业出版社，2011.
[15] 张松林. 电机及电力拖动基础 [M]. 北京：北京工业大学出版社，1991.
[16] 周绍英，等. 交流调速系统 [M]. 北京：机械工业出版社，1996.
[17] 应崇实. 电机及拖动基础 [M]. 北京：机械工业出版社，2004.
[18] 武纪燕. 现代控制元件 [M]. 北京：电子工业出版社，1995.
[19] 杨宗豹. 电机拖动基础 [M]. 2版. 北京：冶金工业出版社，1999.
[20] 李发海，王岩. 电机与拖动基础 [M]. 3版. 北京：清华大学出版社，2005.
[21]《电力变压器手册》编写组. 电力变压器手册 [M]. 沈阳：辽宁科学技术出版社，1989.
[22] 唐任远. 特种电机原理及应用 [M]. 北京：机械工业出版社，2008.
[23] 林瑞光. 电机与拖动基础 [M]. 3版. 杭州：浙江大学出版社，2012.
[24] 李发海，等. 电机学 [M]. 4版. 北京：科学出版社，2007.
[25] 任致程，任国雄. 电动机软起动器实用手册 [M]. 北京：中国电力出版社，2006.
[26] 肖明，李玉明. 变压器的应用 [M]. 郑州：黄河水利出版社，2013.
[27] 赵永志，刘世明. 智能变压器设计与工程应用 [M]. 北京：中国电力出版社，2015.